Arnold Krawietz

Maple V für das Ingenieurstudium

D1677590

Springer
Berlin
Heidelberg
New York
Barcelona
Budapest
Hongkong
London
Mailand
Paris
Santa Clara
Singapur
Tokio

Arnold Krawietz

Maple V für das Ingenieurstudium

Mit 67 Abbildungen, 86 Übungsvorschlägen
und einer Diskette

 Springer

Professor Dr.-Ing. ARNOLD KRAWIETZ
Technische Universität Berlin
Institut für Mechanik
Straße des 17. Juni 135
10623 Berlin
und
Technische Fachhochschule Berlin
Luxemburger Str. 10
13353 Berlin

ISBN 3-540-60223-2 Springer-Verlag Berlin Heidelberg New York

Die Deutsche Bibliothek - CIP-Einheitsaufnahme
Arnold Krawietz:
Maple V für das Ingenieurstudium / Arnold Krawietz. - Berlin; Heidelberg; New York; Barcelona;
Budapest; Hongkong; London; Mailand; Paris; Santa Clara; Singapur; Tokio:
Springer 1997
ISBN 3-540-60223-2

Einbandentwurf: Künkel & Lopka, Ilvesheim
Satz: Camera ready Vorlage durch Autor
SPIN: 10503018   68/3020 - 5 4 3 2 1 0 - Gedruckt auf säurefreiem Papier

Vorwort

Ein wesentliches Kennzeichen der Ingenieurtätigkeit ist die Modellierung technischer Strukturen und Prozesse und ihre Analyse mit mathematischen Methoden. Zur zahlenmäßigen Behandlung von Problemen hoher Komplexität steht spezialisierte Computersoftware (z.B. FEM-Pakete) zur Verfügung. Im Vergleich dazu sind die inzwischen zu hoher Reife gelangten Computeralgebraprogramme universelle Werkzeuge, die in erster Linie grundsätzliche Einsichten vermitteln, indem sie analytische Lösungen bereitstellen und Sachverhalte graphisch aufbereiten. Sie lassen sich aber auch mit Erfolg zur numerischen Behandlung von Aufgaben mittleren Schwierigkeitsgrades einsetzen, wie einige in diesem Buch vorgestellte Prozeduren zeigen werden.

Der Ingenieurstudent (bzw. die Ingenieurstudentin) sollte die Computeralgebra nicht nur im Hinblick auf seine spätere Berufstätigkeit kennenlernen. Sie kann ihm vielmehr vom ersten Semester an helfen, sich mit mathematischen Fragestellungen und Methoden genauer vertraut zu machen und ihre Anwendung auf technische Probleme zu studieren. Dabei ergeben sich ganz neuartige Lerneffekte durch die Möglichkeit, rechenintensive Aufgaben mit Computerhilfe zu behandeln, Parameterstudien durchzuführen und insbesondere Ergebnisse durch graphische Darstellung der Interpretation zugänglich zu machen.

Das vorliegende Buch soll den Ingenieurstudenten bei dem Bemühen unterstützen, sich das Computeralgebrasystem MAPLE V nutzbar zu machen. Dabei werden zwei Ziele verfolgt:

- Das Kennenlernen der für den Ingenieur bedeutsamen Strukturen und Befehle von MAPLE.
- Ein vertieftes Verständnis mathematischer Methoden und ihrer technischen Anwendung.

Beispielsweise beschäftigen wir uns an mehreren Stellen des Buches mit Existenz und Eindeutigkeit von Lösungen und erkennen, welche Bedeutung diese zunächst abstrakt anmutenden mathematischen Begriffe im Zusammenhang mit Ingenieurproblemen besitzen und wie wir im Rahmen eines Computeralgebrasystems damit umgehen können.

Das vorliegende Buch ersetzt kein Handbuch zu MAPLE. Vertrautheit des Lesers mit der Benutzeroberfläche wird vorausgesetzt. Erfreulicherweise steht zum Kennenlernen von MAPLE eine umfangreiche on-line-Hilfe zur Verfügung.

Der Autor ist übrigens nicht Entwickler des Systems, sondern hat sich als Ingenieur selbst in MAPLE eingearbeitet und möchte seine Erfahrungen an Studenten weitergeben.

Die Gliederung des Buches orientiert sich an den klassischen mathematischen Teilgebieten. Kapitel 2 kann dem Studienanfänger helfen, seine Schulkenntnisse aufzufrischen, während er sich zugleich mit der Computeralgebra vertraut macht. Die Kapitel 3 bis 7 behandeln mathematische Methoden und Anwendungsbeispiele aus dem technischen Grundstudium, während die Themen des 8. Kapitels dem Ingenieurstudenten in der Regel erst im Hauptstudium begegnen.

Dem Buch liegt eine Diskette bei. Ihr Inhalt wird in der Datei `liesmich` erläutert. Wie sollte das Buch zusammen mit der Diskette benutzt werden? Der Leser kann Dateien von der Diskette in eine interaktive MAPLE-Sitzung einlesen und den Ablauf der im Buch beschriebenen Sitzungen nachvollziehen. Dabei erhält er auf dem Bildschirm auch umfangreiche Zwischenergebnisse und viele graphische Darstellungen, die im Buch aus Platzgründen nicht wiedergegeben sind. Dem Buch dagegen kann er den theoretischen Hintergrund der Aufgaben und Erläuterungen zu den MAPLE-Befehlen entnehmen. Die Aufgaben der interaktiven Sitzung können als Anregung dienen, ähnliche Probleme zu lösen, Parametervariationen zu studieren oder die im Buch eingestreuten Übungsvorschläge aufzugreifen.

Die im Buch dokumentierte Ein- und Ausgabe basiert auf interaktiven MAPLE-Sitzungen mit *Release 4, Student Edition*. Wenn Abweichungen bei Verwendung von *Release 3* zu beachten sind, so wird dies in den jeweiligen Dateien der Diskette angegeben.

Die Erstellung des Buches kann selbst als MAPLE-Anwendung betrachtet werden. Die *Worksheets* der Sitzungen sind nämlich als LaTeX *Source File* exportiert worden und mußten anschließend nur noch etwas überarbeitet und durch theoretische Erläuterungen und Formeln ergänzt werden.

Der größere Teil der Bilder des Buches gibt MAPLE-Originalausgaben zu `plot`-Befehlen wieder. (Weil die Beschriftung größer als standardmäßig gewählt werden mußte, damit sie nach Verkleinerung noch lesbar blieb, ließen sich unschöne Textüberschneidungen leider nicht vermeiden.) Die restlichen Bilder sind mit TURBOCAD 2D, Version 3.0 für Windows — einem auch für Studenten erschwinglichen CAD-System — erstellt worden.

Noch einige Hinweise zur Notation. Vektoren, Tensoren und Matrizen werden in Formeln **fett** gedruckt. MAPLE-Befehle oder -Namen sind durch `Schreibmaschinenschrift` kenntlich gemacht, und *Schrägdruck* weist auf fremdsprachliche Fachausdrücke hin.

Dem Springer-Verlag danke ich dafür, daß er das vorliegende Buch bereitwillig in sein Verlagsprogramm aufgenommen hat.

Berlin, im Februar 1997   Arnold Krawietz

Inhaltsverzeichnis

1 Grundkonzepte der Computeralgebra

In diesem Kapitel lernen wir zunächst, wie MAPLE Variable mit oder ohne zugewiesenen Wert verarbeitet, und wenden uns dann der Zusammenfassung von Objekten zu Mengen, Listen u.ä. zu. Als nächstes betrachten wir das exakte und numerische Rechnen mit reellen und komplexen Zahlen. Danach wird die Verwendung von Schleifen und logischen Verzweigungen besprochen, und schließlich wird erläutert, wie Befehlsfolgen für mehrfachen Gebrauch in die Form von Prozeduren gebracht werden können.

1.1 Objekte und Variable

Die Mathematik hat es mit einer Vielzahl von Objekten zu tun: Nicht nur mit Zahlen, sondern auch mit Mengen, Funktionen, Matrizen, Folgen, Integralen, Gleichungen, geometrischen Figuren und vielen mehr. Alle diese Objekte kann auch die Computeralgebra verarbeiten.

Zur einfachen Handhabung können Objekte mit einem Namen versehen werden. (Bei der Namensgebung sind Groß- und Kleinbuchstaben zu unterscheiden. Die Namen Anton und anton werden von MAPLE nicht als identisch angesehen.) Weitere Konventionen zur Namensgebung in MAPLE können wir der *on-line*-Hilfe entnehmen:

```
> ?name
```

Einige Namen sind in MAPLE bereits fest vergeben (s. ?ininame, ?inifcns) und sollten vom Benutzer nicht in anderer Bedeutung verwendet werden. Dazu gehören etwa die Großbuchstaben D und I, aber auch das kleine griechische *gamma*.

Den Namen bezeichnet man auch als Variable und das damit versehene Objekt als den Wert der Variablen. Als Beispiele benennen wir eine Zahl, eine Gleichung und einen algebraischen Ausdruck mit den (willkürlichen) Namen z1, Gleichung bzw. dritte_Potenz:

```
> z1:=6.23:   Gleichung:=1/(1+y)=4:   dritte_Potenz:=x^3:
```

(Hinweis zur Eingabetechnik: Soll auf das Symbol für die Potenzierung (^) ein Vokal als Kleinbuchstabe folgen, so muß ein Zwischenraum eingeschaltet werden.)

Die drei Befehle verwenden das Zuordnungssymbol (:=) und heißen Zuordnungsanweisungen — *assignment statement*. Mit dem Doppelpunkt hinter jedem Befehl bewirken wir, daß MAPLE unsere Eingabe nicht mit einer Ausgabe — die hier lediglich ein Echo der Eingabe wäre— beantwortet.

Ein Aufruf der Variablennamen gibt uns den aktuellen Wert der Variablen an. (Diese sogenannten Ausdrucksanweisungen — *expression statement* — schließen wir mit einem Semikolon ab, weil wir eine Ausgabe erhalten möchten.)

```
> z1;
```
$$6.23$$

```
> Gleichung;
```
$$\frac{1}{1+y} = 4$$

```
> dritte_Potenz;
```
$$x^3$$

Im letzten Ausdruck ist x selbst eine Variable, der wir jedoch bisher keinen Wert zugewiesen haben. Beim Aufruf dieser Variablen finden wir

```
> x;
```
$$x$$

Diese Auskunft von MAPLE können wir so deuten, daß die Variable x momentan den Wert x besitzt. Anders ausgedrückt: Jede Variable besitzt zunächst als Wert ihren Namen, bis ihr ein anderer Wert zugewiesen wird. Wir weisen beispielsweise der Variablen x nunmehr den Wert 2 zu und rufen sie anschließend wieder auf:

```
> x:=2: x;
```
$$2$$

Auch beim Aufruf der Variablen dritte_Potenz erhalten wir jetzt einen bestimmten Zahlenwert, denn MAPLE setzt den aktuellen Wert von x ein. (Diese Berücksichtigung der jeweils aktuellen Werte aller Variablen bei der Auswertung von Ausdrücken wird *full evaluation* genannt.)

```
> dritte_Potenz;
```
$$8$$

Wir können einer Variablen ihren Wert wieder entziehen, indem wir ihr als neuen Wert ihren Namen zuweisen. (Der Name wird dabei zwischen Apostrophen eingeschlossen.)

```
> x:='x':
```

Jetzt fungiert x wieder als Variable ohne zugewiesenen Wert — im Sprachgebrauch der Mathematik handelt es sich um eine Unbekannte —, und auch der Ausdruck dritte_Potenz besitzt keinen bestimmten Zahlenwert mehr:

```
> x; dritte_Potenz;
```
$$x$$
$$x^3$$

Zuweisung und Entzug des Wertes einer Variablen werden als *assign* bzw. *unassign* bezeichnet. Der wesentliche Fortschritt der Computeralgebra gegenüber der konventionellen Programmierung besteht darin, daß herkömmliche Programmiersprachen nur Variable verarbeiten können, denen ein fester Wert zugewiesen ist, während ein Computeralgebrasystem auch mit Variablen ohne festen Wert, d.h. mit Symbolen operieren kann.

| Wichtig: | Betrachten wir folgende Variante unseres obigen Vorgehens:

```
> x:=3; x3:=x^3;
```
$$x := 3$$
$$x3 := 27$$

```
> x:=2; x3;
```
$$x := 2$$
$$27$$

Diesmal behält der Ausdruck x3 seinen Wert und wird nicht — wie vielleicht erwartet — auf $x^3 = 2^3 = 8$ aktualisiert. Der Grund ist darin zu suchen, daß x3 nicht als dritte Potenz einer Unbekannten x, sondern — im Sinne der *full evaluation* — als die dritte Potenz des damaligen Wertes 3 der Variablen x, also als die Konstante 27 definiert worden ist. Offenbar müssen wir die Reihenfolge der Befehle sehr sorgfältig wählen! Nachdem wir unser Mißgeschick bemerkt haben, können wir es folgendermaßen korrigieren:

```
> x:='x': x3:=x^3: x:=3; x3; x:=2; x3;
```
$$x := 3$$
$$27$$
$$x := 2$$
$$8$$

1.2   Zusammenfassung von Objekten

Durch die Zusammenfassung von Objekten zu Mengen, Sequenzen, Listen, Feldern oder Matrizen werden neue Objekte geschaffen, die wieder mit Namen belegt werden können.

Eine Sequenz (`sequence`) ist eine Aufzählung von Objekten, die durch Kommata getrennt werden. Beispiel:

```
> sequenz1:=5.9, 3.719, p, z^2, 5.9, 3*a+5*b;
```
$$sequenz1 := 5.9,\ 3.719,\ p,\ z^2,\ 5.9,\ 3\,a + 5\,b$$

Auf das an j-ter Stelle genannte Objekt können wir zugreifen, indem wir an den Namen der Sequenz den Index j (in eckigen Klammern) anhängen. Beispiel:

```
> sequenz1[2];
```
$$3.719$$

Die leere Sequenz wird mit NULL bezeichnet.

Schließen wir eine Sequenz in eckige Klammern ein, so erhalten wir eine Liste (list). Beispiel:

> liste1:=[sequenz1];

$$liste1 := [\,5.9,\ 3.719,\ p,\ z^2,\ 5.9,\ 3\,a + 5\,b\,]$$

Die Zahl der in einer Liste zusammengefaßten Objekte gibt uns der Befehl nops (number of operands), die Auswahl eines Elements erfolgt über den Befehl op (operand) oder wieder mit einem Index.

> nops(liste1); op(2,liste1); liste1[2];

$$6$$

$$3.719$$

$$3.719$$

Schließen wir die Sequenz in geschweifte Klammern ein, so erhalten wir die Menge (set) der in der Sequenz aufgezählten Objekte.

> menge1:={sequenz1};

$$menge1 := \{\,p,\ 3\,a + 5\,b,\ 5.9,\ 3.719,\ z^2\,\}$$

Das Objekt 5.9 wurde in der Sequenz zweimal genannt; in der Menge taucht es nur noch einmal auf. Die MAPLE-Ausgabe zeigt auch, daß die Reihenfolge der Nennung der Objekte bei Mengen im Gegensatz zu Sequenzen und Listen ohne Bedeutung ist. Die leere Menge erzeugt der Befehl:

> {};

$$\{\,\}$$

Die Erweiterung einer Sequenz, Liste oder Menge um ein Element el geschieht folgendermaßen:

> sequenz2:=sequenz1,el;

$$sequenz2 := 5.9,\ 3.719,\ p,\ z^2,\ 5.9,\ 3\,a + 5\,b,\ el$$

> liste2:=[op(liste1),el];

$$liste2 := [\,5.9,\ 3.719,\ p,\ z^2,\ 5.9,\ 3\,a + 5\,b,\ el\,]$$

> menge2:=menge1 union {el};

$$menge2 := \{\,p,\ 3\,a + 5\,b,\ 5.9,\ 3.719,\ z^2,\ el\,\}$$

Aus einer Liste lassen sich Teillisten entnehmen, z.B. eine das zweite bis vierte oder eine das vorletzte und letzte Element enthaltende Liste.

> liste2[2..4];

$$[3.719,\ p,\ z^2]$$

```
> liste2[-2..-1];
```

$$[3\,a + 5\,b,\ el]$$

Weitere Einzelheiten zu den mit Sequenzen, Listen und Mengen möglichen Operationen entnimmt man der *on-line*-Hilfe (s. `?sequence`, `?list`).

Felder (`array`) sind Anordnungen von Objekten mit einem oder mehreren ganzzahligen Indizes. Beginnen die Indizes bei 1, dann spricht man von Matrizen (`matrix`). Ihre Behandlung wird in Kap. 3 erläutert.

1.3 Zahlen

Wir wollen sehen, wie die verschiedenen in der Mathematik betrachteten Arten von Zahlen in einem Computeralgebrasystem wie MAPLE dargestellt und verarbeitet werden.

Da sind zunächst die ganzen Zahlen (`integer`):

```
> i1:=-38; i2:=8376892763908148993;
```

$$i1 := -38$$

$$i2 := 8376892763908148993$$

Bei der Division ganzer Zahlen entstehen rationale Zahlen, beispielsweise in Form des Bruches

```
> r:=i1/i2;
```

$$r := \frac{-38}{8376892763908148993}$$

Addieren wir 1/2 dazu, so bringt MAPLE das Ergebnis auf den Hauptnenner:

```
> r+1/2;
```

$$\frac{8376892763908148917}{16753785527816297986}$$

Taschenrechner und herkömmliche Programmsysteme behandeln rationale Zahlen nicht in dieser Weise als Brüche, sondern ersetzen sie durch Dezimalzahlen mit vorgegebener Genauigkeit (von z.B. 8 oder 16 Stellen). Die Operation mit derartigen Dezimalzahlen wird als numerische Rechnung bezeichnet. Auf Wunsch wandelt MAPLE Brüche in Dezimalzahlen um mittels des Befehls `evalf` (`evaluate`, `floating point number`). Standardmäßig (*default*) werden dabei 10 Stellen verwendet. Beispiele:

```
> evalf(r), evalf(1/32), evalf(1/33);
```

$$-.4536288224\,10^{-17},\ .03125000000,\ .03030303030$$

Die Dezimaldarstellung des Bruches 1/32 ist exakt, die des Bruches 1/33 jedoch nur eine Näherung, da zur exakten Darstellung eine periodische Dezimalzahl mit unendlich vielen Stellen erforderlich wäre. Das zeigt uns auch die Probe:

```
> 32*evalf(1/32), 33*evalf(1/33);
```

$$1.000000000, .9999999999$$

Einige von MAPLE akzeptierte numerische Darstellungen der Zahlen a=1870 bzw. b=1/25 sind

```
> a1:=1870.0;  a2:=1870.;  a3:=.187*10^4;  a4:=1.87E3;
```

$$a1 := 1870.0$$
$$a2 := 1870.$$
$$a3 := 1870.000$$
$$a4 := 1870.$$

```
> b1:=0.04;  b2:=.04;  b3:=4.0*10^(-2);  b4:=.4E-1;
```

$$b1 := .04$$
$$b2 := .04$$
$$b3 := .04000000000$$
$$b4 := .04$$

Irrationale Zahlen ergeben sich als Lösungen algebraischer oder transzendenter Gleichungen. So ist $\sqrt{2}$ eine Lösung der Gleichung $x^2 - 2 = 0$, π eine Lösung der Gleichung $\sin x = 0$ und e eine Lösung der Gleichung $\ln x - 1 = 0$. In MAPLE werden sie als exakte Zahlen verarbeitet. Da die Dezimaldarstellung irrationaler Zahlen unendlich und nichtperiodisch ist, muß eine Beschreibung durch eine Dezimalzahl mit endlicher Stellenzahl — wie sie bei numerischer Rechnung unvermeidlich ist — stets fehlerbehaftet sein. Folgendermaßen stellen sich für die genannten drei Beispiele die exakten Werte und ihre numerischen Näherungen dar. (Es bezeichnet sqrt —square root — die Quadratwurzel. Bei Pi ist die Schreibweise mit großem Anfangsbuchstaben wesentlich.)

```
> sqrt(2), Pi, exp(1);
```

$$\sqrt{2}, \pi, e$$

```
> sqrt2_num:=evalf(sqrt(2));  Pi_num:=evalf(Pi);
>      e_num:=evalf(exp(1));
```

$$sqrt2\_num := 1.414213562$$
$$Pi\_num := 3.141592654$$
$$e\_num := 2.718281828$$

Eine Überprüfung ergibt, daß die exakten Werte die definierenden Gleichungen genau erfüllen, die numerischen Näherungen jedoch nur bis auf einen kleinen Fehler oder, wie man auch sagt, im Rahmen der Rechengenauigkeit:

```
> [(sqrt(2))^2-2, sqrt2_num^2-2],    [sin(Pi), sin(Pi_num)],
> [ln(exp(1))-1, ln(e_num)-1];
```

$$[0, -.1\,10^{-8}], [0, -.4102067615\,10^{-9}], [0, -.2\,10^{-9}]$$

Daß die Möglichkeit der Computeralgebrasysteme, mit Zahlen exakt und nicht nur numerisch zu rechnen, von Wichtigkeit sein kann, sehen wir an einigen Beispielen, die vom Institut für Angewandte Mathematik der Universität Karlsruhe stammen. Wir beginnen mit der exakten Berechnung.

Das erste Beispiel betrifft die Auswertung eines Polynoms in zwei Variablen:

```
> q:=9*y^4-z^4+2*z^2;   y_exakt:=10864:   z_exakt:=18817:
```

$$q := 9\,y^4 - z^4 + 2\,z^2$$

```
> y:=y_exakt:  z:=z_exakt:  loesung1_exakt:=q;
```

$$loesung1\_exakt := 1$$

Im zweiten Beispiel ist der Wert eines kubischen Polynoms zu ermitteln:

```
> p:=67872320568*u^3-95985956257*u^2-135744641136*u+191971912515;
> u_exakt:=141421353154/100000000000:
```

$$p := 67872320568\,u^3 - 95985956257\,u^2 - 135744641136\,u$$
$$+\ 191971912515$$

```
> u:=u_exakt:   loesung2_exakt:=p;
```

$$loesung2\_exakt := \frac{1562785162203875846322366927 4343}{1562500000000000000000000000000000}$$

Das dritte Beispiel betrifft die Lösung zweier linearer Gleichungen (mit dem MAPLE-Befehl `solve`):

```
> glg1_exakt:=64919121*v-159018721*w=1;
> glg2_exakt:=83739041/2*v-102558961*w=0;
```

$$glg1\_exakt := 64919121\,v - 159018721\,w = 1$$
$$glg2\_exakt := \frac{83739041}{2}\,v - 102558961\,w = 0$$

```
> glg1:=glg1_exakt:  glg2:=glg2_exakt:
> loesung3_exakt:=solve({glg1,glg2},{v,w});
```

$$loesung3\_exakt := \{\, w = 83739041,\ v = 205117922 \,\}$$

Zum Vergleich wollen wir jetzt numerisch rechnen. Das erreichen wir, indem wir mindestens eine der jeweils vorkommenden Zahlen in Dezimaldarstellung angeben. Wir wählen zunächst eine Genauigkeit von 8 Ziffern.

```
> Digits:=8:
> y:=evalf(y_exakt); u:=evalf(u_exakt); glg2:=evalf(glg2_exakt);
```

$$y := 10864.$$
$$u := 1.4142135$$
$$glg2 := .41869521\,10^8\,v - .10255896\,10^9\,w = 0$$

```
> loesung1_8:=q;  loesung2_8:=p;
> loesung3_8:=solve({glg1,glg2},{v,w});
```

$$loesung1\_8 := .10708159\,10^{11}$$

$$loesung2\_8 := 10000.$$

$$loesung3\_8 := \{\, w = -.28989795, \; v = -.71010205 \,\}$$

Wie wir sehen, haben diese Lösungen keinerlei Ähnlichkeit mit den oben berechneten exakten Werten. Nun erhöhen wir die Genauigkeit der numerischen Rechnung auf 25 Ziffern mit dem Befehl

```
> Digits:=25:
> y:=evalf(y_exakt); u:=evalf(u_exakt); glg2:=evalf(glg2_exakt);
```

$$y := 10864.$$

$$u := 1.414213531540000000000000$$

$$glg2 := .41869520500000000000000000\,10^8\,v$$
$$- .102558961\,10^9\,w = 0$$

```
> loesung1_25:=q;  loesung2_25:=p;
> loesung3_25:=solve({glg1,glg2},{v,w});
```

$$loesung1\_25 := 1.$$

$$loesung2\_25 := 1.0001825038105$$

$$loesung3\_25 := \{\, v = .205117922\,10^9, \; w = .83739041\,10^8 \,\}$$

Die Lösung des ersten und dritten Problems ist diesmal exakt. Daß die Lösung des zweiten im Rahmen der ausgegebenen Stellen richtig ist, zeigt die Dezimaldarstellung der exakten Lösung.

```
> evalf(loesung2_exakt);
```

$$1.000182503810480541646315$$

Die drei Probleme sind bösartig und numerisch nur mit einem Aufwand in den Griff zu bekommen, wie er bei Taschenrechnern und den meisten Programmsystemen nicht zur Verfügung steht. MAPLE hat uns dagegen unmittelbar die exakte Lösung geliefert.

Abschließend wollen wir nicht vergessen, die Genauigkeit wieder auf ihren Standardwert 10 zurückzusetzen:

```
> Digits:=10:
```

Übungsvorschlag: Testen Sie Ihren Taschenrechner oder ein herkömmliches Programmsystem mit den drei Aufgaben.

Bisher haben wir nur die reellen Zahlen (`real`) betrachtet, MAPLE kann jedoch auch mit komplexen Zahlen (`complex`) umgehen. Die imaginäre Einheit i wird dabei als `I` (Großbuchstabe) geschrieben. Wir definieren eine komplexe Zahl.

```
> a:=1+2*I;
```

$$a := 1 + 2\,I$$

Unter Beachtung von $i^2 = -1$ bildet MAPLE das Quadrat

```
> a^2;
```

$$-3 + 4\,I$$

Auch die Wurzel läßt sich ziehen:

```
> aw:=sqrt(a);
```

$$aw := \sqrt{1 + 2\,I}$$

Die explizite Zerlegung in Real- und Imaginärteil erreichen wir mit dem Befehl evalc (evaluate, complex).

```
> evalc(aw);
```

$$\frac{1}{2}\sqrt{2 + 2\sqrt{5}} + \frac{1}{2}\,I\,\sqrt{-2 + 2\sqrt{5}}$$

Wenn wir einen numerischen Wert bevorzugen, können wir stattdessen auf den Befehl evalf zurückgreifen.

```
> evalf(aw);
```

$$1.272019650 + .7861513778\,I$$

1.4   Elemente des Programmierens

Die in den bisherigen Abschnitten wiedergegebene interaktive MAPLE-Sitzung besteht nur aus Zuordnungs- und Ausdrucksanweisungen. Für höhere Ansprüche stellt MAPLE noch zwei weitere — aus herkömmlichen Programmiersprachen bekannte — Konstrukte zur Verfügung: Schleifen und logische Verzweigungen.

Als Beispiel studieren wir das Aufsuchen der kleinsten Zahl aus einer Liste von Zahlen:

```
> zahlen:=[-5.3, 7.2, -39.8, -231.4, 9.0]:
```

Zunächst wählen wir als Kandidaten k für das Minimum das erste Element der Liste.

```
> k:=zahlen[1];
```

$$k := -5.3$$

Dann fragen wir der Reihe nach alle übrigen Elemente ab. Jedesmal, wenn ein Element kleiner als der bisherige Kandidat ist, so wird es zum neuen Kandidaten; ansonsten amtiert der alte Kandidat weiter. Ob ein Kandidat ausgewechselt, d.h. die Zuordnung eines neuen Wertes zur Variablen k vorgenommen wird, hängt also von der Erfüllung einer Bedingung ab. Dies ist das einfachste Beispiel einer logischen Programmverzweigung.

Der letzte Kandidat repräsentiert schließlich das gesuchte Minimum.

```
> if zahlen[2]<k then k:=zahlen[2] fi;
> if zahlen[3]<k then k:=zahlen[3] fi;
```
$$k := -39.8$$
```
> if zahlen[4]<k then k:=zahlen[4] fi;
```
$$k := -231.4$$
```
> if zahlen[5]<k then k:=zahlen[5] fi;
```

Bei der ersten und letzten der vier Abfragen hat der nach **if** stehende logische Ausdruck den Wert **false**. Deshalb wird die auf **then** folgende Zuordnungsanweisung übersprungen. In den beiden anderen Fällen ist die Bedingung zutreffend, d.h. der logische Ausdruck hat den Wert **true**. Deshalb wird die durch **then** und **fi** (umgedrehtes **if**) eingeklammerte Anweisung ausgeführt.

Weil die gleiche Abfrage mehrmals für verschiedene Indizes vorgenommen wird, können wir den Aufwand durch Einführung einer Schleife wie folgt reduzieren.

```
> k:=zahlen[1]:
> for j from 2 to nops(zahlen) do
>     if  zahlen[j]<k then k:=zahlen[j]  fi
> od:
> k;
```
$$-231.4$$

Die Zahl der Elemente der Liste **zahlen** — nops(zahlen) — ist im vorliegenden Falle gleich 5. Der Schleifenindex **j** durchläuft also die vier Werte 2, 3, 4, 5, und für jeden dieser Werte wird die durch **do** und **od** (umgedrehtes **do**) eingeklammerte **if**-Abfrage ausgewertet. Der Aufruf von **k** gibt uns sodann den Wert des Minimums.

Auch eine kürzere Formulierung ohne Schleifenindex ist möglich:

```
> k:=zahlen[1]:
> for zz in zahlen do    if  zz<k then k:=zz  fi    od:
> k;
```
$$-231.4$$

zz in zahlen bedeutet dabei, daß **zz** alle Elemente der Liste **zahlen** durchläuft.

Soll eine Schleife so lange durchlaufen werden, wie eine Bedingung erfüllt ist, so tritt **while...do** an die Stelle von **for...do**. Als Beispiel betrachten wir folgendes Ergebnis aus der Theorie der unendlichen Reihen:

$$\sum_{j=1,3,5}^{\infty} \frac{1}{j^4} = \frac{\pi^4}{96} = S \,.$$

Um einen Eindruck von der Konvergenzgeschwindigkeit dieser Reihe zu erhalten, möchten wir wissen, wieviel Reihenglieder n erforderlich sind, damit

der relative Fehler bei der Approximation der Reihensumme S durch die
Teilsumme der ersten n Reihenglieder weniger als 0.001% beträgt.

```
> S:=evalf(Pi^4/96):
> teilsumme:=0:  fehler:=1:    j:=1:   n:=0:
> while fehler >=0.00001 do
> n:=n+1;
> teilsumme :=teilsumme + 1./j^4;
> fehler:=1-teilsumme/S;
> j:=j+2
> od:
> n, fehler;
```

$$13, .93192 \, 10^{-5}$$

Bei der vorgegebenen Fehlerschranke müssen 13 Glieder summiert werden;
die Reihe konvergiert also bemerkenswert rasch.

Solange der logische Ausdruck nach while den Wert true besitzt, d.h. der
Fehler noch größer oder gleich 0.00001 ist, wird die durch do...od eingeklammerte Befehlsfolge ausgeführt: Die Zahl n der berücksichtigten Reihenglieder
wird um 1 erhöht, zur bisherigen Teilsumme ein weiteres Glied hinzuaddiert,
der relative Fehler berechnet und der Summationsindex j um 2 vergrößert.
Sobald der logische Ausdruck erstmalig den Wert false annimmt, wird die
Bearbeitung der Schleife abgebrochen.

Vor der Definition der Schleife mußten wir den Variablen teilsumme, j
und n, die in der Schleife unter Rückgriff auf ihren vorherigen Wert aktualisiert werden, Anfangswerte zuweisen. Man nennt das Initialisierung. Auch
fehler mußte initialisiert werden, damit die Schleife überhaupt starten kann.

1.5 Prozeduren

Das von uns behandelte Aufsuchen des Minimums einer Liste ist eine häufig
sich stellende Aufgabe. Wir möchten nicht jedesmal eine Befehlsfolge eintippen, sondern die Lösung der Aufgabe durch ein kurzes Kommando veranlassen. In der Tat stellt MAPLE dafür die Prozedur min bereit. Da diese aber
als Eingabe nicht eine Liste, sondern eine Sequenz erwartet, wenden wir sie
auf die Sequenz op(zahlen) der Elemente der Liste zahlen an und erhalten
das bekannte Ergebnis:

```
> min(op(zahlen));
```

$$-231.4$$

Um zu verstehen, wie eine solche Prozedur (procedure) arbeitet und wie
wir sie bei Bedarf selbst erstellen können, wollen wir zur Übung eine Prozedur zur Ermittlung des Minimums einer Liste studieren, der wir den Namen
minim geben. (Die Ermittlung des Maximums einer Sequenz ist als Beispiel in
?nargs beschrieben.) Bei jeder Prozedur ist zwischen Definition und Aufruf
zu unterscheiden. Hier ist zunächst die Definition der Prozedur:

Prozedur `minim`

```
> minim:=proc(za::list)
```
Prozedur zur Berechnung des Minimums einer Liste
```
> local k,zz;
> k:=za[1]:
> for zz in za do     if  zz<k then k:=zz  fi    od:
> k
> end:
```

Der Aufruf der Prozedur bedeutet ihre Anwendung auf einen konkreten Fall. So erhalten wir bei Anwendung auf die Liste `zahlen` wieder das bekannte Ergebnis:

```
> minim(zahlen);
```
$$-231.4$$

Die Liste `zahlen` stellt bei diesem Aufruf die Eingabe oder den sog. aktuellen Parameter der Prozedur dar. Die Definition verwendet als Platzhalter für diese erst beim Aufruf zu konkretisierende Eingabe den Namen `za`. Man nennt den Platzhalter auch den formalen Parameter der Prozedur oder spricht von *dummy variable*.

Sehen wir uns nun die Definition der Prozedur im einzelnen an.

Der Rumpf der Prozedur — die vierte bis sechste Zeile — repräsentiert in bereits bekannter Weise die Ermittlung des Minimums und die Ausgabe des Ergebnisses `k`.

Die siebente Zeile macht das Ende der Prozedurdefinition kenntlich.

In der ersten Zeile wird ausgesagt, daß `minim` der Name der Prozedur ist, daß die formalen Parameter mit dem Namen `za` belegt werden und daß MAPLE eine Fehlermeldung ausgeben soll, falls die beim Aufruf der Prozedur verwendeten aktuellen Parameter nicht vom Typ Liste sind, d.h. falls `type(za,list)` nicht den Wert `true` besitzt. (Bezüglich der möglichen Typen von Variablen s. `?type`.)

In der zweiten Zeile steht ein Kommentar, der auf die Bearbeitung der Prozedur keinen Einfluß hat. (Er wird bei der Eingabe der Prozedur als Text-Datei durch Voranstellen des aus der Notenschrift bekannten Kreuzes kenntlich gemacht. Ebenso wie die MAPLE-Namen darf auch der Kommentar keine deutschen Sonderzeichen (Umlaute, ß) enthalten.)

Die dritte Zeile deklariert die Variablen `k` und `zz` als lokal. Das bedeutet, daß ihre Werte nach dem Abarbeiten der Prozedur nicht mehr verfügbar sind. Sollen Zwischenergebnisse der Prozedurberechnung später noch zugänglich sein, so müssen die entsprechenden Variablen in der Prozedurdefinition als global deklariert werden. Obwohl die Deklaration aller Variablen einer Prozedur nicht in jedem Falle zwingend ist, empfiehlt sie sich stets der größeren Klarheit wegen. In der Regel ist es ungefährlich, wenn die Namen der

lokalen Variablen mit denen von globalen Variablen außerhalb der Prozedur
übereinstimmen. Diese Variablen werden von MAPLE als verschieden betrachtet. (Bezüglich weiterer Einzelheiten s. auch ?procedure, ?parameter. Eine
Deutung der Prozeduren mit dem Funktionsbegriff der Mathematik wird in
Abschn. 2.5 gegeben.)

Um das Funktionieren der Typprüfung zu kontrollieren, benutzen wir als
Eingabe fälschlich die Sequenz op(zahlen) wie bei der MAPLE-internen Prozedur min und erhalten die erwartete Fehlermeldung:

```
> minim(op(zahlen));
Error, minim expects its 1st argument, za,
to be of type list, but received -5.3
```

Wollen wir die Definition einer Prozedur ansehen, so hilft es nichts, den
Namen der Prozedur aufzurufen. Wohl aber können wir den print-Befehl
verwenden. Kommentare werden dabei jedoch nicht mit ausgegeben.

```
> minim;
                              minim

> print(minim);
proc(za::list)
local k,zz;
     k := za[1]; for zz in za do  if zz < k then k := zz fi od; k
end
```

Übungsvorschlag: Entwerfen Sie eine Prozedur zum Sortieren der Zahlen
einer Liste in aufsteigender Reihenfolge. Einzugeben ist also — wie bei minim
— eine Liste. Auszugeben ist eine andere Liste mit denselben Elementen in
geänderter Reihenfolge, beginnend mit dem kleinsten Element der Eingabe-
liste.

Prozeduren geben nur Endergebnisse und keine Zwischenrechnungen aus.
Wenn eine Prozedur jedoch nicht im gewünschten Sinne arbeitet, möchten
wir die Stelle kennen, an der etwas falsch läuft. Zu diesem Zweck können wir
die Ausgabe sämtlicher Rechenschritte mit dem Befehl debug vor Aufruf der
Prozedur erreichen. Mit dem Befehl undebug lassen sich die Zwischenausga-
ben anschließend wieder abschalten. Im Falle unserer Prozedur minim sähe
das so aus:

```
> debug(minim):  minim(zahlen);
```

Es folgt die ausführliche Ausgabe, die hier nicht wiedergegeben werden soll.

```
> undebug(minim):
```

Zum Zwecke der Syntaxprüfung von Prozeduren steht das Diagnoseprogramm
mint zur Verfügung. Seit der Version 4 gibt es noch weitere Werkzeuge zur
Fehlersuche (s. ?DEBUG, ?debugger).

2 Funktionen, Kurven und Gleichungen

Zu Beginn dieses Kapitels machen wir uns damit vertraut, daß Funktionen in MAPLE auf zweierlei Arten gekennzeichnet werden können: Durch Vorgabe eines Ausdrucks oder durch Definition eines Funktionsoperators. Insbesondere interessieren wir uns auch für die verschiedenen Möglichkeiten der Beschreibung von Funktionen, die stückweise durch unterschiedliche Ausdrücke erklärt sind.

Im Anschluß daran befassen wir uns mit den elementaren Funktionen. Neben den in MAPLE verwendeten Schreibweisen stehen die Möglichkeiten der graphischen Darstellung von Funktionen sowie der symbolischen Umformungen algebraischer Ausdrücke im Mittelpunkt.

Funktionen zweier Variabler und ihre dreidimensionale Darstellung mittels Flächen im Raum werden als nächstes behandelt. Dabei stoßen wir wieder auf Prozeduren und nehmen die Gelegenheit wahr, deren Struktur im Lichte des allgemeinen Funktionsbegriffs der Mathematik genauer zu klären.

Als Fragestellung aus der analytischen Geometrie studieren wir danach die Beschreibung und graphische Darstellung von Kurven in Ebene und Raum.

Das Kapitel schließt mit einem Überblick über die symbolischen und numerischen Möglichkeiten zur Lösung algebraischer und transzendenter Gleichungen sowie von Gleichungssystemen.

2.1 Funktionsdefinitionen in MAPLE

Die einfachste und meistens zweckmäßigste Beschreibung einer Funktion in MAPLE geschieht durch Angabe eines algebraischen Ausdrucks, beispielsweise:

> `f:=x^4+1;`

$$f := x^4 + 1$$

Der Variablen x ist kein Wert zugewiesen worden, sie fungiert als Unbekannte. Der Ausdruck f ordnet dieser Unbekannten die Summe aus ihrer vierten Potenz und der Zahl 1 zu. Wir wollen uns im folgenden nur für reelle Werte der Unbekannten interessieren. Dann läßt die Zuordnungsvorschrift sich mit dem Befehl plot graphisch darstellen als ebene Kurve:

> `plot(f,x);`

Auf der horizontalen Achse sind die x-Werte (standardmäßig im Intervall $[-10, 10]$) und auf der vertikalen Achse die zugehörigen Werte von f aufgetragen. Der Befehl läßt sich ausgestalten, z.B.:

```
> plot(f,x=-1..2,color=blue,title='Vierte Potenz + 1',
> axesfont=[TIMES,BOLD,15]);
```

(Bezüglich der Möglichkeiten s. ?plot, ?plot,options.)

Funktionswerte von f für feste Werte der Variablen x liefert der Befehl subs (substitute, ersetzen), z.B.:

```
> subs(x=2,f), subs(x=10,f);
```

$$17,\ 10001$$

Der Ausdruck f ist dadurch nicht verändert worden:

```
> f;
```

$$x^4 + 1$$

Wichtig: Weniger zweckmäßig wäre folgendes Vorgehen:

```
> x:=2: f;
```

$$17$$

Nunmehr behält f den Zahlenwert 17, bis der Variablen x ein anderer Wert zugewiesen wird. Den Ausgangszustand können wir wiederherstellen, indem wir x seinen aktuellen Wert durch *unassign* wieder entziehen:

```
> x:='x': x,f;
```

$$x,\ x^4 + 1$$

Grundsätzlich läßt sich feststellen: Wenn MAPLE auf einen Befehl in unerwarteter oder scheinbar falscher Weise reagiert, so ist die Ursache in den meisten Fällen darin zu suchen, daß in dem Befehl Variable als Unbekannte verwendet werden sollen und übersehen wird, daß diese bereits einen zugewiesenen Wert besitzen. Ob eine Variable var einen zugewiesenen Wert besitzt, läßt sich im Zweifel durch den Befehl print(var); überprüfen.

MAPLE kennt noch die Operatorform, um Funktionen zu beschreiben. Sie läßt sich auf drei verschiedene Weisen definieren.

1. Definition mit einem Zuordnungspfeil. (Der Pfeil (arrow) wird durch Hintereinandersetzen der Zeichen - und > eingegeben. S. hierzu auch ?operator, functional.)

```
> fa:=x->x^4+1;
```

$$fa := x \rightarrow x^4 + 1$$

2. Die Anwendung des Befehls unapply (Anwendung rückgängig machen) auf einen algebraischen Ausdruck.

```
> fu:=unapply(f,x);
```

$$fu := x \rightarrow x^4 + 1$$

3. Die Verwendung einer Prozedur:

```
> fp:=proc(x) x^4+1 end;

fp := proc(x) x^4+1 end
```

Die Graphen dieser in Operatorform beschriebenen Funktionen erhalten wir
z.B. auf dem Intervall $[-1, 2]$ mit den Befehlen:

```
> plot(fa,-1..2);
> plot(fu,-1..2);
> plot(fp,-1..2);
```

Die Auswertung für den Wert $x = 2$ wird wie folgt vorgenommen:

```
> fa(2), fu(2), fp(2);
```
$$17, \ 17, \ 17$$

Durch die Definition der Variablen f,fa,fu,fp haben wir auf vier verschiedene Weisen ein und dieselbe Funktion definiert. Das Objekt, das mit dem Namen f belegt wurde, ist ein Ausdruck; die Objekte mit den Namen fa,fu,fp
sind Funktionsoperatoren, d.h. Zuordnungsvorschriften.

Alle vier Definitionen benutzen einen Platzhalter (*dummy variable*), den
wir willkürlich mit dem Buchstaben x bezeichnet haben.

Viele Funktionen sind bereits in MAPLE eingebaut. Der Funktionsoperator, der die Quadratwurzel zieht, hat beispielsweise den Namen sqrt —
square root. Wir erhalten den Graphen dieser Funktion, indem wir den
plot-Aufruf auf den Operator sqrt oder aber auf den Ausdruck sqrt(x)
anwenden.

```
> plot(sqrt,0..2);
> plot(sqrt(x),x=0..2);
```

Die Wurzel aus 9 liefert uns der Funktionsaufruf

```
> sqrt(9);
```
$$3$$

Nicht nur algebraische, sondern auch logische Ausdrücke dürfen auf der
rechten Seite einer Funktionsdefinition stehen. Wir benutzen die folgende
Funktion, um aus einer Liste mit dem Befehl select (auswählen) die Teilliste
der negativen Terme zu bilden.

```
> l:=[6.3,-5.2,0,17,-318.9]:
> isneg:=x->x<0;    select(isneg,l);
```
$$isneg := x \rightarrow x < 0$$
$$[-5.2, -318.9]$$

Die Funktion isneg wird nacheinander auf alle Elemente l_i der Liste angewendet. Besitzt die Ungleichung $l_i < 0$ den Wert true, dann wird das
Element übernommen; besitzt sie den Wert false, dann wird es verworfen.

2.2 Stückweise definierte Funktionen

Von den vier vorgestellten Möglichkeiten eignet sich zunächst nur die Prozedur zur Definition von Funktionen, die sich nicht durch einen einheitlichen
algebraischen Ausdruck beschreiben lassen.

In Abschn. 4.3.2 zeigen wir für einen Balken mit Rechteckquerschnitt
aus elastisch-idealplastischem Material: Der Zusammenhang zwischen dem
dimensionslosen Biegemoment μ und der dimensionslosen Krümmung κ ist
gegeben durch folgende Zuordnungsvorschrift:

$$\kappa = \begin{cases} \mu & \text{, wenn} \quad |\mu| \leq 1\,, \\ \operatorname{signum}(\mu)/\sqrt{3 - 2|\mu|} & \text{, wenn} \quad 1 < |\mu| < 3/2\,, \\ \text{nicht erklärt} & \text{, wenn} \quad |\mu| \geq 3/2\,. \end{cases}$$

Der Definitionsbereich dieser Funktion ist das offene Intervall $(-3/2, 3/2)$.
Der Wertebereich ist die Menge der reellen Zahlen. (Allzu große Krümmungs-
beträge haben allerdings keine physikalische Bedeutung, weil dann die der
Herleitung zugrundegelegte Idealisierung nicht mehr zutrifft.) Wir definieren
die Funktion mittels einer Prozedur, sehen uns ihren Graphen an (s. Bild 2.1)
und überprüfen einige Funktionswerte.

| Prozedur kappa |

```
> kappa:=proc(mu)
> if abs(mu)<=1 then mu
>     elif abs(mu)<3/2 then  signum(mu)/sqrt(3-2*abs(mu))
>     else print('Funktion fuer abs(mu)>=3/2 nicht definiert')
> fi
> end:
```

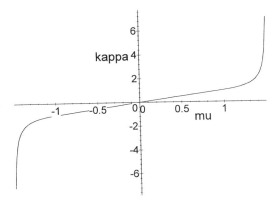

Bild 2.1. Krümmung als Funktion des Biegemoments

```
> plot(kappa,-1.49..1.49);
> kappa(-1.6), kappa(-0.9), kappa(1.3);
```

Funktion fuer abs(mu) >= 3/2 nicht definiert

$$-.9, \ 1.581138830$$

Hier noch einige Erläuterungen zur Prozedur:

Der im Falle $|\mu| \geq 3/2$ auszugebende Text (*string*, Zeichenkette) ist in rückwärtige einfache Anführungszeichen (') einzuschließen. Man erzeugt sie, indem man das Zeichen für den französischen *accent grave* und anschließend einen Zwischenraum eingibt.

Die in MAPLE fest eingebauten Funktionen signum und abs berechnen das Vorzeichen signum(x) bzw. den Absolutbetrag $|x|$ einer reellen Variablen x gemäß

$$\mathrm{signum}(x) = \begin{cases} 1 & , \text{wenn} \quad x > 0, \\ -1 & , \text{wenn} \quad x < 0, \\ 0 & , \text{wenn} \quad x = 0. \end{cases}$$

$$|x| = \mathrm{signum}(x)\, x = \begin{cases} x & , \text{wenn} \quad x \geq 0, \\ -x & , \text{wenn} \quad x < 0. \end{cases}$$

Den Wert von signum(0) kann der Benutzer in MAPLE abändern (s. ?signum). Wir erhalten die Graphen dieser beiden Funktionen, indem wir den Befehl plot auf die Menge mit den zwei Elementen abs und signum anwenden.

```
> plot({abs,signum});
```

Bei der Auswertung der Funktionsvorschrift zur Berechnung von $\kappa(\mu)$ sind drei Fälle zu unterscheiden. Der Prozedurrumpf beschreibt diese dreifache Verzweigung mit der Konstruktion if.. then .. elif.. then ..else .. fi. Darin bedeutet else anderenfalls und elif steht abkürzend für else if.

MAPLE bietet noch weitere Möglichkeiten, um stückweise erklärte Funktionen zu definieren. Im Befehl piecewise müssen wir abwechselnd mittels einer Ungleichung den Definitionsbereich und danach den zugehörigen Ausdruck angeben. Der letzte angegebene Ausdruck gilt dann für den Rest der reellen Achse. Wir wenden das Vorgehen auf die Funktion $\kappa(\mu)$ an.

```
> kp:=piecewise(mu<-1,-1/sqrt(3+2*mu),abs(mu)<=1,mu,1/sqrt(3-2*mu));
```

$$kp := \begin{cases} -\dfrac{1}{\sqrt{3+2\,\mu}} & \mu < -1 \\ \mu & |\mu| \leq 1 \\ \dfrac{1}{\sqrt{3-2\,\mu}} & \textit{otherwise} \end{cases}$$

```
> plot(kp,mu=-3..3);
> eval(subs(mu=-1.6,kp)), eval(subs(mu=-0.9,kp)),
>       eval(subs(mu=1.3,kp));
```

$$2.236067978\, I, \ -.9, \ 1.581138830$$

Für Argumente $|\mu| > 3/2$ erhalten wir diesmal imaginäre Funktionswerte. Diese werden bei der graphischen Darstellung ignoriert.

Durch `piecewise` erklärte Funktionen lassen sich mit dem Befehl `convert` (umwandeln) in einen formal einheitlichen Ausdruck umschreiben, der die Heaviside-Funktion enthält. Wir prüfen das am Beispiel.

```
> kh:=convert(kp,Heaviside);
```

$$kh \quad := \quad -\frac{1}{\sqrt{3+2\,\mu}} + \frac{\text{Heaviside}(\mu+1)}{\sqrt{3+2\,\mu}} + \mu\,\text{Heaviside}(\mu+1)$$

$$-\text{Heaviside}(\mu-1)\,\mu + \frac{\text{Heaviside}(\mu-1)}{\sqrt{3-2\,\mu}}$$

```
> plot(kh,mu=-3..3);
> eval(subs(mu=-1.6,kh)), eval(subs(mu=-0.9,kh)),
>        eval(subs(mu=1.3,kh));
```

$$2.236067978\,I,\ -.9000000000,\ 1.581138830$$

Der Wert der Heaviside-Funktion ist 0 für negative und 1 für positive Argumente. Ihr Graph sieht folgendermaßen aus:

```
> plot(Heaviside,axes=BOXED);
```

Übungsvorschlag: Prüfen Sie mittels der Definition der Heaviside-Funktion, ob die Funktionen kp und kh tatsächlich identisch sind.

In signum ist uns bereits eine andere der in MAPLE eingebauten stückweise stetigen Funktionen begegnet. Weitere Beispiele findet man unter den Stichwörtern ?Heaviside, ?trunc. Wir sehen uns die Graphen solcher Funktionen an.

```
> plot({signum,frac},-4..4);
> plot({floor,ceil,trunc,round},-4..4);
```

Eine Anwendung findet sich bei der Berechnung eines Pendels, bei dem jeder Überschlag den zurückgelegten Winkel um $360° = 2\pi$ erhöht. Um die momentan erreichte Lage besser interpretieren zu können, möchte man sie durch einen Winkel im Intervall $[-\pi, \pi]$ beschreiben. Es ist also ein passendes Vielfaches von 2π zum berechneten Winkel zu addieren oder zu subtrahieren. Die folgende Vorschrift leistet dies:

```
> reduz:=x->evalf(Pi*(2*frac((x/Pi+signum(x))/2)-signum(x)));
```

$$reduz := x \rightarrow$$
$$\text{evalf}\left(\pi\left(2\,\text{frac}\left(\frac{1}{2}\frac{x}{\pi}+\frac{1}{2}\,\text{signum}(\,x\,)\right)-\text{signum}(\,x\,)\right)\right)$$

```
> plot(reduz);
```

Wir prüfen ein Beispiel.

```
> z:=27*Pi+1; reduz(z);
```

$$z := 27\,\pi + 1$$
$$-2.141592642$$

Wir erwarten, daß das Ergebnis gleich $-\pi + 1$ ist.

```
> -Pi+1;  evalf(""-");
```

$$-\pi + 1$$

$$.12\,10^{-7}$$

Im Rahmen der Rechengenauigkeit erweist sich in der Tat die Differenz zwischen beiden Zahlen als Null. (Die einfachen und doppelten Anführungszeichen " bzw. "" stehen für den letzten und vorletzten von MAPLE ermittelten Ausdruck. Im vorliegenden Falle sind diese ausgegeben worden, weil wir die Befehle mit einem Semikolon abgeschlossen hatten. Auch auf den drittletzten Ausdruck können wir Bezug nehmen durch """.)

Betrachten wir zum Abschluß dieses Abschnitts noch ein eher kurioses Beispiel. Wir bilden den Ausdruck $z = e^{\pi\sqrt{163}}$ und runden ihn mit dem Befehl round auf die nächstliegende ganze Zahl z_r ab.

```
> z:=exp(Pi*sqrt(163)); zr:=round(z);
```

$$z := e^{(\pi\,\sqrt{163})}$$
$$zr := \mathrm{round}(e^{(\pi\,\sqrt{163})})$$

Den Abstand der beiden Zahlen — der definitionsgemäß zwischen 0 und 1/2 liegen muß — berechnen wir numerisch und finden

```
> evalf(zr-z);
```

$$.2625374071\,10^{26}$$

Das Ergebnis ist offenbar unsinnig. Die Tatsache, daß die Funktion round nicht ausgewertet worden ist, hätte uns jedoch gleich darauf hinweisen können, daß die standardmäßig mitgeführten 10 Stellen im vorliegenden Falle nicht ausreichen. Wir setzen daher den Parameter Digits herauf.

```
> Digits:=18: evalf(zr-z);
```

$$0$$

Wir könnten versucht sein, diese Aussage so zu deuten, als ergebe der aus den drei irrationalen Zahlen e, π und $\sqrt{163}$ gebildete Ausdruck z zufällig die ganze Zahl z_r. Vorsichtshalber erhöhen wir die Stellenzahl weiter auf 50.

```
> Digits:=50: evalf(z); zr; evalf(zr-z);
```

$$.26253741264076874399999999999992500725971981856888\,10^{18}$$
$$262537412640768744$$
$$.74992740280181431119\,10^{-12}$$

Nunmehr wird deutlich, daß die Zahl z zwar nicht ganz ist, sich aber von einer ganzen Zahl um weniger als 10^{-12} —also ein Billionstel — unterscheidet. (Dieses bemerkenswerte Ergebnis mag damit zusammenhängen, daß die 163 — wie man seit Gauß weiß — in der Zahlentheorie eine ausgezeichnete Rolle spielt.) Abschließend setzen wir den Parameter Digits wieder auf den Regelwert zurück.

```
> Digits:=10:
```

2.3   Elementare Funktionen

2.3.1   Potenzen

Beispiele für Potenzen mit ganzzahligen und gebrochenen positiven Exponenten treffen wir in der Elastizitätstheorie an.

Die Hertzsche Theorie des punktförmigen Kontaktes isotroper linear-elastischer Körper — die beispielsweise bei der Berechnung von Kugellagern herangezogen wird — liefert zwischen der Anpreßkraft f, der sich ausbildenden Kontaktfläche A, der mittleren Flächenpressung p im Kontaktgebiet und der Abplattung w die Beziehungen

$$p = f/A, \qquad w = c_1 A, \qquad A = c_2 c_3 p^2.$$

Die Konstanten c_1 und c_2 sind abhängig von den Krümmungen und c_3 von den elastischen Konstanten der beiden Körper am Kontaktpunkt.

Elimination von A zeigt, daß die Abplattung der zweiten und die Anpreßkraft der dritten Potenz der Flächenpressung proportional ist:

$$w = c_1 A = c_1 c_2 c_3 p^2, \qquad f = A p = c_2 c_3 p^3.$$

(Das ist bemerkenswert, denn bei Problemen mit konstanter Kontaktfläche sind Verformung und Kraft der ersten Potenz der Flächenpressung proportional.)

Um das qualitative Verhalten aus der Graphik entnehmen zu können, setzen wir alle Konstanten gleich 1 und definieren also

```
> w:=p^2; f:=p^3;
```

$$w := p^2$$
$$f := p^3$$

Da die Flächenpressung (als Druck) nicht negativ sein kann, ist der Definitionsbereich dieser Funktionen die positive Halbachse. Das berücksichtigen wir im `plot`-Befehl bei der Wahl des Intervalls der unabhängigen Variablen p:

```
> plot({w,f},p=0..2);
```

Die Auftragung der Anpreßkraft f über der Abplattung w liefert uns MAPLE unmittelbar als parametrischen `plot` (s. `?plot,parametric`) mit dem Befehl:

```
> plot([w,f,p=0..2]);
```

Wir erkennen ein überlineares, also versteifendes Verhalten, das von der Zunahme der Kontaktfläche mit wachsender Abplattung herrührt. Im vorliegenden Falle gelingt es mühelos, die Abhängigkeit $f(w)$ durch Elimination des Parameters p explizit zu machen. Zu diesem Zweck lösen wir die Gleichung $w = p^2$ nach p auf und finden $p = \sqrt{w}$. (Die Möglichkeit $p = -\sqrt{w}$ scheidet wegen der Bedingung $p \geq 0$ aus.)

```
> w:='w': p:=sqrt(w); f;
```

$$p := \sqrt{w}$$

$$w^{3/2}$$

Nunmehr können wir die Flächenpressung p und die Anpreßkraft f mit dem herkömmlichen `plot`-Befehl über der Abplattung w auftragen. Damit wir die beiden Kurven besser auseinanderhalten können, wollen wir ihre Farbe vorschreiben. Das kann auf zwei Arten geschehen. Einmal, indem wir für jede eine eigene `plot`-Struktur erzeugen und diese beiden dann mit dem Befehl `display` aus dem Paket `plots` auf den Bildschirm bringen.

```
> plp:=plot(p,w=0..2,color=blue): plf:=plot(f,w=0..2,color=red):
> plots[display]({plp,plf});
```

Einzeln läßt jede der Plotstrukturen sich durch Aufruf ihres Namens sichtbar machen.

```
> plf;
```

Dieselbe Kurve hatten wir bereits als parametrischen `plot` erhalten. Den Befehl zur Erzeugung der `plot`-Strukturen haben wir mit einem Doppelpunkt abgeschlossen, da ein Semikolon eine sehr umfangreiche, aber nicht sehr nützliche Ausgabe bewirkt. Sie enthält die Koordinatenpaare aller Punkte, die MAPLE durch geradlinige Interpolation zu der gewünschten Kurve verbindet.

Die zweite Möglichkeit, den Graphen Farben zuzuordnen, besteht darin, beide Funktionen gleichzeitig als Liste (nicht als Menge, also in [ ] statt { } eingeschlossen) ausgeben zu lassen. Dann lassen sich den Graphen Listen von Eigenschaften (Farben, Strichstärken usw.) zuordnen.

```
> plot([p,f],w=0..2,color=[blue,red]);
```

Die Zusammenhänge

$$p = \sqrt{w} = w^{1/2}, \qquad f = w^{3/2}$$

sind wiederum Potenzgesetze, aber diesmal mit nicht ganzzahligen positiven Exponenten.

Ein Beispiel einer Potenz mit einem negativen ganzzahligen Exponenten liefert das Newtonsche Gravitationsgesetz. Danach ist die Anziehungskraft f zwischen zwei Massen umgekehrt zum Quadrat ihres Abstandes r, also

$$f = \frac{C}{r^2} = C\,r^{-2}.$$

Die Konstante C — das Produkt der beiden Massen und der universellen Gravitationskonstanten — setzen wir gleich 1 und finden:

```
> f:=r^(-2);
```

$$f := \frac{1}{r^2}$$

Der einfachste `plot`-Befehl hilft uns nicht weiter:

```
> plot(f,r);
```

Erstens wird f dabei auch für negative r aufgetragen, obwohl der Abstand r nur positiv sein kann. Zweitens sind die Funktionswerte für betragsmäßig kleine Werte von r sehr groß. Wenn wir die Funktion etwa zur Diskussion einer Satellitenbahn benötigen, so interessieren nur r-Werte aus einem endlichen Intervall auf der positiven reellen Achse, beispielsweise

```
> plot(f,r=1..4);
```

Auf gebrochene negative Exponenten stoßen wir beim Zusammenhang zwischen Druck p und Volumen V eines Gases in Form der Polytropengleichung

$$p = p_0 \left(\frac{V}{V_0} \right)^{-\kappa} .$$

Bei isothermer Volumenänderung ist für den Parameter κ der ganzzahlige Wert 1, bei adiabatischer dagegen der gebrochene Wert $\kappa = c_p/c_v$ ($= 1.4$ bei zweiatomigen Gasen) einzusetzen. (c_p und c_v sind die Wärmekapazitäten bei konstantem Druck bzw. konstantem Volumen.)

```
> isotherme:=v^(-1): adiabate:=v^(-1.4):
> plot([isotherme,adiabate],v=1..3,0..1,color=[blue,red]);
```

Hier noch ein `plot` verschiedener Potenzkurven, wobei wir die Ausgabe der Funktionswerte auf das Intervall [0,2] einschränken. Der Befehl `seq` erzeugt eine Sequenz von Funktionen x^b, wobei der Exponent b alle Elemente der angegebenen Menge durchläuft.

```
> plot({seq(x^b,b={-5,-1,-1/2,0,1/2,1,3/2,2,5})},x=0..3,0..2);
```

Versuchen Sie, die Exponenten der einzelnen Kurven des Bildes zu identifizieren.

Potenzen negativer reeller Zahlen mit nicht ganzen Exponenten besitzen in der Regel komplexe Werte. (Näheres hierzu wird in Abschn. 2.7.2 in Zusammenhang mit den Wurzelgleichungen ausgeführt.) Von MAPLE erhalten wir die Graphen dieser Potenzen deshalb nur über der positiven Halbachse.

MAPLE kann mit den Rechenregeln für Potenzen umgehen.

```
> x^u*x^v;    simplify(");
```

$$x^u \, x^v$$

$$x^{(u+v)}$$

```
> expand(");
```

$$x^u \, x^v$$

```
> (x^u)^v;    expand(");
```

$$(x^u)^v$$

$$(x^u)^v$$

Diesmal faßt Maple die Exponenten nicht zusammen, weil das Ergebnis für komplexe x, u und v nicht unbedingt das gewünschte ist. In unproblematischen Spezialfällen wird die Zusammenfassung vorgenommen, z.B. bei ganzzahligen u und v.

> `assume(u,integer): assume(v,integer): expand((x^u)^v);`

$$x^{(u\tilde{\ } v\tilde{\ })}$$

2.3.2 Ganze rationale Funktionen

Ganze rationale Funktionen, auch Polynome genannt, sind Linearkombinationen von Potenzen mit nicht negativen ganzzahligen Exponenten, also

$$P(x) = a_0 + a_1 x + a_2 x^2 + a_3 x^4 + \ldots + a_n x^n \ .$$

Als Beispiel betrachten wir die Durchbiegung w eines geraden elastischen Balkens der Länge l mit konstantem Querschnitt, der am linken Ende eingespannt und am rechten gelenkig gelagert ist und durch eine linear abnehmende Linienkraft belastet ist. (S. Bild 2.2. Deutung: Wasserdruck auf eine unten eingespannte und oben gestützte Behälterwand. Einzelheiten werden in Abschn. 4.2.1 diskutiert.)

$$w = \frac{q_1\,l^4}{120\,EI_y}\left(4(x/l)^2 - 8(x/l)^3 + 5(x/l)^4 - (x/l)^5\right)\ .$$

(q_1: Wert der Linienkraft am linken Ende, EI_y: Biegesteifigkeit). Für x/l schreiben wir ξ und setzen den Vorfaktor zum Zwecke der qualitativen Deutung gleich 1.

> `w:=4*xi^2-8*xi^3+5*xi^4-xi^5;`

$$w := 4\,\xi^2 - 8\,\xi^3 + 5\,\xi^4 - \xi^5$$

> `plot(w,xi=0..1);`

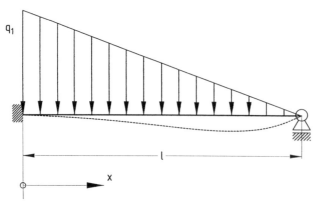

Bild 2.2. Elastischer Balken unter Linienkraft

MAPLE kann solche Polynome auf verschiedene Weise umformen. Eine Zerlegung in Faktoren liefert der Befehl `factor`:

> `wf:=factor(w);`

$$wf := -\xi^2\,(\xi-1)\,(\xi-2)^2$$

Aus dieser Darstellung läßt sich unmittelbar entnehmen, daß die Durchbiegung an den Lagern, d.h. bei $\xi = 0$ und $\xi = 1$ verschwindet. Die dritte Nullstelle des Polynoms bei $\xi = 2$ liegt außerhalb des Definitionsbereiches $[0, 1]$ der Durchbiegung und hat keine physikalische Bedeutung. Den Verlauf des Polynoms auch außerhalb des Definitionsbereichs der Durchbiegung entnehmen wir aus

> `plot(w,xi=-0.5..2.5);`

Die Ausmultiplikation eines faktorisierten Polynoms geschieht mit dem Befehl `expand`:

> `expand(wf);`

$$4\,\xi^2 - 8\,\xi^3 + 5\,\xi^4 - \xi^5$$

Für die numerische Auswertung von Polynomen wird meist die Horner-Form herangezogen, weil sie mit wenig Rechenoperationen auskommt.

> `convert(w,horner);`

$$(\,4 + (\,-8 + (\,5 - \xi\,)\,\xi\,)\,\xi\,)\,\xi^2$$

Der Befehl `sort` (sortieren) bringt die Potenzen eines beliebig geordneten Polynoms in fallende Reihenfolge.

> `sort(w);`

$$-\xi^5 + 5\,\xi^4 - 8\,\xi^3 + 4\,\xi^2$$

2.3.3 Gebrochene rationale Funktionen

Gebrochene rationale Funktionen sind Quotienten von Polynomen, haben also die Gestalt

$$Q(x) = \frac{a_0 + a_1 x + a_2 x^2 + a_3 x^3 + a_4 x^4 + \ldots + a_n x^n}{b_0 + b_1 x + b_2 x^2 + b_3 x^3 + b_4 x^4 + \ldots + b_m x^m}\,.$$

In Abschn. 7.2.2 untersuchen wir die erzwungene harmonische Schwingung eines ungedämpften Zwei-Massen-Schwingers mit den Massen m_1, m_2 und den Federsteifigkeiten c_1, c_2. Die Amplituden der beiden Massen, bezogen auf die Anregungsamplitude, ergeben sich dabei in Abhängigkeit von der Anregungskreisfrequenz Ω zu

$$s_1 = \frac{(c_2 - m_2\,\Omega^2)\,c_1}{m_1\,m_2\,\Omega^4 - (c_1\,m_2 + c_2\,(m_1 + m_2))\Omega^2 + c_1\,c_2}\,,$$

$$s2 = \frac{c_1\,c_2}{m_1\,m_2\,\Omega^4 - \big(c_1\,m_2 + c_2\,(m_1 + m_2)\big)\Omega^2 + c_1\,c_2}\;.$$

Setzen wir die Massen und Federsteifigkeiten gleich 1, so finden wir die folgenden beiden rationalen Funktionen:

```
> s1:=(1-Omega^2)/(Omega^4-3*Omega^2+1);
> s2:=1/(Omega^4-3*Omega^2+1);
```

$$s1 := \frac{1 - \Omega^2}{\Omega^4 - 3\,\Omega^2 + 1}\;\cdot$$

$$s2 := \frac{1}{\Omega^4 - 3\,\Omega^2 + 1}$$

```
> plot({s1,s2},Omega=0..3,-5..5);
```

Aus den Graphen (s. Bild 2.3) sehen wir, daß beide Funktionen bei $\Omega = \omega_1 \approx 0.6$ und $\Omega = \omega_2 \approx 1.6$ — den Eigenkreisfrequenzen des Systems — Pole besitzen. Für diese zwei Werte von Ω verschwindet der gemeinsame Nenner beider Funktionen, ohne daß zugleich der Zähler verschwindet, so daß die Beträge der Funktionswerte in der Nähe dieser Argumente beliebig groß werden. Physikalisch bedeutet dies, daß die Amplituden unzulässig anwachsen, wenn die Anregungsfrequenz nahezu mit einer Eigenfrequenz des Systems zusammenfällt (Resonanzkatastrophe). Die genauen Werte der Nullstellen des Nenners (denominator, denom) liefert uns folgender Aufruf.

```
> solve(denom(s1),Omega);
```

$$-\frac{1}{2} + \frac{1}{2}\sqrt{5}, \quad -\frac{1}{2} - \frac{1}{2}\sqrt{5}, \quad \frac{1}{2} + \frac{1}{2}\sqrt{5}, \quad \frac{1}{2} - \frac{1}{2}\sqrt{5}$$

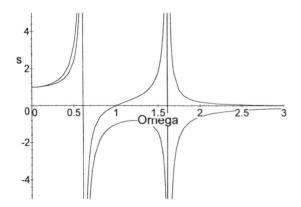

Bild 2.3. Amplituden in Abhängigkeit von der Anregungskreisfrequenz Ω

Die numerische Auswertung zeigt, daß nur zwei dieser vier Werte positiv und daher von physikalischer Bedeutung sind:

```
> evalf(");
```
$$.6180339890, \ -1.618033989, \ 1.618033989, \ -.6180339890$$

Die Lage der Pole rationaler Funktionen wird deutlicher, wenn wir eine Zerlegung in Partialbrüche (partial fractions, parfrac) durchführen (s. auch ?convert,parfrac). Der folgende Aufruf liefert noch nicht die gewünschte Form:

```
> convert(s1,parfrac,Omega): convert(s2,parfrac,Omega);
```
$$-\frac{1}{2}\frac{1+\Omega}{\Omega^2+\Omega-1} + \frac{1}{2}\frac{-1+\Omega}{\Omega^2-\Omega-1}$$

Um eine weitergehende Zerlegung zu erhalten, müssen wir MAPLE informieren, daß in den Nullstellen des Nenners die irrationale Zahl $\sqrt{5}$ auftritt.

```
> convert(s1,parfrac,Omega,sqrt(5)):
> convert(s2,parfrac,Omega,sqrt(5));
```
$$\frac{1}{10}\frac{5+\sqrt{5}}{2\Omega-1+\sqrt{5}} - \frac{1}{10}\frac{-5+\sqrt{5}}{2\Omega-1-\sqrt{5}} + \frac{1}{10}\frac{-5+\sqrt{5}}{2\Omega+1+\sqrt{5}} - \frac{1}{10}\frac{5+\sqrt{5}}{2\Omega+1-\sqrt{5}}$$

Die zugehörige Dezimaldarstellung hätten wir ohne die Zusatzinformation wie folgt erhalten:

```
> convert(evalf(s1),parfrac,Omega):
> convert(evalf(s2),parfrac,Omega);
```
$$-\frac{.1381966011}{\Omega+1.618033989} + \frac{.3618033989}{\Omega+.6180339887} - \frac{.3618033989}{\Omega-.6180339887} + \frac{.1381966011}{\Omega-1.618033989}$$

Nunmehr erscheinen die rationalen Funktionen als Summe von vier Summanden, von denen jeder bei genau einer der vier Nullstellen des Nenners $(\pm1\pm\sqrt{5})/2$ einen Pol besitzt.

2.3.4 Irrationale algebraische Funktionen

Als nächstes betrachten wir Funktionen, die gebrochene Exponenten enthalten. Besonders häufig ist in den Anwendungen der Exponent 1/2, also die Quadratwurzel.

Als Beispiel untersuchen wir ein System aus zwei Federn, deren Verbindungsknoten seitlich ausgelenkt wird (s. Bild 2.4). Mit der spannungsfreien Ausgangslänge l_0 und der seitlichen Auslenkung w erhalten wir die aktuelle Länge einer Feder nach Pythagoras zu

$$l = \sqrt{l_0^2 + w^2}$$

und den Sinus des Winkels α der Schrägstellung der Feder zu

$$\sin\alpha = w/l \,.$$

Mit der Federkonstanten c berechnet die Federkraft f_F sich gemäß

$$f_F = c(l - l_0),$$

und aus dem Krafteck am ausgelenkten Knoten erhalten wir die zur Auslenkung nötige Kraft zu

$$f = 2f_F \sin\alpha = 2c(l - l_0)\frac{w}{l} = 2c\left(1 - \frac{l_0}{\sqrt{l_0^2 + w^2}}\right) w \,.$$

Wir wählen die Zahlenwerte $l_0 = 1$ und $c = 1/2$.

```
> w:='w': f:=(1-1/sqrt(1+w^2))*w;
```

$$f := \left(1 - \frac{1}{\sqrt{1 + w^2}}\right) w$$

```
> plot(f,w=-2..2);
```

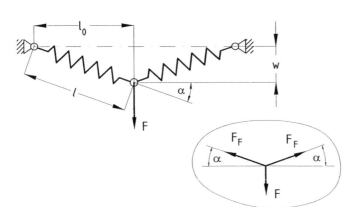

Bild 2.4. Seitliche Auslenkung eines Systems aus zwei Federn

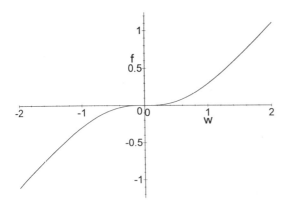

Bild 2.5. Kraft als Funktion der Auslenkung

Mit wachsender Auslenkung wächst die Steigung der Kennlinie, also die Steifigkeit, an. Im Ausgangszustand hat sie den Wert Null (s. Bild 2.5). Das System verhält sich also stark nichtlinear.

Die folgende Wurzelfunktion kann als stetige Approximation für die unstetige `signum`-Funktion verwendet werden:

```
> g:=sqrt(a^2*x^2+a*x+1)-sqrt(a^2*x^2-a*x+1);
```

$$g := \sqrt{a^2\, x^2 + a\, x + 1} - \sqrt{a^2\, x^2 - a\, x + 1}$$

Wir sehen uns die Kurven für einige Werte des Parameters a an. (Er beschreibt die Steigung im Ursprung.)

```
> plot({seq(g,a={1,3,10})},x=-3..3);
```

Übungsvorschlag: Studieren Sie für Parameterwerte $n \in (0, 2]$ die Funktion $(\sqrt{x^2 + nx + 1} - \sqrt{x^2 - nx + 1})/n$. Was geschieht im Falle $n > 2$? Wie läßt die Funktion sich im Falle $n = 2$ einfacher (ohne Wurzeln) schreiben? Was geschieht, wenn x durch ax mit $a > 1$ ersetzt wird?

2.3.5   Die Exponentialfunktion

Der Funktionsoperator der Exponentialfunktion wird geschrieben als `exp` und seine Anwendung auf eine Variable `x` demnach als

```
> f:=exp(x);
```

$$f := \mathrm{e}^x$$

Die Eulersche Zahl e erhalten wir mit dem Aufruf:

```
> exp(1);  evalf(");
```

$$e$$
$$2.718281828$$

Zwischen den Exponentialfunktionen zur Basis e und zu einer Basis a besteht bekanntlich der Zusammenhang $a^x = e^{x \ln a}$. MAPLE bestätigt uns das:

```
> a:='a': exp(x*ln(a));  simplify(");
```

$$\mathrm{e}^{(\,x \ln(\,a\,)\,)}$$
$$a^x$$

Die Exponentialfunktion beschreibt Wachstums- und Zerfallsvorgänge. Die Strahlung eines radioaktiven Materials klingt mit der Zeit nach der Funktion

$$s = s_0 e^{-\lambda(t - t_0)}$$

ab. Setzen wir $t_0 = 0$, so gilt

```
> s:=s0*exp(-lambda*t);
```

$$s := s\theta\, \mathrm{e}^{(-\lambda\, t)}$$

Wir zeichnen den zugehörigen Graphen für $s_0 = 1$ und $\lambda = 1$.

```
> plot(subs({s0=1,lambda=1},s),t=0..3,0..1);
```

Nach der Halbwertzeit t_h beträgt die Strahlungsintensität s nur noch die Hälfte des Ausgangswertes s_0. Wir erhalten ihren Zusammenhang mit dem Abklingparameter λ aus

```
> th:=solve(s=s0/2,t);
```

$$th := \frac{\ln(2)}{\lambda}$$

Die Hyperbelfunktionen (sinh, cosh, tanh) sind als Kombinationen von Exponentialfunktionen definiert. Ihre Umwandlung können wir mit dem Befehl convert veranlassen (s. ?convert,expsincos):

```
> x:='x':    sinh(x);    convert(",expsincos);
```

$$\sinh(x)$$

$$\frac{1}{2}e^x - \frac{1}{2}\frac{1}{e^x}$$

```
> cosh(x);   convert(",expsincos);
```

$$\cosh(x)$$

$$\frac{1}{2}e^x + \frac{1}{2}\frac{1}{e^x}$$

```
> tanh(x);   convert(",expsincos);    simplify(");
```

$$\tanh(x)$$

$$\frac{(e^x)^2 - 1}{(e^x)^2 + 1}$$

$$\frac{e^{(2x)} - 1}{e^{(2x)} + 1}$$

Wir sehen uns einige Graphen an:

```
> plot({exp(x),exp(-x),2*sinh(x),2*cosh(x)},x=-2..2);
```

Den Hyperbeltangens wollen wir vergleichen mit der oben diskutierten Wurzelfunktion (Parameter $a = 1$).

```
> plot([tanh(x),sqrt(x^2+x+1)-sqrt(x^2-x+1)],x=-5..5,
>      color=[red,blue]);
```

Um uns einen Überblick über den Verlauf des Hyperbeltangens längs der ganzen reellen Achse zu verschaffen, können wir den folgenden Befehl heranziehen. Dabei wird auf der x-Achse ein ungleichmäßiger Maßstab verwendet.

```
> plot(tanh(x),x=-infinity..infinity);
```

Schließlich zeichnen wir noch den Graphen der Hyperbelcosinus-Funktion — welche die Form eines Seiles unter Eigengewicht beschreibt (Kettenlinie, s.

Abschn. 7.3.2) — zusammen mit einer quadratischen Parabel, also einem Polynom zweiten Grades:

```
> plot({cosh(x),1+x^2/2},x=-3..3);
```

Die Hyperbelfunktion wächst rascher — nämlich exponentiell — an. Für derartige Fälle bietet MAPLE im Paket `plots` mit dem Befehl `logplot` die Möglichkeit, auf der vertikalen Achse eine logarithmische Skala zu verwenden.

```
> plots[logplot]({cosh(x),1+x^2/2},x=-1..10);
```

2.3.6 Der Logarithmus

Der natürliche Logarithmus ist die Umkehrfunktion der Exponentialfunktion. MAPLE bestätigt das:

```
> exp(ln(x));
```
$$x$$

```
> x1:=ln(exp(x));    simplify(x1);
```
$$x1 := \ln(e^x)$$
$$\ln(e^x)$$

Diesmal wird der Ausdruck nicht vereinfacht, denn der komplexe Logarithmus ist mehrdeutig mit der Periode $2\pi i$, und ohne Zusatzinformation vermag MAPLE nicht den Hauptwert zu finden. Für reelle Werte von x ist $\exp(x)$ positiv und der Hauptwert des Logarithmus reell. Die Zusatzinformation über x können wir mit der Option `assume` in den Befehl `simplify` einfügen.

```
> simplify(x1,assume=real);
```
$$x$$

Auch die Entwicklung eines Logarithmus veranlaßt der Befehl `simplify`.

```
> l1:=ln(a^n*b^m);    simplify(l1);
```
$$l1 := \ln(a^n\, b^m)$$
$$\ln(a^n\, b^m)$$

Wieder wird die Entwicklung nur vorgenommen, wenn wir zusätzliche Angaben machen, z.B., daß a, b, n, m positiv sind.

```
> l2:=simplify(l1,assume=positive);
```
$$l2 := n\ln(a) + m\ln(b)$$

Dasselbe leistet der Zusatz `symbolic`.

```
> simplify(l1,symbolic);
```
$$n\ln(a) + m\ln(b)$$

Die letzte Umformung können wir rückgängig machen mit dem Befehl `combine` (zusammenfassen). (S. `?combine,ln`.)

```
> combine(12,ln,anything,symbolic);
```

$$\ln(a^n\, b^m)$$

Wollen wir die Variablen präziser einschränken, so können wir das tun mit dem Befehl `assume` (annehmen). Wir treffen die Annahme, daß a und b positiv und n und m reell sind.

```
> assume(a>0,b>0,n,real,m,real);
```

Variable, über die etwas angenommen wurde, macht MAPLE mit einer angehängten Tilde (˜) kenntlich. Die getroffenen Annahmen lassen sich wie folgt abfragen:

```
> about(a);
Originally a, renamed a~
   is assumed to be: RealRange(Open(0),infinity)
```

Nunmehr veranlaßt der Befehl `simplify` ohne Zusatz die gewünschte Umformung.

```
> 13:=simplify(11);
```

$$l3 := n\tilde{\,}\ln(a\tilde{\,}) + m\tilde{\,}\ln(b\tilde{\,})$$

```
> combine(13,ln,anything);
```

$$\ln(a^{\tilde{\,}n\tilde{\,}}\, b^{\tilde{\,}m\tilde{\,}})$$

Bei Zahlenrechnung sind natürlich zusätzliche Angaben entbehrlich.

```
> 3*ln(2)+2*ln(5);  combine(",ln);
```

$$3\ln(2) + 2\ln(5)$$

$$\ln(200)$$

Die getroffenen Annahmen lassen sich durch ein *unassign* rückgängig machen:

```
> a:='a':  b:='b':
```

Der Logarithmus zu einer beliebigen Basis b wird von MAPLE durch natürliche Logarithmen ausgedrückt:

```
> log[b](x);
```

$$\frac{\ln(x)}{\ln(b)}$$

```
> log[10](1000); simplify(");
```

$$\frac{\ln(1000)}{\ln(10)}$$

3

Der Zusammenhang zwischen zwei Variablen x und y sei durch ein Potenzgesetz gegeben.

```
> y=x^b;
```

$$y = x^b$$

Wir logarithmieren diese Gleichung. Mit dem Befehl map erreichen wir, daß die Operation auf jeden Operanden einer Struktur angewendet wird — hier also auf die rechte und die linke Seite der Gleichung. Zusätzliche Annahmen erlauben wieder eine Umformung mit simplify.

```
> map(ln,");
```

$$\ln(y) = \ln(x^b)$$

```
> assume(x>0,y>0,b,real); simplify(");
```

$$\ln(y\tilde{}) = b\tilde{}\ln(x\tilde{})$$

Wie wir sehen, besteht zwischen den Logarithmen der beiden Variablen ein linearer Zusammenhang. Bei doppeltlogarithmischer Auftragung werden deshalb die Graphen aller Potenzgesetze zu geraden Linien. Das prüfen wir mit der Funktion loglogplot aus dem Paket plots:

```
> plots[loglogplot]({seq(x^b,b={-5,-1,-1/2,0,1/2,1,3/2,2,5})},
> x=0.1..10);
```

Die Logarithmusfunktion tritt vielfach bei rotationssymmetrischen Problemen in der Lösung von Differentialgleichungen auf. In Abschn. 7.1 zeigen wir, daß die stationäre Temperaturverteilung in einem Rohr mit den Temperaturen T_i und T_a an der Innen- bzw. Außenwand (r_i: Innenradius, r_a: Außenradius) gegeben ist durch

$$T = T_i + (T_a - T_i)\frac{\ln(r/r_i)}{\ln(r_a/r_i)} \; .$$

Mit den Zahlenwerten $r_i = 30$, $r_a = 100$, $T_i = 900$, $T_a = 300$ finden wir:

```
> t:=900+(300-900)*ln(r/30)/ln(100/30);
```

$$t := 900 - 600\,\frac{\ln\left(\dfrac{1}{30}r\right)}{\ln\left(\dfrac{10}{3}\right)}$$

```
> plot(t,r=30..100);
```

2.3.7 Trigonometrische Funktionen

Sehen wir uns die Graphen der wichtigsten trigonometrischen Funktionen an:

```
> plot({sin,cos},-3..6);
> plot({tan,cot},-2..4,-4..4);
```

MAPLE kennt die Additionstheoreme:

```
> s1:=sin(alpha+beta); s2:=expand(s1);
```

$$s1 := \sin(\alpha + \beta)$$

$$s2 := \sin(\alpha)\cos(\beta) + \cos(\alpha)\sin(\beta)$$

```
> s3:=combine(s2,trig);
```

$$s3 := \sin(\alpha + \beta)$$

```
> cos(2*alpha); expand(");
```

$$\cos(2\alpha)$$

$$2\cos(\alpha)^2 - 1$$

```
> cos(beta)^2+sin(beta)^2; simplify(");
```

$$\cos(\beta)^2 + \sin(\beta)^2$$
$$1$$

```
> tan(alpha/2); convert(",sincos);
```

$$\tan\left(\frac{1}{2}\alpha\right)$$

$$\frac{1 - \cos(\alpha)}{\sin(\alpha)}$$

Ein wichtiges Anwendungsgebiet der trigonometrischen Funktionen ist die *Schwingungslehre*. Als Beispiel betrachten wir zwei harmonische — also sinus- oder cosinusförmige — Schwingungen gleicher Kreisfrequenz ω mit unterschiedlichen Amplituden a_1 und a_2 und Phasenwinkeln δ_1 und δ_2.

```
> t:='t': f1:=a1*cos(omega*t-delta1); f2:=a2*cos(omega*t-delta2);
```

$$f1 := a1\cos(\omega t - \delta 1)$$

$$f2 := a2\cos(-\omega t + \delta 2)$$

Man weiß, daß ihre Überlagerung wieder eine harmonische Schwingung mit der gleichen Frequenz darstellt. Sie muß also die Gestalt haben:

```
> f3:=a3*cos(omega*t-delta3);
```

$$f3 := a3\cos(\omega t - \delta 3)$$

Geschlossene Ausdrücke für die Amplitude a_3 und den Phasenwinkel δ_3 erhalten wir aus der Forderung, daß die Differenz `f1+f2-f3` gleich Null sein soll.

$\boxed{\text{Wichtig:}}$ Dies ist eine Gelegenheit, um einige Techniken kennenzulernen, mit denen sich in MAPLE Formeln bearbeiten lassen. Zunächst schreiben wir die Differenz als Linearkombination der Funktionen $\sin\omega t$ und $\cos\omega t$. Der Befehl `collect` (sammeln) faßt dann alle Terme mit $\sin\omega t$ bzw. $\cos\omega t$ zusammen.

```
> fnull:=f1+f2-f3;
```

$$fnull := a1 \cos(\omega t - \delta1) + a2 \cos(-\omega t + \delta2)$$
$$- a3 \cos(\omega t - \delta3)$$

```
> expand(fnull);
```

$$a1 \cos(\omega t) \cos(\delta1) + a1 \sin(\omega t) \sin(\delta1)$$
$$+ a2 \cos(\omega t) \cos(\delta2) + a2 \sin(\omega t) \sin(\delta2)$$
$$- a3 \cos(\omega t) \cos(\delta3) - a3 \sin(\omega t) \sin(\delta3)$$

```
> fnullc:=collect(",[sin(omega*t),cos(omega*t)]);
```

$$fnullc := (a1 \cos(\delta1) + a2 \cos(\delta2) - a3 \cos(\delta3)) \cos(\omega t)$$
$$+ (a1 \sin(\delta1) + a2 \sin(\delta2) - a3 \sin(\delta3)) \sin(\omega t)$$

Damit diese Funktion für alle t den Wert Null liefert, müssen die Koeffizienten bei $\sin\omega t$ und $\cos\omega t$ verschwinden. Wir entnehmen sie mit den folgenden Befehlen.

```
> coskoeff:=coeff(fnullc,cos(omega*t));
```

$$coskoeff := a1 \cos(\delta1) + a2 \cos(\delta2) - a3 \cos(\delta3)$$

```
> sinkoeff:=coeff(fnullc,sin(omega*t));
```

$$sinkoeff := a1 \sin(\delta1) + a2 \sin(\delta2) - a3 \sin(\delta3)$$

Indem wir diese beiden Koeffizienten gleich Null setzen, erhalten wir zwei Gleichungen zur Ermittlung der beiden Unbekannten a_3 und δ_3. Ihre direkte Lösung mit dem Befehl solve werden wir in Abschn. 2.7.4 kennenlernen. Hier wollen wir schrittweise vorgehen. Zunächst lösen wir die erste Gleichung nach a_3 auf. Indem wir im Befehl solve (lösen) die gesuchte Größe in geschweifte Klammern einschließen, also eine einelementige Menge angeben, erhalten wir die Ausgabe in Form einer Gleichung und nicht als Ausdruck. Der anschließende Befehl assign (zuordnen) bewirkt, daß der Variablen a_3 der auf der rechten Seite der Gleichung stehende Ausdruck als Wert zugewiesen wird — so, als würde = durch := ersetzt.

```
> solve(coskoeff=0,{a3});   assign("):
```

$$\left\{ a3 = \frac{a1 \cos(\delta1) + a2 \cos(\delta2)}{\cos(\delta3)} \right\}$$

Wenn wir nunmehr sinkoeff aufrufen, so ist der Wert von a_3 eingesetzt worden:

```
> sinkoeff;
```

$$a1 \sin(\delta1) + a2 \sin(\delta2) - \frac{(a1 \cos(\delta1) + a2 \cos(\delta2)) \sin(\delta3)}{\cos(\delta3)}$$

Jetzt lösen wir die Gleichung sinkoeff=0 nach δ_3 auf.

```
> solve(sinkoeff=0,{delta3});    assign("):
```

$$\{\delta 3 = \arctan(\frac{a1\,\sin(\delta 1) + a2\,\sin(\delta 2)}{a1\,\cos(\delta 1) + a2\,\cos(\delta 2)})\}$$

Ein Aufruf von a_3 zeigt, daß dieser Wert eingesetzt und damit beide Unbekannten ermittelt worden sind.

```
> a3;
```

$$\frac{(a1\,\cos(\delta 1) + a2\,\cos(\delta 2))}{\sqrt{1 + \dfrac{(a1\,\sin(\delta 1) + a2\,\sin(\delta 2))^2}{(a1\,\cos(\delta 1) + a2\,\cos(\delta 2))^2}}}$$

Wenn nur der Betrag der Amplitude interessiert, können wir den Vorfaktor unter die Wurzel bringen.

Als Ergebnis unserer Umformungen mit MAPLE haben wir demnach die folgenden theoretischen Erkenntnisse erhalten:

$$\tan\delta_3 = \frac{a_1\sin\delta_1 + a_2\sin\delta_2}{a_1\cos\delta_1 + a_2\cos\delta_2}$$

und

$$|a_3| = \sqrt{(a_1\cos\delta_1 + a_2\cos\delta_2)^2 + (a_1\sin\delta_1 + a_2\sin\delta_2)^2}\ .$$

Sehen wir uns ein Zahlenbeispiel an:

```
>  a1:=1: a2:=2: delta1:=Pi/8: delta2:=Pi/3: a3; delta3;
```

$$\left(\frac{1}{2}\sqrt{2+\sqrt2}+1\right)\sqrt{1+\frac{\left(\frac{1}{2}\sqrt{2-\sqrt2}+\sqrt3\right)^2}{\left(\frac{1}{2}\sqrt{2+\sqrt2}+1\right)^2}}$$

$$\arctan\left(\frac{\frac{1}{2}\sqrt{2-\sqrt2}+\sqrt3}{\frac{1}{2}\sqrt{2+\sqrt2}+1}\right)$$

```
> map(evalf,[a3,delta1,delta2,delta3]);
```

$$[\,2.858918215, .3926990818, 1.047197551, .8326205105\,]$$

```
> omega:=1:  plot({f1,f2,f3},t);
```

Daß das berechnete f3 tatsächlich mit f1+f2 identisch ist, zeigt eine Kontrolle der Graphen:

```
> plot({f1+f2,-f3},t);
```

Bei der Überlagerung von mehr als zwei Schwingungen — wie sie in der Wechselstromtechnik sowie beim Ausgleich der Massenkräfte in der Maschinendynamik auftritt —, läßt der Aufwand sich drastisch reduzieren, wenn wir

den Zusammenhang heranziehen, der im Komplexen zwischen den trigonometrischen Funktionen und der Exponentialfunktion besteht. Die Eulersche
Formel $e^{i\omega t} = \cos \omega t + i \sin \omega t$ ist MAPLE bekannt:

```
> omega:='omega':    exp(I*omega*t); evalc(");
```
$$e^{(I\,\omega\,t)}$$
$$\cos(\,\omega\,t\,) + I \sin(\,\omega\,t\,)$$

Eine komplexe Zahl k können wir entweder in kartesischer Darstellung durch
Real- und Imaginärteil a_r und a_i als $k = a_r + ia_i$ oder in Polardarstellung
durch Betrag $a = |k|$ und Argument α als $k = ae^{i\alpha}$ kennzeichnen. Dabei
gelten die Zusammenhänge $a = \sqrt{a_r^2 + a_i^2}$ und $\tan \alpha = a_i/a_r$. Die genannten
Größen erhalten wir beispielsweise für die komplexe Zahl $k = 4e^{i\pi/6} = \sqrt{12} +$
$2i$ mittels der MAPLE-Befehle

```
> k:=4*exp(I*Pi/6);
```
$$k := 2\sqrt{3} + 2I$$

```
> Re(k), Im(k), abs(k), argument(k);
```
$$2\sqrt{3},\ 2,\ 4,\ \frac{1}{6}\pi$$

In komplexer Darstellung wird nun eine harmonische Schwingung als $f(t) =$
$ke^{i\omega t} = ae^{i\alpha}e^{i\omega t} = ae^{i(\omega t + \alpha)}$ beschrieben. Der komplexe Koeffizient k faßt die
Informationen über die Amplitude $a = |k|$ und den Phasenwinkel $\delta = -\alpha$ zu-
sammen. Die Zerlegung in Real- und Imaginärteil zeigt folgendes:

```
> f:=a*exp(-I*delta)*exp(I*omega*t);  simplify("); evalc(");
```
$$f := a\,e^{(-I\,\delta)}\,e^{(I\,\omega\,t)}$$
$$a\,e^{(I\,(-\delta+\omega\,t))}$$
$$a\cos(\,-\delta+\omega\,t\,) + I\,a\sin(\,-\delta+\omega\,t\,)$$

Den Realteil dieses Ausdrucks deuten wir als die Beschreibung der Schwingung, während wir dem Imaginärteil keine physikalische Bedeutung beilegen.
Die Überlagerung zweier Schwingungen schreibt sich im Komplexen als

$$f_1 + f_2 = k_1 e^{i\omega t} + k_2 e^{i\omega t} = (k_1 + k_2)e^{i\omega t} = k_3 e^{i\omega t} = f_3\ .$$

Der Koeffizient der resultierenden Schwingung ist also einfach die Summe der
Koeffizienten der einzelnen Summanden. Demnach benötigen wir zur Ermittlung der resultierenden Amplitude und des resultierenden Phasenwinkels nur
die Befehle abs und argument.

```
> a1:='a1': a2:='a2': delta1:='delta1': delta2:='delta2':
```

```
> k3:=a1*exp(-I*delta1)+a2*exp(-I*delta2);
```
$$k3 := a1\,e^{(-I\,\delta 1)} + a2\,e^{(-I\,\delta 2)}$$

```
> a3:=evalc(abs(k3));
```

$$a\mathit{3} := \Big(\big(\, a\mathit{1}\cos(\,\delta 1\,) + a\mathit{2}\cos(\,\delta 2\,)\,\big)^2$$
$$+ \big(\,-a\mathit{1}\sin(\,\delta 1\,) - a\mathit{2}\sin(\,\delta 2\,)\,\big)^2\Big)^{1/2}$$

```
> delta3:=-evalc(argument(k3));
```

$$\delta 3 := -\arctan(-a\mathit{1}\sin(\,\delta 1\,) - a\mathit{2}\sin(\,\delta 2\,),$$
$$a\mathit{1}\cos(\,\delta 1\,) + a\mathit{2}\cos(\,\delta 2\,))$$

Die Bedeutung der Arcustangens-Funktion mit zwei Argumenten erläutern wir gleich anschließend.

Übungsvorschlag: Studieren Sie im Komplexen die Überlagerung dreier Schwingungen formelmäßig und numerisch. Was ergibt sich im Sonderfall gleicher Amplituden, wenn die Phasenwinkel um jeweils 120° gegeneinander verschoben sind (Drehstrom)?

2.3.8 Area- und Arcus-Funktionen

Die Umkehrfunktionen der Hyperbelfunktionen werden Area-Funktionen genannt (arsinh, arcosh, artanh).
Achtung: In MAPLE schreibt man `arcsinh`, `arccosh`, `arctanh`!
Betrachten wir die Graphen der Funktionen sinh und arsinh:

```
> plot({sinh(x),arcsinh(x),x},x=-5..5,-5..5);
```

Der Graph der Umkehrfunktion arsinh entsteht aus dem Graphen der Ausgangsfunktion sinh durch Vertauschen der Achsen, also Spiegelung an der Winkelhalbierenden des ersten Quadranten, die wir im Bild ebenfalls eingetragen haben.
Anders liegen die Verhältnisse bei der Funktion cosh.

```
> plot({cosh(x),arccosh(x),x},x=-5..5,-5..5);
```

Nur der im ersten Quadranten liegende Ast der Funktion cosh wird diesmal an der Winkelhalbierenden gespiegelt und als Umkehrfunktion arcosh definiert. Bei Spiegelung des gesamten Graphen würden zu jedem Wert $x > 1$ zwei Funktionswerte der Umkehrfunktion gehören. Von einer reellen Funktion verlangt man jedoch, daß ihre Werte eindeutig sind. Der Ausdruck arcosh x bedeutet also jene *positive* Zahl y, für die gilt cosh $y = x$. Die negative Zahl $-y$, die ebenfalls die Gleichung cosh$(-y) = x$ erfüllt, ist demnach durch $-$arcosh x gegeben. Ein Zahlenbeispiel zeigt uns das

```
> arccosh(cosh(3)); arccosh(cosh(-3));
```
$$3$$
$$3$$

MAPLE trifft zwar die folgende Vereinfachung:

> `cosh(arccosh(z));`

$$z$$

Die umgekehrte Hintereinanderschaltung der Aufrufe der Funktion und der Umkehrfunktion tilgt sich aber nicht in jedem Falle und kann daher ohne zusätzliche Informationen über das Vorzeichen des Arguments nicht ausgewertet werden:

> `z1:=arccosh(cosh(z));`

$$z1 := \text{arccosh}(\cosh(z))$$

Gefährlich kann es sein, die Auswertung mit `simplify( ,symbolic)` zu erzwingen. Das Ergebnis ist dann nämlich nur für positive z richtig, wie wir oben an Zahlenbeispielen gesehen haben.

> `z:='z':     z2:=simplify(z1,symbolic);`

$$z2 := z$$

Bei der Definition der Arcus-Funktionen (arcsin, arccos, arctan), also der Umkehrung der trigonometrischen Funktionen, werden ebenfalls nur monotone Teilstücke der Graphen der Ausgangsfunktionen gespiegelt. Beim Sinus ist es das Teilstück auf dem Intervall $[-\pi/2, \pi/2]$.

> `plot({sin(x),arcsin(x),x},x=-5..5,-5..5);`

Der Ausdruck $\arcsin x$ bedeutet also nicht irgendeinen der Winkel, dessen Sinus den Wert x hat, sondern genau den einen Winkel α, dessen Wert zwischen $-\pi/2$ und $+\pi/2$ liegt. Alle übrigen derartigen Winkel ergeben sich dann daraus als $\alpha + 2n\pi$ oder $(2n+1)\pi - \alpha$ mit ganzahligen n.

Der Wertebereich des arccos ist das Intervall $[0, \pi]$. Der Definitionsbereich ist wie beim arcsin das Intervall $[-1, 1]$, denn weder Sinus noch Cosinus besitzen für ein reelles Argument Werte, deren Betrag 1 überschreitet.

> `plot({cos(x),arccos(x),x},x=-5..5,-5..5);`

Allerdings kann MAPLE die elementaren Funktionen auch im Komplexen behandeln. Eine komplexe Zahl, deren Cosinus den Wert 2 besitzt, liefert beispielsweise der Aufruf:

> `arccos(2.);`

$$1.316957897\,I$$

Bei der Umkehrung der Tangensfunktion wird derjenige der unendlich vielen monotonen Äste gespiegelt, der durch den Ursprung läuft.

> `plot({tan(x),arctan(x),x},x=-5..5,-5..5);`

Der Wertebereich des arctan ist deshalb das offene Intervall $(-\pi/2, \pi/2)$.

Bei der Umrechnung der kartesischen Koordinaten x und y eines Punktes der Ebene in seine Polarkoordinaten r und φ —wie wir sie bei den verschie-

denen Darstellungen einer komplexen Zahl kennengelernt haben — gelten die
Formeln

$$x = r \cos \varphi, \qquad y = r \sin \varphi \, .$$

Division beider Gleichungen liefert

$$y/x = \tan \varphi \, .$$

Würden wir daraus φ mittels der Formel

$$\varphi = \arctan(y/x)$$

berechnen, so könnte das Ergebnis fehlerhaft sein. Der Arcustangens liefert
ja stets einen Winkel zwischen $-\pi/2$ und $+\pi/2$, während φ zwischen $-\pi$ und
π liegen kann. Beispiel:

```
> x:=-4: y:=4: q:=y/x;  arctan(q);
```

$$q := -1$$

$$-\frac{1}{4}\pi$$

Weil x negativ und y positiv ist, liegt der Punkt im zweiten Quadranten,
der ausgegebene Winkel weist aber den vierten Quadranten aus. Um den
korrekten Winkel φ zu erhalten, ist der ausgegebene Wert also um π zu
vergrößern — an seinem Tangens ändert sich dadurch nichts.

$\boxed{\text{Wichtig:}}$ Die korrekte Berücksichtigung des Quadranten geschieht automatisch, wenn wir den Arcustangens in MAPLE mit zwei Argumenten aufrufen, also y und x einzeln und nicht nur ihren Quotienten q übergeben.

```
> arctan(y,x);
```

$$\frac{3}{4}\pi$$

2.4 Funktionen zweier Veränderlicher

Die graphische Veranschaulichung der Funktionen von zwei Variablen wollen
wir an drei Beispielen kennenlernen. Dabei werden wir Gebrauch machen von
einigen der zahlreichen Optionen zum Befehl `plot3d` (s. `?plot3d,options`).

Beispiel 1: In Polarkoordinaten bzw. kartesischen Koordinaten läßt das Geschwindigkeitsprofil der laminaren Strömung einer Newtonschen Flüssigkeit
in einem Kreisrohr mit dem Innenradius a sich beschreiben als

$$v = v_0 \left(1 - \frac{r^2}{a^2} \right) = v_0 \left(1 - \frac{x^2 + y^2}{a^2} \right) \, .$$

```
>  v:=v0*(1-(x^2+y^2)/a^2); v0:=1: a:=1:
```

$$v := v0 \left(1 - \frac{x^2 + y^2}{a^2} \right)$$

Das Rohrinnere genügt der Ungleichung $r^2 = x^2 + y^2 \leq a^2$ oder — gleichbedeutend damit — $-\sqrt{a^2 - x^2} \leq y \leq +\sqrt{a^2 - x^2}$. Der folgende Befehl gibt eine dreidimensionale Darstellung des Geschwindigkeitsprofils, bei der die Geschwindigkeit als dritte Koordinate über der x, y-Ebene aufgetragen wird. Die entstehende Fläche ist ein Rotationsparaboloid. Auf der Fläche werden die Konturlinien gezeichnet; das sind die Linien gleicher Strömungsgeschwindigkeit v.

```
>   plot3d(v,x=-a..a,y=-sqrt(a^2-x^2)..+sqrt(a^2-x^2),
>       axes=NORMAL,style=PATCHCONTOUR,shading=ZGREYSCALE);
```

Wenn wir die Orientierung der Fläche auf dem Bildschirm ändern und parallel zur Strömungsrichtung schauen, dann sehen wir die Konturlinien als Kreise in der x, y-Ebene.

Wir könnten zu diesem Zweck die bereits gezeichnete Fläche interaktiv durch Änderung der Winkel θ und ϕ drehen, wollen aber durch eine Zusatzoption eine neue Darstellung mit der gewünschten Orientierung $\theta = 0$, $\phi = 0$ zeichnen lassen. Die Option scaling =CONSTRAINED sorgt ferner dafür, daß auf beiden Achsen derselbe Maßstab verwendet wird, da sonst die Kreise als Ellipsen erscheinen. Auch die Umschaltung zwischen UNCONSTRAINED und CONSTRAINED ließe sich interaktiv mit dem Symbol 1:1 vornehmen.

```
>   plot3d(v,x=-a..a,y=-sqrt(a^2-x^2)..+sqrt(a^2-x^2),
>       axes=NORMAL, style=PATCHCONTOUR,shading=ZGREYSCALE,
>       orientation=[0,0],scaling=CONSTRAINED);
```

Das räumliche Bild wird anschaulicher, wenn wir das Geschwindigkeitsprofil außerhalb des Rohrinneren mit dem Wert $v \equiv 0$ fortsetzen, also uns die Funktion v Heaviside(v) zeichnen lassen.Im Inneren des Rohres liefert die Formel für v positive Werte, und somit gibt die Anwendung der Heaviside-Funktion auf v den Wert 1. Außerhalb des Rohres dagegen sind die Werte von v negativ, und daher gilt Heaviside(v)=0.

```
>   plot3d(v*Heaviside(v),x=-2*a..2*a,y=-2*a..2*a,color=blue);
```

Ein ähnliches Bild ergibt sich, wenn wir die Funktion $v(x, y)$ gleichzeitig mit der Funktion $v \equiv 0$ zeichnen lassen. Wir erhalten die Durchdringung von Rotationsparaboloid und Ebene, wobei verdeckte Flächenteile nicht erscheinen (*hidden-line*-Wiedergabe).

```
>   plot3d({v,0},x=-2*a..2*a,y=-2*a..2*a,style=PATCH,
>       shading=NONE,lightmodel=light1);
```

Eine andere Möglichkeit ist die Parameterdarstellung der drei kartesischen Koordinaten x, y, v der Flächenpunkte in Abhängigkeit von den Polarkoordinaten r und φ in der Form

$$x = r \cos \varphi, \qquad y = r \sin \varphi, \qquad v = v_0 \left(1 - \frac{r^2}{a^2} \right).$$

```
>  plot3d([r*cos(phi),r*sin(phi),v0*(1-r^2/a^2)],phi=0..2*Pi,r=0..a);
```

Wir können auch auf Zylinderkoordinaten r, φ, v übergehen und die Konturlinien, also die Höhenlinien der v-Fläche über dem Rohrquerschnitt in Polarkoordinaten angeben, d.h. in der Form $r(\varphi, v)$. In unserem Falle ist das:

$$r = a\sqrt{1 - v/v_0}\ .$$

Lassen wir stattdessen die Funktion

$$r = a\sqrt{1 - (v/v_0)\text{Heaviside}(v)}$$

zeichnen, so erhalten wir zusätzlich noch die Darstellung eines Abschnitts der Rohrwand.

```
> v:='v': plot3d(a*sqrt(1-v/v0*Heaviside(v)),phi=0..2*Pi,
>               v=-v0..v0,coords=cylindrical,style=PATCH);
```

Beispiel 2: Der Zusammenhang zwischen Druck p, Volumen V und Temperatur T eines idealen Gases ist gegeben durch die Zustandsgleichung

$$p = \beta T/V\ .$$

(Dabei ist β das Produkt aus der Molmenge und der universellen Gaskonstanten.) Die Isothermen $T = pV/\beta = const.$ liefert uns ein Konturplot. Wir beschaffen ihn diesmal mit dem Befehl contourplot aus dem Paket plots.

```
> v:='v': p:='p': t:=p*v/beta;
```

$$t := \frac{p\,v}{\beta}$$

```
> beta:=1:   plots[contourplot](t,v=50..500,p=1..3,axes=NORMAL);
```

Eine dreidimensionale Darstellung erhalten wir wie folgt:

```
> t:='t': p:=beta*t/v;
```

$$p := \frac{t}{v}$$

```
> plot3d(p,v=50..500,t=100..1500,axes=FRAMED,shading=ZHUE);
```

Beispiel 3: Um die schon diskutierte stationäre Temperaturverteilung in einem dickwandigen Rohr zu veranschaulichen, wollen wir eine Fläche räumlich darstellen, die durch die folgende Funktion beschrieben wird:

$$
T = \begin{cases}
T_i & ,\ \text{wenn} \quad r < r_i\,, \\[2ex]
T_i + (T_a - T_i)\dfrac{\ln r/r_i}{\ln r_a/r_i} & ,\ \text{wenn} \quad r_i \le r \le r_a\,, \\[2ex]
T_a & ,\ \text{wenn} \quad r_a < r\,.
\end{cases}
$$

Unter Beachtung von $r^2 = x^2 + y^2$ und $\ln r = (1/2)\ln r^2 = (1/2)\ln(x^2 + y^2)$ definieren wir diese Funktion durch die folgende Prozedur:

Prozedur temperatur

```
> temperatur:=proc(x,y,ri,ra,ti,ta)
> local rquadrat;
> if ra<=ri then ERROR('Geometriefehler') fi;
> rquadrat:=x^2+y^2;
> if rquadrat<ri^2    then    ti
>         elif rquadrat>ra^2    then    ta
>         else    ti+(ta-ti)/2*evalf(ln(rquadrat/ri^2)/ln(ra/ri))
> fi
> end:
```

Der folgende Befehl liefert nicht die gewünschte Zeichnung:

```
> plot3d(temperatur(x,y,30,100,900,300),
> x=-150..150,y=-150..150,axes=NONE);
```

```
Error, (in temperatur) cannot evaluate boolean
```

Die Fehlermeldung hat folgende Bedeutung: MAPLE versucht die Prozedur temperatur für die Parameter x, y, $r_i = 30$, $r_a = 100$, $T_i = 900$, $T_a = 300$ auszuwerten und stößt dabei auf den Booleschen Ausdruck (boolean) rquadrat<ri^2, also $x^2 + y^2 < 900$. Ein solcher Ausdruck besitzt entweder den Wert true (wahr) oder false (falsch). Welche von beiden Möglichkeiten hier zutrifft, kann MAPLE nicht entscheiden, da den Variablen x und y noch keine Werte zugewiesen worden sind.

Diese Schwierigkeit tritt nicht auf, wenn wir die Operatorschreibweise anwenden. Am einfachsten definieren wir einen Funktionsoperator, der jedem Paar (x, y) seinen Temperaturwert zuweist mittels eines Zuordnungspfeils als $(x, y) \rightarrow T(x, y)$. Die Namen x und y sind jetzt nur noch Platzhalter in der Operatordefinition und tauchen deshalb auch bei der Festlegung der Bereiche der beiden unabhängigen Variablen im plot-Befehl nicht mehr auf.

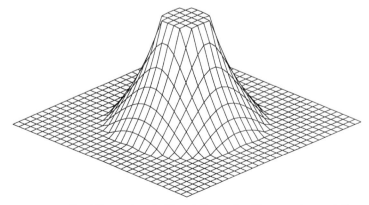

Bild 2.6. Dreidimensionale Darstellung der Temperaturverteilung

Damit die Zeichnung (s. Bild 2.6) nicht zu grob wirkt, wählen wir ein Raster
von 50×50 Punkten mittels der Option grid.

```
> plot3d((x,y)->temperatur(x,y,30,100,900,300),
> -150..150,-150..150,axes=NONE,grid=[50,50]);
```

Übungsvorschlag: Überlegen Sie, wie man die Beschreibung des Tempera-
turverlaufs einfacher ohne Prozedurdefinition erreichen kann, indem man den
Befehl piecewise einsetzt, und lassen Sie das Ergebnis graphisch darstellen.
(Gegenüber der Prozedur fehlt dabei lediglich die Möglichkeit, z.B. im Falle
$r_a \leq r_i$ eine Fehlermeldung auszugeben.)

2.5 Deutung von Prozeduren als Funktionen

Zu Beginn dieses Kapitels haben wir gesehen, wie eine Funktion einer Variablen durch die Prozedur kappa definiert wurde. Soeben haben wir die
Prozedur temperatur kennengelernt, die eine Funktion zweier Variabler beschreibt, welche noch von vier Parametern abhängt — diese läßt sich also
auch als Funktion von sechs Variablen ansehen. Die Prozedur minim im ersten Kapitel suchte den kleinsten Wert aus einer Zahlenliste.

Mit dem Funktionsbegriff der Mathematik lassen Prozeduren sich einheitlich als Funktionen deuten. Zur Definition einer Funktion im allgemeinen
Sinne gehören drei Angaben: Der Definitionsbereich, der Wertebereich und
die Zuordnungsvorschrift, auch Funktionsoperator genannt. Bei der durch
kappa definierten Funktion ist der Definitionsbereich das offene Intervall
$(-3/2, 3/2)$, der Wertebereich die Menge der reellen Zahlen, und die Zuordnungsvorschrift hatten wir stückweise definiert. Der Definitionsbereich der
durch temperatur definierten Funktion ist eine Menge von 6-tupeln, also Sequenzen mit sechs Elementen. Die beiden ersten Elemente (x und y) können
beliebige reelle Werte haben, die übrigen vier müssen positiv sein (wenn die
Temperatur in Kelvin angegeben wird). Ferner muß der Wert des vierten Elements größer als der des dritten sein ($r_a > r_i$). Der Wertebereich der Funktion ist die Menge der positiven reellen Zahlen. Die Zuordnungsvorschrift
ist wieder stückweise definiert. Die durch minim definierte Funktion besitzt
als Definitionsbereich die Menge aller Listen, deren beliebig (aber endlich)
viele Elemente reelle Zahlen sind. Der Wertebereich ist die Menge der reellen
Zahlen, und die Zuordnungsvorschrift ist durch die Auswahl des Minimums
gekennzeichnet. Definitionsbereich von Funktionen und damit auch von Prozeduren können aber nicht nur Mengen von Zahlen, Sequenzen oder Listen,
sondern auch Mengen von Mengen, Vektoren, Matrizen und vielen anderen
mathematischen Objekten sein. Auch die Elemente der den Wertebereich dar-
stellenden Menge brauchen nicht, wie in unseren Beispielen, Zahlen zu sein.
Andere mathematische Objekte sind ebenfalls zugelassen.

Die Elemente des Definitionsbereichs einer MAPLE-Prozedur haben die
Struktur von Sequenzen. Das erste Element der Sequenz kann allerdings beispielsweise eine Liste, das zweite etwa eine reelle Zahl und das dritte vielleicht

eine Menge bedeuten. Bei der Prozedur `minim` und der Prozedur `kappa` haben die Sequenzen jeweils nur ein Element, welches im ersten Falle eine Liste, im zweiten eine reelle Zahl darstellt. Die sechs Elemente der Sequenz bei der Prozedur `temperatur` bedeuten sämtlich reelle Zahlen. (Auch Prozeduren, deren Eingabe die NULL-Sequenz ist, sind möglich. Beispielsweise wird eine derartige Prozedur namens `pn` mit dem Kopf `pn:=proc()` definiert und als `pn()` aufgerufen.) Ob eine Sequenz von Objekten, auf die eine Prozedur angewendet wird, zum Definitionsbereich gehört, sollte in der Regel für jedes Element geprüft werden. Mit der Typprüfung in der ersten Zeile der Prozedurdefinition lassen sich grobe Fehler erkennen (z.B. Typ Zahl statt Liste). Weitere Prüfungen lassen sich im Prozedurrumpf einbauen — z.B. in `temperatur` die Abfragen, ob die eingegebenen Radien und Temperaturen positiv sind. Der Typ der Elemente des Wertebereichs ergibt sich daraus, ob die Prozedur Zahlen, Sequenzen, Matrizen oder anderes ausgibt.

Die Zuordnungsvorschrift wird folgendermaßen definiert. Die Elemente der Sequenz des Definitionsbereichs werden mit Namen belegt, die als Platzhalter für die Namen oder Ausdrücke dienen, auf die die Prozedur beim jeweiligen Aufruf anzuwenden ist. Sie werden Argument, unabhängige Variable oder formale Parameter — auch *dummy variable* — der Prozedur genannt. Bei der Prozedur `minim` ist das der Name `za`. Im Prozedurrumpf wird nun beschrieben, auf welche Weise aus diesen unabhängigen Variablen die abhängigen Variablen oder auch Funktionswerte berechnet werden.

Beim Aufruf der Prozedur treten die aktuellen Parameter an die Stelle der formalen und werden nach der in der Prozedur niedergelegten Zuordnungsvorschrift verarbeitet. Die Prozedur `minim` hatten wir auf den aktuellen Parameter `zahlen` angewendet.

Es ist unschädlich, aber keineswegs erforderlich, daß die Namen der formalen und aktuellen Parameter übereinstimmen. Bei der Prozedur `temperatur` waren die Namen x und y der ersten beiden Parameter in der Definition und im Aufruf identisch, während wir für die restlichen vier Parameter beim Aufruf Zahlen eingesetzt haben.

2.6   Zeichnen von Kurven

2.6.1   Ebene Kurven

Kurven in der x, y-Ebene lassen sich auf verschiedene Arten beschreiben und zeichnen. Wir studieren das am Beispiel einer *Parabel*, die durch die implizite Gleichung $x + 1 = y^2$ gegeben ist.

1. Wir können die Gleichung nach x auflösen: $x = x(y) = y^2 - 1$. Den Graphen dieser Funktion $x(y)$ erhalten wir mit dem Aufruf

   ```
   > plot(y^2-1,y=-2..2,x);
   ```

   Das Ergebnis ist nicht befriedigend, denn die y-Achse zeigt nach rechts und die x-Achse nach oben.

2. Zweckmäßiger ist es daher, die Parabelgleichung nach y aufzulösen und durch die zwei Funktionen $y = +\sqrt{x+1}$ und $y = -\sqrt{x+1}$ zu beschreiben. Sie lassen sich zeichnen mit dem Aufruf

```
> plot({sqrt(x+1),-sqrt(x+1)},x=-2..2);
```

3. Wir brauchen die Parabelgleichung aber auch gar nicht nach einer der Variablen aufzulösen, sondern können sie mit dem Befehl `implicitplot` aus dem Paket `plots` darstellen.

```
> plots[implicitplot](x+1=y^2,x=-2..2,y=-2..2);
```

4. Die im vorliegenden Falle eleganteste Möglichkeit ist wohl die Angabe der beiden Koordinaten in Abhängigkeit von einem Parameter t, beispielsweise in der Form $x = t^2 - 1$, $y = t$. Die Zeichnung dieser in Parameterform beschriebenen Kurve leistet der Befehl

```
> plot([t^2-1,t,t=-2..2]);
```

Als Beispiel aus der *Kinematik* betrachten wir als nächstes die *Zykloide*, welche die Bahn eines Punktes auf dem Umfang eines abrollenden Rades mit dem Radius a beschreibt. Sie läßt sich nur in Parameterdarstellung angeben:

$$x = a(\omega t + \sin \omega t), \qquad y = a(1 + \cos \omega t) \, .$$

Wir wählen $a = 1$ und $\omega = 1$ und zeichnen die Kurve mit dem Befehl

```
> t:='t': plot([t+sin(t),1+cos(t),t=0..4*Pi],scaling=CONSTRAINED);
```

Abschließend ein Beispiel aus der *Festigkeitslehre*. Der ebene Spannungszustand in einem isotropen Blech läßt sich kennzeichnen durch Angabe der beiden Hauptnormalspannungen σ_1 und σ_2 (s. Abschn. 3.3.1). Ob der Werkstoff sich unter einem solchen Spannungszustand noch elastisch verhält oder bereits plastisch fließt, wird üblicherweise beurteilt, indem aus den beiden Hauptspannungen eine *Vergleichsspannung* σ_v gebildet und mit der Fließspannung im einachsigen Zugversuch verglichen wird. Bei der Fließbedingung nach von Mises (auch Hypothese der maximalen elastischen Gestaltänderungsenergie genannt — der Name ist jedoch irreführend, weil nur im isotropen Falle zufällig zutreffend) geschieht die Bildung der Vergleichsspannung nach der Vorschrift

$$\sigma_v = \sqrt{\sigma_1^2 + \sigma_2^2 - \sigma_1\sigma_2} \, .$$

Quadriert ergibt sich daraus

$$\sigma_v^2 = \sigma_1^2 + \sigma_2^2 - \sigma_1\sigma_2 \, .$$

Wir wählen die Fließspannung $\sigma_v = 1$, zeichnen diese implizite Gleichung in der σ_1, σ_2-Ebene und erhalten die *Fließortkurve* (s. Bild 2.7).

```
> fliessort:=sigma1^2+sigma2^2-sigma1*sigma2-1=0;
```

$$\textit{fliessort} := \sigma1^2 + \sigma2^2 - \sigma1\,\sigma2 - 1 = 0$$

```
> plots[implicitplot](fliessort,sigma1=-2..2, sigma2=-2..2,
> scaling=CONSTRAINED);
```

Die Fließortkurve umschließt die elastischen Spannungszustände. Da die Gleichung dieser geschlossenen Kurve von zweiter Ordnung ist (es treten keine höheren als zweite Potenzen der beiden Variablen auf), handelt es sich um eine Ellipse. Weil die Gleichung sich zudem bei Vertauschung von σ_1 und σ_2 nicht ändert, muß die Winkelhalbierende des ersten Quadranten eine Symmetrieachse der Kurve sein. Die Ellipsengleichung muß sich also vereinfachen, wenn wir die Achsen um 45° drehen, d.h. folgende Variablensubstitution durchführen:

$$\sigma_1 = \frac{u+v}{\sqrt{2}}, \qquad \sigma_2 = \frac{u-v}{\sqrt{2}}.$$

```
> subs({sigma1=(u+v)/sqrt(2),sigma2=(u-v)/sqrt(2)},fliessort);
```

$$\frac{1}{2}\left(u+v\right)^2 + \frac{1}{2}\left(u-v\right)^2 - \frac{1}{2}\left(u+v\right)\left(u-v\right) - 1 = 0$$

```
> expand(");
```

$$\frac{1}{2}u^2 + \frac{3}{2}v^2 - 1 = 0$$

Damit haben wir die Ellipse in der Hauptachsenform

$$(u/a)^2 + (v/b)^2 = 1$$

erhalten und können die Werte der beiden Halbachsen ablesen:

$$a = \sqrt{2}, \qquad b = \sqrt{2/3}.$$

Die Ellipsengleichung wird identisch erfüllt durch den Ansatz

$$u = a\cos t, \qquad v = b\sin t$$

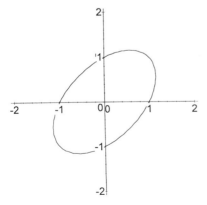

Bild 2.7. Fließortkurve nach von Mises

für alle t. Rücktransformation auf die Ausgangsvariablen gibt die folgende
Parameterdarstellung der Ellipse, die wir wieder zeichnen lassen wollen:

$$\sigma_1 = \cos t + \frac{1}{\sqrt{3}} \sin t, \qquad \sigma_2 = \cos t - \frac{1}{\sqrt{3}} \sin t.$$

```
> plot([cos(t)+sin(t)/sqrt(3),cos(t)-sin(t)/sqrt(3),t=0..2*Pi],
> scaling=CONSTRAINED);
```

Übungsvorschlag: Studieren Sie weitere Kegelschnitte, z.B. die Hyperbel
$(u/a)^2 - (v/b)^2 = 1$.

2.6.2 Raumkurven

Als Beispiel einer Raumkurve zeichnen wir die Schraubenlinie. Die kartesischen Koordinaten x, y, z ihrer Punkte werden in Abhängigkeit von einem
Parameter t angegeben als

$$x = a \cos t, \qquad y = a \sin t, \qquad z = bt.$$

Für die Zahlenwerte $a = 1$ und $b = 1/20$ stellen wir die Schraubenlinie mit
dem Befehl spacecurve (Raumkurve) aus dem Paket plots dar.

```
> plots[spacecurve]([cos(t),sin(t),t/20,t=0..8*Pi],axes=NORMAL);
```

Die Kurve sieht ziemlich eckig aus. Bei allen Zeichnungen kann man MAPLE
jedoch zur Verwendung einer größeren Anzahl von Stützpunkten veranlassen
mit der Option numpoints (number of points) — natürlich auf Kosten der
Rechenzeit.

```
> plots[spacecurve]([cos(t),sin(t),t/20,t=0..8*Pi],numpoints=800);
```

2.7 Gleichungslösung

2.7.1 Nullstellen von Polynomen

Der Fundamentalsatz der Algebra besagt, daß jedes Polynom vom Grade n
genau n Nullstellen (auch Wurzeln — *root* —genannt) besitzt. Diese sind
i. allg. komplex. Wieviele von ihnen reell sind, läßt sich nur im Einzelfalle
klären. Wenn alle Koeffizienten des Polynoms reell sind — und nur dieser Fall
soll uns hier interessieren—, dann gibt oft der Graph der Funktion raschen
Aufschluß über die Zahl und ungefähre Lage der Nullstellen. Die Gesamtheit
der Nullstellen eines Polynoms liefert uns der MAPLE-Befehl solve (lösen).
Betrachten wir ein erstes Beispiel.

```
> p1:=x^2+9;
```

$$p1 := x^2 + 9$$

```
> plot(p1,x);
```

Aus dem Graphen entnehmen wir, daß es keine Schnittpunkte mit der x-Achse, also keine reellen Wurzeln der Gleichung $p_1 = 0$ gibt. Wir fordern nun von MAPLE, die Gleichung $p_1 = 0$ nach x aufzulösen, und erhalten zwei rein imaginäre Lösungen.

```
> solve(p1=0,x);
```

$$3\,I,\, -3\,I$$

Der Befehl läßt sich auch abgekürzt schreiben:

```
> solve(p1);
```

$$3\,I,\, -3\,I$$

Das folgende Polynom hat zwei reelle Nullstellen.

```
> p2:=x^2-6*x+6;
```

$$p2 := x^2 - 6\,x + 6$$

```
> plot(p2,x);
> solve(p2);
```

$$3 + \sqrt{3},\, 3 - \sqrt{3}$$

Die beiden Lösungen der allgemeinen quadratischen Gleichung gibt MAPLE uns formelmäßig an:

```
> a:='a': b:='b': c:='c':    pq:=a*x^2+b*x+c;    solve(pq,x);
```

$$pq := a\,x^2 + b\,x + c$$

$$\frac{1}{2}\frac{-b + \sqrt{b^2 - 4\,a\,c}}{a},\, \frac{1}{2}\frac{-b - \sqrt{b^2 - 4\,a\,c}}{a}$$

Nun betrachten wir ein Polynom vom Grade 5.

```
> p3:=x^5-9*x^4+24*x^3-14*x^2-16*x+32;
```

$$p3 := x^5 - 9\,x^4 + 24\,x^3 - 14\,x^2 - 16\,x + 32$$

```
> plot(p3,x=-1.7..5.2);
```

Aus dem Graphen entnehmen wir die Existenz einer reellen Wurzel nahe $x = -1$. Ob es auch Schnittpunkte mit der reellen Achse nahe $x = 4$ gibt, läßt sich anhand der graphischen Darstellung schwer entscheiden. Wenn die Kurve unter die x-Achse taucht, gibt es zwei weitere reelle Wurzeln, bleibt sie oberhalb, dann sind diese Wurzeln komplex. Erst die analytische Lösung der Gleichung $p_3 = 0$ ergibt, daß genau der Grenzfall vorliegt: Die Kurve berührt die x-Achse mit horizontaler Tangente, und die Nullstelle $x = 4$ wird daher doppelt gezählt (Doppelwurzel). Die beiden restlichen Wurzeln sind komplex und zwar — wie es bei Polynomen mit reellen Koeffizienten sein muß — konjugiert komplex, d.h. sie unterscheiden sich nur im Vorzeichen des Imaginärteils.

> `solve(p3);`

$$-1,\, 1+I,\, 1-I,\, 4,\, 4$$

Nicht immer kann MAPLE uns die Nullstellen in dieser expliziten Weise liefern, denn es ist bekannt, daß die Lösungen der Gleichungen von höherem als viertem Grade i. allg. nicht durch Wurzelausdrücke (*radical*) beschrieben werden können. Wir ändern das letzte Beispiel geringfügig ab, indem wir den Graphen um den Wert 1 anheben.

> `p4:=p3+1;`

$$p4 := x^5 - 9\,x^4 + 24\,x^3 - 14\,x^2 - 16\,x + 33$$

> `s4:=solve(p4);`

$$s4 := \mathrm{RootOf}(\_Z^5 - 9\,\_Z^4 + 24\,\_Z^3 - 14\,\_Z^2 - 16\,\_Z + 33)$$

| Wichtig: | Der Ausdruck `RootOf` bedeutet die Gesamtheit der Wurzeln unserer Gleichung fünften Grades und kann entsprechend von MAPLE weiterverarbeitet werden. Eine explizite Angabe aller Wurzeln erreichen wir mit dem Befehl `allvalues`. Im vorliegenden Falle kann uns MAPLE allerdings nur numerische Näherungen liefern.

> `allvalues(s4);`

$$-1.007924366,\quad .9960632815 - 1.021557042\,I,$$
$$.9960632815 + 1.021557042\,I,$$
$$4.007898902 - .1406152185\,I,$$
$$4.007898902 + .1406152185\,I$$

Diesmal sind vier der Wurzeln komplex, denn nahe $x = 4$ hat der Graph keine Punkte mehr mit der x-Achse gemeinsam.

Die numerischen Werte der reellen Lösungen unserer vier Gleichungen können wir auch unmittelbar mit dem Befehl `fsolve` (floating point,`solve`) erhalten. Als Lösung von $p_1 = 0$ wird dann natürlich die NULL-Sequenz ausgegeben.

> `fsolve(p1);`

Wollen wir auch die numerischen Werte der komplexen Wurzeln haben, so errreichen wir das mit einem Zusatz im Aufruf.

> `fsolve(p1,x,complex);`

$$-3.000000000\,I,\, 3.000000000\,I$$

> `fsolve(p2); fsolve(p3); fsolve(p4);`

$$1.267949192,\, 4.732050808$$
$$-1.,\, 4.,\, 4.$$
$$-1.007924366$$

Weitere Einzelheiten entnehme man der *on-line*-Hilfe (s. `?solve`, `?solve,`
`scalar`, `?solve,floats`, `?fsolve`).

2.7.2 Lösung von Wurzelgleichungen

Die Quadratwurzel ergibt sich als Umkehrfunktion der zweiten Potenz. Wir
sehen uns das in der Graphik an.

```
> plot({x^2,sqrt(x),x},x=-1.3..1.3,scaling=CONSTRAINED);
```

Weil die Funktion x^2 nicht über der gesamten reellen Achse monoton verläuft,
wird nur der Ast der Parabel im ersten Quadranten gespiegelt. (Dasselbe
Problem haben wir schon bei der Umkehrung des Hyperbelcosinus kennengelernt.) Im Falle $x > 0$ bedeutet also $\sqrt{x}$ diejenige *positive* Zahl, deren Quadrat
gleich x ist. Die negative Zahl, deren Quadrat ebenfalls gleich x ist, wird als
$-\sqrt{x}$ geschrieben. Ein Zahlenbeispiel zeigt uns das.

```
> sqrt(3^2);  sqrt((-3)^2);
```

$$3$$

$$3$$

| Wichtig: | Wenn das Vorzeichen einer Variablen z nicht bekannt ist, kann
es falsch sein, $\sqrt{z^2}$ durch z zu ersetzen. MAPLE trifft daher diese Vereinfachung nicht.

```
> z1:=sqrt(z^2);
```

$$z1 := \sqrt{z^2}$$

```
> z:=3: z1; simplify(");
```

$$\sqrt{9}$$

$$3$$

```
>   z:=-3: z1;simplify(");
```

$$\sqrt{9}$$

$$3$$

Bei Anwendung des Befehls `simplify` wird $z_1 = \sqrt{z^2}$ nicht zu z, sondern
korrekt zu $|z| =$signum$(z)z$ vereinfacht, wenn wir MAPLE vorher mitteilen,
daß z reell ist.

```
> z:='z':  assume(z,real):  z2:=simplify(z1);
```

$$z2 := \operatorname{signum}(z^\sim)\,z^\sim$$

(Im komplexen Fall verwendet MAPLE `csgn` statt `signum` — s. `?csgn`). Für
nicht negative reelle Argumente hebt die Hintereinanderschaltung von Quadrieren und Wurzelziehen sich auf.

```
> assume(z>=0): sqrt(z^2);
```

$$z^\sim$$

Dieselbe Vereinfachung $\sqrt{z^2} = z$ erreicht man in jedem Falle mit der Option `symbolic` (s. `?simplify,sqrt`, `?simplify,radical`).

```
> z:='z': sqrt(z^2); simplify(",symbolic);
```

$$\sqrt{z^2}$$

$$z$$

Betrachten wir nun die dritte Wurzel als Umkehrung der dritten Potenz.

```
> plot({x^3,x^(1/3),x},x=-1.1..1.1,scaling=CONSTRAINED);
```

Das Ergebnis überrascht uns zunächst. Obwohl die dritte Potenz über der gesamten reellen Achse monoton anwächst, wird die Umkehrfunktion nur durch Spiegelung des Astes im ersten Quadranten gebildet. Für negative Werte von x findet MAPLE demnach keine reelle dritte Wurzel. Wir lassen uns das an einem Beispiel bestätigen:

```
> (-1)^(1/3);   simplify(");
```

$$(-1)^{1/3}$$

$$\frac{1}{2} + \frac{1}{2} I \sqrt{3}$$

MAPLE berechnet als dritte Wurzel aus -1 also eine komplexe Zahl. Daß deren dritte Potenz tatsächlich -1 ergibt, bestätigt eine Probe.

```
> "^3; evalc(");
```

$$\left(\frac{1}{2} + \frac{1}{2} I \sqrt{3} \right)^3$$

$$-1$$

Wir hätten als dritte Wurzel aus -1 wohl eher die reelle Lösung -1 erwartet. Daß es in der Tat mehrere dritte Wurzeln aus -1 —nämlich genau drei — gibt, und MAPLE die Auswahl in etwas ungewohnter Weise vornimmt, sehen wir aus der Lösung der Polynomgleichung $y^3 = -1$.

```
> y:='y': solve(y^3=-1);
```

$$-1 , \quad \frac{1}{2} + \frac{1}{2} I \sqrt{3}, \quad \frac{1}{2} - \frac{1}{2} I \sqrt{3}$$

|Wichtig:| MAPLE wählt aus den drei Wurzeln den sog. komplexen Hauptwert aus. Wollen wir als dritte Wurzel einer negativen Zahl x stets eine negative reelle Zahl erhalten, so müssen wir statt der Schreibweise mit gebrochenem Exponenten den speziellen Befehl `surd` verwenden, z.B.

```
> x:=-27;      x^(1/3);      simplify(");      surd(x,3);
```

$$x := -27$$

$$(-27)^{1/3}$$

$$\frac{3}{2} + \frac{3}{2} I \sqrt{3}$$
$$-3$$

Übungsvorschlag: Untersuchen Sie die Verhältnisse bei der Berechnung der fünften Wurzel aus -1.

Als Anwendung einer Wurzelgleichung betrachten wir das in Abschn. 2.3.4 diskutierte Kraft-Verschiebungs-Diagramm eines 2-Feder-Systems

$$f = \left(1 - \frac{1}{\sqrt{1+w^2}}\right) w .$$

Wie wir sehen, läßt die Kraft f sich explizit als Funktion der Verschiebung w ausdrücken.

```
> ffunktion:=(1-1/sqrt(1+w^2))*w;
```

$$\textit{ffunktion} := \left(1 - \frac{1}{\sqrt{1+w^2}}\right) w$$

```
> plf:=plot(ffunktion,w=-3..3,color=blue): plf;
```

Wollen wir umgekehrt die Verschiebung explizit als Funktion der Kraft angeben, so können wir versuchen, die Auflösung der Gleichung mit dem Befehl `solve` zu erreichen:

```
> wfunktion:=solve(ffunktion=f,w);
```

$$\textit{wfunktion} := -\frac{-1 + \%1\, f^2 + \%1 + \%1^2 - \%1^3}{f}$$
$$\%1 := \text{RootOf}(\, 2\, \_Z - 1 - f^2\, \_Z^2 + \_Z^4 - 2\, \_Z^3\,)$$

MAPLE gibt die Lösung einer Hilfsgleichung vierten Grades in der `RootOf`-Schreibweise an. Wegen der Mehrdeutigkeit von `RootOf` beschreibt `wfunktion` nun aber mehrere Funktionen. Ob MAPLE daraus die Umkehrfunktion $w(f)$ unserer Ausgangsfunktion $f(w)$ richtig auswählt, überprüfen wir, indem wir sie zeichnen. Um die unübliche Auftragung der unabhängigen Variablen f auf der vertikalen und der abhängigen Variablen w auf der horizontalen Achse zu erreichen, stellen wir den Graphen in Parameterform dar.

```
> plw:=plot([wfunktion,f,f=-3..3],color=red): plw;
```

Unser Eindruck, daß etwas schiefgegangen ist, bestätigt sich, wenn wir beide Graphen gleichzeitig zeichnen.

```
> plots[display]({plf,plw});
```

Wo die Fehlerquelle liegt, erkennen wir, wenn wir das übliche Vorgehen bei der Lösung von Wurzelgleichungen verfolgen. Die Ausgangsgleichung wird zunächst umgeformt und dann quadriert:

$$\frac{w}{\sqrt{1+w^2}} = w - f \quad \Longrightarrow \quad \frac{w^2}{1+w^2} = (w - f)^2 .$$

Eine weitere Umformung führt sodann auf eine Gleichung vierten Grades

$$w^4 - 2fw^3 + f^2 w^2 - 2fw + f^2 = 0 \, .$$

Die dadurch implizit beschriebene Kurve in der w, f-Ebene wollen wir graphisch darstellen.

```
> gl:=w^4-2*f*w^3+f^2*w^2-2*f*w+f^2;
```

$$gl := w^4 - 2\,f\,w^3 + f^2\,w^2 - 2\,f\,w + f^2$$

```
> plg:=plots[implicitplot](gl,w=-3..3,f=-3..3,color=green): plg;
```

Wir erkennen, daß diese Kurve von zwei monotonen Funktionen $w(f)$ gebildet wird, von denen die eine die physikalisch richtige ist, die andere aber von MAPLE bei der Auswertung der Gleichung herangezogen wurde. Überlagerung sämtlicher Graphen bestätigt das.

```
> plots[display]({plf,plw,plg});
```

Das Phänomen ist typisch für die Lösung von Wurzelgleichungen: Beim Quadrieren gilt die Implikation nur von links nach rechts ($\Longrightarrow$), aber nicht gleichzeitig von rechts nach links ($\Longleftrightarrow$).
Es ist nämlich auch folgende Implikation gültig:

$$-\frac{w}{\sqrt{1 + w^2}} = w - f \quad \Longrightarrow \quad \frac{w^2}{1 + w^2} = (w - f)^2 \, .$$

Die linke Gleichung entsteht aber diesmal durch Umformung aus

$$f = \left(1 + \frac{1}{\sqrt{1 + w^2}}\right) w \, ,$$

und dieser Zusammenhang zwischen f und w hat für das betrachtete physikalische Problem keinerlei Bedeutung. Beide Zusammenhänge zwischen f und w werden durch die Gleichung auf der rechten Seite beider Implikationen und damit auch durch die Gleichung vierten Grades beschrieben.

$\boxed{\text{Wichtig:}}$ Bei der Lösung einer Wurzelgleichung ist stets zu prüfen, ob die berechnete Lösung auch tatsächlich der Ausgangsgleichung genügt. Ein nützliches Hilfsmittel dabei ist die graphische Darstellung. Auch eine numerische Prüfung kann Aufschluß geben. Zunächst wird zu einem w-Wert der zugehörige f-Wert und dann aus der Umkehrfunktion wieder der w-Wert berechnet. In unserem Falle stoßen wir dabei auf einen Widerspruch ($w_2 \neq w_1$):

```
> w1:=1; f1:=subs(w=w1,ffunktion); w2:=evalf(subs(f=f1,wfunktion));
```

$$w1 := 1$$

$$f1 := 1 - \frac{1}{2}\sqrt{2}$$

$$w2 := .1472317596$$

In der Praxis sind die geschilderten Schwierigkeiten nicht so bedeutsam, wie es scheinen könnte. Eine nützliche explizite Darstellung der Funktion $w(f)$ läßt sich formelmäßig sowieso nicht angeben. Für die numerische Auswertung von $w(f)$ brauchen wir jedoch nicht auf `solve` zurückzugreifen, sondern können `fsolve` einsetzen. Dieses aber liefert zur Eingabe f_1 die richtige Ausgabe w_1:

```
> fsolve(ffunktion=f1,w);
```

$$1.000000000$$

Weitere Hinweise zu Wurzelgleichungen finden sich unter `?solve,radical`.

2.7.3   Nullstellen transzendenter Gleichungen

Zur exakten Lösung von transzendenten Gleichungen läßt sich wieder der Befehl `solve` heranziehen. Zwei Beispiele sollen das belegen:

```
> x:='x':  solve(sin(x)=1/2,x);
```

$$\frac{1}{6}\pi$$

```
> solve(cosh(x)=3,x);
```

$$\operatorname{arccosh}(3)$$

Im ersten der beiden Fälle hat die transzendente Gleichung $(\sin x = 1/2)$ unendlich viele Lösungen, im zweiten $(\cosh x = 3)$ zwei Lösungen. Anders als bei Polynomgleichungen gibt MAPLE jedoch nicht alle Lösungen an, sondern wählt eine aus.

Numerische Lösungen erhalten wir wieder mit `fsolve`.

```
> fsolve(sin(x)=1/2,x); fsolve(cosh(x)=3,x);
```

$$2.617993878$$

$$1.762747174$$

Im ersten Falle ist diesmal eine andere Wurzel der Gleichung ausgewählt worden.

Wir können vorgeben, in welchem abgeschlossenen Intervall MAPLE die numerische Lösung suchen soll. Das mag sich anbieten, wenn wir aus einer graphischen Darstellung die Lage einer Wurzel schon ungefähr entnehmen können. Um beispielsweise die Lösung der Gleichung $\sin x = 1/2$ im Intervall $[0, \pi/2]$ zu erhalten, geben wir den Befehl

```
> fsolve(sin(x)=1/2,x=0..Pi/2);
```

$$.5235987756$$

Als Beispiel für das Auftreten einer transzendenten Gleichung betrachten wir den dritten Euler-Fall der Stabknickung. Wie in Abschn. 7.4.1 gezeigt wird, besitzt ein Balken mit konstantem Querschnitt unter einer Längsdruckkraft F, der bei $x = 0$ eingespannt und bei $x = l$ gelenkig gelagert ist, eine Biegelinie der Gestalt

$$w = C(-\kappa\, x \cos \kappa\, l + \sin \kappa\, l - \sin \kappa\, l \cos \kappa\, x + \sin \kappa\, x \cos \kappa\, l) \text{ mit } \kappa = \sqrt{F/EI_y}$$

(2.1)

(EI_y: Biegesteifigkeit). Die Erfüllung der Randbedingung $w(x = l) = 0$ verlangt

$$0 = C(\sin \kappa\, l - \kappa\, l \cos \kappa\, l) \,.$$ (2.2)

Für beliebige Werte der Druckkraft F und damit von κ läßt die Gleichung sich stets erfüllen durch $C = 0$, und diese Lösung beschreibt die unausgelenkte Lage $w \equiv 0$ des Stabes. Ausgelenkte Lagen ($C \neq 0$) sind möglich, wenn die Klammer in (2.2) verschwindet, also die transzendente Gleichung

$$\sin z - z \cos z = 0 \quad (z = \kappa\, l)$$

erfüllt ist. Wir fragen MAPLE nach der Lösung und erhalten die Auskunft:

```
> z:='z':   transz:=sin(z)-z*cos(z); solve(transz);
```

$$transz := \sin(z) - z \cos(z)$$

$$\text{RootOf}(\tan(\_Z) - \_Z)$$

Der Befehl `allvalues` liefert nicht alle Lösungen — das wären unendlich viele —, sondern nur eine.

```
> allvalues(");
```

$$0$$

Diese Lösung ist offensichtlich richtig, denn für $z = 0$ ist auch $\sin z = 0$. Damit wird aber auch $\kappa = 0$, und Einsetzen in (2.1) gibt $w \equiv 0$, d.h. keine Auslenkung. Wir benötigen also eine andere Lösung. Aufschluß gibt uns, wie üblich, eine graphische Darstellung:

```
> plot(transz,z);
```

Die kleinste positive Lösung liegt zwischen 4 und 5. Ihren numerischen Wert liefert der Aufruf

```
> z1:=fsolve(transz,z=4..5);
```

$$z1 := 4.493409458$$

Die zugehörige Druckkraft —Eulersche Knickkraft F_K genannt— ergibt sich zu

$$F_K = \kappa^2 EI_y = z_1^2 EI_y/l^2 \,.$$

Mit der Knicklänge l_K schreibt man stattdessen üblicherweise

$$F_K = \pi^2 EI_y/l_K^2 \,,$$

und ein Vergleich ergibt für die Knicklänge den Wert

$$l_K = \frac{\pi}{z_1} l \,,$$

also wegen

> `evalf(Pi/z1);`

$$.6991556596$$

in guter Näherung $l_K = 0.7\,l$.

Die anderen positiven Lösungen unserer transzendenten Gleichung liefern höhere kritische Werte der Druckkraft. Diese haben keine physikalische Bedeutung, denn es läßt sich zeigen, daß ein Stab mit einer Druckkraft, die oberhalb der Eulerschen Knickkraft liegt, kinetisch nicht stabil ist. Ein kleiner Anstoß führt nicht zu einer Schwingung um die unausgelenkte Lage, sondern zu einem endgültigen Verlassen derselben.

Falls wir dennoch einen Überblick über die Lage sämtlicher Wurzeln unserer transzendenten Gleichung bekommen möchten, so ist es zweckmäßig, diese durch $\cos z$ zu dividieren. (Das ist zulässig, denn der Fall $\cos z = 0$ liefert keine Lösung — zu $\cos z = 0$ gehört ja $|\sin z| = 1$.) Das Ergebnis ist

$$\tan z = z \,.$$

Wir stellen beide Seiten dieser Gleichung graphisch dar und können aus den Schnittpunkten der Kurven die Wurzeln entnehmen.

> `plot({tan(z),z},z=-12..12,-12..12);`

Wir sehen, daß die Schnittpunkte für wachsende z immer besser durch die Schnittpunkte mit den vertikalen Asymptoten der Tangens-Funktion angenähert werden, also

$$z_n \approx \pi/2 + n\pi \,.$$

2.7.4 Lösung von Gleichungssystemen

Auch zur Lösung mehrerer Gleichungen stehen die Befehle `solve` und `fsolve` zur Verfügung. (Über Einzelheiten informiert `?solve,system`.) Wir wählen als Beispiel eine Gleichung zweiten und eine ersten Grades.

> `x:='x': y:='y':    glg1:=x^2+y^2-x*y-1=0;    glg2:=2*y-x+1=0;`

$$glg1 := x^2 + y^2 - x\,y - 1 = 0$$
$$glg2 := 2\,y - x + 1 = 0$$

> `solve({glg1,glg2});`

$$\{\, x = 1,\ y = 0 \,\}, \ \{\, x = -1,\ y = -1 \,\}$$

> `fsolve({glg1,glg2});`

$$\{\, x = 1.,\ y = 0 \,\}$$

Der Befehl `solve` hat uns zwei Lösungspaare (x, y) geliefert, `fsolve` jedoch nur eines davon. Klarheit in der Frage, wieviele Lösungen zu erwarten sind und wo sie sich etwa befinden, gibt uns wieder eine graphische Darstellung.

```
> plots[implicitplot]({glg1,glg2},x=-1.5..1.5,y=-1.5..1.5);
```

Wir sehen, daß die Lösung unserer Gleichungen bedeutet, die beiden Schnittpunkte einer Geraden mit einer Ellipse aufzusuchen.

Wir verschieben jetzt die Gerade nach unten:

```
> glg2:=2*y-x+7/4:
> plots[implicitplot]({glg1,glg2},x=-1.5..1.5,y=-1.5..1.5);
> solve({glg1,glg2}); assign (");
```

$$\{ y = \frac{1}{4} \, \text{RootOf}(\_Z^2 + 7\_Z + 11), \ x = \frac{1}{2} \, \text{RootOf}(\_Z^2 + 7\_Z + 11) + \frac{7}{4} \}$$

Anders als bei einer Einzelgleichung gibt MAPLE bei Systemen die Wurzeln auch von quadratischen Gleichungen meist in der `RootOf`-Schreibweise an.

Die Zuweisung der Lösungen zu den Variablen x und y veranlassen wir mit dem Befehl `assign` (zuweisen). Ohne diese Zuweisung bleiben x und y Unbekannte, also Variable ohne zugewiesenen Wert. Wenn wir allerdings die Gleichungslösung wiederholen wollen — z.B. mit modifizierten Koeffizienten —, so dürfen wir nicht vergessen, vorher die Zuweisungen wieder rückgängig zu machen mittels *unassign* (d.h. mit den Befehlen `x:='x': y:='y':`).

Die zugewiesenen x- und y-Werte machen wir explizit mit dem Befehl `allvalues`. Die Umwandlung in numerische Werte leistet `evalf`.

```
> allvalues([x,y]); evalf(");
```

$$[\frac{1}{4} \sqrt{5} , \ -\frac{7}{8} + \frac{1}{8} \sqrt{5}], \ [-\frac{1}{4} \sqrt{5} , \ -\frac{7}{8} - \frac{1}{8} \sqrt{5}]$$

$$[.5590169945 , \ -.5954915027], \ [-.5590169945 , \ -1.154508497]$$

Numerische Werte eines einzelnen (x, y)-Paares erhalten wir unmittelbar mit dem Befehl `fsolve`

```
> x:='x': y:='y':   fsolve({glg1,glg2});
```

$$\{ y = -1.154508497 , \ x = -.5590169944 \}$$

Aus der Zeichnung konnten wir entnehmen, daß der zweite Schnittpunkt im abgeschlossenen Rechteck $\{(x, y) | 0 \le x \le 1, -1 \le y \le 0\}$ zu suchen ist. Wir erhalten seine Koordinaten, indem wir MAPLE diesen Hinweis geben.

```
> x:='x': y:='y':   fsolve({glg1,glg2},{x,y},{x=0..1,y=-1..0});
```

$$\{ y = -.5954915028 , \ x = .5590169944 \}$$

Übungsvorschlag: Verschieben sie die Gerade soweit nach unten, daß nur ein oder gar kein Schnittpunkt mehr existiert, und prüfen Sie die Ausgabe von `solve` und `fsolve` (letztere mit und ohne die Option `complex`).

Übungsvorschlag: Geben Sie zwei Gleichungen an, die eine Ellipse und eine Parabel beschreiben und diskutieren Sie für verschiedene Lagen dieser Kegelschnitte zueinander die Anzahl und Position der Schnittpunkte.

Bei der Überlagerung zweier Schwingungen sind wir in Abschn. 2.3.7 auf ein System von transzendenten Gleichungen zur Ermittlung der Amplitude a_3 und des Phasenwinkels δ_3 gestoßen.

```
> coskoeffizient :=a1*cos(delta1)+a2*cos(delta2)-a3*cos(delta3);
> sinkoeffizient :=a1*sin(delta1)+a2*sin(delta2)-a3*sin(delta3);
```

$$coskoeffizient := a1\cos(\delta 1) + a2\cos(\delta 2) - a3\cos(\delta 3)$$

$$sinkoeffizient := a1\sin(\delta 1) + a2\sin(\delta 2) - a3\sin(\delta 3)$$

Dieses System lösen wir jetzt unmittelbar mit dem Befehl `solve`. Dabei müssen wir neben der Menge der beiden Gleichungen auch die Menge der beiden Unbekannten angeben, weil MAPLE nicht wissen kann, nach welchen Variablen wir die Gleichungen aufgelöst haben wollen.

```
> loesung:=solve({coskoeffizient,sinkoeffizient},{a3,delta3});
```

$$loesung := \{\, a3 = \%1\,,\ \delta 3 = \arctan\left(\frac{a1\sin(\delta 1) + a2\sin(\delta 2)}{\%1}\,,\right.$$

$$\left.\frac{a1\cos(\delta 1) + a2\cos(\delta 2)}{\%1}\right)\} \qquad \%1 := \mathrm{RootOf}(-2\,a1\sin(\delta 1)\,a2\sin(\delta 2)$$

$$-a1^2 - 2\,a1\cos(\delta 1)\,a2\cos(\delta 2) - a2^2 + \_Z^2)$$

MAPLE drückt a_3 und δ_3 mittels einer Hilfsvariablen %1 aus, welche die Lösungen einer quadratischen Gleichung in der `RootOf`-Schreibweise angibt. Wir machen die beiden Werte der Abkürzung %1 explizit mit dem Befehl `allvalues`.

```
> explizit:=allvalues(%1);
```

$$explizit := \sqrt{2\,a1\sin(\delta 1)\,a2\sin(\delta 2) + a1^2 + 2\,a1\cos(\delta 1)\,a2\cos(\delta 2) + a2^2}\,,$$

$$-\sqrt{2\,a1\sin(\delta 1)\,a2\sin(\delta 2) + a1^2 + 2\,a1\cos(\delta 1)\,a2\cos(\delta 2) + a2^2}$$

Jedes der beiden Elemente dieser Sequenz können wir an Stelle von %1 in die ursprüngliche Lösung einsetzen, z.B.

```
> subs(%1=explizit[1],loesung);
```

$$\left\{a3 = \sqrt{\%1},\ \delta 3 = \arctan\left(\frac{a1\sin(\delta 1) + a2\sin(\delta 2)}{\sqrt{\%1}}, \frac{a1\cos(\delta 1) + a2\cos(\delta 2)}{\sqrt{\%1}}\right)\right\}$$

$$\%1 := 2\,a1\sin(\delta 1)\,a2\sin(\delta 2) + a1^2 + 2\,a1\cos(\delta 1)\,a2\cos(\delta 2) + a2^2$$

Im wesentlichen haben wir dieselbe Gestalt der Lösungen wie in Abschn. 2.3.7 erhalten.

Wenn wir nicht formelmäßige Ausdrücke für a_3 und δ_3 ableiten, sondern nur deren numerische Werte bei Vorgabe von a_1, a_2, δ_1 und δ_2 berechnen wollen, so brauchen wir uns um die RootOf-Ausdrücke keine Gedanken zu machen, sondern können sofort Zahlenwerte in loesung einsetzen. Beispielsweise finden wir mit den bereits früher benutzten Zahlenwerten:

```
> subs({a1=1,a2=2,delta1=Pi/8,delta2=Pi/3},loesung): evalf(");
```

$$\{\, a\mathit{3} = -2.858918216, \ \delta 3 = -2.308972144 \,\}$$

Gegenüber der in Abschnitt 2.3.7 berechneten Lösung erscheint δ_3 um $-\pi$ verschoben und das Vorzeichen von a_3 abgeändert. Beides zusammen bewirkt, daß dieselbe Schwingung beschrieben wird.

Auch mit fsolve können wir eine numerische Lösung bekommen, wenn wir den Variablen $a_1, a_2, \delta_1, \delta_2$ vorher Werte zuweisen.

```
> a1:=1: a2:=2: delta1:=Pi/8: delta2:=Pi/3:
> fsolve({coskoeffizient,sinkoeffizient});
```

$$\{\, a\mathit{3} = -2.858918216, \ \delta 3 = -14.87534276 \,\}$$

Man überlegt sich leicht, daß auch diese Lösung die gleiche Schwingung beschreibt.

3 Lineare Algebra

Wir beginnen dieses Kapitel mit der Frage nach der Existenz und Eindeutigkeit von Lösungen linearer Gleichungen. Wir klären sie im Falle zweier Gleichungen an Hand einer graphischen Darstellung sowie mittels der physikalischen Deutung als Gleichgewichtsbedingung an einem Fachwerkknoten. Für die Notation und Lösung großer Gleichungssysteme bietet sich die Matrizenformulierung an, für die MAPLE das Paket `linalg` bereithält. Wir benutzen sie in einer Prozedur zur Fachwerkberechnung.

Sodann studieren wir die MAPLE-Befehle zur dreidimensionalen Vektorrechnung und wenden sie auf Fragestellungen aus Geometrie und Statik an.

Als Beispiel für eine Matrizeneigenwertaufgabe behandeln wir die Ermittlung von Tensorhauptachsen, während wir auf das allgemeine Eigenwertproblem bei der Berechnung torsionskritischer Drehzahlen geführt werden.

Abschließend begegnen wir noch einmal den verschiedenen Fragestellungen der linearen Algebra und ihren Lösungsmöglichkeiten mit MAPLE im Rahmen einer Prozedur zur Ermittlung von Flächenmomenten beliebiger Flächen.

3.1 Lineare Gleichungen

3.1.1 Existenz und Eindeutigkeit von Lösungen

Da lineare Gleichungen einen Sonderfall allgemeiner Gleichungen darstellen, können wir sie mit dem MAPLE-Befehl `solve` lösen. Als Beispiel betrachten wir die folgenden zwei Gleichungen, die wir zu einer Menge zusammenfassen:

```
> gl1:={52*u-60*v=260, 39*u-25*v=325};
```

$$gl1 := \{\, 52\,u - 60\,v = 260,\; 39\,u - 25\,v = 325 \,\}$$

Ihre Auflösung nach den beiden Unbekannten u und v erfolgt durch den Aufruf

```
> solve(gl1,{u,v});
```

$$\left\{ v = \frac{13}{2},\; u = \frac{25}{2} \right\}$$

Wir machen die Probe, indem wir das Ergebnis in die Ausgangsgleichungen einsetzen, und erhalten in der Tat zwei wahre Aussagen.

```
> subs(",gl1);
```

$$\{260 = 260,\; 325 = 325\}$$

Die Lösung des ersten Problems war offensichtlich eindeutig. Dagegen finden wir im Falle

```
> gl2:={52*u-52*v=260, 39*u-39*v=195};
```

$$gl2 := \{\, 39\,u - 39\,v = 195,\ 52\,u - 52\,v = 260 \,\}$$

```
> solve(gl2,{u,v});
```

$$\{\, u = v + 5,\ v = v \,\}$$

keine eindeutige Lösung. Die zweite Gleichung der Ausgabe besagt nämlich, daß wir für v einen beliebigen Wert wählen können. Der zugehörige Wert von u ergibt sich dann aus der ersten Gleichung.

Das folgende Gleichungssystem mit abgeänderter rechter Seite ist sogar unlösbar, weshalb wir von MAPLE keine Ausgabe erhalten.

```
> gl3:={52*u-52*v=260, 39*u-39*v=325};
```

$$gl3 := \{\, 52\,u - 52\,v = 260,\ 39\,u - 39\,v = 325 \,\}$$

```
> solve(gl3,{u,v});
```

3.1.2 Graphische Veranschaulichung

Einsicht in die Lösbarkeit und Eindeutigkeit vermittelt uns eine graphische Darstellung. Gleichungen in den beiden Variablen u und v beschreiben Kurven in der u, v-Ebene, die wir mit dem MAPLE-Befehl `implicitplot` auf den Bildschirm bringen können. Dieser Befehl ist Bestandteil des Pakets `plots`, welches wir daher zunächst in den Arbeitsspeicher laden müssen. Danach zeichnen wir die Bilder der linearen Gleichungen `gl1`; es handelt sich um zwei Geraden in der u, v-Ebene. Jenes Paar (u, v), welches beiden Gleichungen genügt, beschreibt den Schnittpunkt beider Geraden.

```
> with(plots):
> implicitplot(gl1,u=0..20,v=-15..10);
```

Zum Vergleich sehen wir uns die Graphiken der Gleichungen `gl2` und `gl3` an.

```
> implicitplot(gl2,u=0..20,v=-15..10);
> implicitplot(gl3,u=0..20,v=-15..10);
```

Die von den Gleichungen `gl2` beschriebenen Geraden decken sich und haben deshalb unendlich viele Punkte gemeinsam, weshalb die Lösung der Gleichungen nicht eindeutig ist.

Die Gleichungen `gl3` beschreiben parallele Geraden. Diese besitzen keinen gemeinsamen Punkt, und die Gleichungen sind daher nicht lösbar.

3.1.3 Analytische Formulierung

Eindeutigkeit der Lösung ist offenbar genau dann nicht gegeben, wenn die von den Gleichungen beschriebenen beiden Geraden dieselbe Steigung besitzen.

Wir wollen die Gleichungen in der allgemeinen Form

$$a_{11}u + a_{12}v = b_1,$$
$$a_{21}u + a_{22}v = b_2 \qquad (3.1)$$

schreiben. Auflösung nach v liefert die beiden linearen Funktionen

$$v = \frac{b_1}{a_{12}} - \frac{a_{11}}{a_{12}}u = v_1(u), \quad v = \frac{b_2}{a_{22}} - \frac{a_{21}}{a_{22}}u = v_2(u),$$

deren Steigungen sich durch Ableitung nach u zu

$$m_1 = \frac{dv_1}{du} = -\frac{a_{11}}{a_{12}}, \quad m_2 = \frac{dv_2}{du} = -\frac{a_{21}}{a_{22}}$$

ergeben. Daraus schließen wir

$$a_{12}\,a_{22}\,(m_2 - m_1) = a_{11}\,a_{22} - a_{12}\,a_{21} = \begin{vmatrix} a_{11} & a_{12} \\ a_{21} & a_{22} \end{vmatrix}.$$

Wenn beide Geraden dieselbe Steigung besitzen ($m_1 = m_2$), dann verschwindet der rechts stehende Ausdruck, den man die Determinante des Gleichungssystems nennt. Im Spezialfall $a_{12} = 0$ versagt unsere Beweisführung zunächst, denn m_1 wird unendlich. Wenn aber m_2 ebenfalls unendlich werden soll (beide Geraden parallel zur v-Achse), dann muß $a_{22} = 0$ gelten. Somit hat die Determinante auch in diesem Falle den Wert Null.

Übungsvorschlag: Prüfen sie die Determinanten der Gleichungssysteme gl1, gl2, gl3.

3.1.4 Matrizenschreibweise

Führen wir die Matrizen

$$\mathbf{A} = \begin{pmatrix} a_{11} & a_{12} \\ a_{21} & a_{22} \end{pmatrix}, \quad \mathbf{x} = \begin{pmatrix} u \\ v \end{pmatrix}, \quad \mathbf{b} = \begin{pmatrix} b_1 \\ b_2 \end{pmatrix}$$

ein, so schreibt das Gleichungssystem (3.1) sich kürzer als $\mathbf{Ax=b}$. Diese kompakte Schreibweise erweist ihre Nützlichkeit natürlich insbesondere bei großen Gleichungssystemen. Um in MAPLE mit Matrizen zu rechnen, müssen wir das Paket linalg bereitstellen. Danach definieren wir eine quadratische Matrix a (mit zwei Zeilen und Spalten) und zwei Spaltenmatrizen (in MAPLE vector genannt) x und b (mit je einer Spalte und zwei Zeilen). Ihre Elemente können wir mit dem Befehl print sichtbar machen. Dabei werden Spaltenmatrizen aus Platzersparnis als Zeilenmatrizen dargestellt.

```
> with(linalg):
Warning: new definition for    norm
Warning: new definition for    trace

> a:=matrix(2,2);
```

$$a := \text{array}(\,1..2, 1..2, [\,]\,)$$

```
> print(a);
```

$$\begin{bmatrix} a_{1,1} & a_{1,2} \\ a_{2,1} & a_{2,2} \end{bmatrix}$$

```
> x:=vector([u,v]);
```

$$x := \begin{bmatrix} u & v \end{bmatrix}$$

```
> b:=vector(2);
```

$$b := \mathrm{array}(\, 1..2, [\,]\,)$$

```
> print(b);
```

$$\begin{bmatrix} b_1 & b_2 \end{bmatrix}$$

Wir können uns von MAPLE bestätigen lassen, daß unser lineares Gleichungssystem (3.1) sich tatsächlich durch Auswerten der Matrizengleichung **Ax-b=0** ergibt. Die Addition von Matrizen leistet dabei der Befehl `matadd`, die Multiplikation der Befehl `multiply`. Eine Spaltenmatrix, die den zweidimensionalen Nullvektor beschreibt, erzeugt der Befehl `vector(2,0)`. Erwartungsgemäß finden wir:

```
> matadd(multiply(a,x),-b)=vector(2,0);
```

$$\begin{bmatrix} a_{1,1}\,u + a_{1,2}\,v - b_1 & a_{2,1}\,u + a_{2,2}\,v - b_2 \end{bmatrix} = \begin{bmatrix} 0 & 0 \end{bmatrix}$$

Geringeren Eingabeaufwand erfordert es, Rechenoperationen mit Matrizen im Rahmen des Befehls `evalm` (evaluate, matrix) auszuführen. So leistet der Befehl `evalm(p+q)` dasselbe wie `matadd(p,q)` und der Befehl `evalm(p&*q)` dasselbe wie der Befehl `multiply(p,q)`. Mit `&*` wird die nichtkommutative Multiplikation von Matrizen im Gegensatz zum Symbol `*` für die herkömmliche Multiplikation bezeichnet. Die Multiplikation einer Matrix q mit einem Skalar `alpha` leistet der Befehl `evalm(alpha*q)`. (*Nicht* zugelassen sind für die genannten Operationen die bei Skalaren gebräuchlichen Befehle p+q, p*q und alpha*q.) Auch für die komplexere Matrizengleichung **Ax-b=0** liefert der Befehl `evalm` das uns bereits bekannte Resultat:

```
> evalm(a&*x-b)=vector(2,0);
```

$$\begin{bmatrix} a_{1,1}\,u + a_{1,2}\,v - b_1 & a_{2,1}\,u + a_{2,2}\,v - b_2 \end{bmatrix} = \begin{bmatrix} 0 & 0 \end{bmatrix}$$

Die Determinante erhalten wir durch den Aufruf

```
> det(a);
```

$$a_{1,1}\,a_{2,2} - a_{1,2}\,a_{2,1}$$

Wir konkretisieren die Matrizen für den Fall unserer Gleichungen gl1.

```
> a[1,1]:=52: a[1,2]:=-60: b[1]:=260:
> a[2,1]:=39: a[2,2]:=-25: b[2]:=325:
```

```
> print(a); print(b);
```

$$\begin{bmatrix} 52 & -60 \\ 39 & -25 \end{bmatrix}$$

$$\begin{bmatrix} 260 & 325 \end{bmatrix}$$

```
> det(a);
```

$$1040$$

Die Komponenten der Matrizen **A** und **b** lassen sich übrigens aus den linearen Gleichungen entnehmen mit dem Befehl `genmatrix` (generiere die `Matrix`).

```
> genmatrix(gl1,{u,v},flag);
```

$$\begin{bmatrix} 52 & -60 & 260 \\ 39 & -25 & 325 \end{bmatrix}$$

| Wichtig: | Zur Lösung linearer Gleichungssysteme, die mit Hilfe von Matrizen formuliert sind, hält MAPLE den Befehl `linsolve` bereit:

```
> x:=linsolve(a,b);
```

$$x := \begin{bmatrix} \dfrac{25}{2} & \dfrac{13}{2} \end{bmatrix}$$

Dasselbe Resultat hatte uns auch der Befehl `solve` geliefert. Wir machen noch die Probe und erhalten das beruhigende Ergebnis

```
> evalm(a&*x-b);
```

$$\begin{bmatrix} 0 & 0 \end{bmatrix}$$

Übungsvorschlag: Führen Sie die gleichen Rechnungen für die Gleichungssysteme `gl2` und `gl3` durch.

Anmerkung zur Verwendung der Befehle `solve` und `linsolve`: Hat man es mit nur zwei oder höchstens drei linearen Gleichungen zu tun, so kann man sie explizit notieren und mit dem Befehl `solve` lösen. Ab vier Gleichungen wird dieses Vorgehen jedoch zu aufwendig. Man wird dann die Matrizenformulierung bevorzugen und zur Lösung der Gleichungen den Befehl `linsolve` einsetzen. Für die Lösung linearer Gleichungssysteme hat MAPLE auch noch weitere Verfahren zur Verfügung (s. `?gausselim`, `?backsub`, `?gaussjord`, `?inverse`).

3.1.5 Anwendung beim Fachwerk

Die linearen Gleichungen, mit denen es der Ingenieur zu tun hat, beschreiben meist physikalische Fragestellungen. Die Tatsache, daß diese Gleichungen eindeutig lösbar sind, mehrdeutige Lösungen zulassen oder überhaupt keine Lösung besitzen, spiegelt demnach physikalische Sachverhalte wieder.

Das wollen wir am Beispiel der Statik eines aus zwei Stäben bestehenden (Gelenk-)Fachwerks studieren (s. Bild 3.1).

Wir führen die Geometriematrix $\mathbf{G}$, die Spaltenmatrix $\mathbf{s}$ der unbekannten Zugkräfte in den beiden Stäben und die Spaltenmatrix $\mathbf{f}$ der skalaren Komponenten der am Mittelknoten angreifenden äußeren Kraft ein.

$$\mathbf{G} = \begin{pmatrix} -\cos\alpha_l & \cos\alpha_r \\ -\sin\alpha_l & \sin\alpha_r \end{pmatrix}, \qquad \mathbf{s} = \begin{pmatrix} u \\ v \end{pmatrix}, \qquad \mathbf{f} = \begin{pmatrix} f_x \\ f_y \end{pmatrix}.$$

```
> g:=matrix([[-cos(alphal),cos(alphar)],
> [-sin(alphal),sin(alphar)]]);
```

$$g := \begin{bmatrix} -\cos(alphal) & \cos(alphar) \\ -\sin(alphal) & \sin(alphar) \end{bmatrix}$$

```
> s:=vector([u,v]);
```

$$s := \begin{bmatrix} u & v \end{bmatrix}$$

```
> f:=vector([fx,fy]);
```

$$f := \begin{bmatrix} fx & fy \end{bmatrix}$$

Die Matrizengleichung $\mathbf{Gs} + \mathbf{f} = \mathbf{0}$ lautet dann

```
> evalm(g&*s+f)=vector(2,0);
```

$$[-\cos(alphal)\,u + \cos(alphar)\,v + fx \quad -\sin(alphal)\,u + \sin(alphar)\,v + fy\,]$$
$$= [\,0 \quad 0\,]$$

Die beiden Komponenten beschreiben, wie wir sehen, das Gleichgewicht in der x- bzw. y-Richtung am freigeschnittenen Mittelknoten.

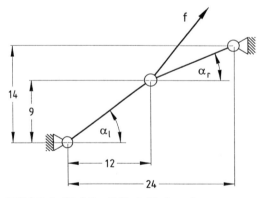

Bild 3.1. Stabiles 2-Stab-Fachwerk

Die Determinante ist

```
> determ:=det(g);
```

$$determ := -\cos(\,alphal\,)\sin(\,alphar\,) + \cos(\,alphar\,)\sin(\,alphal\,)$$

```
> determ:=combine(",trig);
```

$$determ := -\sin(\,-alphal + alphar\,)$$

Sie verschwindet für $\alpha_l = \alpha_r$ und $\alpha_l = \alpha_r \pm \pi$.

Im ersten Beispiel (Bild 3.1) haben die drei Knoten die Koordinaten (0,0), (12,9) und (24,14). Die Neigungswinkel der beiden Stäbe ergeben sich daher zu

```
> alphal:=arctan(9/12); alphar:=arctan((14-9)/(24-12));
```

$$alphal := \arctan\left(\frac{3}{4}\right)$$

$$alphar := \arctan\left(\frac{5}{12}\right)$$

Die Komponenten der äußeren Kraft seien

```
> fx:=4; fy:=5;
```

$$fx := 4$$
$$fy := 5$$

Die Gleichgewichtsbedingungen lauten dann

```
> evalm(g&*s+f)=vector(2,0);
```

$$\left[\,-\frac{4}{5}\,u + \frac{12}{13}\,v + fx \quad -\frac{3}{5}\,u + \frac{5}{13}\,v + fy\,\right] = \begin{bmatrix} 0 & 0 \end{bmatrix}$$

Wir beseitigen die Nenner durch Multiplikation mit 65 und finden

```
> evalm(65*");
```

$$\left[\,-52\,u + 60\,v + 260 \quad -39\,u + 25\,v + 325\,\right] = \begin{bmatrix} 0 & 0 \end{bmatrix}$$

Unschwer erkennen wir unsere obigen Gleichungen gl1 wieder, deren eindeutige Lösung wir bereits berechnet haben.

Wenn wir aber den Gleichungslöser linsolve an dieser Stelle aufrufen, stellen wir überrascht fest, daß das Ergebnis nicht zahlenmäßig ausgegeben wird.

```
> sformel:=linsolve(g,-f);
```

$$s := \left[\,\frac{4\sin(\,alphar\,) - 5\cos(\,alphar\,)}{-\cos(\,alphar\,)\sin(\,alphal\,) + \cos(\,alphal\,)\sin(\,alphar\,)}\right.$$
$$\left.\frac{-5\cos(\,alphal\,) + 4\sin(\,alphal\,)}{-\cos(\,alphar\,)\sin(\,alphal\,) + \cos(\,alphal\,)\sin(\,alphar\,)}\,\right]$$

Wir müssen deshalb den Auswertungsbefehl `eval` mittels `map` auf die einzelnen Komponenten von `sformel` anwenden.

> `map(eval,sformel);`

$$\left[\frac{25}{2}, \frac{13}{2}\right]$$

Nun ändern wir die Position des rechten Fachwerkknotens gemäß Bild 3.2 auf (24,18) ab.

> `alphal:=arctan(9,12); alphar:=arctan((18-9)/(24-12));`

$$alphal := \arctan\left(\frac{3}{4}\right)$$

$$alphar := \arctan\left(\frac{3}{4}\right)$$

Diesmal haben beide Stäbe die gleiche Neigung. Wie wir schon wissen, ist deswegen die Determinante gleich Null, und in der Tat ergibt eine Überprüfung:

> `determ;`

$$0$$

Die Gleichgewichtsbedingung wird

> `evalm(g&*s+f)=vector(2,0): evalm(65*");`

$$\left[-52\,u + 52\,v + 260 \quad -39\,u + 39\,v + 325\right] = \left[0 \quad 0\right]$$

Dies sind unsere früheren Gleichungen g13, die keine Lösung besitzen. Die physikalische Ursache ist darin zu sehen, daß die am Mittelknoten angreifende äußere Kraft eine zur Stabachse senkrechte Komponente besitzt. Letztere kann nicht aufgenommen werden, denn senkrecht zur Stabachse ist der Mittelknoten im Kleinen verschieblich, d.h. das Fachwerk ist labil.

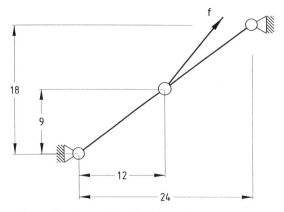

Bild 3.2. Labiles 2-Stab-Fachwerk

Dagegen kann das Fachwerk eine am Mittelknoten angreifende Kraft abtragen, wenn sie parallel zur Stabachse gerichtet ist. Wir prüfen das, indem wir setzen:

```
> fx:=4; fy:=3;
```

$$fx := 4$$
$$fy := 3$$

```
> evalm(g&*s+f)=vector(2,0); evalm(65*");
```

$$\left[-52\,u + 52\,v + 260 \quad -39\,u + 39\,v + 195 \right] = \left[0 \quad 0 \right]$$

Das sind unsere früheren Gleichungen gl2, deren Lösung sich als nicht eindeutig erwiesen hatte. Physikalisch bedeutet dies, daß die beiden Stabkräfte sich aus Gleichgewichtsbetrachtungen allein nicht eindeutig berechnen lassen. Eine derartige — als statisch unbestimmt bezeichnete — Aufgabe kann man nur lösen, indem man die Verformungen des Tragwerks in Betracht zieht.

Der folgende Aufruf von linsolve führt diesmal nicht zum Erfolg.

```
> linsolve(g,-f);
Error, ( in type/vector) division by zero
```

Wir müssen also bereits die Matrix numerisch auswerten und danach linsolve aufrufen.

⎢Wichtig:⎥ Da wir zuerst die Matrix g definiert und dann Zahlenwerte vorgegeben haben, sind diese Zahlenwerte nicht eingesetzt worden. Matrizen werden nämlich nicht automatisch von MAPLE aktualisiert. (Das ist bei skalaren Größen anders, dort gilt das Prinzip der *full evaluation*.) Wir können aber die Aktualisierung der Matrix g veranlassen, indem wir den Befehl eval zur zahlenmäßigen Auswertung mit der Funktion map auf jedes Matrizenelement einzeln anwenden und das Ergebnis in eine Matrix ge speichern:

```
> ge:=map(eval,g);
```

$$ge := \begin{bmatrix} \dfrac{-4}{5} & \dfrac{4}{5} \\[2mm] \dfrac{-3}{5} & \dfrac{3}{5} \end{bmatrix}$$

Nunmehr gelingt die Lösung der Gleichungen, die natürlich wieder nicht eindeutig ausfällt. Der für v willkürlich zu wählende Wert wird diesmal mit _t1 bezeichnet.

```
> linsolve(ge,-f);
```

$$\left[5 + \_t_1, \ \_t_1 \right]$$

⎢Wichtig:⎥ Auch die zahlenmäßige Auswertung einer Vektor- oder Matrizenkomponente mit dem Befehl subs bedarf eines besonderen Vorgehens. Um das zu sehen, vergleichen wir eine Sequenz, eine Liste, eine Menge und einen Vektor mit denselben Elementen bzw. Komponenten.

```
> x:='x':  s:=3,x^2;  l:=[s];  m:={s};  v:=vector([s]);
```

$$s := 3, \, x^2$$

$$l := [3, \, x^2]$$

$$m := \{3, \, x^2\}$$

$$v := [3, \, x^2]$$

Bei Listen und Mengen arbeitet der Befehl subs wie bei Einzelausdrücken.

```
> subs(x=2,l),  subs(x=2,m);
```

$$[3, \, 4], \, \{3, \, 4\}$$

Das ist bei Sequenzen und bei Vektoren anders:

```
> subs(x=2,s);
Error, wrong number (or type) of parameters in function subs
```

```
> subs(x=2,v);
```

$$v$$

Bei der Sequenz können wir den Umweg über die Liste nehmen. Beim Vektor hilft uns der Befehl eval (oder evalm).

```
> op(subs(x=2,[s]));
```

$$3, \, 4$$

```
> subs(x=2,eval(v));
```

$$[3, \, 4]$$

3.1.6   Automatisierte Fachwerkberechnung

Fachwerke der Ingenieurpraxis weisen meist eine große Zahl von Knoten und Stäben auf, und die Formulierung der Gleichgewichtsbedingungen aller Knoten geschieht zweckmäßig in Matrizenformulierung. Dabei sollte der Ingenieur sich darauf beschränken, das Problem zu beschreiben, und einem Rechenprogramm nicht nur die Lösung der linearen Gleichungen, sondern auch schon die Aufstellung der Matrizen überlassen.

Wir wollen nun eine MAPLE-Prozedur entwerfen, welche die Stabkräfte beliebiger statisch bestimmter ebener Fachwerke zu berechnen gestattet. Anschließend wollen wir sie zunächst auf das kleine Beispiel gemäß Bild 3.3 anwenden, an dem wir die Gestaltung der Eingabedaten studieren können.

Das schräg liegende bewegliche Lager ersetzen wir durch einen statisch gleichwertigen zusätzlichen Fachwerkstab. Sodann führen wir ein Koordinatensystem ein und numerieren alle Knoten gemäß Bild 3.4. Der Knoten am linken Lager und der Endknoten des zusätzlich eingeführten Stabes sind in x- und y-Richtung unverschieblich gehalten. Diese Tatsache kennzeichnen wir, indem wir derartigen Knoten eine negative, allen übrigen eine positive

Nummer geben. Eine fortlaufende Reihenfolge der Knotennummern sehen wir nicht vor, um bei eventuellen Änderungen des Systems keine Nummern abändern zu müssen. Die Position aller Knoten beschreiben wir durch eine Liste von Listen, die für jeden Knoten die Nummer und die beiden Koordinaten enthalten:

```
> knoten1:=[[-10,0,0],[20,3,4],[30,6,0],[40,9,4],[50,12,0],
>           [60,15,4],[70,18,0],[-80,20,-4]];
```

$$knoten1 \; := \; [[-10, 0, 0], [20, 3, 4], [30, 6, 0], [40, 9, 4], [50, 12, 0], [60, 15, 4],$$
$$[70, 18, 0], [-80, 20, -4]]$$

Eine weitere Liste enthält für jeden Stab eine Liste seiner beiden Endknoten (Reihenfolge dieser beiden beliebig):

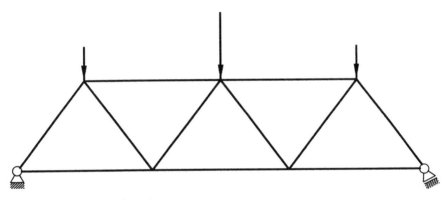

Bild 3.3. Beispielfachwerk

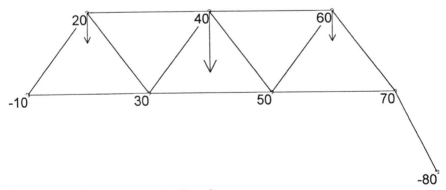

Bild 3.4. Aufbereitung für die Eingabe

```
> staebe1:=[[-10,20],[-10,30],[20,30],[20,40],[30,40],
> [30,50],[40,50],[40,60],[50,60],[50,70],[60,70],[70,-80]];
```

$$staebe1 := [[-10,20],[-10,30],[20,30],[20,40],[30,40],[40,50],$$
$$[40,60],[50,60],[50,70],[60,70],[70,-80]]$$

Man beachte, daß der Benutzer keine Stabnummern vergibt. Schließlich müssen noch die eingeprägten Kräfte angegeben werden. Das geschieht in einer dritten Liste, welche Listen mit Benutzernummer des belasteten Knotens und den beiden skalaren Kraftkomponenten enthält:

```
> kraefte1:=[[20,0,-5],[40,0,-10],[60,0,-5]];
```

$$kraefte1 := [[20,0,-5],[40,0,-10],[60,0,-5]]$$

Wir geben nun die Prozedur an und werden sie anschließend anwenden und erläutern.

Prozedur fachwerk

```
> fachwerk:=
> proc(knoten::listlist,staebe::listlist,kraefte::listlist)
```

Berechnung der Stabkraefte in einem statisch bestimmten ebenen Fachwerk
knoten: Liste der Listen von Benutzerknotennummern und Koordinaten (negative Benutzerknotennummern kennzeichnen allseits gefesselte Knoten)
staebe: Liste der Listen der Endknoten der (unnumerierten) Staebe
kraefte: Liste der Listen von Benutzerknotennummern und x- und y-Komponenten der Knotenkraefte (Nur belastete Knoten muessen aufgefuehrt werden)

```
> local knz,kn,st,kr,vae,eae,ra,re,l,g,r,x,i,ia,ie,j,m;
> knz:=matrix(knoten);
> if coldim(knz)<>3 then
> ERROR('Nummer und zwei Koordinaten je Knoten erforderlich') fi;
> kn:=extend(knz,0,1,0);
> st:=matrix(staebe);
> if coldim(st)<>2 then
> ERROR('Anfangs- und Endknoten je Stab erforderlich') fi;
> kr:=matrix(kraefte);
> if coldim(kr)<>3 then
> ERROR('Knotennummer und zwei Kraftkomponenten erforderlich') fi;
```

Ermittlung der Zahl der skalaren Gleichgewichtsbedingungen

```
> m:=0;
> for i to rowdim(kn) do
> if kn[i,1]>0 then m:=m+2; kn[i,4]:=m fi
> od;
```

```
> if m<rowdim(st) then ERROR('System statisch unbestimmt') fi;
> if m>rowdim(st) then ERROR('System labil') fi;
```

Aufstellen der Geometriematrix

```
> g:=matrix(m,m,0);
> for i to m do
```

Aufsuchen der Ortsvektoren von Anfangs- und Endknoten des Stabes i

```
>     ra:='ra'; re:='re';
>     for j to rowdim(kn) do
>      if st[i,1]=kn[j,1] then
>         ra:=vector([kn[j,2], kn[j,3]]); ia:=kn[j,4] fi;
>      if st[i,2]=kn[j,1] then
>         re:=vector([kn[j,2], kn[j,3]]); ie:=kn[j,4] fi;
>     od;
>     if eval(ra)='ra' or eval(re)='re' then
> ERROR('Knoten von Stab',[st[i,1],st[i,2]],'nicht definiert') fi;
>     vae:=evalm(re-ra);
>     l:=evalf(norm(vae,frobenius));
>     if l=0 then ERROR('Stab hat Laenge 0') fi;
```

Einheitsvektor vom Anfangs- zum Endknoten

```
>     eae:=evalm(vae/l);
>     if ia>0 then g[ia-1,i]:= eae[1]; g[ia,i]:= eae[2] fi;
>     if ie>0 then g[ie-1,i]:=-eae[1]; g[ie,i]:=-eae[2] fi;
>   od;
>   if abs(det(g))< 10^(-10) then
>      ERROR('Determinante verschwindet') fi;
```

Aufstellen der rechten Seite

```
> r:=vector(m,0);
> for i to rowdim(kr) do
>    for j to rowdim(kn) do
>      if kr[i,1]=kn[j,1] and kn[j,4]>0 then
>         r[kn[j,4]-1] := r[kn[j,4]-1]-kr[i,2];
>         r[kn[j,4]] := r[kn[j,4]]-kr[i,3]
>      fi;
>    od;
> od;
```

Loesen des linearen Gleichungssystems

```
>        x:= linsolve(g,r);
> print('Fachwerk.Ausgabe zu jedem Stab: Zwei Knoten, Stabkraft');
> for i to m do
>  printf('% d % d %+f\n',st[i,1], st[i,2], x[i])
> od;
> end:
```

Nun berechnen wir die Stabkräfte des Beispielfachwerks mit dem Aufruf

```
> fachwerk(knoten1,staebe1,kraefte1);
```

Fachwerk. Ausgabe zu jedem Stab : Anfangs − und Endknoten, Stabkraft

```
    -10   20  -12.500000
    -10   30   +2.500000
     20   30   +6.250000
     20   40  -11.250000
     30   40   -6.250000
     30   50  +10.000000
     40   50   -6.250000
     40   60  -11.250000
     50   60   +6.250000
     50   70   +2.500000
     60   70  -12.500000
     70  -80  -11.180340
```

Die einzelnen Stäbe werden durch Angabe beider Endknoten eindeutig bezeichnet. Symmetrisch liegende Stäbe besitzen gleiche Stabkraft, was bei der vorliegenden Belastung zu erwarten war.

Sehen wir uns nun die Prozedur im einzelnen an: Sofort bei Eingabe wird eine Typprüfung vorgenommen. Wenn nicht drei Listen von Listen (`listlist`) als Parameter der Prozedur `fachwerk` angegeben werden, erfolgt keine Bearbeitung. Eine genauere Prüfung dieser Parameter schließt sich an: Nach Umwandlung der Listen von Listen in Matrizen werden deren Spaltenzahlen (`coldim`: column, dimension) abgefragt und gegebenenfalls bemängelt.

Weitere Fehlermeldungen der Prozedur betreffen die mangelnde Berechenbarkeit: Die Anzahl der eingelesenen Knoten ergibt sich aus der Zeilenzahl (`rowdim`: row, dimension) der Matrix kn, die der Stäbe aus der Zeilenzahl der Matrix st. Notwendig für die Berechenbarkeit der Stabkräfte aus Gleichgewichtsaussagen ist die Bedingung, daß die Zahl der Unbekannten mit der Zahl der Gleichungen übereinstimmt, also die Zahl der Stäbe doppelt so groß ist wie die Zahl der ungefesselten Knoten, denn für jeden von diesen lassen sich zwei skalare Gleichgewichtsbedingungen aufstellen. Gibt es mehr Stäbe, dann ist das System statisch unbestimmt, gibt es weniger, dann ist es labil. Allerdings ist die Übereinstimmung der Zahl der Gleichungen mit der Zahl der Unbekannten für die Lösbarkeit zwar notwendig, aber — wie wir am Fall zweier Gleichungen gesehen haben — nicht hinreichend. Denn wenn die Determinante des Gleichungssystems verschwindet, so ist das System statisch unbestimmt und labil zugleich. Nach Aufstellen der Geometriematrix g wird daher deren Determinante berechnet. Verschwindet sie oder ist sie außerordentlich klein — bei numerischer Rechnung ist ja wegen der Abrundungen keine exakte Null zu erwarten —, dann ist das Fachwerk unbrauchbar, und die Rechnung wird abgebrochen.

In der ersten Schleife der Prozedur werden die ungefesselten Knoten, also die mit positiver Nummer durchgezählt. Zugleich wird ihnen in der vierten

Spalte der Matrix kn — die aus knz durch Erweiterung um diese Spalte mittels des Befehls extend entstanden ist — eine gerade Zahl $m(2,4,6,...)$ zugewiesen. Das soll bedeuten, daß die zugehörigen Gleichgewichtsbedingungen in y-Richtung die Gleichungsnummern 2, 4, usw. (und die Gleichgewichtsbedingungen in x-Richtung die Gleichungsnummern 1, 3, usw.) erhalten. Die Nummern der unbekannten Stabkräfte entsprechen einfach der Zeilennummer des betreffenden Stabes in der Matrix st. Jede unbekannte Stabkraft kann nur in den beiden Gleichgewichtsbedingungen in x- und y-Richtung des Anfangs- und des Endknotens des Stabes (so genannt nach der Reihenfolge ihrer Nennung in den Eingabedaten) auftreten. Sind beide Knoten ungefesselt, dann gibt es also in der zugehörigen Spalte der Matrix g maximal vier von Null verschiedene Koeffizienten; ist einer gefesselt, dann sind es zwei weniger. Die Geometriematrix g wird zunächst mit Nullen belegt und dann in einer Schleife über alle Stäbe spaltenweise mit bis zu vier Koeffizienten versehen. Betrachten wir dazu Bild 3.5.

Zunächst werden die Ortsvektoren r_a (ra) und r_e (re) von Anfangs- und Endknoten bestimmt, dann der Verbindungsvektor v_{ae} (vae) beider Knoten und schließlich der zugehörige Einheitsvektor e_{ae} (eae). Dabei muß der Abstand l (1) beider Knoten berechnet werden — als Frobenius-Norm, d.h. Betrag des Verbindungsvektors. Ist er Null — was auf einen Eingabefehler hinweist —, dann wird die Rechnung mit einer Fehlermeldung abgebrochen.

Die vektorielle Gleichgewichtsbedingung am freigeschnittenen Knoten a hat folgende Gestalt (den Anteil der Stabkraft $F_{s\,ae}$ im Stab von Knoten a nach Knoten e und den Anteil der am Knoten a eingeprägten Kraft f_a notieren wir explizit):

$$F_{s\,ae}e_{ae} + f_a \quad + \quad \text{(Beiträge der Stabkräfte}$$
$$\text{der übrigen am Knoten } a \text{ angreifenden Stäbe)} = 0 \,.$$

Am Knoten e haben wir dagegen

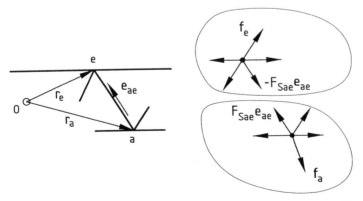

Bild 3.5. Zur Herleitung der Gleichgewichtsbedingungen am Fachwerk

$-F_{s\,ae}\mathbf{e}_{ae} + \mathbf{f}_e$ + (Beiträge der Stabkräfte

der übrigen am Knoten e angreifenden Stäbe) $= \mathbf{0}$.

In den Zeilen der Matrix g, welche die Gleichgewichtsbedingungen in x- und y-Richtung am Anfangsknoten enthalten, sind daher die x- bzw. y-Komponente des Einheitsvektors $\mathbf{e}_{ae}$ einzutragen. Beim Endknoten sind es die negativen Komponenten desselben Vektors.

Die Komponenten der eingeprägten Knotenkräfte werden auf die rechte Seite des Gleichungssystems geschafft und erscheinen dort mit negativem Vorzeichen.

Nachdem die Matrix g und die Spaltenmatrix r der rechten Seite aufgestellt sind, wird das Gleichungssystem mit dem Befehl linsolve gelöst. Der besseren Übersichtlichkeit wegen wird das Ergebnis in formatierter Form mit dem Befehl printf (Einzelheiten s. ?printf) ausgegeben.

Übungsvorschlag: Überprüfen sie die Ergebnisse der Fachwerke der Bilder 3.1 und 3.2 mit der Prozedur fachwerk.

Übungsvorschlag: Entwerfen sie ungeeignete Fachwerke, um das Ansprechen der Fehlermeldungen zu testen.

Übungsvorschlag: Berechnen Sie mit der Prozedur fachwerk ein umfangreiches System (z.B. aus einem Lehrbuch).

Übungsvorschlag: Ersetzen Sie das linke Lager des Fachwerks gemäß Bild 3.4 durch zwei statisch gleichwertige zusätzliche Fachwerkstäbe, um die dortigen Auflagerkräfte zu erhalten.

Übungsvorschlag: Ändern Sie die Prozedur fachwerk so ab, daß damit räumliche Fachwerke berechnet werden können.

Übungsvorschlag: Ändern Sie die Prozedur fachwerk so ab, daß die Matrizen g und r als globale statt als lokale Variable deklariert sind. Nach Bearbeitung der Prozedur können Sie dann mit den Befehlen print(g), print(r) diese Matrizen ansehen und einzelne Elemente überprüfen. Sie werden feststellen, daß die Geometriematrix g zwar spärlich, aber ziemlich unregelmäßig besetzt ist und keine Symmetrie aufweist. Interessant ist es auch, zu sehen, wie g sich bei einer anderen Reihenfolge der eingegebenen Knoten oder Stäbe verändert. (An den Endergebnissen der Rechnung darf sich dadurch natürlich — im Rahmen der verwendeten Genauigkeit — nichts ändern.)

3.1.7 Zeichnerische Darstellung von Fachwerken

Abschließend ist ein Wunsch offen geblieben. Wir möchten vor der Berechnung sicher sein, daß wir uns bei den Eingabedaten nicht grob vertan haben. Dabei wäre eine graphische Darstellung hilfreich.

Wir entwerfen daher eine Prozedur fachplot, die sich auf dieselbe Eingabe wie die Prozedur fachwerk stützen soll und Knoten, Stäbe und Kräfte darstellt. (Die Zeichnung kann auch dann erstellt werden, wenn das Fachwerk statisch unbestimmt oder labil ist).

Um die Maßstäbe für die dargestellten Längen und Kräfte zu harmoni-
sieren, werden die größte Stablänge lmax und der größte Kraftbetrag fmax
ermittelt. Der Kraftmaßstab wird dann so gewählt, daß der die größte Kraft
darstellende Pfeil halb so lang ist wie der längste Stab.

Die zu zeichnenden Objekte werden in Mengen zusammengefaßt: circle
enthält Kreise zur Kennzeichnung ungefesselter Knoten, box Rechtecke für
gefesselte Knoten, line Linien für Stäbe, pfeil Pfeile— bestehend aus je
drei Linien — für Kräfte und text die Knotennummern. Die Mengen sind
zunächst leer ({}) und werden mit der Operation union (Vereinigung von
Mengen) allmählich aufgefüllt. Wie das geschieht, ist sicher nicht schwer
nachzuvollziehen. Schließlich werden für die Darstellung der fünf Mengen
fünf plot-Strukturen erzeugt und mit dem Befehl display auf den Bildschirm gebracht. Einzelheiten dazu entnehme man der *on-line*-Hilfe. Die Befehle textplot und display gehören zum Paket plots. Sie werden hier in
einer Weise benutzt, die kein vorheriges Einladen des Pakets voraussetzt.

Hier nun die Prozedur:

Prozedur fachplot

```
> fachplot:=
>     proc(knoten::listlist,staebe::listlist,kraefte::listlist)
```

Zeichnen eines ebenen Fachwerks

```
> local kn,st,kr,ra,re,rl,rr,rh,i,j,circle,box,text,line,pfeil,
>       p1,p2,p3,p4,p5,l,f,lambda,maxf,maxl,vae;
```

Pruefung der Eingabedaten

```
> kn := matrix(knoten);
>    if coldim(kn) <> 3 then
>    ERROR('Nummer und zwei Koordinaten je Knoten erforderlich')
>    fi;
> st := matrix(staebe);
>    if coldim(st) <> 2 then
>    ERROR('Anfangs- und Endknoten je Stab erforderlich')
>    fi;
> kr:=matrix(kraefte);
>    if coldim(kr)<>3 then
> ERROR('Knotennummer und zwei Komponenten je Kraft erforderlich')
>    fi;
```

Knotensymbole

```
> circle := {};
> box := {};
> text:={};
> for i to rowdim(kn) do
>    if 0 < kn[i,1] then
>        circle := circle union {[kn[i,2],kn[i,3]]} fi;
```

```
>    if kn[i,1] < 0 then box := box union {[kn[i,2],kn[i,3]]} fi;
>    text:=text union {[kn[i,2],kn[i,3],kn[i,1]]}
> od;
```

Stablinien

```
> line := {};
> maxl:=0;
> for i to rowdim(st) do
>   ra:='ra'; re:='re';
>   for j to rowdim(kn) do
>     if st[i,1] = kn[j,1] then ra := [kn[j,2],kn[j,3]] fi;
>     if st[i,2] = kn[j,1] then re := [kn[j,2],kn[j,3]] fi
>   od;
>   if ra='ra' or re='re' then
> ERROR('Knoten von Stab',[st[i,1],st[i,2]],'nicht definiert') fi;
>   line := line union {[ra,re]};
>   vae:=re-ra;
>   l:=evalf(vae[1]^2+vae[2]^2);
>   if l>maxl then maxl:=l fi
> od;
```

Massstab der Kraftpfeile

```
> maxf:=0;
> for i to rowdim(kr) do
>   f:=evalf(kr[i,2]^2+kr[i,3]^2);
>   if f>maxf then maxf:=f fi
> od;
```

Kraftpfeile

```
> pfeil:={};
> maxl:=sqrt(maxl);  maxf:=sqrt(maxf);
> if maxf>0 then
> lambda:=1/2*maxl/maxf;
> for i to rowdim(kr) do
>   for j to rowdim(kn) do
>     if kr[i,1]=kn[j,1] and kn[j,1]>0 then
>       ra:=[kn[j,2],kn[j,3]];
>       re:=[kn[j,2]+lambda*kr[i,2],kn[j,3]+lambda*kr[i,3]];
>       vae:=(re-ra)/10;
>       rh:= re-2*vae;
>       rr:= [rh[1]-vae[2],rh[2]+vae[1]];
>       rl:= [rh[1]+vae[2],rh[2]-vae[1]];
>     fi;
>   od;
> pfeil:=pfeil union{[ra,re],[re,rl],[re,rr]}
> od;
> fi;
```

Ausgabe

```
> p1 := plot(circle,style = POINT,symbol = CIRCLE,
>        color = magenta,scaling = CONSTRAINED,axes=NONE);
> p2 := plot(box,style = POINT,symbol = BOX,
>        color = orange);
> p3 := plot(line,color = blue);
> p4 := plot(pfeil,color=gold);
> p5 :=plots[textplot](text,align={BELOW,LEFT});
> plots[display]({p1,p2,p3,p4,p5});
> end:
```

Wir prüfen das Funktionieren der Prozedur an unserem Beispielfachwerk und erhalten die bereits früher als Bild 3.4 wiedergegebene Darstellung:

```
> fachplot(knoten1,staebe1,kraefte1);
```

3.2 Dreidimensionale Vektorrechnung

3.2.1 Die Grundoperationen

Physikalische Größen wie Kraft und Moment, Geschwindigkeit und Beschleunigung, elektrische oder magnetische Feldstärke, zu deren vollständiger Kennzeichnung nicht nur die Angabe eines Betrages, sondern auch einer Richtung erforderlich ist, werden Vektoren genannt und lassen sich geometrisch durch Pfeile im dreidimensionalen Raum darstellen. Haben wir ein kartesisches Koordinatensystem eingeführt, dann können wir Vektoren auch analytisch durch Angabe der Spaltenmatrix ihrer drei skalaren Komponenten bezüglich dieses Koordinatensystems beschreiben. Je nach Wahl des Koordinatensystems wird ein und derselbe Vektor durch unterschiedliche Spaltenmatrizen repräsentiert, denn der Vektor beschreibt einen physikalischen Sachverhalt, die Koordinatenwahl aber ist eine Zutat des Berechners. Dennoch bezeichnet man eine Spaltenmatrix vielfach als Vektor. Auch MAPLE verwendet den Begriff vector in diesem Sinne.

Rechenoperationen mit Vektoren spiegeln sich in Rechenoperationen mit den Spaltenmatrizen ihrer skalaren Komponenten wieder. Um das zu sehen, führen wir solche Operationen an Spaltenmatrizen a, b und c durch, welche Vektoren **a**, **b** und **c** repräsentieren sollen.

```
> a:=vector(3): b:=vector(3): c:=vector(3): print(a,b,c);
```
$$[\,a_1 \quad a_2 \quad a_3\,]\,,\,[\,b_1 \quad b_2 \quad b_3\,]\,,\,[\,c_1 \quad c_2 \quad c_3\,]$$

Addition und Subtraktion $\mathbf{a} - \mathbf{b} + \mathbf{c}$:

```
> evalm(a-b+c);
```
$$[\,a_1 - b_1 + c_1 \quad a_2 - b_2 + c_2 \quad a_3 - b_3 + c_3\,]$$

Multiplikation von Skalar und Vektor $\alpha\mathbf{b}$:

```
> evalm(alpha*b);
```
$$[\,\alpha\,b_1 \quad \alpha\,b_2 \quad \alpha\,b_3\,]$$

Wir bemerken, daß MAPLE die Spaltenmatrizen aus Platzersparnis als Zeilenmatrizen ausdruckt.

Zahlenmäßig legen wir einen Vektor beispielsweise fest durch

```
> zv:=vector([4,7,9]);
```

$$zv := \begin{bmatrix} 4 & 7 & 9 \end{bmatrix}$$

Wenn wir auf eine Darstellung als Spaltenmatrix ausdrücklich Wert legt, können wir stattdessen definieren:

```
> zs:=matrix([[4],[7],[9]]);
```

$$zs := \begin{bmatrix} 4 \\ 7 \\ 9 \end{bmatrix}$$

Daß MAPLE diese beiden Objekte in der Tat als identisch betrachtet, zeigt ihre Subtraktion:

```
> evalm(zv-zs);
```

$$\begin{bmatrix} 0 \\ 0 \\ 0 \end{bmatrix}$$

Die zur Spaltenmatrix **a** gehörige Zeilenmatrix nennt man die transponierte Matrix und schreibt

```
> at:=transpose(a);
```

$$at := \text{transpose}(\,a\,)$$

Das **Skalarprodukt** (auch inneres Produkt oder Punktprodukt genannt) $\mathbf{a} \cdot \mathbf{b}$ der Vektoren **a** und **b** berechnet sich als Matrizenprodukt der Zeilenmatrix von **a** mit der Spaltenmatrix von **b**:

			b_1
			b_2
			b_3
a_1	a_2	a_3	ab

```
> ab:=evalm(transpose(a)&*b);
```

$$ab := a_1\, b_1 + a_2\, b_2 + a_3\, b_3$$

Dasselbe liefert der Befehl

```
> dotprod(a,b);
```

$$a_1\, b_1 + a_2\, b_2 + a_3\, b_3$$

Das Skalarprodukt des Vektors **a** mit sich selbst gibt

> `dotprod(a,a);`

$$a_1{}^2 + a_2{}^2 + a_3{}^2$$

Die Wurzel daraus heißt **Betrag** des Vektors ($|\mathbf{a}|$) und wird von den Mathematikern auch 2-Norm oder Frobenius-Norm genannt. In MAPLE erhalten wir den Betrag daher mit einem der Befehle

> `norm(a,2), norm(a,frobenius);`

$$\sqrt{|a_1|^2 + |a_2|^2 + |a_3|^2},\ \sqrt{|a_1|^2 + |a_2|^2 + |a_3|^2}$$

Dagegen bedeutet `abs(a)` in MAPLE etwas anderes:

> `evalm(abs(a));`

$$[\,|a_1|\ |a_2|\ |a_3|\,]$$

Wenn komplexe Vektorkomponenten zugelassen werden, müßten einige der obigen Ausführungen präzisiert werden. Im Hinblick auf Ingenieuranwendungen beschränken wir uns hier jedoch auf reelle Vektoren.

Die Division eines Vektors durch seinen Betrag liefert einen Einheitsvektor, d. h. einen Vektor vom Betrag 1 , der nur noch die Richtungsinformation enthält. Diese Normierung leistet der Befehl

> `normalize(a);`

$$\left[\frac{a_1}{\sqrt{\%1}}\ \frac{a_2}{\sqrt{\%1}}\ \frac{a_3}{\sqrt{\%1}} \right]$$

$$\%1 := |a_1|^2 + |a_2|^2 + |a_3|^2$$

Das **dyadische Produkt** zweier Vektoren ist ein Spezialfall eines Tensors zweiter Stufe. (Es handelt sich um einen Tensor vom Rang 1. Ein allgemeiner Tensor zweiter Stufe läßt sich als Summe dreier dyadischer Produkte darstellen.) Beispiele für Tensoren sind der Spannungstensor und der Verzerrungstensor am Punkt eines Körpers, der Trägheitstensor eines rotierenden starren Körpers sowie der Wärmeleittensor und der Dielektrizitätstensor in anisotropen Medien. Die Tensoren beschreiben einen physikalischen Sachverhalt; analytisch — d.h. der Zahlenrechnung — zugänglich sind sie aber nur nach Wahl eines Koordinatensystems in Form der quadratischen Matrix ihrer skalaren Komponenten. Die Komponentenmatrix des dyadischen Produkts $\mathbf{D} = \mathbf{a} \otimes \mathbf{b}$ ergibt sich als Matrizenprodukt der Spaltenmatrix von **a** mit der Zeilenmatrix von **b**:

	b_1	b_2	b_3
a_1	d_{11}	d_{12}	d_{13}
a_2	d_{21}	d_{22}	d_{23}
a_3	d_{31}	d_{32}	d_{33}

```
> d:=evalm(a&*transpose(b));
```

$$
d := \begin{bmatrix} a_1\,b_1 & a_1\,b_2 & a_1\,b_3 \\ a_2\,b_1 & a_2\,b_2 & a_2\,b_3 \\ a_3\,b_1 & a_3\,b_2 & a_3\,b_3 \end{bmatrix}
$$

Weil der Rang eines dyadischen Produkts gleich 1 ist, d.h. seine Matrix nicht den vollen Rang 3 besitzt, verschwindet die Determinante

```
> rank(d); det(d);
```
$$1$$
$$0$$

Einzelheiten zum Begriff des Ranges findet man in den Lehrbüchern.

Das **Vektorprodukt** oder Kreuzprodukt a × b der beiden Vektoren a und b ist ein Vektor, dessen Berechnung veranlaßt wird mit dem Befehl:

```
> v:=crossprod(a,b);
```
$$
v := [\,a_2\,b_3 - a_3\,b_2 \quad a_3\,b_1 - a_1\,b_3 \quad a_1\,b_2 - a_2\,b_1\,]
$$

Dieser Vektor steht senkrecht auf a und b, was wir wie folgt prüfen können:

```
> dotprod(a,v);
```
$$
a_1\,(a_2\,b_3 - a_3\,b_2) + a_2\,(a_3\,b_1 - a_1\,b_3) + a_3\,(a_1\,b_2 - a_2\,b_1)
$$

```
> simplify(");
```
$$0$$

```
> simplify(dotprod(b,v));
```
$$0$$

Deuten wir die Vektoren a und b als zwei Seiten eines im Raum aufgespannten Parallelogramms, so wird dessen Flächeninhalt durch den Betrag und seine Orientierung im Raum durch den Einheitsvektor des Kreuzprodukts beschrieben.

```
> area:=norm(v,2):
> orient:=normalize(v):
```

Nun berechnen wir das **Spatprodukt** der drei Vektoren a, b, c als Skalarprodukt der Vektoren a × b und c. Das Spatprodukt gibt das Volumen des von den drei Vektoren aufgespannten Parallelepipeds (Spats) an.

```
> spat1:=dotprod(v,c);
```
$$
spat1 := (a_2\,b_3 - a_3\,b_2)\,c_1 + (a_3\,b_1 - a_1\,b_3)\,c_2 + (a_1\,b_2 - a_2\,b_1)\,c_3
$$

Wir können eine quadratische Matrix definieren, deren drei Spalten von den Komponenten der Vektoren a, b und c gebildet werden:

```
> augment(a,b,c);
```

$$\begin{bmatrix} a_1 & b_1 & c_1 \\ a_2 & b_2 & c_2 \\ a_3 & b_3 & c_3 \end{bmatrix}$$

(Der Befehl `stack` hätte die Vektoren stattdessen zeilenweise angeordnet.) Das Spatprodukt läßt sich dann auch als Wert der Determinante dieser Matrix berechnen, wie die Probe beweist:

```
> spat2:=det(");
```

$$spat2 := a_1 \, b_2 \, c_3 - a_1 \, c_2 \, b_3 - a_2 \, b_1 \, c_3 + a_2 \, c_1 \, b_3 + a_3 \, b_1 \, c_2 - a_3 \, c_1 \, b_2$$

```
> simplify(spat1-spat2);
```

$$0$$

Übungsvorschlag: Prüfen Sie weitere Möglichkeiten, das Spatprodukt zu berechnen, z.B. $\mathbf{a} \cdot (\mathbf{b} \times \mathbf{c})$, $\mathbf{b} \cdot (\mathbf{c} \times \mathbf{a})$.

Einige der beschriebenen Operationen wollen wir auch zahlenmäßig ausführen. Dazu wählen wir als Beispiel:

```
> a:=vector([3,-5,8]); b:=vector([-7,-4,5]);
```

$$a := \begin{bmatrix} 3 & -5 & 8 \end{bmatrix}$$
$$b := \begin{bmatrix} -7 & -4 & 5 \end{bmatrix}$$

```
> evalm(a+b);
```

$$\begin{bmatrix} -4 & -9 & 13 \end{bmatrix}$$

```
> ab:=dotprod(a,b);
```

$$ab := 39$$

```
> na:=norm(a,2); nb:=norm(b,2);
```

$$na := 7\sqrt{2}$$
$$nb := 3\sqrt{10}$$

```
> evalf(normalize(a));
```

$$\begin{bmatrix} .3030457633 & -.5050762721 & .8081220354 \end{bmatrix}$$

```
> norm(",2);
```

$$.9999999997$$

```
> d:=evalm(a&*transpose(b));
```

$$d := \begin{bmatrix} -21 & -12 & 15 \\ 35 & 20 & -25 \\ -56 & -32 & 40 \end{bmatrix}$$

```
> v:=crossprod(a,b);
```

$$v := [\quad 7 \; - 71 \; - 47\,]$$

```
> dotprod(a,v);
```

$$0$$

Bezeichnen wir mit α den **Winkel** zwischen den Vektoren **a** und **b**, dann gelten für das Skalarprodukt und den Betrag des Vektorprodukts die Beziehungen:

$$\mathbf{a}\cdot\mathbf{b} = |\mathbf{a}||\mathbf{b}|\cos\alpha, \qquad |\mathbf{a}\times\mathbf{b}| = |\mathbf{a}||\mathbf{b}|\sin\alpha\,.$$

Aus der ersten dieser Beziehungen berechnet MAPLE den Winkel α, dessen Wert im Bogenmaß wir mit dem Umwandlungsbefehl `convert` in das Gradmaß umrechnen lassen können.

```
> alpha:=angle(a,b);
```

$$\alpha := \arccos\left(\frac{13}{2940}\sqrt{98}\,\sqrt{90}\right)$$

```
> evalf(convert(",degrees));
```

$$65.46369382 \; degrees$$

```
> na*nb*cos(alpha)-ab;
```

$$\frac{13}{140}\sqrt{2}\,\sqrt{10}\,\sqrt{98}\,\sqrt{90} - 39$$

```
> simplify(");
```

$$0$$

```
> na*nb*sin(alpha)-norm(v,2);
```

$$\frac{3}{10}\sqrt{2}\,\sqrt{10}\,\sqrt{4055} - 3\sqrt{811}$$

```
> simplify(");
```

$$0$$

Übungsvorschlag: Überprüfen sie allgemein und an Zahlenbeispielen die Gültigkeit der folgenden Regeln:

- Das Skalarprodukt zweier aufeinander senkrecht stehender Vektoren ist gleich Null.

- Das Vektorprodukt zweier paralleler Vektoren ist gleich dem Nullvektor.

- Das Vektorprodukt alterniert, d.h. es gilt $\mathbf{a}\times\mathbf{b} + \mathbf{b}\times\mathbf{a} = \mathbf{0}$.

3.2.2 Einfache geometrische Anwendungen

Eine Kugelfläche im Raum, deren Mittelpunkt M die kartesischen Koordinaten (x_0, y_0, z_0) besitzt und die den Radius R hat, läßt sich wie folgt kennzeichnen: Den Vektor $\mathbf{r}_0$ vom Koordinatenursprung O zum Kugelmittelpunkt M beschreibt die Spaltenmatrix

> `r0:=vector([x0,y0,z0]);`

$$r0 := \begin{bmatrix} x0 & y0 & z0 \end{bmatrix}$$

Der Ortsvektor $\mathbf{r}$ eines Punktes P der Kugeloberfläche (das ist der Vektor von O nach P) wird beschrieben durch

> `r:=vector([x,y,z]);`

$$r := \begin{bmatrix} x & y & z \end{bmatrix}$$

Alle Punkte P der Kugeloberfläche haben vom Punkt M den gleichen Abstand R; also gilt für den Betrag des Vektors von M nach P: $|\mathbf{r} - \mathbf{r}_0| = R$ und quadriert $(\mathbf{r} - \mathbf{r}_0) \cdot (\mathbf{r} - \mathbf{r}_0) = R^2$.

> `dotprod(r-r0,r-r0)=R^2;`

$$(x - x0)^2 + (y - y0)^2 + (z - z0)^2 = R^2$$

Damit haben wir die Gleichung der Kugelfläche in kartesischen Koordinaten erhalten.

Eine Ebene, die den Punkt $\mathbf{r}_0$ enthält und von den Vektoren $\mathbf{p}$ und $\mathbf{q}$ aufgespannt wird, läßt sich mit Hilfe zweier Parameter s und t durch die Gleichung $\mathbf{r} = \mathbf{r}_0 + \mathbf{p}\,s + \mathbf{q}\,t$ beschreiben.

> `r0:=vector([x0,y0,z0]); p:=vector(3): q:=vector(3): print(p,q);`
> `r:=evalm(r0+p*s+q*t);`

$$r0 := \begin{bmatrix} x0 & y0 & z0 \end{bmatrix}$$

$$\begin{bmatrix} p_1 & p_2 & p_3 \end{bmatrix} , \qquad \begin{bmatrix} q_1 & q_2 & q_3 \end{bmatrix}$$

$$r := \begin{bmatrix} x0 + s\,p_1 + t\,q_1 & y0 + s\,p_2 + t\,q_2 & z0 + s\,p_3 + t\,q_3 \end{bmatrix}$$

Wir verwenden folgende Zahlenwerte:

> `x0:=8:y0:=-3:z0:=-2: p:=vector([6,-5,-7]): q:=vector([5,6,-1]):`
> `r:=map(eval,r);`

$$\begin{bmatrix} 8 + 6\,s + 5\,t & -3 - 5\,s + 6\,t & -2 - 7\,s - t \end{bmatrix}$$

Der Vektor $\mathbf{p} \times \mathbf{q}$ steht senkrecht auf $\mathbf{p}$ und $\mathbf{q}$, und sein Einheitsvektor $\mathbf{n}$ beschreibt daher die Orientierung der Ebene:

> `v:=crossprod(p,q);`

$$v := \begin{bmatrix} 47 & -29 & 61 \end{bmatrix}$$

> `n:=normalize(v);`

$$n := \begin{bmatrix} \dfrac{47}{6771} \sqrt{6771} & -\dfrac{29}{6771} \sqrt{6771} & \dfrac{1}{111} \sqrt{6771} \end{bmatrix}$$

Nun wählen wir im Raum einen Punkt W mit dem Ortsvektor $\mathbf{w}$:

> `w:=vector([17,-11,-3]);`

$$w := \begin{bmatrix} 17 & -11 & -3 \end{bmatrix}$$

Wenn wir von W aus das Lot auf die Ebene fällen, trifft es diese in einem Punkt P mit dem zunächst unbekannten Ortsvektor **r**. Der Vektor von W nach P muß parallel zur Einheitsnormalen **n** der Ebene sein: $\mathbf{r} - \mathbf{w} = \lambda\mathbf{n}$. Weil **n** senkrecht auf **p** und **q** steht, liefert Skalarmultiplikation mit **p** bzw. **q** zwei lineare Gleichungen

$$\mathbf{r} \cdot \mathbf{p} = \mathbf{w} \cdot \mathbf{p}, \qquad \mathbf{r} \cdot \mathbf{q} = \mathbf{w} \cdot \mathbf{q}.$$

```
> gln:={dotprod(r,p)=dotprod(w,p), dotprod(r,q)=dotprod(w,q)};
```
$$gln := \{\, 77 + 110\,s + 7\,t = 178,\ 24 + 7\,s + 62\,t = 22 \,\}$$

```
> solve(gln,{s,t});
```
$$\left\{ t = \frac{-309}{2257},\ s = \frac{2092}{2257} \right\}$$

Damit haben wir die Parameterwerte s und t des Punktes P erhalten. Wir ordnen diese Werte mit dem Befehl `assign` den Parametern zu, berechnen den Ortsvektor $\mathbf{r}_P$ für diese Parameter, speichern ihn in `rp` und machen die Zuordnung anschließend mit einem *unassign* wieder rückgängig.

```
> assign("); rp:=map(eval,r); s:='s': t:='t':
```
$$rp := \left[\begin{array}{ccc} \dfrac{29063}{2257} & \dfrac{-19085}{2257} & \dfrac{-309}{37} \end{array} \right]$$

Der Lotvektor ist dann $\mathbf{r}_P - \mathbf{w}$. Sein Einheitsvektor muß — in diesem Falle bis auf den Faktor -1 — mit dem Normaleneinheitsvektor **n** der Ebene übereinstimmen.

```
> l:=evalm(rp-w);
```
$$l := \left[\begin{array}{ccc} \dfrac{-9306}{2257} & \dfrac{5742}{2257} & \dfrac{-198}{37} \end{array} \right]$$

```
> lnorm:=normalize(l);
```
$$lnorm := \left[\begin{array}{cc} -\dfrac{47}{6771}\sqrt{3}\,\sqrt{2257} & \dfrac{29}{6771}\sqrt{3}\,\sqrt{2257} \\[2mm] -\dfrac{1}{111}\sqrt{3}\,\sqrt{2257} \end{array} \right]$$

```
> evalm(n+lnorm): map(simplify,");
```
$$[0 \quad 0 \quad 0]$$

Der Betrag von **l** ist der kürzeste Abstand zwischen dem Punkt W und der Ebene.

```
> d:=evalf(norm(l,2));
```
$$d := 7.218717363$$

Nun laden wir das Graphik-Paket **plots** in den Arbeitsspeicher.

```
> with(plots):
```

Wir stellen ein parallelogrammförmiges Teilstück der Ebene dar sowie das Lot
von W auf die Ebene. Letzteres beschreiben wir als Raumkurve (`spacecurve`),
die nur aus einem geradlinigen Stück zwischen den Punkten W und P besteht.

```
> pl:=plot3d(r,t=-2..2,s=-1..3,axes=FRAMED):
> spc:=spacecurve([convert(w,list),convert(rp,list)],
> thickness=2,color=blue): display({pl,spc});
```

Der Blickwinkel auf eine solche dreidimensionale Darstellung läßt sich interaktiv verändern. Nach einigen Versuchen findet man eine Ansicht, bei der
die Orthogonalität des Lotes auf der Ebene gut zu erkennen ist (im Beispiel $\theta = 58°$, $\varphi = 90°$). Dazu muß man allerdings die Option CONSTRAINED
wählen, um gleiche Maßstäbe in allen Achsenrichtungen zu erhalten.

Übungsvorschlag: Man prüft leicht, daß der Vektor $\mathbf{r} - \mathbf{r}_0$ in der Ebene
liegt und daher senkrecht auf dem Einheitsvektor $\mathbf{n}$ steht. Aus dieser Aussage
kann man unter Verwendung des Skalarprodukts eine Darstellung der Ebene
in kartesischen Koordinaten gewinnen (Hessesche Normalform).

3.2.3 Räumliche Statik

An einem starren Körper soll an n Punkten mit den Ortsvektoren $\mathbf{r}_i$ ($i = 1..n$)
jeweils eine Kraft mit dem Kraftvektor $\mathbf{f}_i$ angreifen. Die Wirkung dieser
Kräfte ist statisch äquivalent zur Wirkung einer einzigen Kraft $\mathbf{f}_{res} = \sum_i \mathbf{f}_i$
mit dem Koordinatenursprung O als Angriffspunkt und einem zusätzlichen
Kräftepaar mit dem Momentenvektor $\mathbf{M}_{res\,O} = \sum_i \mathbf{r}_i \times \mathbf{f}_i$, der sich als Summe
der Momente aller Einzelkräfte bezüglich des Punktes O berechnet. (Ver-
schwinden sowohl der resultierende Kraft- als auch der Momentenvektor,
dann ist der Körper im Gleichgewicht.)

Wir wollen die Belastung durch eine dreifach geschachtelte Liste beschreiben: $[[r1, f1], [r2, f2], ..., [rn, fn]]$. Dabei steht $r1$ für eine Liste der drei
Koordinaten [x1,y1,z1] des Angriffspunktes der Kraft $\mathbf{f}_1$, deren Kraftvektor durch die Liste $f1$ seiner drei skalaren Komponenten [f1x,f1y,f1z]
beschrieben wird. Als Zahlenbeispiel wählen wir

```
> belastung:=[[[7,-1,2],[120,0,-250]],[[18,11,-9],[-50,-90,140]],
> [[-12,-6,-15],[0,60,170]]]:
```

Die Zahl der eingegebenen Angriffspunkte und Kräfte erfahren wir durch
Abfrage der Anzahl der Operanden (`nops`) der äußersten Liste.

```
> nops(belastung);
```
$$3$$

Wollen wir den Angriffspunkt der dritten Kraft und ihren Kraftvektor entnehmen oder aber nur den Kraftvektor, so können wir folgende Befehle benutzen. Jeder weitere in eckigen Klammern angefügte Index bezieht sich auf
eine weiter innen angeordnete Liste.

```
> belastung[3]; belastung[3][2]: belastung[3,2];
```

$$[[-12, -6, -15], [0, 60, 170]]$$
$$[0, 60, 170]$$

Nunmehr können wir die Kräfte und Momente aufsummieren. Um nicht sämtliche Zwischenergebnisse auf den Schirm zu bekommen, schließen wir die Summationsschleife mit einem Doppelpunkt ab und lassen uns anschließend die resultierende Kraft und das resultierende Moment ausdrucken.

```
> kraft:=vector(3,0): moment:=vector(3,0):
> for i to nops(belastung) do
>     r:=vector(belastung[i][1]); f:=vector(belastung[i][2]);
>     kraft:=evalm(kraft+f);
>     moment:=evalm(moment+crossprod(r,f))
> od:
> print(kraft, moment);
```

$$[70 \ -30 \quad 60], [860 \quad 1960 \ -1670]$$

Übungsvorschlag: Bringen Sie die Berechnung in die Form einer Prozedur. Deklarieren Sie die Variablen und denken Sie an Eingabeprüfungen, Kommentare und eine erläuterte Ausgabe. Überprüfen Sie die Prozedur mit dem MAPLE-Prüfprogramm `mint`.

3.3   Matrizeneigenwertprobleme

3.3.1   Tensorhauptachsen

Tensoren wie beispielsweise der Spannungstensor, Verzerrungstensor oder Trägheitstensor werden durch die Matrizen ihrer Komponenten bezüglich eines gewählten Koordinatensystems beschrieben. Das sind Matrizen mit drei Zeilen und drei Spalten, die überdies in den genannten drei Beispielen zur Diagonalen symmetrisch sind und daher durch Angabe von sechs — statt im allgemeinen neun — Bestimmungsgrößen vollständig beschrieben werden. Als Beispiel wollen wir den Spannungstensor **S** betrachten. Zur Definition von Matrizen mit speziellen Eigenschaften (z.B. symmetrisch, diagonal, usw.) eignet sich der Befehl `array` besser als der Befehl `matrix` (über die Möglichkeiten informiert `?indexfcn`). Die Struktur `array` unterscheidet sich von `matrix` dadurch, daß die Indexzählung nicht automatisch bei 1 beginnt und daher die Indexbereiche angegeben werden müssen.

```
> sigma:=array(symmetric,1..3,1..3): print(sigma);
```

$$\begin{bmatrix} \sigma_{1,1} & \sigma_{1,2} & \sigma_{1,3} \\ \sigma_{1,2} & \sigma_{2,2} & \sigma_{2,3} \\ \sigma_{1,3} & \sigma_{2,3} & \sigma_{3,3} \end{bmatrix}$$

Die Gleichheit der zur Diagonalen symmetrisch liegenden Elemente — beim Spannungstensor die Gleichheit der zugeordneten Schubspannungen, die aus dem Momentengleichgewicht folgt — ist hier bereits in der Matrixdefinition berücksichtigt. Ähnlich erhalten wir die Einheitsmatrix:

```
> id:=array(identity,1..3,1..3): print(id);
```

$$\begin{bmatrix} 1 & 0 & 0 \\ 0 & 1 & 0 \\ 0 & 0 & 1 \end{bmatrix}$$

Wollen wir an einem Punkt eines Körpers den Spannungsvektor s auf einer gedachten Schnittfläche berechnen, deren Orientierung durch den Normaleneinheitsvektor n gekennzeichnet ist, so haben wir den Spannungstensor mit dem Normaleneinheitsvektor zu multiplizieren: s = Sn. In Komponenten geschieht das durch Multiplikation der Matrizen sigma und n.

```
> n:=vector(3): print(n);
```

$$[\, n_1 \; n_2 \; n_3 \,]$$

```
> s:=evalm(sigma&*n);
```

$$s := \Big[\, \sigma_{1,1}\, n_1 + \sigma_{1,2}\, n_2 + \sigma_{1,3}\, n_3 \quad \sigma_{1,2}\, n_1 + \sigma_{2,2}\, n_2 + \sigma_{2,3}\, n_3$$

$$\sigma_{1,3}\, n_1 + \sigma_{2,3}\, n_2 + \sigma_{3,3}\, n_3 \,\Big]$$

Wählen wir speziell eine Schnittfläche senkrecht zur x-Achse, so besitzt der zugehörige Normaleneinheitsvektor $\mathbf{e}_x$ die Komponenten:

```
> ex:=vector([1,0,0]);
```

$$ex := [\, 1 \; 0 \; 0 \,]$$

Der Spannungsvektor auf dieser Fläche ergibt sich also zu $\mathbf{s}_x = \mathbf{S}\mathbf{e}_x$, d.h.

```
> sx:=evalm(sigma&*ex);
```

$$sx := [\, \sigma_{1,1} \quad \sigma_{1,2} \quad \sigma_{1,3} \,]$$

Das ist aber gerade die erste Spalte der Spannungsmatrix, und diese gibt daher den Spannungsvektor auf der Schnittfläche senkrecht zur x-Achse an. (Entsprechend bedeuten, wie man leicht überprüft, die zweite und dritte Spalte die Spannungsvektoren auf den Schnittflächen senkrecht zur y- und z-Achse.) Der Spannungsvektor $\mathbf{s}_x$ hat eine Komponente σ_{11} in Richtung der Schnittflächennormalen — Normalspannung genannt — und zwei Komponenten σ_{12} und σ_{13} parallel zur Schnittfläche in Richtung der y- bzw. z-Achse. Letztere sind die Schubspannungen.

Auf einer beliebigen Fläche ergibt die Normalspannung sich als die skalare Komponente des Spannungsvektors s in Richtung des Normaleneinheitsvektors n, also als Ergebnis des Skalarprodukts $\sigma_{\mathbf{n}} = \mathbf{s} \cdot \mathbf{n}$. Der Betrag der

Schubspannung folgt dann nach Pythagoras zu $\tau_{\mathbf{n}} = \sqrt{\mathbf{s} \cdot \mathbf{s} - \sigma_{\mathbf{n}}^2}$. In Komponenten:

```
> sigman:=dotprod(s,n): expand(");
```

$$\sigma_{1,1}\,n_1{}^2 + 2\,n_1\,\sigma_{1,2}\,n_2 + 2\,n_1\,\sigma_{1,3}\,n_3 + \sigma_{2,2}\,n_2{}^2 + 2\,n_2\,\sigma_{2,3}\,n_3 + \sigma_{3,3}\,n_3{}^2$$

```
> taun:=sqrt(dotprod(s,s)-sigman^2):
```

Die Ausgabe zur letzten Formel ist recht lang und daher hier durch Doppelpunkt unterdrückt.

Übungsvorschlag: Spezialisieren Sie die Tensortransformationsformeln (Normalspannnungen und Schubspannungen auf beliebig orientierten Flächen) auf den zweidimensionalen Fall. Benutzen Sie dabei für den Normaleneinheitsvektor **n** die Komponentendarstellung ($n_x = \cos\alpha$, $n_y = \sin\alpha$). Ziehen Sie Additionstheoreme für den doppelten Winkel heran. Vergleichen Sie Ihre Ergebnisse mit denen, die bei der Diskussion des Mohrschen Kreises gebräuchlich sind.

Wir können uns die Frage stellen, ob es eine Wahl des Koordinatensystems derart gibt, daß die Schnittflächen senkrecht zu den Koordinatenachsen schubspannungsfrei sind. (Das wäre ein Koordinatensystem, welches dem Spannungszustand am betreffenden Körperpunkt optimal angepaßt ist. Bezüglich dieses Systems besitzt die Spannungsmatrix Diagonalform.) Es läßt sich nun zeigen, daß eine solche Koordinatenwahl tatsächlich immer möglich ist. Wir werden das hier an einem Beispiel studieren. Eine Achsenrichtung des neuen Koordinatensystems soll durch den zunächst unbekannten Einheitsvektor **n** gekennzeichnet werden. Weil der Spannungsvektor auf der zu **n** senkrecht stehenden Fläche keine Schubspannungskomponenten besitzen darf, muß er parallel zu **n** sein. Das bedeutet $\mathbf{s} = \mathbf{Sn} = \lambda\mathbf{n}$ mit einem reellen Parameter λ oder $\mathbf{Sn} - \lambda\mathbf{n} = \mathbf{0}$. Die Bestimmungsgleichungen für die Komponenten der gesuchten Richtung **n**, bezogen auf das alte Koordinatensystem, lauten also:

```
> evalm(sigma&*n-lambda*n)=vector(3,0);
```

$$\Big[\sigma_{1,1}\,n_1 + \sigma_{1,2}\,n_2 + \sigma_{1,3}\,n_3 - \lambda\,n_1 \quad \sigma_{1,2}\,n_1 + \sigma_{2,2}\,n_2 + \sigma_{2,3}\,n_3 - \lambda\,n_2$$

$$\sigma_{1,3}\,n_1 + \sigma_{2,3}\,n_2 + \sigma_{3,3}\,n_3 - \lambda\,n_3\Big] = \begin{bmatrix} 0 & 0 & 0 \end{bmatrix}$$

Diese Gleichungen nennt man homogen. (Alle Terme auf der linken Seite enthalten die Unbekannten, und die Vorgaben auf der rechten Seite sind gleich Null.) Solche Gleichungen besitzen offensichtlich stets den Nullvektor als sogenannte triviale Lösung ($n_1 = 0$, $n_2 = 0$, $n_3 = 0$). Diese hilft uns nicht weiter, denn der Nullvektor hat den Betrag Null, aber der Normaleneinheitsvektor soll den Betrag 1 haben. Also muß es noch eine weitere Lösung geben.

Eine solche Mehrdeutigkeit der Lösung ist aber nur möglich, wenn die Determinante des Gleichungssystems verschwindet.

Wir schreiben die Gleichungen zunächst um in $\mathbf{Kn} = (\mathbf{S} - \lambda\mathbf{1})\mathbf{n} = \mathbf{0}$. —
Der Einheitstensor $\mathbf{1}$, dessen Komponenten durch die Einheitsmatrix gegeben
sind, liefert die identische Abbildung jedes Vektors. Das beweist eine Probe,
bei der wir die Einheitsmatrix mit einem Vektor $\mathbf{n}$ multiplizieren und als
Ergebnis wieder den Vektor $\mathbf{n}$ erhalten:

```
> evalm(id&*n);
```

$$[\, n_1 \; n_2 \; n_3 \,]$$

Nun stellen wir die Matrix des homogenen Gleichungssystems auf.

```
> k:=evalm(sigma-lambda*id);
```

$$k := \begin{bmatrix} \sigma_{1,1} - \lambda & \sigma_{1,2} & \sigma_{1,3} \\ \sigma_{1,2} & \sigma_{2,2} - \lambda & \sigma_{2,3} \\ \sigma_{1,3} & \sigma_{2,3} & \sigma_{3,3} - \lambda \end{bmatrix}$$

(Multiplikation dieser Matrix mit $\mathbf{n}$ würde wieder die linke Seite unserer
homogenen Gleichungen liefern.) Die Determinante dieser Matrix soll verschwinden. Sie erweist sich als Polynom dritten Grades in λ, das wir mit dem
Befehl collect nach Potenzen ordnen.

```
> det(k):  collect(",lambda);
```

$$-\lambda^3 + \left(\sigma_{1,1} + \sigma_{3,3} + \sigma_{2,2}\right)\lambda^2$$
$$+ \left(\sigma_{1,2}{}^2 - \sigma_{1,1}\sigma_{2,2} - \sigma_{1,1}\sigma_{3,3} - \sigma_{2,2}\sigma_{3,3} + \sigma_{1,3}{}^2 + \sigma_{2,3}{}^2\right)\lambda$$
$$+ \sigma_{1,1}\sigma_{2,2}\sigma_{3,3} - \sigma_{1,3}{}^2\sigma_{2,2} - \sigma_{1,2}{}^2\sigma_{3,3} - \sigma_{1,1}\sigma_{2,3}{}^2 + 2\sigma_{1,2}\sigma_{1,3}\sigma_{2,3}$$

Die Koeffizienten bei λ^2, $-\lambda^1$ und λ^0 bezeichnet man als erste, zweite bzw.
dritte Invariante des Tensors. Die Bedingung für nichttriviale Lösbarkeit der
homogenen Gleichungen hat also die Gestalt: $\det(\mathbf{K}) = P_3(\lambda) = 0$. Die drei
Werte λ, für die diese kubische Gleichung erfüllt ist, lassen sich mit dem
Befehl

```
> solve(det(k),lambda):
```

beschaffen. Die entstehende Ausgabe ist außerordentlich lang und beschreibt
zudem die reellen Wurzeln mittels komplexer Hilfsgrößen. Sie wird daher hier
durch den Doppelpunkt unterdrückt. Eine Abänderung des Doppelpunkts in
Semikolon macht sie verfügbar.

Von jetzt an rechnen wir besser zahlenmäßig. Wir wählen als Beispiel

```
> sigma[1,1]:=110.3: sigma[1,2]:=-22.8: sigma[1,3]:=13.1:
```

```
> sigma[2,2]:=-25.0: sigma[2,3]:=-12.7: sigma[3,3]:=37.9:
```

```
> print(sigma);
```

$$\begin{bmatrix} 110.3 & -22.8 & 13.1 \\ -22.8 & -25.0 & -12.7 \\ 13.1 & -12.7 & 37.9 \end{bmatrix}$$

```
> k:=evalm(sigma-lambda*id);
```

$$k := \begin{bmatrix} 110.3 - \lambda & -22.8 & 13.1 \\ -22.8 & -25.0 - \lambda & -12.7 \\ 13.1 & -12.7 & 37.9 - \lambda \end{bmatrix}$$

```
> determ:=det(k);
```

$$determ := -130124.751 + 377.37\,\lambda + 123.2\,\lambda^2 - \lambda^3$$

```
> plot(determ,lambda=-50..150);
```

```
> ew:=fsolve(determ,lambda);
```

$$ew := -30.36414481,\ 36.65710870,\ 116.9070361$$

Wie wir sehen (Bild 3.6), hat die kubische Gleichung drei reelle Wurzeln. (Allgemein läßt sich für symmetrische Matrizen mit n Zeilen und Spalten zeigen, daß alle n Wurzeln ihres charakteristischen Polynoms reell sind.) Diese reellen Wurzeln heißen die Eigenwerte der Matrix. Sie sind unabhängig vom gewählten Ausgangskoordinatensystem und charakterisieren damit zugleich den Tensor.

Wir setzen nun den ersten der drei Eigenwerte in die Matrix k ein, um dann die zugehörige Richtung n (den sogenannten Eigenvektor) als nichttriviale Lösung des homogenen Gleichungssystems **Kn = 0** zu finden.

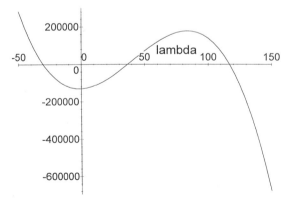

Bild 3.6. Wert der Determinante als Funktion des Parameters λ

```
> lambda:=ew[1]: k1:=map(eval,k);
```

$$\begin{bmatrix} 140.6641448 & -22.8 & 13.1 \\ -22.8 & 5.36414481 & -12.7 \\ 13.1 & -12.7 & 68.26414481 \end{bmatrix}$$

```
> det(k1);      linsolve(k1,vector(3,0));
```

$$-.1\,10^{-5}$$

$$[0\,0\,0]$$

Wir erhalten nur die triviale Lösung, weil die Determinante durch Abrundung nicht mehr exakt Null ist. Also müssen wir uns anders helfen: Wir setzen die erste Komponente des Vektors **n** gleich 1 und betrachten nur die beiden anderen als unbekannt.

```
> n[1]:=1:     v:=evalm(k1&*n);
```

$$v := \Big[140.6641448 - 22.8\,n_2 + 13.1\,n_3 \quad -22.8 + 5.36414481\,n_2 - 12.7\,n_3$$
$$13.1 - 12.7\,n_2 + 68.26414481\,n_3 \Big]$$

Nun lösen wir die ersten beiden Gleichungen:

```
> solve({v[1],v[2]},{n[2],n[3]});  assign("):
```

$$\{\, n_2 = 6.784425437,\ n_3 = 1.070286653 \,\}$$

Eine Kontrolle zeigt, daß dann auch die dritte im Rahmen der Rechengenauigkeit erfüllt ist.

```
> fehler:=v[3];
```

$$fehler := .2\,10^{-7}$$

Durch Normierung bringen wir schließlich den zum ersten Eigenwert gefundenen Eigenvektor auf die Länge 1. (Man beachte: Wenn **n** eine nichttriviale Lösung von **Kn = 0** ist, dann auch α**n** mit beliebigem reellen α. Eigentlich wird also durch diese homogene Gleichung nicht ein Eigenvektor, sondern nur eine Eigenrichtung festgelegt, und selbst die nur bis auf das Vorzeichen.)

```
> print(n);n1:=normalize(n);
```

$$[1\quad 6.784425437\quad 1.070286653]$$

$$n1 := [.1440767513\quad .9774779761\quad .1542034239]$$

In gleicher Weise ermitteln wir auch die Eigenvektoren zu den beiden anderen Eigenwerten:

```
> lambda:=ew[2]: k2:=map(eval,k):n:=vector(3): n[1]:=1:
> v:=evalm(k2&*n):solve({v[1],v[2]},{n[2],n[3]}): assign("):
> fehler:=v[3]; n2:=normalize(n);
```

$$fehler := .3\,10^{-8}$$

$$n2 := [\,.2103244167 \quad .1220205953 \quad -.9699869142\,]$$

```
> lambda:=ew[3]: k3:=map(eval,k):n:=vector(3): n[1]:=1:
> v:=evalm(k3&*n):solve({v[1],v[2]},{n[2],n[3]}): assign("):
> fehler:=v[3]; n3:=normalize(n);
```

$$fehler := .5\,10^{-7}$$

$$n3 := [\,.9669568395 \quad -.1721853085 \quad .1880071536\,]$$

Durch Bildung der Skalarprodukte stellen wir fest, daß die drei erhaltenen Eigenvektoren zueinander orthogonal sind. (Bei symmetrischen Matrizen mit n Zeilen und Spalten lassen sich übrigens stets n zueinander orthogonale Eigenvektoren finden.)

```
> dotprod(n1,n2), dotprod(n1,n3), dotprod(n2,n3);
```

$$-.1\,10^{-9},\ 0,\ .6\,10^{-9}$$

Tatsächlich bilden also die drei Eigenvektoren des **Spannungstensors** die Basisvektoren eines orthogonalen Koordinatensystems mit der Eigenschaft, daß die Schnittflächen senkrecht zu den Koordinatenachsen schubspannungsfrei sind. Die drei Eigenwerte aber stellen die Werte der Normalspannungen auf diesen Schnittflächen dar und werden als Hauptspannungen bezeichnet. Die Achsen werden auch Hauptachsen des Spannungstensors oder Hauptspannungsrichtungen genannt.

Wichtig: Die Ermittlung der Eigenwerte und Eigenvektoren eines Tensors, die wir hier in mühsamen Einzelschritten vollzogen haben, läßt sich in sehr einfacher Weise mit dem MAPLE-Befehl Eigenvals erreichen. Dessen Name beginnt mit einem großen Anfangsbuchstaben. Er ist daher untätig (inert), und seine Auswertung muß mit dem Befehl evalf veranlaßt werden. Wir erhalten als Ausgabe die Spaltenmatrix der Eigenwerte. Weil wir auch die Eigenvektoren haben wollen, fügen wir im Aufruf von Eigenvals als zweiten Parameter den Namen einer Matrix (w) ein. Diese darf nicht bereits vorhanden sein, sonst wird der Aufruf als allgemeines Eigenwertproblem (s. Abschn. 3.3.2) der Matrizen sigma und w mißverstanden. Vorsichtshalber schalten wir daher vor den Aufruf ein unassign für w. Wenn wir die Matrix w dann ausdrucken, so geben uns ihre Spalten die drei Eigenvektoren an. Die Abweichungen von unseren oben erhaltenen Ergebnissen liegen im Rahmen der Rechengenauigkeit.

```
> w:='w':    evalf(Eigenvals(sigma,w));    print(w);
```

$$[\,-30.36414478 \quad 36.65710872 \quad 116.9070362\,]$$

$$\begin{bmatrix} .1440767515 & .2103244168 & .9669568397 \\ .9774779765 & .1220205953 & -.1721853093 \\ .1542034238 & -.9699869146 & .1880071545 \end{bmatrix}$$

Anmerkungen: Beim *Verzerrungstensor* hat das Eigenwertproblem folgende Deutung. Ein infinitesimaler Würfel am Punkt eines deformierbaren Körpers wird im allgemeinen in ein Parallelepiped verformt, d.h. seine Kanten erleiden Dehnungen und Schubverzerrungen. Werden die Würfelkanten aber nach den Eigenrichtungen des Verzerrungstensors orientiert, so verformt der Würfel sich in einen Quader, d.h. seine Kanten bleiben orthogonal, und ihre Dehnungen werden durch die Eigenwerte beschrieben.

Die Eigenrichtungen des auf den Schwerpunkt bezogenen *Trägheitstensors* eines rotierenden starren Körpers sind die sogenannten Hauptträgheitsachsen und die Eigenwerte die Hauptträgheitsmomente. Nur wenn die Drehachse eines Rotors erstens durch seinen Schwerpunkt geht und zweitens eine Hauptträgheitsachse ist, dann üben seine Trägheitskräfte auf die Lager weder eine resultierende Kraft noch ein resultierendes Moment aus: Man nennt den Rotor dann ausgewuchtet.

3.3.2 Torsionskritische Drehzahlen von Maschinenwellen

Maschinenwellen mit Schwungmassen können Torsionseigenschwingungen ausführen. Der Ingenieur muß deren Eigenkreisfrequenzen ω_i kennen, damit er die stationäre Maschinendrehzahl in hinreichendem Abstand von den kritischen Drehzahlen $n_i = \omega_i/2\pi$ hält. Es könnte sonst zu einer Anfachung der Schwingungen (Resonanzkatastrophe) kommen. Wir wollen unserer Untersuchung folgendes mechanische Modell zugrundelegen: Es gibt n Scheiben, die durch $n-1$ Wellenabschnitte verbunden sind. Der Drehwinkel der Scheibe der Nummer i um die Wellenachse wird mit φ_i bezeichnet. Das Torsionsmoment in dem als masselos idealisierten Wellenabschnitt der Nummer i ist

$$M_{t\,i} = \frac{G\,I_{t\,i}}{l_i}(\varphi_{i+1} - \varphi_i) \ .$$

G bedeutet den Schubmodul und l_i die Abschnittslänge. $I_{t\,i}$ ist das Torsionsflächenmoment — bei einem Vollkreisquerschnitt mit Durchmesser d_i also $I_{t\,i} = \pi\,d_i^4/32$. Der Momentensatz für die Scheibe der Nummer i — also die Komponente der Impulsmomentenbilanz in Richtung der Drehachse — lautet mit dem Massenträgheitsmoment J_i der Scheibe um die Wellenachse

$$M_{t\,i} - M_{t\,i-1} = J_i\ddot{\varphi}_i \ .$$

Zusammengefaßt ergibt sich die Schwingungsgleichung

$$\frac{G\,\pi}{32}\left(\frac{d_i^4}{l_i}(\varphi_{i+1} - \varphi_i) + \frac{d_{i-1}^4}{l_{i-1}}(\varphi_{i-1} - \varphi_i)\right) = J_i\ddot{\varphi}_i \ .$$

Für jede Scheibe ($i = 1\ldots n$) läßt sich eine derartige lineare Differentialgleichung aufstellen. (Bei der ersten Scheibe ist $d_0 = 0$ und bei der letzten $d_n = 0$ zu setzen.) Wir machen nun den Ansatz

$$\varphi_i(t) = \phi_i \cos \omega t \ .$$

Alle Scheiben sollen also eine harmonische, d.h. sinus- bzw. cosinusförmige
Schwingung mit einheitlicher Kreisfrequenz ω ausführen. Eine derartige Be-
wegungsform bezeichnet man als Eigenschwingung. Ein linearer Schwinger
mit n Freiheitsgraden kann n verschiedene Eigenschwingungen mit n — im
allgemeinen voneinander verschiedenen — Eigenkreisfrequenzen ausführen,
und seine allgemeinste mögliche freie Schwingung ist stets eine Überlagerung
sämtlicher Eigenschwingungen. Einsetzen des Eigenschwingungsansatzes und
Koeffizientenvergleich in $\cos \omega t$ liefert n lineare algebraische Gleichungen:

$$\frac{G\,\pi}{32} \left(\frac{d_i^4}{l_i}(\phi_i - \phi_{i+1}) + \frac{d_{i-1}^4}{l_{i-1}}(\phi_i - \phi_{i-1}) \right) - \omega^2 J_i \phi_i = 0 \, .$$

Führen wir die Steifigkeitsmatrix $\mathbf{K}$, die Massenmatrix $\mathbf{J}$ und die Spaltenmatrix der unbekannten Amplituden $\mathbf{x}$ ein, so lassen die Gleichungen sich
schreiben in Form der Matrizengleichung

$$(\mathbf{K} - \lambda \mathbf{J})\mathbf{x} = \mathbf{0} \quad \text{mit} \quad \lambda = \omega^2 \, .$$

Wieder haben wir es mit einem Eigenwertproblem zu tun. Da aber diesmal
beim Eigenwert λ nicht die Einheitsmatrix, sondern eine allgemeinere Matrix
steht, spricht man von einer **allgemeinen Eigenwertaufgabe**. Natürlich
ergeben sich die Eigenwerte als Wurzeln der Polynomgleichung $P_n(\lambda) =$
$\det(\mathbf{K} - \lambda \mathbf{J}) = 0$ und die Eigenvektoren (eigentlich handelt es sich um Spaltenmatrizen) als die zugehörigen nichttrivialen Lösungen des homogenen li-
nearen Gleichungssystems.

Wir wollen eine Prozedur angeben, welche die Matrizen automatisch auf-
stellt und die Eigenkreisfrequenzen und Eigenschwingungsformen ermittelt.
Als Eingabedaten verwenden wir den Schubmodul und eine Liste von Listen,
welche jeweils das Massenträgheitsmoment einer Scheibe sowie die Länge und
den Durchmesser des anschließenden Wellenabschnitts enthalten. Als einfaches Beispiel wählen wir ein System bestehend aus fünf gleichen Scheiben
mit einem Trägheitsmoment von 2 tmm^2 und vier gleichen Wellenabschnitten von 100 mm Länge und 5 mm Durchmesser. Der Schubmodul sei 100000
N/mm^2.

```
> eingabe:=100000,[[2,100,5],[2,100,5],[2,100,5],[2,100,5],[2,0,0]];
```

$$eingabe := 100000, [\,[\,2,100,5\,],[\,2,100,5\,],[\,2,100,5\,],[\,2,100,5\,],[\,2,0,0\,]\,]$$

Hier nun die Prozedur:

Prozedur torsion

```
> torsion:=proc(G::realcons,daten::listlist)
```
Berechnung von torsionskritischen Drehzahlen
Das System besteht aus n Schwungscheiben und n-1 masselosen
Torsionsstaeben
G: Schubmodul

daten: Liste der Listen von Massentraegheitsmoment, Stablaenge
und Stabdurchmesser (Vollkreisquerschnitt)

```
> local data,n,faktor,z,i,k,j;  global v;
> data:=matrix(daten);
> if coldim(data)<>3 then
> ERROR('Traegheitsmoment, Laenge und Durchmesser erforderlich')
> fi;
> n:=rowdim(data);
```

Aufstellen der Steifigkeitsmatrix

```
>    faktor:=evalf(G*Pi/32);
>    k:=matrix(n,n,0);
>    for i to n-1 do
>        if data[i,2]=0 then ERROR('Stab hat Laenge 0') fi;
>        z := faktor*data[i,3]^4/data[i,2];
>        k[i,i+1]  := -z;
>        k[i+1,i]  := -z;
>        k[i,i]  := k[i,i] + z;
>        k[i+1,i+1]  := z
>    od;
```

Aufstellen der Massenmatrix

```
>    j:=matrix(n,n,0);
>    for i to n do  j[i,i]  := data[i,1] od;
```

Numerische Berechnung von Eigenwerten und Eigenvektoren

```
>    evalf(Eigenvals(k,j,v));
>    map(sqrt,");
> end:
```

Wichtig: Der Befehl `Eigenvals(k,j,v)` löst die allgemeine Matrizen-
eigenwertaufgabe $(\mathbf{K} - \lambda \mathbf{J})\mathbf{x} = \mathbf{0}$. Das Ergebnis ist eine Spaltenmatrix mit
den Eigenwerten λ. Da wir die Eigenkreisfrequenzen ω haben wollen, wen-
den wir die Operation des Wurzelziehens (`sqrt`) auf sämtliche Elemente der
Liste an. Das geschieht mit dem Befehl `map`. Nun hätten wir aber gern auch
den zu dem jeweiligen Eigenwert λ gehörigen Eigenvektor $\mathbf{x}$ (Spaltenmatrix
der Amplitudenwerte der Scheiben, auch Eigenschwingungsform genannt).
Deshalb haben wir beim Aufruf von `Eigenvals` einen dritten Parameter v
angegeben und diesen im Kopf der Prozedur als globale Variable deklariert.
Derartige globale Variable sind im Gegensatz zu den lokalen Variablen auch
nach Verlassen der Prozedur verfügbar. v bedeutet nun eine Matrix, deren
Spalten eben diese Eigenvektoren enthalten. Um die Lesbarkeit zu verbessern, transponieren wir die Matrix, d.h. wir vertauschen Zeilen und Spalten,
und drucken diese aus. Jede Zeile beschreibt dann eine Eigenform. Der Aufruf
liefert:

```
> torsion(eingabe);
```

$$[333.1664642 \quad 283.4083220 \quad 205.9081987 \quad .005224207078\,I \quad 108.2523462]$$

Die Einheit von λ ergibt sich als Einheit von $Gd^4/(lJ)$, also gemäß Eingabe als N/mm^2 mm^3/tmm^2=1/s^2 und damit die Einheit von ω zu 1/s. (Man beachte: 1N=1tmm/s^2.) Die kritischen Drehzahlen pro Minute erhalten wir durch Multiplikation mit $60/(2\pi)$:

```
> evalm(evalf(30/Pi)*");
```

$$[\,3181.505378 \quad 2706.350121 \quad 1966.278458 \quad .04988750280\,I \quad 1033.733760\,]$$

```
> print(transpose(v));
```

$$[\,.3090169946, \; -.8090169955, \; 1.000000000, \; -.8090169933, \; .3090169938\,]$$
$$[\,-.6180339902, \; .9999999993, \; .1948671254\,10^{-8}, \; -1.000000000, \; .6180339887\,]$$
$$[\,.8090169925, \; -.3090169935, \; -1.000000000, \; -.3090169958, \; .8090169967\,]$$
$$[\,-.9999999984, \; -.9999999980, \; -1.000000000, \; -.9999999973, \; -.9999999960\,]$$
$$[\,-.9999999952, \; -.6180339847, \; .2100300022\,10^{-8}, \; .6180339895, \; 1.000000000\,]$$

Eine der Eigenkreisfrequenzen muß sich theoretisch zu Null ergeben. Tatsächlich liefert die numerische Rechnung einen kleinen von Null verschiedenen Wert — der auch imaginär sein kann, falls der numerisch verfälschte Eigenwert λ sich negativ ergibt. Die Amplituden der zugehörigen Eigenform sind für alle Scheiben gleich — wegen der Rundungsfehler allerdings nur beinahe. Physikalisch bedeutet dies, daß wir die Welle, die ja gegen Drehung nicht gefesselt ist, als starren Körper um einen beliebigen Winkel aus der Ausgangslage herausdrehen können. Da wir dabei in der Welle keine Formänderungsenergie speichern, wird auch keine Schwingung angeregt. Die Auslenkung bleibt daher zeitlich konstant: Wegen $\omega = 0$ wird aus $\cos \omega t$ die konstante Funktion 1.

Wir können zu jeder Eigenform eine `plot`-Struktur erzeugen und diese dann einzeln oder gemeinsam mit dem Befehl `display` aus dem Paket `plots` auf dem Bildschirm darstellen.

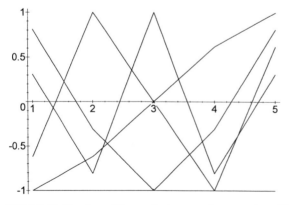

Bild 3.7. Torsions-Eigenschwingungsformen einer Welle mit fünf Scheiben

Jede `plot`-Struktur besteht aus Listen, deren erstes Element die Nummer und deren zweites die Amplitude einer Scheibe angibt. Wir erzeugen eine Sequenz (`seq`) dieser Listen und fassen sie dann — indem wir sie in eckige Klammern einschließen — zu einer übergeordneten Liste zusammen. Neben der Starrkörperauslenkung erkennen wir zwei symmetrische und zwei antimetrische Eigenschwingungsformen (s. Bild 3.7).

```
> for i to 5 do pl[i]:=plot([seq([m,v[m,i]],m=1..5)],linestyle=i)
> od:    plots[display]({pl[1],pl[2],pl[3],pl[4],pl[5]});
```

Übungsvorschlag: Ändern Sie die `plot`-Strukturen so, daß die ersten Listenelemente nicht die Nummer, sondern die Lage der Scheibe auf der Welle angeben. Bei unterschiedlich langen Wellenabschnitten wird das Bild der Eigenschwingungsform dann anschaulicher wiedergegeben.

Übungsvorschlag: Ändern Sie die Prozedur `torsion` so ab, daß die Matrizen `k` und `j` als globale statt als lokale Variable deklariert sind. Nach Aufruf der Prozedur können Sie dann mit den Befehlen `print(k);` `print(j)` diese Matrizen ansehen und einzelne Elemente überprüfen. Sie werden feststellen — was schon den ursprünglichen Gleichungen anzusehen war —, daß die Massenmatrix **J** (`j`) nur auf der Diagonalen und die Steifigkeitsmatrix **K** (`k`) nur auf der Diagonalen und den beiden Nebendiagonalen besetzt — und zudem symmetrisch — ist. (Man spricht von Diagonalform bzw. Tridiagonalform der Matrizen.)

Übungsvorschlag: Entwerfen Sie Systeme mit unterschiedlichen Trägheitsmomenten, Längen und Wellendurchmessern und untersuchen Sie sie mit der Prozedur `torsion`.

3.4 Berechnung von Flächenmomenten

Als wichtiges Anwendungsbeispiel, bei dem die verschiedenen Methoden der linearen Algebra eingesetzt werden, wollen wir die automatische Berechnung von Flächenmomenten betrachten. Den Rand jeder in Ingenieuranwendungen auftretenden ebenen Fläche können wir mit beliebiger Genauigkeit durch einen Polygonzug annähern. Ein Polygon aber läßt sich in endlich viele Dreiecke zerlegen. Beginnen wir also mit der Untersuchung eines einzelnen Dreiecks in der x, y-Ebene. Seine Eckpunkte beschreiben wir durch die Ortsvektoren

```
> r1:=vector([x1,y1,0]): r2:=vector([x2,y2,0]): r3:=vector([x3,y3,0]):
```

Die Kantenvektoren des Dreiecks von der Ecke 1 zu den Ecken 2 bzw. 3 sind

```
> k2:=evalm(r2-r1); k3:=evalm(r3-r1);
```

$$k2 := [\, x2 - x1 \quad y2 - y1 \quad 0 \,]$$
$$k3 := [\, x3 - x1 \quad y3 - y1 \quad 0 \,]$$

Ihr Kreuzprodukt beschreibt die von den Kanten aufgespannte Parallelogrammfläche.

```
> a:=crossprod(k2,k3);
```

$$a := [\, 0 \quad 0 \quad (\, x2 - x1\,)\,(\, y3 - y1\,) - (\, y2 - y1\,)\,(\, x3 - x1\,)\,]$$

Dieser Vektor steht natürlich senkrecht auf der x, y-Ebene; der Betrag seiner z-Komponente gibt den Flächeninhalt des Parallelogramms und das Vorzeichen die Orientierung an. Ist die z-Komponente positiv, so bilden die Vektoren k2,k3 und der Einheitsvektor in Richtung der z-Achse ein Rechtssystem. Die drei Ecken des Dreiecks sind dann im mathematisch positiven Sinne numeriert. Den — mit Vorzeichen versehenen — Flächeninhalt des Dreiecks erhalten wir als die Hälfte des Flächeninhalts des Parallelogramms:

```
> area:=a[3]/2;
```

$$area := \frac{1}{2}\,(\, x2 - x1\,)\,(\, y3 - y1\,) - \frac{1}{2}\,(\, y2 - y1\,)\,(\, x3 - x1\,)$$

Für den Einsatz in einem allgemeinen Programm zur Flächenberechnung ist diese Formel nicht zu empfehlen. Bei jedem Aufruf des Kreuzprodukts werden nämlich drei Vektorkomponenten berechnet, von denen zwei gleich Null sind und gar nicht verwendet werden. Das kann bei umfangreichen Aufgaben zu einer merklichen Verlängerung der Rechenzeit führen. Wir vermeiden das, indem wir nur die z-Komponente des Kreuzprodukts explizit ausrechnen lassen:

```
> area:=(k2[1]*k3[2]-k2[2]*k3[1])/2;
```

$$area := \frac{1}{2}\,(\, x2 - x1\,)\,(\, y3 - y1\,) - \frac{1}{2}\,(\, y2 - y1\,)\,(\, x3 - x1\,)$$

Wie wir sehen, benötigen wir dann die z-Komponenten der Kantenvektoren gar nicht mehr, und es genügt, die Ortsvektoren der Ecken als zweidimensionale Vektoren einzuführen.

Der Ortsvektor des Schwerpunkts eines Dreiecks ist das Mittel der Ortsvektoren seiner Ecken, wie in Abschn. 4.3.4 gezeigt wird.

$$\mathbf{r}_S = \frac{1}{3}\,(\mathbf{r}_1 + \mathbf{r}_2 + \mathbf{r}_3)\,. \tag{3.2}$$

```
> rs:=evalm((r1+r2+r3)/3);
```

$$rs := \left[\, \frac{1}{3}\,x1 + \frac{1}{3}\,x2 + \frac{1}{3}\,x3 \quad \frac{1}{3}\,y1 + \frac{1}{3}\,y2 + \frac{1}{3}\,y3 \quad 0\,\right]$$

Wir können das Polygon stets in Dreiecke zerlegen, deren eine Ecke (z.B. die mit der Nummer 1) im Koordinatenursprung liegt. Dadurch reduziert die Zahl der Rechenoperationen sich noch weiter.

```
> x1:=0: y1:=0: area; map(eval,rs);
```

$$\frac{1}{2}\,x2\,y3 - \frac{1}{2}\,y2\,x3$$

$$\left[\, \frac{1}{3}\,x2 + \frac{1}{3}\,x3 \quad \frac{1}{3}\,y2 + \frac{1}{3}\,y3 \quad 0\,\right]$$

Der Ortsvektor $\mathbf{r}_S$ des Schwerpunkts einer Fläche, die sich aus n Teilflächen mit den Flächeninhalten A_i und den Schwerpunktsortsvektoren $\mathbf{r}_{S\,i}$ (i=1..n) zusammensetzt, berechnet sich nach der Formel

$$\mathbf{r}_S = \frac{\sum \mathbf{r}_{S\,i} A_i}{\sum A_i} \ .$$

Die Summanden im Zähler und Nenner heißen Flächenmomente ersten bzw. nullten Grades der Teilflächen.

Wir beschreiben nun eine polygonal berandete Fläche, indem wir die Koordinatenlisten der Eckpunkte zu einer Liste zusammenfassen. Den letzten Punkt wählen wir dabei identisch mit dem ersten. Der Polygonzug ist dann geschlossen und läßt sich mit dem Befehl plot zeichnen, wie folgendes Beispiel zeigt:

```
> polygon:=[[-1,-3],[9,-3],[12,2],[9,7],[-1,7],[-4,2],[-1,-3]]:
> plot(polygon);
```

Die Liste von Listen wandeln wir in eine Matrix b um, auf deren einzelne Zeilen — also die Ortsvektoren der Eckpunkte — wir mit dem Befehl row zugreifen können. Die Zahl der Zeilen gibt uns der Befehl rowdim. (Für die Spalten (column) stehen entsprechende Befehle col und coldim zur Verfügung.)

```
> b:=matrix(polygon);
```

$$b := \begin{bmatrix} -1 & -3 \\ 9 & -3 \\ 12 & 2 \\ 9 & 7 \\ -1 & 7 \\ -4 & 2 \\ -1 & -3 \end{bmatrix}$$

```
> rowdim(b);
```

$$7$$

Jetzt summieren wir das Doppelte der Flächenmomente nullten Grades und das Sechsfache der Flächenmomente ersten Grades der Dreieckflächen.

```
> summe0:=0: summe1:=vector(2,0):
> for i to rowdim(b)-1 do
> area2:=b[i,1]*b[i+1,2]-b[i+1,1]*b[i,2];
> summe0:=summe0+area2;
> summe1:=evalm(summe1+area2*(row(b,i)+row(b,i+1)))
> od:
```

Um die Fläche zu erhalten, dividieren wir jetzt summe0 durch 2. (Hätten wir in der Schleife die Dreieckflächen berechnet, also jeweils den Ausdruck area2 durch 2 geteilt, dann hätten wir diese Division n-mal (in unserem Beispiel sechsmal) ausführen müssen, was eine höhere Rechenzeit erfordert. Es ist daher guter Brauch beim Programmieren, Multiplikationen mit festen Konstanten außerhalb von Schleifen vorzunehmen.) Den Ortsvektor des Schwerpunkts erhalten wir, indem wir summe1 durch die sechsfache Gesamtfläche, also durch das Dreifache von summe0 teilen.

```
> flaeche:=summe0/2; schwerpunkt:=evalm(summe1/(3*summe0));
```

$$flaeche := 130$$

$$schwerpunkt := \begin{bmatrix} 4 & 2 \end{bmatrix}$$

Um die Berechnungsvorschrift immer wieder auf andere Flächen anwenden zu können, bauen wir sie in eine Prozedur ein:

```
> area:=proc(l)
> local b,summe0,summe1,i,area2,flaeche,schwerpunkt;
> b:=matrix(l);
> summe0:=0: summe1:=vector(2,0):
> for i to rowdim(b)-1 do
> area2:=b[i,1]*b[i+1,2]-b[i+1,1]*b[i,2];
> summe0:=summe0+area2;
> summe1:=evalm(summe1+area2*(row(b,i)+row(b,i+1)))
> od:
> flaeche:=summe0/2; schwerpunkt:=evalm(summe1/(3*summe0));
> print(flaeche,schwerpunkt)
> end:
```

Wir wollen mit dieser Prozedur den Flächeninhalt und die Schwerpunktslage eines Halbkreises vom Radius 1 berechnen, indem wir den Halbkreisbogen durch m gerade Strecken annähern.

```
> m:=5: halbkreis:=[seq([cos(i*Pi/m),sin(i*Pi/m)],i=0..m),[1,0]];
```

$$halbkreis := \left[\left[1, 0 \right], \left[\frac{1}{4}\sqrt{5} + \frac{1}{4}, \frac{1}{4}\sqrt{2}\sqrt{5 - \sqrt{5}} \right], \right.$$

$$\left[\frac{1}{4}\sqrt{5} - \frac{1}{4}, \frac{1}{4}\sqrt{2}\sqrt{5 + \sqrt{5}} \right], \left[-\frac{1}{4}\sqrt{5} + \frac{1}{4}, \frac{1}{4}\sqrt{2}\sqrt{5 + \sqrt{5}} \right],$$

$$\left. \left[-\frac{1}{4}\sqrt{5} - \frac{1}{4}, \frac{1}{4}\sqrt{2}\sqrt{5 - \sqrt{5}} \right], \left[-1, 0 \right], \left[1, 0 \right] \right]$$

```
> plot(halbkreis,scaling=CONSTRAINED);
> area(halbkreis):
```

Das Ergebnis — fast eine Druckseite lang und deshalb hier nicht wiedergegeben — ist zwar beeindruckend und für das Polygon exakt, hilft uns aber wenig und ist für den Halbkreis sowieso nur eine Näherung. Um den Rechenaufwand drastisch zu verringern, sollten wir daher von vornherein numerisch rechnen. Am besten wäre es gewesen, den ersten Befehl der Prozedur als `b:=matrix(evalf(1))` zu formulieren. Doch können wir den gleichen Effekt noch jetzt erzielen durch den Aufruf

```
> area(evalf(halbkreis));
```
$$1.469463130, \; [\,0\,.4103578049\,]$$

Versuchen wir es noch mit einer zehnmal feineren Einteilung:

```
> m:=50:halbkreis:=[seq([cos(i*Pi/m),sin(i*Pi/m)],i=0..m),[1,0]]:
> plot(halbkreis,scaling=CONSTRAINED);
> area(evalf(halbkreis));
```
$$1.569762989, \; [\,-.3185194221\,10^{-10}\; .4242735459\,]$$

Diese Zahlen sind bereits auf drei Stellen genau, wie ein Vergleich mit den exakten Werten von Fläche und Schwerpunkthöhe zeigt (s. Abschn. 4.3.2).

```
> evalf(Pi/2), evalf(4/(3*Pi));
```
$$1.570796327, \; .4244131814$$

Nunmehr wollen wir noch die Berechnung der Flächenmomente zweiten Grades hinzufügen, die bei der Balkenbiegung von Bedeutung sind. Diese bilden einen Tensor zweiter Stufe

$$\mathbf{I} = \int \mathbf{r} \otimes \mathbf{r} \, dA \,,$$

dessen Matrizendarstellung bezüglich eines x, y-Koordinatensystems folgendermaßen aussieht:

$$\begin{pmatrix} \int x^2 dA & \int xy dA \\ \int xy dA & \int y^2 dA \end{pmatrix} = \begin{pmatrix} I_y & I_{xy} \\ I_{xy} & I_x \end{pmatrix} \,.$$

(Achtung, Indizes: Mit I_x bezeichnet man das axiale Flächenmoment bezüglich der Biegung *um* die x-Achse.)

In Abschnitt 4.3.4 werden wir zeigen: Führt man bei einem Dreieck mit den Ortsvektoren $\mathbf{0}, \mathbf{r}_1, \mathbf{r}_2$ der Ecken und dem Flächeninhalt A die Hilfsvektoren

$$\mathbf{r}_{\mathrm{sum}} = \mathbf{r}_1 + \mathbf{r}_2, \qquad \mathbf{r}_{\mathrm{diff}} = \mathbf{r}_2 - \mathbf{r}_1$$

ein, so ergibt sich der Tensor seiner Flächenmomente zweiten Grades zu

$$\mathbf{I} = (3\,\mathbf{r}_{\mathrm{sum}} \otimes \mathbf{r}_{\mathrm{sum}} + \mathbf{r}_{\mathrm{diff}} \otimes \mathbf{r}_{\mathrm{diff}})A/24. \qquad (3.3)$$

Summation über alle Teildreiecke eines Polygons gibt den Tensor $\mathbf{I}$ für die Polygonfläche, bezogen auf die Achsen x und y. Bei der Balkenbiegung benötigen wir aber den Tensor $\mathbf{I}_S$ der Flächenmomente bezüglich der dazu parallelen Achsen durch den Schwerpunkt. Setzen wir mit dem bereits berechneten Ortsvektor $\mathbf{r}_S$ des Gesamtschwerpunkts an

$$\mathbf{r} = \mathbf{r}_S + \mathbf{q} \,,$$

so erhalten wir unter Beachtung von $\int \mathbf{q}\, dA = 0$ den Satz von Steiner

$$\mathbf{I}_S = \int \mathbf{q} \otimes \mathbf{q}\, dA = \int \mathbf{r} \otimes \mathbf{r}\, dA - \mathbf{r}_S \otimes \mathbf{r}_S\, A\,.$$

Schließlich lösen wir noch die Eigenwertaufgabe dieses Tensors. Seine Eigenwerte sind die Hauptflächenmomente, und seine Eigenrichtungen heißen Hauptachsen. Fällt der Vektor des Biegemoments in eine Hauptachse, so wird der elastische Balken nur um diese Hauptachse gebogen, d.h. gekrümmt. Anderenfalls fallen die Richtung des Biegemomentenvektors und die Achse, um die der Balken sich krümmt, nicht zusammen.

Die folgende Prozedur führt alle beschriebenen Berechnungen aus:

Prozedur momente

```
> momente:=proc(l::listlist)
        Flaechenmomente 0., 1. und 2. Grades einer polygonal berandeten
        Flaeche; Eingabe: Liste der Listen der Eckpunkt-Koordinatenpaare
        Wichtig: letzter Eckpunkt = erster!
> local b,d,j,area,areapol,ipol,ispol,isum,idiff,
> rspol,rsum,rdiff,w,ew,wi,wid;
> b:=matrix(evalf(l));
> if coldim(b)<>2 then
>       ERROR('Je Eckpunkt zwei Koordinaten erforderlich')
> fi;
> d:=evalm(row(b,rowdim(b))-row(b,1));
> if d[1]^2+d[2]^2>0 then
>   ERROR('Erster und letzter Eckpunkt muessen uebereinstimmen')
> fi;
> areapol:=0;
> rspol:=vector(2,0);
> ipol:=matrix(2,2,0);
> for j to rowdim(b)-1 do
>     area:=b[j,1]*b[j+1,2]-b[j+1,1]*b[j,2];
>     rsum:=evalm(row(b,j)+row(b,j+1));
>     rdiff:=evalm(row(b,j+1)-row(b,j));
>     areapol:=areapol+area;
>     rspol:=evalm(rspol+area*rsum);
>     isum:=evalm(rsum&*transpose(rsum));
>     idiff:=evalm(rdiff&*transpose(rdiff));
>     ipol:=evalm(ipol+(3*isum+idiff)*area);
> od;
> ispol:=evalm(ipol/48-rspol&*transpose(rspol)/(18*areapol));
> ew:=evalf(Eigenvals(ispol,w));
> wi:=arcsin(w[2,1]/sqrt(w[1,1]^2+w[2,1]^2));
> if wi<0 then wi:=wi+Pi/2 fi; wid:=evalf(convert(wi,degrees));
> print('Flaecheninhalt, Schwerpunkt x y, Flaechenmomente');
> print('Ix Iy Ixy, Hauptflaechenmomente, Hauptachsen Grad');
> areapol/2, rspol[1]/(3*areapol),rspol[2]/(3*areapol),
> ispol[2,2], ispol[1,1],ispol[1,2],ew[1],ew[2],wid
> end:
```

Die erste Spalte der Matrix w enthält einen der beiden Eigenvektoren. Dem Verhältnis seiner y-Komponente zur Länge entnehmen wir den Sinus seines mit der x-Achse eingeschlossenen Winkels. Falls dieser sich als negativ erweist, erhöhen wir ihn um 90 Grad, d.h. wir gehen auf den anderen Eigenvektor über. Auf diese Weise wird immer ein Hauptachsenwinkel zwischen 0 und 90 Grad ausgegeben.

Wie müssen wir vorgehen, wenn der Querschnitt mehrfach zusammenhängt, also Löcher besitzt? Dann existieren mehrere voneinander unabhängige Randpolygone. Die Lösung ist einfach: Wir zerschneiden den Querschnitt so oft, bis er einfach zusammenhängend ist.

Als Beispiel betrachten wir einen doppeltsymmetrischen Hohlkasten mit den Außenabmessungen 20 mal 40 und den Innenabmessungen 10 mal 10. Wir führen einen Schnitt von einer Ecke des äußeren Rechtecks zu einer Ecke des inneren Quadrats. Wenn wir den Schnitt in beiden Richtungen durchlaufen, gibt es nur noch eine polygonale Berandung, wobei wir darauf achten müssen,

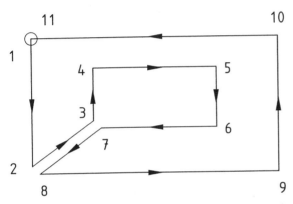

Bild 3.8. Beschreibung eines mehrfach zusammenhängenden Querschnitts

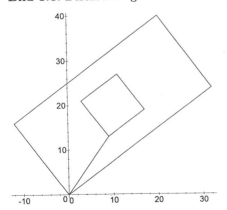

Bild 3.9. Ein Hohlkasten als Beispiel

daß die — nunmehr einfach zusammenhängende Fläche — im mathematisch
positiven Sinn umfahren wird, also immer links von der Randkurve liegt.
(Das bedeutet, daß das Loch im mathematisch negativen Sinn — also im
Uhrzeigersinn umfahren wird! Siehe dazu die Bilder 3.8, 3.9).

```
> hohl:=[[-12,16],[0,0],[9,13],[3,21],[11,27],[17,19],[9,13],
>   [0,0],[32,24],[20,40],[-12,16]]: plot(hohl,scaling=CONSTRAINED);
```

Nunmehr berechnen wir die Flächenmomente nullter, erster und zweiter Ordnung mit unserer Prozedur:

```
> momente(hohl);
```

Flaecheninhalt, Schwerpunkt x y, Flaechenmomente Ix Iy Ixy

Hauptflaechenmomente, Hauptachsen Grad

700.0000000, 9.999999999, 20.00000000, 54633.3332, 77033.33329,

38400.0000, 25833.33328, 105833.3333, 36.86989763 *degrees*

Elementare Rechnungen bestätigen die Richtigkeit dieser Ergebnisse: Die
Fläche ergibt sich als Differenz der Rechteckfläche von $20 \cdot 40 = 800$ und der
Quadratfläche von $10 \cdot 10 = 100$. Die Lage des Schwerpunkts ist wegen der
doppelten Symmetrie des Querschnitts offenkundig. Die beiden Hauptflächenmomente I_1 und I_2 berechnen sich zu $40 \cdot 20^3/12 - 10 \cdot 10^3/12 = 25833$ und
$20 \cdot 40^3/12 - 10 \cdot 10^3/12 = 105833$. Hauptachsen sind die Symmetrieach-
sen der Fläche. Die Rechteckseite vom Punkt $(0, 0)$ zum Punkt $(32, 24)$ ist
parallel zu einer dieser Hauptachsen, und ihre Richtung ist gegeben durch
$24/32 = \tan(36.87°)$. Bezeichnen $\mathbf{e}_1$ und $\mathbf{e}_2$ Einheitsvektoren in Richtung der
beiden Hauptachsen, so schreibt der zweidimensionale Tensor der Flächen-
momente zweiten Grades sich als Summe zweier dyadischer Produkte:

$$\mathbf{I}_S = I_2\mathbf{e}_1 \otimes \mathbf{e}_1 + I_1\mathbf{e}_2 \otimes \mathbf{e}_2 \ .$$

Die auf die Richtungen x und y durch den Schwerpunkt bezogenen Flächenmomente zweiten Grades überprüfen wir, indem wir die Spaltenmatrizen der
skalaren Komponenten der Vektoren $\mathbf{e}_1$ und $\mathbf{e}_2$ einführen und damit die Komponentenmatrix des Tensors der Flächenmomente zweiten Grades berechnen.

```
> co:=cos(arctan(3/4)): si:=sin(arctan(3/4)):
> e1:=vector([co,si]); e2:=vector([-si,co]);
```

$$e1 := \left[\frac{4}{5} \quad \frac{3}{5} \right]$$

$$e2 := \left[\frac{-3}{5} \quad \frac{4}{5} \right]$$

```
> i:=evalm(105833*e1&*transpose(e1)+25833*e2&*transpose(e2));
```

$$i := \left[\begin{array}{cc} 77033 & 38400 \\ 38400 & 54633 \end{array} \right]$$

Daß das Zerschneiden der Fläche zulässig ist, überlegen wir uns so: In die Berechnung der Flächenmomente gehen die Flächenelemente multipliziert mit Potenzen ihrer Lagekoordinaten ein. Durch den Schnitt werden die Flächenelemente nicht verändert; der Schnitt ist ja unendlich dünn. Physikalisch bedeutet das beispielsweise, daß Balken mit geschlossenem und mit aufgeschlitztem Hohlquerschnitt sich bei querkraftfreier Biegung gleich verhalten. (Querschnittsverformungen sollen durch Schotte unterbunden sein.)

Anmerkung: Bei Torsion liegen die Dinge anders. Ein Balken mit offenem Querschnitt verhält sich unter einem Torsionsmoment viel weicher als einer mit geschlossenem Querschnitt. Mathematisch sieht man das daran, daß die Berechnung des Torsionsflächenmoments sich auf die Lösung einer Randwertaufgabe der Potentialgleichung stützt und die Berandung des Gebiets durch die Schnittführung völlig verändert wird.

4 Analysis

Wir vollziehen in diesem Kapitel zunächst Grenzübergänge an Unstetigkeitsstellen von Funktionen sowie bei unendlichen Folgen und Reihen und studieren dabei verschiedene Arten konvergenten und divergenten Verhaltens.

Im Abschnitt über Differentialrechnung diskutieren wir u.a. die Eigenschaften von Funktionen, z.B. Balkenbiegelinien, an Hand ihrer Ableitungen.
Partielle Ableitungen begegnen uns in einer Anwendung aus der Thermody-
namik.

Zwei Methoden zur Berechnung der Werte transzendenter Funktionen lernen wir in diesem Kapitel kennen: Am Beispiel des Sinus die Auswertung von
Näherungspolynomen einer Taylor-Reihe und am Beispiel des Logarithmus
die elementare Berechnung eines Flächeninhalts als Approximation eines bestimmten Integrals.

Als überaus nützlich für Ingenieuranwendungen erweist es sich, daß MAPLE
Funktionen mit Unstetigkeitsstellen differenzieren und integrieren kann, wenn
diese mittels der Heaviside-Funktion beschrieben sind. Von dieser Möglichkeit machen wir ausgiebig Gebrauch bei der Ermittlung der Schnittgrößen
und Biegelinien von Balken, deren Biegemomenten- oder Krümmungsverlauf
am Angriffspunkt von Einzelkräften und -momenten, an Sprüngen des Quer-
schnittsverlaufs oder beim Übergang von elastischem zu plastischem Verhalten nicht stetig oder differenzierbar ist.

Abschließend studieren wir den Einsatz von Doppelintegralen bei der Ermittlung von Volumina, Oberflächen und Flächenmomenten.

4.1 Grenzübergänge

4.1.1 Grenzwerte bei Funktionen

Zunächst geben wir der anschließend benötigten Funktion `Heaviside` einen
Funktionswert an ihrer Sprungstelle $x = 0$. (In MAPLE ist für dieses Argument kein Wert definiert.)

```
> Heaviside(0):=1:
```

Nun betrachten wir die folgende bei $x = 2$ unstetige Funktion und ihren
Graphen.

```
> f:=Heaviside(x-2)+3;
```

$$f := \text{Heaviside}(x - 2) + 3$$

```
> plot(f,x=-1..3,0..5);
```

Für jedes x ist ein Funktionswert definiert, auch an der Unstetigkeitsstelle $x = 2$:

```
> subs(x=0,f), subs(x=2,f), subs(x=3,f);
```

$$\text{Heaviside}(-2) + 3, \ \text{Heaviside}(0) + 3, \ \text{Heaviside}(1) + 3$$

```
> map(eval,");
```

$$3, \ 4, \ 4$$

Wichtig: Der Befehl subs ersetzt lediglich im Ausdruck f die Variable x durch den jeweils angegebenen Zahlenwert. Die Auswertung müssen wir gesondert mit dem Befehl eval veranlassen. Damit dieser auf alle drei Elemente unserer Folge wirkt, ist map anzuwenden.

Wo die Funktion stetig ist, z.B. bei $x = 0$, stimmt der Grenzwert (*limit*) mit dem Funktionswert überein.

```
> limit(f,x=0);
```

$$3$$

An der Sprungstelle ist ein einheitlicher Grenzwert nicht erklärt:

```
> limit(f,x=2);
```

$$undefined$$

Es existiert aber ein linksseitiger und ein rechtsseitiger Grenzwert, und diese unterscheiden sich um die Höhe des Sprunges:

```
> limit(f,x=2,left), limit(f,x=2,right);
```

$$3, \ 4$$

Um die Lesbarkeit des Protokolls der interaktiven Sitzung zu verbessern, können wir uns von MAPLE zunächst den geforderten Grenzübergang ausdrucken lassen. Das geschieht, indem wir Limit mit großem statt mit kleinem Anfangsbuchstaben schreiben. Operatoren mit großen Anfangsbuchstaben — es gibt sie für Grenzwerte, Summen, Produkte, Ableitungen und Integrale — sind untätig (*inert*). Ihre nachträgliche Auswertung läßt sich durch den Befehl value (Wert) erreichen.

```
> Limit(f,x=2,right);  value(");
```

$$\lim_{x \to 2+} \text{Heaviside}(x - 2) + 3$$
$$4$$

Auch die folgende gebrochene rationale Funktion hat bei $x = 2$ eine Unstetigkeitsstelle, und zwar einen Pol zweiter Ordnung:

```
> g:=(x^2-4*x+5)/(x-2)^2;
```

$$g := \frac{x^2 - 4x + 5}{(x-2)^2}$$

> plot(g,x=-4..8,0..20);

An der Stelle $x = 2$ existiert kein Funktionswert, weil der Nenner gleich Null ist, jedoch der einheitliche Grenzwert $+\infty$.

> subs(x=2,g);

Error, division by zero

> limit(g,x=2);

$$\infty$$

Als nächstes betrachten wir die folgende Funktion:

> h:=(x^2-4*x+3)/(x^2-5*x+6);

$$h := \frac{x^2 - 4\,x + 3}{x^2 - 5\,x + 6}$$

> plot(h,x=-4..8,-20..20);

Die Graphik zeigt, daß sie bei $x = 2$ einen Pol erster Ordnung hat.

> subs(x=2,h);

Error, division by zero

> Limit(h,x=2), Limit(h,x=2,left), Limit(h,x=2,right);

$$\lim_{x \to 2} \frac{x^2 - 4\,x + 3}{x^2 - 5\,x + 6}\,, \quad \lim_{x \to 2-} \frac{x^2 - 4\,x + 3}{x^2 - 5\,x + 6}\,, \quad \lim_{x \to 2+} \frac{x^2 - 4\,x + 3}{x^2 - 5\,x + 6}$$

> value("[1]"), value("[2]"), value("[3]");

$$undefined\,, \ -\infty\,, \ \infty$$

Es gibt also weder einen Funktionswert noch einen einheitlichen Grenzwert an der Stelle $x = 2$, jedoch den linksseitigen Grenzwert $-\infty$ und den rechtsseitigen Grenzwert $+\infty$.

Nun wollen wir noch den Funktionswert an der Stelle $x = 3$ berechnen lassen, werden jedoch von MAPLE darauf hingewiesen, daß es sich um eine Nullstelle des Nenners handelt:

> subs(x=3,h);

Error, division by zero

Aus der graphischen Darstellung wissen wir aber schon, daß die Funktionswerte nahe $x = 3$ beschränkt bleiben. In der Tat gibt es einen einheitlichen Grenzwert:

> Limit(h,x=3); value("");

$$\lim_{x \to 3} \frac{x^2 - 4\,x + 3}{x^2 - 5\,x + 6}$$

2

Klarheit liefert uns eine Faktorisierung von Zähler (*numerator*, `numer`) und Nenner (*denominator*, `denom`):

```
> factor(numer(h));  factor(denom(h));
```

$$(x - 1)(x - 3)$$
$$(x - 2)(x - 3)$$

Wir erkennen nun, daß bei $x = 3$ nicht nur der Nenner, sondern auch der Zähler gleich Null wird.

Weil der Funktionswert an dieser Stelle nicht erklärt ist — es ergibt sich ja der unbestimmte Ausdruck $0/0$ —, besitzt die Funktion h dort eine Lücke. Wenn wir diese Unstetigkeit dadurch beheben wollen, daß wir als Funktionswert den dortigen Grenzwert 2 wählen, so erreichen wir das am einfachsten mit dem Befehl `simplify`. Dabei wird der gemeinsame Faktor $(x - 3)$ aus Zähler und Nenner herausgekürzt, und es ergibt sich die bei $x = 3$ stetige Funktion h_n.

```
> hn:=simplify(h);
```

$$hn := \frac{x - 1}{x - 2}$$

Wichtig: Die Funktionen h und h_n sind nicht identisch. Sie unterscheiden sich genau darin, daß h_n bei $x = 3$ stetig, h dort jedoch nicht definiert ist. Ob der Ersatz von h durch h_n zulässig ist, muß sorgfältig geprüft werden. Daß durch eine sorglose Behebung einer Unstetigkeit wesentliche physikalische Phänomene übersehen und sogar ganz unsinnige Aussagen erzielt werden können, zeigt das folgende Beispiel.

Betrachten wir eine an einer masselos gedachten Stange der Länge l aufgehängte Punktmasse m. Das Lager der Stange rotiert um eine vertikale Achse mit der Winkelgeschwindigkeit ω. Wenn die Stange um einen Winkel δ gegen die Vertikale ausgelenkt ist, dann führt die Masse eine Kreisbewegung mit dem Radius $l \sin \delta$ aus und erleidet die Zentrifugalkraft $m\omega^2 l \sin \delta$ (s. Bild 4.1). Weil die Resultierende aus dieser Zentrifugalkraft und der Gewichtskraft mg in Richtung der Stange wirken muß, ist zu fordern

$$\tan \delta = \frac{m\omega^2 l \sin \delta}{mg} \qquad (4.1)$$

oder

$$\frac{\omega^2 l}{g} = \frac{\tan \delta}{\sin \delta} = w(\delta) \, . \qquad (4.2)$$

```
> w:=tan(delta)/sin(delta);
```

$$w := \frac{\tan(\delta)}{\sin(\delta)}$$

```
> plot(w,delta=-0.1..1.4,0..5);
```

Aus diesem Diagramm (s. Bild 4.2) können wir ablesen, welche Winkelge-schwindigkeit ω jeweils erforderlich ist, damit sich ein stationärer Auslen-kungswinkel δ der Stange einstellt.

Was ist das Ergebnis für den Winkel $\delta = 0$?

```
> subs(delta=0,w); eval(");
```

$$\frac{\tan(0)}{\sin(0)}$$

```
Error, division by zero
```

Wir sehen, daß ein Funktionswert für $\delta = 0$ nicht erklärt ist, weil sich der unbestimmte Ausdruck $0/0$ ergibt. Es existiert jedoch der Grenzwert

```
> limit(w,delta=0);
```

$$1$$

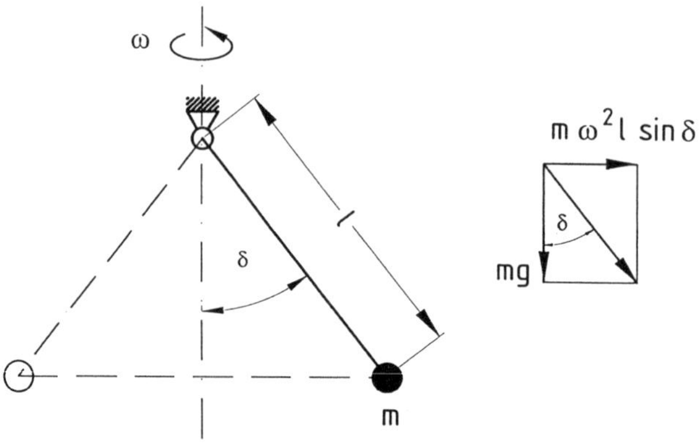

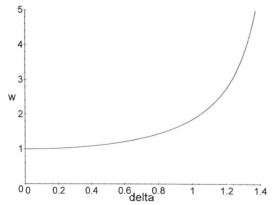

Bild 4.1. Kreisbewegung einer Punktmasse

Bild 4.2. $\omega^2 l/g$ als Funktion des Winkels δ

Wenn wir die Unstetigkeit beheben wollen, indem wir diesen Grenzwert als Funktionswert definieren, so können wir das mit dem Befehl `simplify` erreichen.

```
> ws:=simplify(w);
```

$$ws := \frac{1}{\cos(\delta)}$$

```
> subs(delta=0,ws);  eval(");
```

$$\frac{1}{\cos(0)}$$

$$1$$

Diese Verwendung von `simplify` ist aber keineswegs sachgerecht, denn sie führt zu der absurden Aussage, daß die unausgelenkte Lage nur bei der Winkelgeschwindigkeit $\omega = \sqrt{g/l} = \omega_k$ möglich ist. In Wirklichkeit aber ist diese Lage bei jeder Winkelgeschwindigkeit eine Gleichgewichtslage, denn wegen $\delta = \sin\delta = \tan\delta = 0$ ist die Bedingung (4.1) erfüllt. Die Unbestimmtheit von w im Falle $\delta = 0$ ist ein Hinweis auf diese Tatsache. (Für Winkelgeschwindigkeiten $\omega > \omega_k$ ist die unausgelenkte Lage übrigens instabil; den Winkel δ der zugehörigen stabilen Gleichgewichtslage liefert unser Diagramm.)

Daß MAPLE nicht nur Grenzwerte, sondern auch Grenzfunktionen berechnen kann, sehen wir an folgender Wurzelfunktion $f_n(x)$, die uns schon in Abschn. 2.3.4 begegnet ist:

```
> fn:=(sqrt(x^2+n*x+1)-sqrt(x^2-n*x+1))/n;
```

$$fn := \frac{\sqrt{x^2 + nx + 1} - \sqrt{x^2 - nx + 1}}{n}$$

Für den Parameterwert $n = 0$ ergibt sich für alle x der unbestimmte Ausdruck $0/0$. Wir interessieren uns nun dafür, gegen welche Grenzfunktion $f_0(x)$ die Funktion $f_n(x)$ beim Grenzübergang $n \to 0$ strebt.

```
> Limit(fn,n=0);  f0:=value(");
```

$$\lim_{n \to 0} \frac{\sqrt{x^2 + nx + 1} - \sqrt{x^2 - nx + 1}}{n}$$

$$f0 := \frac{x}{\sqrt{x^2 + 1}}$$

Wir vergleichen die Graphen von f_0 und f_n mit $n = 1/2$:

```
> plot({f0,subs(n=1/2,fn)},x=-0.5..2);
```

Nur eine Vergrößerung läßt uns die Abweichung erkennen:

```
> plot({f0,subs(n=1/2,fn)},x=0.8..1.2);
```

Wir wollen noch wissen, welchen Werten die Funktion f_0 sich asymptotisch nähert, wenn x gegen $+\infty$ oder $-\infty$ strebt — MAPLE schreibt `+infinity` und `-infinity` —, und erhalten $+1$ bzw. -1.

```
> Limit(f0,x=infinity); value(");
```

$$\lim_{x \to \infty} \frac{x}{\sqrt{x^2 + 1}}$$

$$1$$

```
> Limit(f0,x=-infinity); value(");
```

$$\lim_{x \to (-\infty)} \frac{x}{\sqrt{x^2 + 1}}$$

$$-1$$

4.1.2 Grenzwerte von Folgen

Wir betrachten ein Beispiel aus dem Wirtschaftsleben. Zu Beginn eines Jahres legen wir den Betrag s_0 als Festgeld zu einem Zinssatz z an und erhalten nach einem Jahr von der Bank die Zinsen zs_0 gutgeschrieben, so daß unser Kapital auf $s_1 = s_0(1 + z)$ angewachsen ist. Hätten wir das Geld zum selben Zinssatz für ein halbes Jahr festlegen können, so könnten wir nach Ablauf dieser Frist über die Summe $s_{1/2} = s_0(1+z/2)$ verfügen. Legen wir diese dann zu denselben Konditionen wieder für ein halbes Jahr an, so wächst sie bis zum Jahresende durch erneute Verzinsung auf $s_{1/2}(1+z/2) = s_0(1+z/2)^2$ an. Bei n Zinsterminen pro Jahr wäre die Endsumme demnach $s = s_0(1 + z/n)^n = s_0 f_n$. Der Vermehrungsfaktor f_n ist:

```
> fn:=(1+z/n)^n;
```

$$fn := \left(1 + \frac{z}{n}\right)^n$$

Die fortlaufende Halbierung der Zinszeiträume wirkt sich bei einem Zinssatz von $z = 6\% = 0.06$ wie folgt auf den Vermehrungsfaktor aus:

```
> z:=.06: n:=2^i: seq([n,fn],i=0..8);
```

$$[1, 1.06], [2, 1.060900000], [4, 1.061363551],$$
$$[8, 1.061598848], [16, 1.061717394],$$
$$[32, 1.061776894], [64, 1.061806701],$$
$$[128, 1.061821619], [256, 1.061829082]$$

Der letzte Wert entspricht schon beinahe täglicher Zinszahlung. Daß wir nicht wesentlich mehr erreichen können, zeigt der Übergang zu kontinuierlicher Verzinsung. Sie ergibt sich als Grenzwert der Folge f_n für $n \to \infty$.

```
> n:='n': Limit(fn,n=infinity); value(");
```

$$\lim_{n \to \infty} \left(1 + .06\frac{1}{n}\right)^n$$

$$1.061836547$$

Bei beliebigem Zinssatz z erhalten wir die allgemeine Formel

```
> n:='n': z:='z': Limit(fn,n=infinity); value(");
```

$$\lim_{n\to\infty} \left(1 + \frac{z}{n}\right)^n$$
$$\mathrm{e}^z$$

Das kontinuierliche Anwachsen wird also durch die Exponentialfunktion zur Basis e (Eulersche Zahl) beschrieben.

Im letzten Beispiel haben wir zu einer Folge den Grenzwert berechnen lassen. Nun interessieren wir uns für die umgekehrte Fragestellung. Gegeben ist eine irrationale Zahl a und gesucht ist eine Folge rationaler Zahlen a_n, die mit wachsendem n gegen den Grenzwert a konvergiert. Eine solche Folge läßt sich durch *Kettenbruchentwicklung* erzeugen. Betrachten wir zunächst am Beispiel die Umschreibung einer rationalen Zahl in einen endlichen Kettenbruch durch fortgesetzte Division des Kehrwertes des Restes (Euklidischer Algorithmus).

$$\frac{37}{14} = 2 + \frac{1}{14/9} = 2 + \cfrac{1}{1 + \cfrac{1}{9/5}} = 2 + \cfrac{1}{1 + \cfrac{1}{1 + \cfrac{1}{5/4}}} = 2 + \cfrac{1}{1 + \cfrac{1}{1 + \cfrac{1}{1 + \cfrac{1}{4}}}}$$

Diesen Kettenbruch können wir mit dem Befehl `cfrac` (continued fraction, Kettenbruch) aus dem Paket `numtheory` (number theory, Zahlentheorie) erzeugen lassen. (S. `?numtheory,cfrac`.)

```
> numtheory[cfrac](37/14);
```

$$2 + \cfrac{1}{1 + \cfrac{1}{1 + \cfrac{1}{1 + \cfrac{1}{4}}}}$$

Eine platzsparende Ausgabe der Quotienten erhalten wir bei Verwendung einer Zusatzoption. Dasselbe liefert auch der Befehl `convert(.,confrac)`.

```
> numtheory[cfrac](37/14,quotients);
```

$$[\,2, 1, 1, 1, 4\,]$$

```
> convert(37/14,confrac,cvgts);
```

$$[\,2, 1, 1, 1, 4\,]$$

Die Option `cvgts` erzeugt aber außerdem die Sequenz der Teilbrüche, welche entstehen, wenn die Division vorzeitig abgebrochen wird, und speichert sie unter dem Namen `cvgts` ab — dem nicht bereits ein Wert zugewiesen sein darf.

> cvgts;

$$[2, 3, \frac{5}{2}, \frac{8}{3}, \frac{37}{14}]$$

Wird der Divisionsalgorithmus auf eine irrationale Zahl angewendet, so bricht er nicht ab, und es entsteht ein unendlicher Kettenbruch. Die endlichen Kettenbrüche, die aus einem Abbruch der Division resultieren, bilden dann eine unendliche Folge rationaler Zahlen, die gegen die irrationale Zahl konvergiert. Nehmen wir als Beispiel die Zahl $\sqrt{7}$. Mit dem Befehl cfrac lassen wir uns acht Quotienten des unendlichen Kettenbruches ausdrucken.

> numtheory[cfrac](sqrt(7),8);

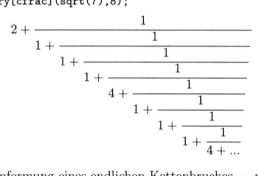

Auch die Umformung eines endlichen Kettenbruches — wie er hier durch Weglassen der nicht notierten Terme (...) entsteht — in einen gewöhnlichen Bruch leistet der Befehl cfrac.

> numtheory[cfrac]("");

$$\frac{590}{223}$$

Die Ausgabe — von diesmal 20 Quotienten — in Form einer Liste gestattet uns, bereits das periodische Bildungsgesetz abzulesen.

> numtheory[cfrac](sqrt(7),20,quotients);

$$[2, 1, 1, 1, 4, 1, 1, 1, 4, 1, 1, 1, 4, 1, 1, 1, 4, 1, 1, 1, 4, ...]$$

Eine Approximation dieser Liste können wir auch erhalten, indem wir den numerischen Wert evalf(sqrt(7)) mit dem Befehl convert in einen Kettenbruch (confrac) umwandeln.

> cvgts:='cvgts': convert(evalf(sqrt(7)),confrac,cvgts);

$$[2, 1, 1, 1, 4, 1, 1, 1, 4, 1, 1, 1, 4, 1, 1, 1, 4, 2]$$

> cvgts;

$$\left[2, 3, \frac{5}{2}, \frac{8}{3}, \frac{37}{14}, \frac{45}{17}, \frac{82}{31}, \frac{127}{48}, \frac{590}{223}, \frac{717}{271}, \frac{1307}{494}, \frac{2024}{765}, \frac{9403}{3554}, \right.$$

$$\left. \frac{11427}{4319}, \frac{20830}{7873}, \frac{32257}{12192}, \frac{149858}{56641}, \frac{331973}{125474} \right]$$

Die Konvergenzgeschwindigkeit der Folge der Teilbrüche wird deutlich, wenn wir die Folge der Abweichungen vom exakten Wert berechnen:

```
> map(x->evalf(x-sqrt(7)),cvgts);
```

$$[-.645751311, .354248689, -.145751311, .020915356,$$
$$-.002894168, .001307513, -.000590021,$$
$$.000082022, -.000011401, .5147\,10^{-5}, -.2323\,10^{-5},$$
$$.323\,10^{-6}, -.45\,10^{-7}, .20\,10^{-7}, -.9\,10^{-8}, .1\,10^{-8}, 0, 0]$$

Daß die letzten beiden Werte als Null ausgewiesen werden, rührt von der beschränkten Stellenzahl her und würde sich ändern, wenn wir den Parameter `Digits` heraufsetzten.

Übungsvorschlag: Wandeln sie die Zahl π in einen unendlichen Kettenbruch um, lassen Sie die Folge der rationalen Näherungen und ihre numerischen Werte ausgeben und stellen Sie fest, welcher der Brüche die Zahl π bereits auf sechs Stellen nach dem Komma genau wiedergibt.

Eine Anwendung finden die Kettenbrüche bei der Diskussion fastperiodischer Schwingungen. Die Bewegungen eines Punktes eines schwingenden Systems mit mehr als einem Freiheitsgrad lassen sich deuten als Überlagerung sämtlicher Eigenschwingungen. Die resultierende Schwingung ist nur dann periodisch, wenn alle Eigenfrequenzen in rationalem Verhältnis zueinander stehen, sonst fastperiodisch. Wir studieren das am Beispiel zweier Freiheitsgrade. Die Schwingung eines Punktes wird dabei durch die Überlagerung zweier harmonischer Schwingungen beschrieben als

$$\bar{w}(t) = a_1 \sin(\omega_1 t - \delta_1) + a_2 \sin(\omega_2 t - \delta_2) .$$

Das Wesentliche erkennen wir bereits bei der speziellen Wahl $a_1 = a_2 = 1$, $\delta_1 = \delta_2 = 0$. Mit den Abkürzungen $\lambda = \omega_2/\omega_1$ und $\tau = \omega_1 t$ erhalten wir

$$\bar{w}(t) = \bar{w}(\tau/\omega_1) = w(\tau) = sin\tau + sin\lambda\tau .$$

```
> w:=sin(tau)+sin(lambda*tau);
```

$$w := \sin(\tau) + \sin(\lambda\tau)$$

Wenn das Verhältnis λ der beiden Eigenkreisfrequenzen rational ist, d.h. sich durch den Bruch $\lambda = p/q$ ausdrücken läßt, dann hat die resultierende Schwingung die Periode $T = 2\pi q$. Es gilt nämlich:

$$w(\tau + T) = \sin(\tau + 2\pi q) + \sin(p/q(\tau + 2\pi q)) = \sin(\tau) + \sin(p/q\tau) = w(\tau) .$$

Am Beispiel $\lambda = 5/2$ sehen wir das:

```
> lambda:=p/q:  p:=5:  q:=2:  plot(w,tau=0..20);
```

Nach der Periode $T = 2\pi q \approx 12.6$ wiederholt die Bewegung sich exakt. Wir prüfen das, indem wir die Funktion $w(\tau)$ zusammen mit der um T nach links verschobenen Funktion $w(\tau+T)$ graphisch darstellen. (Dabei führen wir einen kleinen Abstand ϵ ein, damit die beiden Kurven nicht genau übereinander gezeichnet werden.)

```
> T:=2*Pi*q:eps:= 0.03: plot({w,subs(tau=tau+T-eps,w)},tau=0..20);
```

Wenn das Verhältnis der Eigenkreisfrequenzen nicht rational ist, dann existiert keine Periode T. Beispielsweise ergibt sich für $\lambda = \sqrt{7}$:

```
> lambda:=sqrt(7):  plot(w,tau=0..20);
```

Weil aber die irrationale Zahl λ gemäß Kettenbruchentwicklung gut durch die rationalen Zahlen $\lambda_n = p_n/q_n$ angenähert wird, wiederholt die Schwingung sich nahezu nach der Zeit $T_n = 2\pi q_n$, und zwar um so genauer, je größer n gewählt wird. Daher spricht man von einer fastperiodischen oder quasiperiodischen Bewegung. Im Beispiel $\lambda = \sqrt{7}$ hatten wir u.a. die Nenner $q_3 = 2$, $q_4 = 3$ und $q_5 = 14$ erhalten und zeichnen folglich die um $T_n = 2\pi q_n$ $(n = 3, 4, 5)$ verschobenen Kurven.

```
> plot({seq(subs(tau=tau+2*Pi*q,w),q={0,2,3,14})},tau=0..20);
```

Während die Abweichungen bei den ersten beiden Werten noch auffallend sind, stimmt die zu q_5 gehörige Kurve schon recht gut mit der Ausgangskurve überein. Sehen wir uns noch den Fehler an, der bei der Wahl $q_8 = 48$ begangen wird.

```
> q:=48:  plot(w-subs(tau=tau+2*Pi*q,w),tau);
```

Übungsvorschlag: Der soeben dargestellte Fehler läßt sich formelmäßig ausdrücken durch $f = -2\sin q\lambda\pi \cos(\lambda\tau + q\lambda\pi)$. Versuchen Sie, diese Formel mit den von MAPLE gebotenen Möglichkeiten zu verifizieren. Bestimmen sie numerisch die maximalen Fehleramplituden für die verschiedenen rationalen Näherungen λ_n.

4.1.3   Unendliche Reihen

Zur Behandlung endlicher Summen hält MAPLE den Befehl sum und seine untätige Form Sum bereit. Identitäten lassen sich durch gleichzeitige Anwendung beider Formen auf denselben Ausdruck niederschreiben:

```
> i:='i':  n:='n':  Sum(i^3,i=1..n)=sum(i^3,i=1..n);
```

$$\sum_{i=1}^{n} i^3 = \frac{1}{4}(n+1)^4 - \frac{1}{2}(n+1)^3 + \frac{1}{4}(n+1)^2$$

```
> Sum(1/i/(i+1),i=1..n)=sum(1/i/(i+1),i=1..n);
```

$$\sum_{i=1}^{n} \frac{1}{i(i+1)} = -\frac{1}{n+1} + 1$$

Die rechte Seite der letzten Gleichung (*right hand side*, rhs) belegen wir mit dem Namen s0n und sehen uns den Wert dieser Summe in Abhängigkeit von der Zahl n der Summanden an.

```
> s0n:=rhs("): seq(s0n,n=1..10);
```

$$\frac{1}{2}, \frac{2}{3}, \frac{3}{4}, \frac{4}{5}, \frac{5}{6}, \frac{6}{7}, \frac{7}{8}, \frac{8}{9}, \frac{9}{10}, \frac{10}{11}$$

Wenn die Zahl n unbeschränkt anwächst, dann strebt diese Folge gegen den Grenzwert 1.

```
> n:='n':  limit(s0n,n=infinity);
```

$$1$$

Die Summe einer unendlichen Reihe — also einer Summe mit unendlich vielen Summanden — definiert man als den Grenzwert der Folge ihrer endlichen Teilsummen. Deshalb faßt man die Summation und den Grenzübergang, die wir eben getrennt vollzogen haben, auch in der Schreibweise wie folgt zusammen.

```
> Sum(1/i/(i+1),i=1..infinity)=sum(1/i/(i+1),i=1..infinity);
```

$$\sum_{i=1}^{\infty} \frac{1}{i\,(\,i+1\,)} = 1$$

Kehren wir noch einmal zu den endlichen Summen zurück und addieren alle Potenzen von 0 bis n einer Zahl x. Diesmal veranlassen wir die Auswertung mit dem Befehl value.

```
> Sum(x^i,i=0..n);   sn:=value(");
```

$$\sum_{i=0}^{n} x^i$$

$$sn := \frac{x^{(n+1)}}{x-1} - \frac{1}{x-1}$$

Für $x = 1$ ist dieser Ausdruck unbestimmt. Daß aber der Grenzübergang das richtige Ergebnis liefert, ist leicht zu sehen, weil alle $n+1$ Summanden den Wert 1 besitzen.

```
> limit(sn,x=1);
```

$$n+1$$

Nun lassen wir die Zahl der Summanden gegen Unendlich gehen und erhalten die geometrische Reihe und ihre Summe.

```
> Sum(x^i,i=0..infinity)=sum(x^i,i=0..infinity);
```

$$\sum_{i=0}^{\infty} x^i = -\frac{1}{x-1}$$

Es ist offensichtlich, daß dieses Ergebnis nicht für alle x richtig sein kann.

So ist im Falle $x = 2$ keine der Potenzen kleiner als 1, und die unendliche Summe muß daher $+\infty$ geben und nicht $-1/(2-1) = -1$. Im Komplexen läßt sich zeigen, daß die ausgegebene Formel für jene x richtig ist, deren Betrag kleiner als 1 ist. In der Gaußschen Zahlenebene sind das die Punkte innerhalb eines Kreises vom Radius 1 um den Ursprung — Konvergenzkreis der Reihe genannt—, und im Reellen wird daraus das Intervall $(-1, 1)$.

Wenn wir Summation und Grenzübergang trennen, dann ist MAPLE vorsichtiger mit seiner Aussage.

```
> limsum:=limit(sn,n=infinity);
```

$$limsum := \lim_{n \to \infty} \frac{x^{(n+1)}}{x - 1} - \frac{1}{x - 1}$$

Damit dieser Grenzübergang vollzogen wird, müssen wir mit dem Befehl assume Angaben über x liefern. Die getroffenen Annahmen überprüfen wir mit about.

```
> assume(x<1,x>-1):  about(x);
```

```
Originally x, renamed x~:
  is assumed to be: RealRange(Open(-1),Open(1))
```

Nun erhalten wir den korrekten Grenzwert.

```
> limsum;
```

$$-\frac{1}{x^\sim - 1}$$

Wir machen noch die Gegenprobe und heben schließlich die Einschränkungen an x durch *unassign* wieder auf.

```
> assume(x>=1):  about(x):    limsum;   x:='x':
```

$$\infty$$

Das geschilderte Problem der Ausgabe einer falschen Reihensumme kann sogar auftreten, wenn wir statt der Unbekannten x Zahlen verwenden.

```
> sum((3/4)^i,i=0..infinity),    sum((-3/4)^i,i=0..infinity);
```

$$4, \; \frac{4}{7}$$

```
> sum((4/3)^i,i=0..infinity),    sum((-4/3)^i,i=0..infinity);
```

$$\infty, \; \frac{3}{7}$$

Im letzten Falle hat MAPLE wieder auf die hier nicht anwendbare Lösungsformel zurückgegriffen und uns einen falschen Wert geliefert. Tatsächlich konvergiert die betreffende Reihe gar nicht, weil die Folge ihrer Teilsummen keinen Grenzwert besitzt.

Ob und wie rasch eine Reihe konvergiert, läßt sich durch Auftragen der Teilsummen über den ganzen Zahlen n der Summanden anschaulich machen.

Wir verbinden zur Verdeutlichung diese Punkte durch Geradenstücke miteinander und tragen im Falle der Konvergenz auch den Grenzwert ein, gegen den der Polygonzug asymptotisch strebt.

```
> x:=3/4:    n:='n':   plot({[seq([n,sn],n=0..20)],1/(1-x)},-1..21);
> x:=-3/4:   n:='n':   plot({[seq([n,sn],n=0..20)],1/(1-x)},-1..21);
> x:=4/3:    n:='n':   plot([seq([n,sn],n=0..20)],-1..21);
> x:=-4/3:   n:='n':   plot([seq([n,sn],n=0..20)],-1..21);
```

Aus der letzten Graphik wird klar, warum es keinen Grenzwert gibt: Die Vorzeichen der Reihensummen alternieren und ihre Beträge wachsen unbeschränkt an.

Übungsvorschlag: Untersuchen Sie die Reihe $1 - 1/3 + 1/5 - 1/7 + -...$, deren Summe $\pi/4$ beträgt. Überprüfen Sie die Summe und lassen Sie die Teilsummen ausgeben. (MAPLE stellt solche Teilsummen vielfach mittels höherer transzendenter Funktionen dar — s. ?Psi,?hypergeom,?GAMMA. Allerdings ist eine solche formelmäßige Darstellung der Teilsummen in der Regel wenig interessant; ihre numerische Auswertung aber läßt sich wie üblich mit evalf vornehmen.) Stellen Sie das Konvergenzverhalten graphisch dar. Wie beurteilen Sie die Konvergenzgeschwindigkeit?
Übungsvorschlag: Führen Sie zum Vergleich die nämliche Untersuchung durch für die Reihe $1 - 1/3^3 + 1/5^3 - 1/7^3 + -...$ mit der Summe $\pi^3/32$.

4.2 Differentialrechnung

4.2.1 Ableitung einer Funktion einer reellen Veränderlichen

Die Ableitung von Ausdrücken schreiben wir mit dem untätigen Befehl Diff oder veranlassen ihre Ausführung mit diff. Ein Beispiel zeigt, daß MAPLE korrekt die Produkt- und Kettenregel der Differentialrechnung anwendet.

```
> Diff(exp(-lambda*t)*sin(omega*t),t)
>       =diff(exp(-lambda*t)*sin(omega*t),t);
```

$$\frac{\partial}{\partial t}\, e^{(-\lambda t)} \sin(\omega t) = -\lambda\, e^{(-\lambda t)} \sin(\omega t) + e^{(-\lambda t)} \cos(\omega t)\, \omega$$

Auch höhere transzendente Funktionen kann MAPLE differenzieren, beispielsweise die modifizierte Besselfunktion $I_j(x)$ erster Art der Ordnung j:

```
> Diff(BesselI(j,x),x)=diff(BesselI(j,x),x);
```

$$\frac{\partial}{\partial x}\, \text{BesselI}(j,x) = \text{BesselI}(j+1,x) + \frac{j\,\text{BesselI}(j,x)}{x}$$

Zur Ableitung von Funktionsoperatoren anstelle von Ausdrücken steht zusätzlich die Operation D zur Verfügung.

```
> D(sqrt);
```

$$\frac{1}{2}\, \frac{1}{\text{sqrt}}$$

```
> D(sin^2);
```
$$2\cos\sin$$

```
> "(alpha);
```
$$2\cos(\alpha)\sin(\alpha)$$

Als Anwendungsbeispiel aus der *Kinematik* betrachten wir den freien Fall. Ohne Luftwiderstand gilt mit der Erdbeschleunigung g für den in der Zeit t seit Beginn der Bewegung zurückgelegten Weg s

```
> s:=g*t^2/2;
```
$$s := \frac{1}{2}\,g\,t^2$$

Geschwindigkeit v und Beschleunigung a ergeben sich daraus durch ein- bzw. zweimaliges Ableiten nach der Zeit.

```
> v:=diff(s,t);   a:=diff(v,t);
```
$$v := g\,t$$
$$a := g$$

Bei Berücksichtigung des Luftwiderstandes gilt dagegen

```
> sl:=k*ln(cosh(lambda*t));
```
$$sl := k\ln(\cosh(\lambda\,t))$$

```
> vl:=diff(sl,t);
```
$$vl := \frac{k\sinh(\lambda\,t)\,\lambda}{\cosh(\lambda\,t)}$$

```
> diff(vl,t); al:=simplify(");
```
$$k\,\lambda^2 - \frac{k\sinh(\lambda\,t)^2\,\lambda^2}{\cosh(\lambda\,t)^2}$$
$$al := \frac{k\,\lambda^2}{\cosh(\lambda\,t)^2}$$

(Noch einige Bemerkungen zum kinetischen Hintergrund. Aus der Zwischenrechnung

```
> simplify(al+vl^2/k);
```
$$k\,\lambda^2$$

sehen wir, daß die Beschleunigung sich zusammensetzt aus $a_L = k\lambda^2 - v_L^2/k$. Die Bewegung wird also gemäß dem Newtonschen Grundgesetz durch die Kraft $F = ma_L = mk\lambda^2 - mv_L^2/k$ verursacht. Das ist die Differenz der konstanten Gewichtskraft mg und der Luftwiderstandskraft cv^2, die proportional mit dem Quadrat der Geschwindigkeit anwächst. Ein Koeffizientenvergleich liefert $k = m/c$ und $\lambda = \sqrt{gc/m}$.)

Wir vergleichen die Bewegungsdiagramme $s(t)$, $v(t)$, $a(t)$ und $s_L(t)$, $v_L(t)$, $a_L(t)$.

```
> k:=1: lambda:=1.5: g:=k*lambda^2: plot({s,v,a,sl,vl,al},t=0..1.8);
```

Ohne Luftwiderstand ist die Beschleunigung konstant, die Geschwindigkeit wächst linear und der Weg quadratisch mit der Zeit an. Beim freien Fall mit Luftwiderstand wird die Beschleunigung mit wachsender Zeit beliebig klein, weil sich asymptotisch Gleichgewicht zwischen der Gewichtskraft und der Widerstandskraft ausbildet, die Geschwindigkeit geht gegen den konstanten Wert $k\lambda = \sqrt{mg/c}$, und der Graph des zurückgelegten Weges nähert sich einem geradlinigen Verlauf.

Die *Balkentheorie* ist ein anderes Anwendungsgebiet der Differentialrechnung. Bezeichnet w die Durchbiegung eines geraden Balkens, so gibt — unter der Annahme kleiner Verformungen — die Ableitung $\alpha = w'$ die Neigung der verformten Balkenachse gegenüber der unverformten Achsenrichtung an, und deren Ableitung $k = \alpha' = w''$ beschreibt die Krümmung der verformten Balkenachse. Diese ist im elastischen Falle proportional zum Biegemoment gemäß $M_b = -EI_y k$. Gleichgewichtsbetrachtungen zeigen, daß die Querkraft sich als Ableitung des Biegemoments ($F_Q = M_b'$) und die Linienkraft auf dem Balken sich als negative Ableitung der Querkraft berechnet ($q = -F_Q'$). Als Beispiel untersuchen wir die Biegelinie eines Balkens mit konstantem Querschnitt (Biegesteifigkeit EI_y), die schon in Abschn. 2.3.2 erwähnt worden ist:

$$w = \frac{q_1 l^4}{120 EI_y}(4\xi^2 - 8\xi^3 + 5\xi^4 - \xi^5) \quad \text{mit} \quad \xi = x/l .$$

Wenn wir diese Funktion nach x ableiten wollen, müssen wir die Kettenregel beachten:

$$\frac{dw}{dx} = \frac{dw}{d\xi}\frac{d\xi}{dx} = \frac{1}{l}\frac{dw}{d\xi} .$$

```
> w:=q1*l^4/(120*e*iy)*(4*xi^2-8*xi^3+5*xi^4-xi^5);
```

$$w := \frac{1}{120}\frac{q1\, l^4\,(4\xi^2 - 8\xi^3 + 5\xi^4 - \xi^5)}{e\,iy}$$

```
> alpha:=diff(w,xi)/l;
```

$$\alpha := \frac{1}{120}\frac{q1\, l^3\,(8\xi - 24\xi^2 + 20\xi^3 - 5\xi^4)}{e\,iy}$$

```
> k:=diff(alpha,xi)/l;
```

$$k := \frac{1}{120}\frac{q1\, l^2\,(8 - 48\xi + 60\xi^2 - 20\xi^3)}{e\,iy}$$

```
> mb:=simplify(-e*iy*k);
```

$$mb := \frac{1}{30}\, q1\, l^2\,(-2 + 12\xi - 15\xi^2 + 5\xi^3)$$

```
> diff(mb,xi)/l:    fq:=simplify(");
```

$$fq := \frac{1}{10}\, q1\, l\, \left(4 - 10\,\xi + 5\,\xi^2\right)$$

```
> -diff(fq,xi)/l:   q:=simplify(");
```

$$q := -q1\,\left(-1 + \xi\right)$$

Sehen wir uns die Graphen der Kraftgrößen an:

```
> q1:=1: l:=3: plot({mb,fq,q},xi=0..1);
> q1:='q1': l:='l':
```

Wir bemerken, daß die Linienkraft q linear vom Wert q_1 am linken Balkenende
auf den Wert 0 am rechten Balkenende abfällt. Querkraft und Biegemoment
werden durch Polynome zweiten bzw. dritten Grades beschrieben. Das Biegemoment verschwindet am rechten Balkenende, denn dort liegt eine gelenkige
Lagerung vor. Am linken Ende ist der Balken dagegen eingespannt, und der
Wert des Einspannmoments berechnet sich zu

```
> subs(xi=0,mb); evalf(");
```

$$-\frac{1}{15}\, q1\, l^2$$

$$-.06666666667\, q1\, l^2$$

Die Querkraft besitzt Nulldurchgänge bei

```
> solve(fq,xi);
```

$$1 + \frac{1}{5}\sqrt{5}, \quad 1 - \frac{1}{5}\sqrt{5}$$

Nur der zweite der beiden Werte liegt im Intervall $[0,1]$ und besitzt somit
physikalische Bedeutung. Wir speichern ihn ab unter dem Namen ξ_1.

```
> xi1:="[2]; evalf(");
```

$$\xi1 := 1 - \frac{1}{5}\sqrt{5}$$

$$.5527864044$$

Links von der Stelle ξ_1 ist die Querkraft positiv, rechts davon negativ. Da aber
die Querkraft die Ableitung des Biegemoments ist, wächst das Biegemoment
demnach bis zur Stelle ξ_1 an und fällt danach wieder ab. Folglich muß es
seinen örtlich größten Wert an der Stelle ξ_1 annehmen, und dieses Maximum
erhalten wir aus

```
> subs(xi=xi1,mb):   simplify(");      evalf(");
```

$$\frac{1}{75}\, q1\, l^2\, \sqrt{5}$$

$$.02981423970\, q1\, l^2$$

Dies ist ein Beispiel für den allgemeinen Sachverhalt, daß eine Funktion dort einen Extremwert (Maximum oder Minimum) annimmt, wo ihre Ableitung das Vorzeichen wechselt. Extrema können aber nicht nur als relative Extrema im Inneren des Definitionsgebietes der Funktion auftreten, sondern auch als Randextrema. In der Tat besitzt das Biegemoment im vorliegenden Falle sein Minimum nicht im Balkeninneren, sondern am linken Rand $\xi = 0$. Die Diskussion der Ableitung allein ist also nicht hinreichend zum Auffinden sämtlicher Extremwerte.

Nun betrachten wir die Verformungen.

```
> q1:=1: l:=3: e:=1: iy:=1: plot({w,alpha,k},xi=0..1);
> q1:='q1': l:='l': e:='e': iy:='iy':
```

Am linken Rand ist der Balken eingespannt. Dort gilt also $w = 0$ und $\alpha = 0$. Am rechten Rand, wo eine gelenkige Lagerung vorliegt, ist zwar $w = 0$, aber die Neigung der Balkenachse ist von Null verschieden:

```
> subs(xi=1,alpha);
```

$$-\frac{1}{120}\frac{q1\,l^3}{e\,iy}$$

Das Maximum der Durchbiegung w liegt im Balkeninneren und ist also ein relatives Extremum. Wir finden seine Lage durch Nullsetzen der Ableitung $w' = \alpha$. Anhand des Graphen können wir uns überzeugen, daß die Funktion α dort tatsächlich das Vorzeichen wechselt. (Eine Nullstelle der Ableitung ohne Vorzeichenwechsel hat keinen Extremwert der Funktion zur Folge. Beispiel: Die Funktion x^3 besitzt bei $x = 0$ kein Extremum, obwohl ihre Ableitung $3x^2$ dort verschwindet. Überprüfen Sie das graphisch!)

```
> solve(alpha,xi);
```

$$0\,,\,2\,,\,1+\frac{1}{5}\sqrt{5}\,,\,1-\frac{1}{5}\sqrt{5}$$

Nur die vierte dieser Wurzeln liegt im offenen Intervall $(0,1)$. Sie ist (zufällig!) mit dem schon ermittelten Wert ξ_1 identisch, so daß dort nicht nur das Biegemoment, sondern auch die Durchbiegung ihr Maximum annimmt, und zwar

```
> subs(xi=xi1,w): simplify("); evalf(");
```

$$\frac{2}{1875}\frac{q1\,l^4\,\sqrt{5}}{e\,iy}$$

$$.002385139177\,\frac{q1\,l^4}{e\,iy}$$

Um den Maximalwert der Tangentenneigung α zu erhalten, suchen wir die Nullstelle der Ableitung $\alpha' = k$ auf.

```
> solve(k,xi);
```

$$1\,,\,1+\frac{1}{5}\sqrt{15}\,,\,1-\frac{1}{5}\sqrt{15}$$

Im offenen Intervall $(0, 1)$ liegt nur der dritte Wert, den wir ξ_2 nennen. Damit können wir den Maximalwert von α berechnen.

```
> xi2:="[3]; evalf("); subs(xi=xi2,alpha): simplify(");
```

$$\xi2 := 1 - \frac{1}{5}\sqrt{15}$$

$$.2254033308$$

$$\frac{1}{150}\frac{q1\,l^3}{e\,iy}$$

Die Stelle ξ_2, wo die Krümmung k einen Vorzeichenwechsel besitzt, nennt man einen Wendepunkt der Biegelinie. Wegen des elastischen Zusammenhanges zwischen Krümmung und Biegemoment handelt es sich zugleich um den Biegemomentennullpunkt.

Übungsvorschlag: Vergleichen Sie die Graphen der Funktion $\sqrt{x^2 + x + 1} - \sqrt{x^2 - x + 1}$ und ihrer ersten drei Ableitungen mit denen der Funktion $\tanh(x)$ und ihrer Ableitungen. Bei welchen x-Werten besitzen die ersten Ableitungen Wendepunkte? (Die vergröbernde Wirkung der Differentiation wird an diesem Beispiel deutlich: Während die Ausgangsfunktionen einander sehr ähnlich sehen, weichen höhere Ableitungen zunehmend voneinander ab.)

4.2.2 Taylor-Reihen

Jeder Funktion $f(x)$, die an einer Stelle x_0 n-mal differenzierbar ist, läßt sich ein Polynom n-ten Grades $P_n(x)$ — das Taylor-Polynom — zuordnen, das an der Stelle x_0 denselben Funktionswert und dieselben Werte der ersten n Ableitungen besitzt wie $f(x)$. Es ist zu erwarten, daß P_n den Verlauf von f in der Umgebung des Punktes x_0 gut wiedergibt. Das testen wir an der Exponentialfunktion.

```
> f:=exp(x);
```

$$f := e^x$$

Die folgenden Befehle liefern uns die Taylor-Polynome ersten bzw. vierten Grades, entwickelt an der Stelle $x_0 = 1$.

```
> x0:=1:  n:=1:   p1:=convert(series(f,x=x0,n+1),polynom);
```

$$p1 := e + e\,(x - 1)$$

```
>           n:=4:  p4:=convert(series(f,x=x0,n+1),polynom);
```

$$p4 := e + e\,(x - 1) + \frac{1}{2}e\,(x - 1)^2 + \frac{1}{6}e\,(x - 1)^3 + \frac{1}{24}e\,(x - 1)^4$$

```
> plot({f,p1,p4},x=-2..4);
```

Das Polynom ersten Grades gibt die Tangente wieder, während Polynome höheren Grades sich dem Funktionsverlauf besser anschmiegen.

Wir können uns nun die Frage stellen, ob die Funktion in der Umgebung einer Stelle x beliebig genau angenähert werden kann, wenn wir den Grad des Taylor-Polynoms, welches an der Stelle x_0 entwickelt wird, unbeschränkt anwachsen lassen. Offenbar entsteht durch diesen Grenzübergang eine unendliche Reihe. Diese wird mit dem Befehl `series` (Reihe) aufgerufen und liefert beispielsweise für die Exponentialfunktion

```
> series(f,x=1,6);
```

$$\mathrm{e} + \mathrm{e}\,(\,x-1\,) + \frac{1}{2}\,\mathrm{e}\,(\,x-1\,)^2 + \frac{1}{6}\,\mathrm{e}\,(\,x-1\,)^3 + \frac{1}{24}\,\mathrm{e}\,(\,x-1\,)^4 +$$
$$\frac{1}{120}\,\mathrm{e}\,(\,x-1\,)^5 + \mathrm{O}\left(\,(\,x-1\,)^6\,\right)$$

Mit der Option 6 im Aufruf haben wir veranlaßt, daß alle Potenzen von sechstem und höherem Grade nicht ausgeschrieben, sondern im sog. Ordnungsterm O symbolisch zusammengefaßt werden. Wie wir oben schon gesehen haben, können wir das zugehörige Taylor-Polynom erhalten, indem wir den Ordnungsterm streichen mit dem Befehl `convert(...,polynom)` (Umwandlung einer Reihe in ein Polynom).

Hier einige Beispiele von Taylor-Reihen. Entwickelt wird jeweils um den Punkt $x_0 = 0$.

```
> series(cos(x),x=0,10);
```

$$1 - \frac{1}{2}\,x^2 + \frac{1}{24}\,x^4 - \frac{1}{720}\,x^6 + \frac{1}{40320}\,x^8 + \mathrm{O}(\,x^{10}\,)$$

```
> series(cosh(x),x=0,10);
```

$$1 + \frac{1}{2}\,x^2 + \frac{1}{24}\,x^4 + \frac{1}{720}\,x^6 + \frac{1}{40320}\,x^8 + \mathrm{O}(\,x^{10}\,)$$

```
> f:=1/(1-x);   series(f,x=0,10);
```

$$f := \frac{1}{1-x}$$

$$1 + x + x^2 + x^3 + x^4 + x^5 + x^6 + x^7 + x^8 + x^9 + \mathrm{O}(\,x^{10}\,)$$

```
> n:='n':   f:=(1+x)^n;    series(f,x=0,5);
```

$$f := (\,1+x\,)^n$$

$$1 + n\,x + \frac{1}{2}\,n\,(\,n-1\,)\,x^2 + \frac{1}{6}\,n\,(\,n-1\,)\,(\,n-2\,)\,x^3 +$$
$$\frac{1}{24}\,n\,(\,n-1\,)\,(\,n-2\,)\,(\,n-3\,)\,x^4 + \mathrm{O}(\,x^5\,)$$

Im letzten Beispiel — der binomischen Reihe — bricht die Entwicklung ab, falls n eine nicht negative ganze Zahl ist; für alle sonstigen Exponenten hat die Reihe unendlich viele Glieder.

Die Anwendung unendlicher Reihen setzt natürlich deren Konvergenz voraus. Zu fragen ist also, für welche Werte x eine an der Stelle x_0 entwickelte

Taylor-Reihe einer Funktion f gegen den Funktionswert $f(x)$ konvergiert. Im Komplexen bedeutet dies die Angabe des Konvergenzkreises um den Punkt x_0. Bei einigen wichtigen Funktionen (Polynome, exp, sin, cos, sinh, cosh) ist der Radius des Konvergenzkreises unendlich. In den meisten Fällen jedoch konvergiert eine Taylor-Reihe nicht für jeden Wert von x. So ist die Reihe für $f(x) = 1/(1 - x)$ für alle x mit $|x| < 1$ konvergent und divergiert für alle übrigen x. Das haben wir schon in Abschn. 4.1.3 genauer studiert.

Es gibt sogar Reihen, die den Konvergenzradius 0 besitzen, also nur für $x = x_0$ konvergieren. Ein Beispiel ist die Reihe der Funktion

$$f = \begin{cases} e^{-1/x^2} & , \quad \text{wenn} \quad x \neq 0, \\ 0 & , \quad \text{wenn} \quad x = 0 \end{cases}$$

an der Stelle $x_0 = 0$. Der Funktionswert und alle Ableitungen sind gleich Null und somit auch die Taylor-Reihe. Der Wert der Reihe und der Wert der Funktion stimmen daher nur für $x = 0$ überein. Der Graph der Funktion (s. Bild 4.3) macht diesen Sachverhalt begreiflich.

```
> plot(exp(-1/x^2),x=-0.3..0.3);
```

Wichtig: MAPLE gibt zwar die Reihenentwicklung einer Funktion an — sofern diese existiert —, trifft aber keine Aussage über den Konvergenzradius. Für viele Operationen mit Reihen wird die Kenntnis des Konvergenzradius nicht benötigt. Wollen wir die Reihe allerdings numerisch auswerten, so ist Konvergenz eine notwendige Bedingung. Daß sie nicht hinreichend ist, merken wir etwa, wenn wir versuchen wollten, den Wert $\sin 1000$ aus der Taylor-Reihe um den Punkt 0 zu berechnen.

Übungsvorschlag: Berechnen Sie für die binomischen Reihen mit den Exponenten $n = 3/2, 1/2, -1/2, -1$ einige Taylorpolynome um den Punkt $x_0 = 0$ und stellen Sie sie zusammen mit der Ausgangsfunktion graphisch dar. Sie werden dann bemerken, warum eine Konvergenz dieser Reihen für Werte

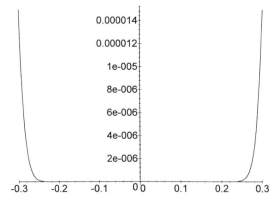

Bild 4.3. Funktion, deren Taylor-Reihe für kein $x \neq 0$ konvergiert

$x < -1$ nicht möglich sein kann. Bestätigen Sie numerisch, daß die Taylor-Reihen auch für Werte $x > 1$ nicht konvergieren.

Grundsätzlich bietet die Auswertung von Taylor-Reihen eine Möglichkeit, um die Werte transzendenter Funktionen wie exp, sin, ln u.a. zu berechnen. Das wollen wir uns an einem Beispiel ansehen. (Dabei geht es uns nicht vordringlich um numerische Effizienz. Bemerkungen zu optimalen numerischen Approximationen finden sich in Kap. 6.) Um zunächst den Wert des Sinus eines Winkels x aus dem Intervall $[0, \pi/4]$ (Bogenmaß) zu berechnen, können wir folgendermaßen vorgehen. Wir entwickeln den Sinus um den Punkt $x_0 = 0$.

```
> series(sin(x),x=0,10);
```

$$x - \frac{1}{6}\,x^3 + \frac{1}{120}\,x^5 - \frac{1}{5040}\,x^7 + \frac{1}{362880}\,x^9 + \mathrm{O}(\,x^{10}\,)$$

Der Koeffizient bei der Potenz x^n läßt sich formelmäßig als $(-1)^{(n-1)/2}/n!$ darstellen, und deshalb nehmen in dem uns interessierenden Fall $|x| \leq \pi/4 < 1$ die Beträge der Reihenglieder monoton ab und besitzen alternierende Vorzeichen. Nach einem Satz von Leibniz ist daher der Betrag des Fehlers, den wir machen, wenn wir die Reihe durch eine Teilsumme ersetzen, kleiner als der Betrag des ersten nicht mehr berücksichtigten Reihengliedes. Dieses Reihenglied wird betragsmäßig am größten für das größte betrachtete x, also $x = \pi/4$. Approximieren wir nun $\sin x$ durch $x - x^3/6 + x^5/120$, so ist somit der Fehlerbetrag kleiner als

```
> schranke1:=evalf((Pi/4)^7/5040);
```

$$schranke1 := .00003657620422$$

Nehmen wir ein Reihenglied mehr mit, dann gilt die Fehlerschranke

```
> schranke2:=evalf((Pi/4)^9/362880);
```

$$schranke2 := .3133616894\,10^{-6}$$

Wir verwenden jetzt die Näherung

```
> convert(series(sin(x),x=0,8),polynom);
```

$$x - \frac{1}{6}\,x^3 + \frac{1}{120}\,x^5 - \frac{1}{5040}\,x^7$$

```
> sintaylor:=convert(",horner);
```

$$sintaylor := \left(1 + \left(-\frac{1}{6} + \left(\frac{1}{120} - \frac{1}{5040}\,x^2\right)x^2\right)x^2\right)x$$

Für die Wahl $x = \pi/4$ vergleichen wir den Näherungswert mit dem exakten Wert $1/\sqrt{2}$ und finden Übereinstimmung auf sechs Stellen hinter dem Komma:

```
> evalf(subs(x=Pi/4,sintaylor)), 1/sqrt(2.);
```

$$.7071064698\,,\ .7071067814$$

Die Güte der Näherung verdeutlicht eine graphische Darstellung:

> `plot({sin(x),sintaylor},x=0..4.5);`

Aufschlußreich ist auch eine Darstellung des Fehlers im Intervall $[0, \pi/4]$:

> `plot(sin(x)- sintaylor,x=0..Pi/4);`

Auf der Grundlage dieser Näherung möchten wir nun die Sinuswerte für beliebige Winkel x berechnen. Dazu gehen wir in folgenden Schritten vor:

- Wir verschieben den Winkel in das Intervall $[-\pi, \pi]$. Das geschieht mit der Funktion `reduz`, die wir in Abschn. 2.2 studiert haben.

- Wenn der Winkel x sich daraufhin negativ ergibt, ersetzen wir ihn durch $-x$ und versehen den Sinus mit einem negativen Vorzeichen.

- Liegt der Winkel x jetzt im Intervall $(\pi/2, \pi]$, so ersetzen wir ihn durch $\pi - x$.

- Liegt der schließlich erhaltene Winkel im Intervall $(\pi/4, \pi/2]$, so machen wir Gebrauch von der Formel:

$$\sin x = \sqrt{2} \sin(x - \pi/4) + \sin(\pi/2 - x),$$

deren Richtigkeit wir uns von MAPLE bestätigen lassen:

> `expand(sqrt(2)*sin(x-Pi/4)+sin(Pi/2-x));`

$$\sin(x)$$

Die Winkel $x - \pi/4$ und $\pi/2 - x$ liegen dann im Intervall $[0, \pi/4]$ und lassen sich mit der Funktion `sintaylor` näherungsweise berechnen. Für die Näherung von $\sin x$ gilt dann die Fehlerschranke

> `schranke3:=evalf((sqrt(2)+1)*schranke2);`

$$schranke3 := .7565220404 \, 10^{-6}$$

Übungsvorschlag: Vergewissern Sie sich an Hand des Graphen der Sinusfunktion, daß die beschriebenen Schritte korrekt sind.

Wir bringen das Vorgehen in die Form einer Prozedur. Da wir einen numerischen Näherungswert erhalten möchten, sorgen wir dafür, daß die Einzelrechnungen numerisch ausgeführt werden.

Prozedur sinnum

```
> sinnum:=proc(alpha)
> local x,pin,sig,sinapprox;
> x:=evalf(alpha);
> sinapprox:= y->(1+(-1/6+(1/120-1/5040*y^2)*y^2)*y^2)*y;
> pin:=evalf(Pi);
> if  abs(x)>pin then
```

```
>     x:=pin*(2*frac((x/pin+signum(x))/2)-signum(x))
>   fi;
> sig:=1;
> if x<0 then x:=-x; sig:=-1 fi;
> if x>pin/2 then x:=pin-x fi;
> if x<=pin/4 then sig*sinapprox(x)
>       else sig*(sqrt(2.)*sinapprox(x-pin/4)+ sinapprox(pin/2-x))
> fi
> end:
```

Wir überzeugen uns von der Richtigkeit einiger Funktionswerte im Rahmen der vorgegebenen Rechengenauigkeit:

```
> sinnum(0), sinnum(100000*Pi), sinnum (3*Pi/2);
```
$$0,\ 0,\ -.9999995592$$

```
> sin(-11*Pi/8); evalf("); sinnum(-11*Pi/8);
```
$$\frac{1}{2}\sqrt{2+\sqrt{2}}$$
$$.9238795325$$
$$.9238795309$$

Wir lassen uns noch den Fehler darstellen (s. Bild 4.4):

```
> plot(sin-sinnum);
> plot(sin-sinnum,0..Pi/2);
```

Übungsvorschlag: Berechnen sie die natürlichen Logarithmen der Zahlen im Intervall $[1, a]$ mit $a = \sqrt[10]{e} \approx 1.1052$ aus der Taylor-Reihe um den Punkt $x_0 = 1$. Überlegen Sie, wie eine Prozedur aussehen könnte, die mittels dieser Reihe und unter Zuhilfenahme der Formel $\ln(a^n b) = n \ln a + \ln b = n/10 + \ln b$ die Logarithmen beliebiger positiver Zahlen berechnet.

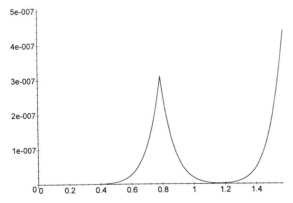

Bild 4.4. Fehler bei der Berechnung der Sinus-Werte mit der Prozedur `sinnum`

4.2.3 Partielle Ableitungen

Partielle Ableitungen von Ausdrücken lassen sich ebenso wie gewöhnliche Ableitungen mit dem Befehl `diff` berechnen oder mit seiner untätigen Form `Diff` niederschreiben. (S. ?diff.) Betrachten wir ein Beispiel:

```
> f:=x^4*sin(y);
```

$$f := x^4 \sin(y)$$

Dies sind die beiden partiellen Ableitungen nach x und y:

```
> Diff(f,x)=diff(f,x);
```

$$\frac{\partial}{\partial x}\, x^4 \sin(y) = 4\,x^3 \sin(y)$$

```
> Diff(f,y)=diff(f,y);
```

$$\frac{\partial}{\partial y}\, x^4 \sin(y) = x^4 \cos(y)$$

Nun bilden wir die drei zweiten partiellen Ableitungen. MAPLE beachtet den Schwarzschen Vertauschungssatz $\partial^2 f/\partial x \partial y = \partial^2 f/\partial y \partial x$. Die Reihenfolge der gemischten Ableitungen nach x und y ist demnach beliebig.

```
> Diff(f,x,x), Diff(f,x,y), Diff(f,y,y);
```

$$\frac{\partial^2}{\partial x^2}\, x^4 \sin(y)\,,\ \frac{\partial^2}{\partial y\,\partial x}\, x^4 \sin(y)\,,\ \frac{\partial^2}{\partial y^2}\, x^4 \sin(y)$$

```
> diff(f,x,x), diff(f,x,y), diff(f,y,y);
```

$$12\,x^2 \sin(y)\,,\ 4\,x^3 \cos(y)\,,\ -x^4 \sin(y)$$

Für die Ableitung von Funktionsoperatoren steht wieder die Operation `D` zur Verfügung. (S. ?D.) Im Beispiel stellen sich die ersten und zweiten partiellen Ableitungen so dar.

```
> g:=unapply(f,x,y);
```

$$g := (x,y) \rightarrow x^4 \sin(y)$$

```
> D[1](g); D[2](g);
```

$$(x,y) \rightarrow 4\,x^3 \sin(y)$$
$$(x,y) \rightarrow x^4 \cos(y)$$

```
> D[1,1](g); D[1,2](g); D[2,2](g);
```

$$(x,y) \rightarrow 12\,x^2 \sin(y)$$
$$(x,y) \rightarrow 4\,x^3 \cos(y)$$
$$(x,y) \rightarrow -x^4 \sin(y)$$

Tragen wir die Werte einer Funktion h als dritte Koordinate über der x,y-Ebene auf, so entsteht eine Fläche. In der Umgebung eines Punktes läßt die Funktion sich in einfachster Approximation durch ihr zweidimensionales Taylor-Polynoms vom Grade 1 annähern, und dieses beschreibt die Tangentialebene der Fläche an diesem Punkt. Es lautet

```
> x0:='x0':  y0:='y0':
> p1:=h(x0,y0)+ D[1](h)(x0,y0)*(x-x0) + D[2](h)(x0,y0)*(y-y0);
```

$$p1 := \mathrm{h}(\,x0,y0\,) + D_1(\,h\,)(\,x0,y0\,)(\,x - x0\,)$$
$$+ D_2(\,h\,)(\,x0,y0\,)(\,y - y0\,)$$

Als Beispiel wählen wir

```
> h:=g: x0:=2: y0:=5*Pi/3:  ebene:=unapply(p1,x,y);
```

$$ebene := (\,x,y\,) \to -8\sqrt{3} - 16\sqrt{3}\,(\,x - 2\,) + 8\,y - \frac{40}{3}\,\pi$$

Wir stellen Fläche und Tangentialebene gleichzeitig dar:

```
> plot3d({g,ebene},1.7..2,2*Pi/3..8*Pi/3,style=PATCH,axes=FRAMED);
```

Die Approximation der Funktion durch ein Taylor-Polynom zweiten Grades, also die Annäherung der Fläche durch eine Fläche zweiten Grades erfordert Übereinstimmung nicht nur der nullten und ersten, sondern auch der zweiten partiellen Ableitungen:

```
> h:='h': x0:='x0': y0:='y0':
> p2:=h(x0,y0)+ D[1](h)(x0,y0)*(x-x0) + D[2](h)(x0,y0)*(y-y0)
> +1/2*D[1,1](h)(x0,y0)*(x-x0)^2 +D[1,2](h)(x0,y0)*(x-x0)*(y-y0)
> + 1/2*D[2,2](h)(x0,y0)*(y-y0)^2  ;
```

$$p2 := \mathrm{h}(\,x0,y0\,) + D_1(\,h\,)(\,x0,y0\,)(\,x - x0\,)$$
$$+ D_2(\,h\,)(\,x0,y0\,)(\,y - y0\,)$$
$$+ \frac{1}{2}\,D_{1,1}(\,h\,)(\,x0,y0\,)(\,x - x0\,)^2$$
$$+ D_{1,2}(\,h\,)(\,x0,y0\,)(\,x - x0\,)(\,y - y0\,)$$
$$+ \frac{1}{2}\,D_{2,2}(\,h\,)(\,x0,y0\,)(\,y - y0\,)^2$$

```
> h:=g: x0:=2: y0:=5*Pi/3:  flaeche:=unapply(p2,x,y);
```

$$flaeche := (\,x,y\,) \to -8\sqrt{3} - 16\sqrt{3}\,(\,x - 2\,) + 8\,y - \frac{40}{3}\,\pi$$
$$- 12\sqrt{3}\,(\,x - 2\,)^2 + 16\,(\,x - 2\,)\left(\,y - \frac{5}{3}\,\pi\right)$$
$$+ 4\sqrt{3}\left(\,y - \frac{5}{3}\,\pi\right)^2$$

Wir stellen die Fläche zusammen mit ihrer Näherung zweiten Grades dar und nehmen schließlich auch die Näherung ersten Grades hinzu.

```
> plot3d({g,flaeche},1.7..2,2*Pi/3..8*Pi/3,style=PATCH);
> plot3d({g,ebene,flaeche},1.7..2,2*Pi/3..8*Pi/3,style=PATCH);
```

Vielfältige Anwendung finden partielle Ableitungen in der *Thermodyna-mik*. Den Zustand einer abgeschlossenen Gasmenge wollen wir durch den Druck p und die absolute Temperatur T kennzeichnen. (Der Zustand soll als homogen, also räumlich konstant, angesehen werden. Somit brauchen Bewegungs- und Wärmeleitvorgänge nicht betrachtet zu werden.) Zustands-funktionen — also Funktionen von p und T — sind das Volumen V, die innere Energie U und die Entropie S. Als weitere Zustandsfunktion läßt sich daraus die Freie Enthalpie bilden durch die Vorschrift

$$G = U - TS + pV \ .$$

Die Vorgänge bei einer Zustandsänderung unterliegen dem ersten Hauptsatz

$$\dot{U} = q + w$$

und dem zweiten Hauptsatz

$$\frac{q}{T} \leq \dot{S} \ .$$

Der Punkt bedeutet die Ableitung nach der Zeit, und q und w sind die dem Gas pro Zeiteinheit zugeführte Wärme bzw. mechanische Arbeit. Letztere läßt sich, wenn von innerer Reibung im Gas abgesehen wird, ausdrücken als

$$w = -p\dot{V} \ .$$

MAPLE soll uns nun helfen, Schlußfolgerungen aus diesen Ansätzen zu ziehen.

Als grundlegende Zustandsfunktionen sehen wir V, S und G an — wobei wir die Funktionsoperatoren `vz`, `sz`, `gz` zunächst in keiner Weise konkreti-sieren — und bilden damit die Funktion U als abgeleitete Größe.

```
> v:=vz(p,t); s:=sz(p,t);    g:=gz(p,t);
```
$$v := \mathrm{vz}(p,t)$$
$$s := \mathrm{sz}(p,t)$$
$$g := \mathrm{gz}(p,t)$$

```
> u:=g-p*v+t*s;
```
$$u := \mathrm{gz}(p,t) - p\,\mathrm{vz}(p,t) + t\,\mathrm{sz}(p,t)$$

Daß die Zustandsgrößen p und T sich während eines Prozesses in Abhängig-keit von der Zeit τ ändern können, bringen wir — wieder ohne die Funk-tionsoperatoren `ptau` und `ttau` zu konkretisieren — folgendermaßen zum Ausdruck:

```
> p:=ptau(tau); t:=ttau(tau);
```
$$p := \mathrm{ptau}(\tau)$$
$$t := \mathrm{ttau}(\tau)$$

Die Zeitableitungen $\dot{p}$ und $\dot{T}$ der Zustandsgrößen p und T wollen wir ppunkt und tpunkt nennen. Das erreichen wir mit dem Befehl alias, der Objekten einen abkürzenden Namen zuweist. Auch die Ausdrücke ptau(tau) und ttau(tau) werden kürzer als p_ bzw. t_ ausgegeben, wenn wir das durch einen entsprechenden alias-Befehl veranlassen.

```
> alias(ppunkt=diff(p,tau),tpunkt=diff(t,tau)):
> alias(p_=ptau(tau),t_=ttau(tau)):
```

Die zeitlichen Änderungen $\dot{V}$, $\dot{U}$ und $\dot{S}$ der Zustandsgrößen V, U und S schreiben wir als vpunkt, upunkt bzw. spunkt und lassen sie berechnen. (Beim Ableiten wendet MAPLE die Kettenregel in der Form

$$\dot{V} = \frac{\partial V}{\partial p}\dot{p} + \frac{\partial V}{\partial T}\dot{T}$$

an. Dabei wird beispielsweise die partielle Ableitung $\partial V/\partial p$ der Funktion $V(p,T)$ nach ihrem ersten Argument p mittels der Operation D als D[1]vz geschrieben.)

```
> vpunkt:=diff(v,tau);
```
$$vpunkt := D_1(\,vz\,)(\,p_-,t_-\,)\,ppunkt + D_2(\,vz\,)(\,p_-,t_-\,)\,tpunkt$$

```
> upunkt:=diff(u,tau);
```
$$\begin{aligned} upunkt := \ & D_1(\,gz\,)(\,p_-,t_-\,)\,ppunkt + D_2(\,gz\,)(\,p_-,t_-\,)\,tpunkt \\ & - ppunkt\,vz(\,p_-,t_-\,) - \\ & p_-\,(D_1(\,vz\,)(\,p_-,t_-\,)\,ppunkt + D_2(\,vz\,)(\,p_-,t_-\,)\,tpunkt) \\ & + tpunkt\,sz(\,p_-,t_-\,) + \\ & t_-\,(D_1(\,sz\,)(\,p_-,t_-\,)\,ppunkt + D_2(\,sz\,)(\,p_-,t_-\,)\,tpunkt) \end{aligned}$$

```
> spunkt:=diff(s,tau);
```
$$spunkt := D_1(\,sz\,)(\,p_-,t_-\,)\,ppunkt + D_2(\,sz\,)(\,p_-,t_-\,)\,tpunkt$$

Die pro Zeiteinheit zugeführte Wärme q ist nach dem ersten Hauptsatz gegeben als

```
> q:=upunkt+p*vpunkt;
```
$$\begin{aligned} q := \ & D_1(\,gz\,)(\,p_-,t_-\,)\,ppunkt + D_2(\,gz\,)(\,p_-,t_-\,)\,tpunkt \\ & - ppunkt\,vz(\,p_-,t_-\,) + tpunkt\,sz(\,p_-,t_-\,) + \\ & t_-\,(D_1(\,sz\,)(\,p_-,t_-\,)\,ppunkt + D_2(\,sz\,)(\,p_-,t_-\,)\,tpunkt) \end{aligned}$$

Der zweite Hauptsatz fordert

```
> q-t*spunkt<=0;
```
$$\begin{aligned} & D_1(\,gz\,)(\,p_-,t_-\,)\,ppunkt + D_2(\,gz\,)(\,p_-,t_-\,)\,tpunkt \\ & - ppunkt\,vz(\,p_-,t_-\,) + tpunkt\,sz(\,p_-,t_-\,) \leq 0 \end{aligned}$$

Wir sammeln die Terme bei $\dot{p}$ und $\dot{T}$:

```
> collect(",[ppunkt,tpunkt]);
```

$$(D_1(\,gz\,)(\,p_-,t_-\,) - \mathrm{vz}(\,p_-,t_-\,))\ ppunkt$$
$$+ (D_2(\,gz\,)(\,p_-,t_-\,) + \mathrm{sz}(\,p_-,t_-\,))\ tpunkt \leq 0$$

Nun wird folgende Schlußweise angewendet. Da die Größen $\dot{p}$ und $\dot{T}$ nach Betrag und Vorzeichen keiner Einschränkung unterliegen, kann diese Ungleichung nur dann für jeden beliebigen Prozeß erfüllt sein, wenn die Koeffizienten bei $\dot{p}$ und $\dot{T}$ verschwinden, also die folgenden beiden Zusammenhänge zwischen den drei Zustandsfunktionen bestehen:

```
> vz:=D[1](gz); sz:=-D[2](gz);
```

$$vz := D_1(\,gz\,)$$
$$sz := -D_2(\,gz\,)$$

Das bedeutet, daß die Freie Enthalpie G als das thermodynamische Potential fungiert, aus dem sich das Volumen V und die Entropie S durch partielle Ableitung nach den unabhängigen Variablen Druck bzw. Temperatur ergeben in der Form

$$V = \frac{\partial G}{\partial p}, \qquad S = -\frac{\partial G}{\partial T}\ .$$

Eine Probe bestätigt, daß die aus dem zweiten Hauptsatz herrührende Ungleichung dann in jedem Falle erfüllt ist:

```
> """;
```

$$0 \leq 0$$

Die innere Energie ergibt sich nunmehr zu

```
> u;
```

$$gz(\,p_-,t_-\,) - p_-D_1(\,gz\,)(\,p_-,t_-\,) - t_-D_2(\,gz\,)(\,p_-,t_-\,)$$

Sie läßt sich also ebenfalls aus der Freien Enthalpie berechnen nach der Vorschrift

$$U = G - p\frac{\partial G}{\partial p} - T\frac{\partial G}{\partial T}\ .$$

Für die Volumenänderung und die zugeführte Wärme erhalten wir

```
> vpunkt;    q;
```

$$D_{1,1}(\,gz\,)(\,p_-,t_-\,)\ ppunkt + D_{1,2}(\,gz\,)(\,p_-,t_-\,)\ tpunkt$$
$$t_-\,(-D_{1,2}(\,gz\,)(\,p_-,t_-\,)\ ppunkt - D_{2,2}(\,gz\,)(\,p_-,t_-\,)\ tpunkt)$$

Sie lassen sich also schreiben in der Form

$$\dot{V} = \frac{\partial^2 G}{\partial p^2}\dot{p} + \frac{\partial^2 G}{\partial p\,\partial T}\dot{T} = -V\kappa_T\dot{p} + V\alpha\dot{T}$$

bzw.

$$q = -T\frac{\partial^2 G}{\partial p\,\partial T}\dot{p} - T\frac{\partial^2 G}{\partial T^2}\dot{T} = -\mu\dot{p} + C_p\dot{T}\,.$$

Die Koeffizienten $\kappa_T, \alpha, \mu, C_p$ berechnen sich aus den zweiten partiellen Ableitungen der Freien Enthalpie und beschreiben die isotherme Kompressibilität, den thermischen Ausdehnungskoeffizienten, die bei isothermer Drucksteigerung abzuführende Wärme und die Wärmekapazität bei konstantem Druck. Zwischen den Koeffizienten α und μ besteht der Zusammenhang

$$\frac{\partial^2 G}{\partial p\,\partial T} = V\,\alpha = \frac{\mu}{T}\,.$$

Isobare und isotherme Prozesse sind durch die Bedingungen $\dot{p} = 0$ bzw. $\dot{T} = 0$ gekennzeichnet. Ein isochorer Prozeß wird durch $\dot{V} = 0$ beschrieben, also

```
> vpunkt=0;
```

$$D_{1,1}(\,gz\,)(\,p_-, t_-)\,ppunkt + D_{1,2}(\,gz\,)(\,p_-, t_-)\,tpunkt = 0$$

Die Druckerhöhung bei isochorer Erwärmung ergibt sich daraus zu

```
> ppunktisochor:=solve(",ppunkt);
```

$$ppunktisochor := -\frac{D_{1,2}(\,gz\,)(\,p_-, t_-)\,tpunkt}{D_{1,1}(\,gz\,)(\,p_-, t_-)}$$

Für die zugeführte Wärme erhalten wir in diesem Falle

```
> subs(ppunkt=ppunktisochor,q):   collect(",tpunkt);
```

$$t_-\left(\frac{D_{1,2}(\,gz\,)(\,p_-, t_-)^2}{D_{1,1}(\,gz\,)(\,p_-, t_-)} - D_{2,2}(\,gz\,)(\,p_-, t_-)\right)tpunkt$$

Der bei $\dot{T}$ stehende Faktor beschreibt die Wärmekapazität C_v bei konstantem Volumen. Diese unterscheidet sich, wie wir sehen, von der Wärmekapazität bei konstantem Druck um den Term

$$C_p - C_v = -T\frac{\left(\frac{\partial^2 G}{\partial p\,\partial T}\right)^2}{\frac{\partial^2 G}{\partial p^2}} = \frac{T\,V\,\alpha^2}{\kappa_T}\,.$$

Studieren wir als einfachstes Beispiel die Freie Enthalpie des idealen Gases.

```
> p:='p': t:='t':  gz:=(p,t)->t*ln(p^beta/t^(delta+beta));
```

$$gz := (p,t) \to t\ln\left(\frac{p^\beta}{t^{(\delta+\beta)}}\right)$$

Die Zustandsgleichungen für Volumen und innere Energie spezialisieren sich auf

```
> simplify(v);
```
$$\frac{t\,\beta}{p}$$

```
> simplify(u);
```
$$t\,\delta$$

also auf die Aussagen

$$V = \beta\,\frac{T}{p} \qquad \text{und} \qquad U = \delta T\,.$$

Wir berechnen noch die zweiten Ableitungen der Freien Enthalpie

```
> gpp:=D[1,1](gz)(p,t) ;
```
$$gpp := -\frac{t\,\beta}{p^2}$$

```
> gpt:=D[1,2](gz)(p,t);
```
$$gpt := \frac{\beta}{p}$$

```
> gtt:=D[2,2](gz)(p,t);
```
$$gtt := -\frac{\delta + \beta}{t}$$

Daraus ergeben sich die isotherme Kompressibilität, der thermische Ausdehnungskoeffizient sowie die Wärmekapazitäten C_p und C_v zu

```
> kappa:=-gpp/v; alpha:=gpt/v;
> cp:=-t*gtt; cv:=simplify(-t*(gtt-gpt^2/gpp));
```
$$\kappa := \frac{1}{p}$$

$$\alpha := \frac{1}{t}$$

$$cp := \delta + \beta$$

$$cv := \delta$$

Übungsvorschlag: Verwenden Sie statt p und T die Variablen V und S zur Beschreibung des Zustandes. Wie lassen sich dann durch Auswerten des ersten und zweiten Hauptsatzes die Zustandsfunktionen p und T aus der inneren Energie als thermodynamischem Potential ableiten? Finden Sie auch Deutungen für die zweiten Ableitungen der inneren Energie nach den Variablen V und S.

4.3   Integralrechnung

4.3.1   Das unbestimmte Integral

Zur Schreibung von Integralen steht der untätige Operator Int und zur Ausführung der Integration der Operator int zur Verfügung. Wir studieren ihre Anwendung auf zwei Funktionen f_1 und f_2.

```
> f1:=x^2/sqrt(x^2+a^2);   f2:=x^2/sqrt(x^2+abs(a)^2);
```

$$f1 := \frac{x^2}{\sqrt{x^2 + a^2}}$$

$$f2 := \frac{x^2}{\sqrt{x^2 + |a|^2}}$$

```
> Int(f1,x)=int(f1,x);
```

$$\int \frac{x^2}{\sqrt{x^2 + a^2}}\, dx = \frac{1}{2}\, x\, \sqrt{x^2 + a^2} - \frac{1}{2}\, a^2 \ln\left(x + \sqrt{x^2 + a^2}\right)$$

```
> Int(f2,x)=int(f2,x);
```

$$\int \frac{x^2}{\sqrt{x^2 + |a|^2}}\, dx = \frac{1}{2}\, x\, \sqrt{x^2 + |a|^2} - \frac{1}{2}\, |a|^2 \operatorname{arcsinh}\left(\frac{x}{|a|}\right)$$

Das zweite Argument x in den Integrationsbefehlen ist erforderlich, um MAPLE mitzuteilen, daß nach x — und nicht beispielsweise nach a — zu integrieren ist. Die Resultate der unbestimmten Integration — Stammfunktionen von f_1 bzw. f_2 genannt — speichern wir unter den Namen i_1 bzw. i_2 ab.

```
> i1:=rhs("");  i2:=rhs("");
```

$$i1 := \frac{1}{2}\, x\, \sqrt{x^2 + a^2} - \frac{1}{2}\, a^2 \ln\left(x + \sqrt{x^2 + a^2}\right)$$

$$i2 := \frac{1}{2}\, x\, \sqrt{x^2 + |a|^2} - \frac{1}{2}\, |a|^2 \operatorname{arcsinh}\left(\frac{x}{|a|}\right)$$

Wenn wir im Komplexen rechnen und komplexe Werte von a zulassen, dann ist $|a|^2 = a\bar{a}$ i. allg. nicht dasselbe wie a^2, und die Funktionen f_1 und f_2 sind daher verschieden.

Beschränken wir uns aber auf den reellen Fall, so gilt $a^2 = |a|^2$, und die Funktionen f_1 und f_2 werden identisch. Wir vermuten zunächst, daß dann auch die von MAPLE berechneten Stammfunktionen identisch werden, und überprüfen das, indem wir die Area-Funktion mit convert(...,ln) in einen Logarithmus umwandeln und den entstehenden Ausdruck mit simplify vereinfachen.

```
> simplify(convert(i2,ln));
```

$$\frac{1}{2}\, x\, \sqrt{x^2 + |a|^2} - \frac{1}{2}\, |a|^2 \ln\left(x + \sqrt{x^2 + |a|^2}\right) + \frac{1}{2}\, |a|^2 \ln(|a|)$$

Wir stellen fest, daß im reellen Falle die Stammfunktion i_2 um die Konstante $|a|^2 \ln|a|/2$ größer ist als die Stammfunktion i_1. Damit sind wir aber keineswegs einem Fehler auf die Spur gekommen. Vielmehr besitzt jede Funktion unendlich viele Stammfunktionen, die sich jeweils durch eine additive Konstante voneinander unterscheiden. Neben $F(x)$ ist also stets auch $F(x) + c$ mit beliebigem c eine Stammfunktion, denn beide besitzen dieselbe Ableitung $f(x)$, weil die Konstante c beim Differenzieren entfällt. Die Gesamtheit aller Stammfunktionen wird als das unbestimmte Integral bezeichnet.

$\boxed{\text{Wichtig:}}$ Beim Integrieren gibt MAPLE genau eine der unendlich vielen Stammfunktionen aus, ohne die Integrationskonstante explizit zu machen. Wie wir am Beispiel gesehen haben, kann eine abgeänderte Schreibung der zu integrierenden Funktion zur Ausgabe einer anderen Stammfunktion, d.h. zu einer anderen Festlegung der Integrationskonstanten führen.

4.3.2 Das bestimmte Integral

Wir wenden uns der Frage nach dem *Flächeninhalt* krummlinig begrenzter Flächen zu und ermitteln als Beispiel den Inhalt der Fläche unter dem Graphen der Funktion $f(x) = 1/x$ zwischen $x = 1$ und $x = u$. Dabei können wir so vorgehen, daß wir die Kurve durch eine Treppe mit n Stufen annähern und die Fläche unter der Treppe elementargeometrisch als Summe von n Rechtecken berechnen (s. Bild 4.5). Anschließend lassen wir die Anzahl der Stufen über alle Grenzen wachsen. Dieser Grenzwert ist es, der als Flächeninhalt der krummlinig berandeten Fläche unter der Funktion f erklärt und als bestimmtes Integral von f (im Riemannschen Sinne) bezeichnet wird. Wir sehen uns das Vorgehen an einem Zahlenbeispiel an.

```
>  u:=5:  plf:=plot(1/x,x=1..u):
>  n:=10:   plft:=plot([[1,1],seq(seq([1+(i+1)*(u-1)/n,
>  (1+(i+j)*(u-1)/n)^(-1)],j=0..1),i=0..n-1),[u,0]]):
>  plots[display]({plf,plft});
```

Der Flächeninhalt unter der Treppe berechnet sich wie folgt:

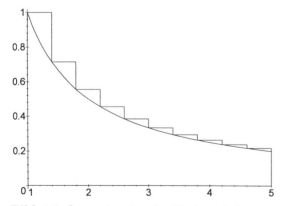

Bild 4.5. Approximation des Flächeninhalts unter einer Kurve durch eine Summe von Rechteckflächen

```
> u:='u': i:='i': n:='n':
> treppe:=(u-1)/n*Sum((1+i*(u-1)/n)^(-1),i=0..n-1);
```

$$treppe := \frac{(u-1)\left(\sum_{i=0}^{n-1} \frac{1}{1+\frac{i(u-1)}{n}}\right)}{n}$$

Damit der Grenzübergang $n \to \infty$ vollzogen werden kann, müssen wir MAPLE noch mitteilen, daß u reell und größer als 1 sein soll.

```
> assume(u>1): simplify(limit(value(treppe),n=infinity));
```

$$\ln(u^{\sim})$$

Der Grenzwert ist also gleich dem natürlichen Logarithmus von u. Ein Zahlenbeispiel zeigt allerdings, daß die Treppenmethode numerisch nicht effizient ist, denn der Logarithmus wird auch bei 1000 Stufen noch nicht besonders gut angenähert:

```
> u:=5: j:='j': n:=10^j:
> seq([n,evalf(treppe)],j=1..3); evalf(ln(u));
```

$$[10, 1.782039011], [100, 1.625565891],$$
$$[1000, 1.611039192]$$

$$1.609437912$$

Die Definition des Flächeninhalts als Grenzwert einer Summe hat also eher theoretische Bedeutung.

Zweckmäßiger berechnet man die Fläche unter dem Graphen einer Funktion $f(x)$ gemäß dem Hauptsatz der Differential- und Integralrechnung als Differenz der Werte einer beliebigen Stammfunktion $F(x)$, falls eine solche sich explizit angeben läßt. In unserem Beispiel liefern die unbestimmte Integration und das Einsetzen der Integrationsgrenzen

```
> stamm:=int(1/x,x);
```

$$stamm := \ln(x)$$

```
> u:='u': flaeche:=eval(subs(x=u,stamm)-subs(x=1,stamm));
```

$$flaeche := \ln(u)$$

Dieses zweistufige Vorgehen läßt sich in der Schreibweise und im Befehlsaufruf kurz zusammenfassen zum bestimmten Integral:

```
> Int(1/x,x=1..u)=int(1/x,x=1..u);
```

$$\int_1^u \frac{1}{x} \, dx = \ln(u)$$

Übungsvorschlag: Nähern Sie die Fläche durch Rechtecke an, deren obere Kante jeweils in der Mitte und nicht am linken Rand vom Graphen der Funktion $1/x$ geschnitten wird. Zeichnen Sie die zugehörige Treppe zusammen mit der Funktion $1/x$. Berechnen Sie die Näherungen für den Logarithmus von 5 bei Verwendung von 10, 100 und 1000 Treppenstufen.

Übungsvorschlag: Nähern Sie den Graphen durch einen Polygonzug an (Trapezregel) und vergleichen Sie die Genauigkeit der Näherungen mit denen der beiden Treppenverfahren.

Neben dem Flächeninhalt — auch Flächenmoment nullten Grades genannt — sind in der Mechanik (Balkentheorie, Kinetik) und in der Wahrscheinlichkeitsrechnung die *Flächenmomente* ersten und zweiten Grades von Bedeutung.

```
> a0:=Int(h,x=x1..x2); a1x:=Int(x*h,x=x1..x2);
> a2x:=Int(x^2*h,x=x1..x2);
```

$$a0 := \int_{x1}^{x2} h\,dx$$

$$a1x := \int_{x1}^{x2} x\,h\,dx$$

$$a2x := \int_{x1}^{x2} x^2\,h\,dx$$

Darin bezeichnet h die Höhe der Fläche im Abstand x von der y-Achse.

Als Beispielfläche wollen wir einen Kreisabschnitt betrachten, der durch Stücke des Kreises $x^2 + y^2 = r^2$ und der Geraden $x = e$ in der x,y-Ebene begrenzt wird. Wir zeichnen ihn für eine spezielle Parameterwahl.

```
> r:=1: e:=1/2:  plots[implicitplot]({x^2+y^2=r^2,x=e},
> x=e..r,y=-sqrt(r^2-e^2)..sqrt(r^2-e^2),scaling=CONSTRAINED);
```

Die Fläche erstreckt sich von $x = e$ bis $x = r$. Oben und unten wird sie von den Graphen der Funktionen $f_o = \sqrt{r^2 - x^2}$ bzw. $f_u = -\sqrt{r^2 - x^2}$ begrenzt, und ihre Höhe ist daher $h = f_o - f_u$.

```
> r:='r': e:='e': x1:=e: x2:=r: h:=2*sqrt(r^2-x^2):
```

Bevor wir Formeln für die Flächenmomente ausrechnen lassen, teilen wir MAPLE noch mit, daß r reell und positiv ist. (Ohne diese Spezifikation würden wir das Ergebnis unnötigerweise in komplexer Schreibweise erhalten.)

```
> assume(r>0): av0:=value(a0); av1x:=value(a1x); av2x:=value(a2x);
```

$$av0 := \frac{1}{2}\,r^{\sim 2}\,\pi - \sqrt{r^{\sim 2} - e^2}\,e - r^{\sim 2}\arcsin\left(\frac{e}{r^{\sim}}\right)$$

$$av1x := \frac{2}{3}\,(\,r^{\sim 2} - e^2\,)^{3/2}$$

$$av2x := \frac{1}{8}\,r^{\sim 4}\,\pi + \frac{1}{2}\,(\,r^{\sim 2} - e^2\,)^{3/2}\,e - \frac{1}{4}\,r^{\sim 4}\arcsin\left(\frac{e}{r^{\sim}}\right)$$

$$-\frac{1}{4}\,r^{\sim 2}\,\sqrt{r^{\sim 2} - e^2}\,e$$

Die Lage x_S des Flächenschwerpunktes berechnet sich daraus zu

```
> xs:=av1x/av0;
```

$$xs := \frac{2}{3} \frac{(r^{\sim 2} - e^2)^{3/2}}{\frac{1}{2} r^{\sim 2} \pi - \sqrt{r^{\sim 2} - e^2}\, e - r^{\sim 2} \arcsin\left(\frac{e}{r^{\sim}}\right)}$$

Für das Flächenmoment zweiten Grades I_y um die durch den Schwerpunkt verlaufende vertikale Achse —welches bei der elastischen Biegung um diese Achse von Bedeutung ist — ergibt sich mit dem Satz von Steiner:

```
> iy:=av2x-xs^2*av0;
```

$$iy := \frac{1}{8} r^{\sim 4} \pi + \frac{1}{2} (r^{\sim 2} - e^2)^{3/2} e - \frac{1}{4} r^{\sim 4} \arcsin\left(\frac{e}{r^{\sim}}\right)$$

$$- \frac{1}{4} r^{\sim 2} \sqrt{r^{\sim 2} - e^2}\, e$$

$$- \frac{4}{9} \frac{(r^{\sim 2} - e^2)^3}{\frac{1}{2} r^{\sim 2} \pi - \sqrt{r^{\sim 2} - e^2}\, e - r^{\sim 2} \arcsin\left(\frac{e}{r^{\sim}}\right)}$$

Im Spezialfall des Vollkreises werden daraus die bekannten Resultate:

```
> e:=-r:   av0, av1x, av2x, xs, iy;
```

$$r^{\sim 2} \pi, \quad 0, \quad \frac{1}{4} r^{\sim 4} \pi, \quad 0, \quad \frac{1}{4} r^{\sim 4} \pi$$

Für den Halbkreis erhalten wir:

```
> e:=0:   av0, simplify(av1x), av2x, simplify(xs), simplify(iy);
```

$$\frac{1}{2} r^{\sim 2} \pi, \quad \frac{2}{3} r^{\sim 3}, \quad \frac{1}{8} r^{\sim 4} \pi, \quad \frac{4}{3} \frac{r^{\sim}}{\pi}, \quad \frac{1}{72} \frac{r^{\sim 4} (9 \pi^2 - 64)}{\pi}$$

Wichtig: Die Auswertung dieser Formeln für numerische Werte der Variablen $r^{\sim}$ (mit Tilde) kann nur durch Einsetzen von Zahlenwerten mittels des Befehls subs erfolgen. Die Zuweisung eines Zahlenwertes zur Variablen r (ohne Tilde) führt nicht zum Erfolg. Ist der Variablen r nach dem assume-Befehl ein Wert zugewiesen worden, so können die Formeln mit $r^{\sim}$ anschließend nicht mehr numerisch ausgewertet werden. Das prüfen wir am Beispiel der Schwerpunktslage.

```
> xsf:=evalf("[4]");
```

$$xsf := .4244131814\, r^{\sim}$$

```
> subs(r=100,xsf);
```

$$42.44131814$$

```
> r:=100: xsf;
```

$$.4244131814\, r^{\sim}$$

```
> subs(r=100,xsf);
```

$$.4244131814\, r^{\sim}$$

Nun vertauschen wir noch die Rollen von x und y. An der Formel für den Flächeninhalt ändert sich nichts, der Schwerpunkt liegt aus Symmetriegründen auf der x-Achse, und das Flächenmoment ersten Grades bezüglich der x-Achse ist daher wegen $A_{1\,y} = y_s A$ gleich Null. Es bleibt also nur das Flächenmoment zweiten Grades I_x bezüglich der x-Achse, die zugleich durch den Schwerpunkt geht, zu berechnen. Dieses ist bei der Biegung um die x-Achse von Bedeutung. Aus Symmetriegründen genügt es , über die obere Hälfte der Fläche zu integrieren und das Ergebnis zu verdoppeln. Es gilt

```
> a2y:=2*Int(y^2*b,y=0..y1);
```

$$a2y := 2 \int_0^{y1} y^2\, b \, dy$$

Zunächst betrachten wir den Fall $e \geq 0$. Die Integrationsgrenze y_1 und die Breite b der Fläche im Abstand y von der x-Achse sind dann

```
> r:='r': e:='e': y1:=sqrt(r^2-e^2): b:=sqrt(r^2-y^2)-e:
```

```
> assume(r>0); av2y:=value(a2y);
```

$$av2y := -\frac{1}{2}\,(e^2)^{3/2}\sqrt{r^{\sim 2}-e^2} + \frac{1}{4}\,r^{\sim 4}\arcsin\left(\frac{\sqrt{r^{\sim 2}-e^2}}{r^{\sim}}\right)$$
$$+ \frac{1}{4}\,r^{\sim 2}\sqrt{e^2}\sqrt{r^{\sim 2}-e^2} - \frac{2}{3}\,e\,(r^{\sim 2}-e^2)^{3/2}$$

Wir prüfen das Ergebnis für den Halbkreis.

```
> e:=0: simplify(av2y);
```

$$\frac{1}{8}\,r^{\sim 4}\,\pi$$

Für den Vollkreis muß sich aus Symmetriegründen der doppelte Wert ergeben, also

```
> av2yvoll:=2*";
```

$$av2yvoll := \frac{1}{4}\,r^{\sim 4}\,\pi$$

Dieses Flächenmoment zweiten Grades der Vollkreisfläche bezüglich der x-Achse ist genauso groß wie das bezüglich der y-Achse bereits berechnete, und in der Tat müssen beide Werte aus Symmetriegründen übereinstimmen.

Im Falle $e = e_0 < 0$ können wir den Wert des Flächenmomentes zweiten Grades I_x erhalten, indem wir von dem Wert des Vollkreises denjenigen des fehlenden Kreisabschnitts mit $e = |e_0| > 0$ abziehen, also

```
> e:='e': av2yminus:=av2yvoll-subs(e=-e,av2y);
```

$$av2yminus := \frac{1}{4}\, r^{\sim 4}\, \pi + \frac{1}{2}\, (e^2)^{3/2}\, \sqrt{r^{\sim 2} - e^2}$$

$$- \frac{1}{4}\, r^{\sim 4}\, \arcsin\left(\frac{\sqrt{r^{\sim 2} - e^2}}{r^{\sim}}\right) - \frac{1}{4}\, r^{\sim 2}\, \sqrt{e^2}\, \sqrt{r^{\sim 2} - e^2}$$

$$- \frac{2}{3}\, e\, (r^{\sim 2} - e^2)^{3/2}$$

Die Lösungen für positive und negative e lassen sich einheitlich schreiben in der Form

```
> av2yvoll/2+signum(e)*(subs(e=abs(e),av2y)-av2yvoll/2):
```

```
> ix:=simplify(");
```

$$ix := \frac{1}{8}\, r^{\sim 4}\, \pi + \frac{1}{6}\, |e|^2\, \sqrt{r^{\sim 2} - |e|^2}\, e$$

$$+ \frac{1}{4}\, \mathrm{signum}(e)\, r^{\sim 4}\, \arcsin\left(\frac{\sqrt{r^{\sim 2} - |e|^2}}{r^{\sim}}\right)$$

$$- \frac{5}{12}\, r^{\sim 2}\, \sqrt{r^{\sim 2} - |e|^2}\, e - \frac{1}{8}\, \mathrm{signum}(e)\, r^{\sim 4}\, \pi$$

Wir stellen diesen Ausdruck in Abhängigkeit von e dar:

```
> plot(subs(r=1,ix),e=-1..1);
```

Die obigen Ergebnisse besitzen noch eine weitere Anwendung. Betrachten wir den ringförmigen Körper, der entsteht, wenn wir unsere Kreisabschnittsfläche (im Falle $e \geq 0$) um die y-Achse rotieren lassen (s. Bild 4.6).

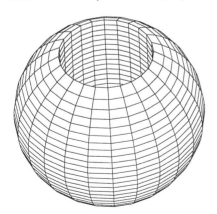

Bild 4.6. Ansicht des Rotationskörpers

```
> r:=1:  e:=1/2:  plot3d({e,sqrt(r^2-y^2)},phi=0..2*Pi,
> y=-sqrt(r^2-e^2)..sqrt(r^2-e^2),coords=cylindrical,style=PATCH);
```

Nach der zweiten Guldinschen Regel berechnet das Volumen dieses Ringes sich aus dem Produkt des Flächeninhalts A_0 mit dem Weg $2\pi x_S$ des Flächenschwerpunkts, also

$$V = 2\pi x_S A_0 = 2\pi A_{1x} \; .$$

```
> r:='r':  e:='e':  assume(r>0): av1x:=value(a1x): v:=2*Pi*av1x;
```

$$v := \frac{4}{3} \pi \left(r^{\sim 2} - e^2 \right)^{3/2}$$

Im Falle $e = 0$ wird daraus die bekannte Formel $V = 4/3\pi r^3$ für das Volumen einer Kugel. Im allgemeinen Falle können wir feststellen, daß die Ringinnenfläche die Höhe $h_i = 2\sqrt{r^2 - e^2}$ besitzt, so daß wir das Ringvolumen schreiben können als

```
> subs(r^2-e^2=hi^2/4,v);  simplify(",symbolic);
```

$$\frac{1}{12} \pi \sqrt{4} \left(hi^2 \right)^{3/2}$$

$$\frac{1}{6} \pi \, hi^3$$

Wir erhalten das bemerkenswerte Resultat, daß das Volumen des Ringes nur von seiner Höhe h_i, aber nicht vom Innen- oder Außenradius e bzw. r abhängt.

Die *Arbeit* ist eine andere wichtige Anwendung der Integration in der Mechanik. Sie ist erklärt als Integral der Kraftkomponente in Richtung des Weges über den Weg des Kraftangriffspunktes.

Beim Spannen einer linearen Feder wächst die Kraft F linear mit dem Federweg s an und zeigt in Richtung des Federweges. Die Federspannarbeit W ergibt sich daher als quadratische Funktion der endgültigen Federverlängerung u.

```
> f:=c*s;  w:=int(f,s=0..u);
```

$$f := c \, s$$

$$w := \frac{1}{2} c \, u^2$$

In Absch. 2.3.4 haben wir den nichtlinearen Kraftverlauf bei der Verschiebung des Knotens eines 2-Feder-Systems ermittelt und können jetzt auch die zugehörige Arbeit berechnen.

```
> fn:=(1-1/sqrt(1+s^2))*s;  wn:=int(fn,s=0..u);
```

$$fn := \left(1 - \frac{1}{\sqrt{1 + s^2}} \right) s$$

$$wn := \frac{1}{2} u^2 - \sqrt{1 + u^2} + 1$$

```
> c:=1:  plot({f,subs(u=s,w),fn,subs(u=s,wn)},s=0..3);
```

Als nächstes wollen wir am Beispiel der plastischen Balkenbiegung sehen, daß MAPLE auch die *Integration stückweise definierter Funktionen* ermöglicht. Das Spannungs-Dehnungs-Diagramm des elastisch-idealplastischen Werkstoffs bei einachsiger monotoner Zug- oder Druckbelastung (s. Bild 4.7) schreiben wir als

$$\sigma = \left\{ \begin{array}{ll} E\varepsilon & \text{, wenn} \quad |\varepsilon| < \sigma_0/E\,, \\ \sigma_0 & \text{, wenn} \quad \varepsilon > +\sigma_0/E\,, \\ -\sigma_0 & \text{, wenn} \quad \varepsilon < -\sigma_0/E\,. \end{array} \right.$$

Mittels der Heaviside-Funktion läßt sich das wie folgt ausdrücken.

```
> sigma:=e*epsilon-(e*epsilon-sigma0)*Heaviside(e*epsilon-sigma0)
>        -(e*epsilon+sigma0)*Heaviside(-e*epsilon-sigma0);
```

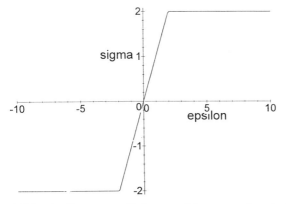

Bild 4.7. Spannungs-Dehnungs-Diagramm des elastisch-idealplastischen Materials

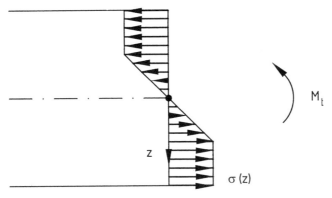

Bild 4.8. Monotone Biegung des Balkens aus elastisch-idealplastischem Material

$$\sigma := e\,\varepsilon - (e\,\varepsilon - \sigma 0)\,\text{Heaviside}(e\,\varepsilon - \sigma 0)$$
$$- (e\,\varepsilon + \sigma 0)\,\text{Heaviside}(-e\,\varepsilon - \sigma 0)$$

```
> plot(subs(e=1,sigma0=2,sigma),epsilon);
```

Bei der ebenen Biegung eines Balkens mit ursprünglich gerader Achse erhält diese örtlich eine Krümmung k. Nach der Bernoullischen Hypothese erfährt dabei eine Faser im Abstand z von der Schwerachse die Dehnung $\varepsilon = -kz$ und die Spannung $\sigma(\varepsilon)$ (s. Bild 4.8). Der Hebelarm dieser Normalspannung bezüglich der Schwerachse ist z und das Biegemoment also $M_b = \int zb(z)\sigma(\varepsilon(z))dz$. Darin bezeichnet $b(z)$ die Breite des Querschnitts im Abstand z von der Schwerachse.

Betrachten wir speziell einen Rechteckquerschnitt der Breite b und der Höhe h und elastisch-idealplastisches Material gemäß der oben beschriebenen Charakteristik, so ergibt sich

```
> h:='h':  b:='b':
> mb:=expand(Int(b*z*subs(epsilon=-k*z,sigma),z=-h/2..h/2));
```

$$mb := b \int_{-1/2\,h}^{1/2\,h} -e\,k\,z^2 + \text{Heaviside}(-e\,k\,z - \sigma 0)\,e\,k\,z^2$$
$$+ z\,\text{Heaviside}(-e\,k\,z - \sigma 0)\,\sigma 0 + \text{Heaviside}(e\,k\,z - \sigma 0)\,e\,k\,z^2$$
$$- z\,\text{Heaviside}(e\,k\,z - \sigma 0)\,\sigma 0 dz$$

(Die Tatsache, daß MAPLE den Integranden nicht einklammert, erschwert die Lesbarkeit und ist etwas gewöhnungsbedürftig.) Wir geben MAPLE im folgenden einige Hinweise zu den Vorzeichen und schränken zunächst auf negative Krümmungen — also positive Biegemomente — ein.

```
> assume(e>0,sigma0>0,b>0,h>0):        assume(k<0):
> mbv:=value(mb);
```

$$mbv := b\tilde{\ }(\frac{1}{48}(-4\,\sigma 0\tilde{\ }^3\,\%1 - 12\,\sigma 0\tilde{\ }^3$$
$$+ 3\,\sigma 0\tilde{\ }\,e\tilde{\ }^2\,k\tilde{\ }^2\,h\tilde{\ }^2\,\%1 + 3\,\sigma 0\tilde{\ }\,e\tilde{\ }^2\,k\tilde{\ }^2\,h\tilde{\ }^2 - e\tilde{\ }^3\,k\tilde{\ }^3\,h\tilde{\ }^3$$
$$+ e\tilde{\ }^3\,k\tilde{\ }^3\,h\tilde{\ }^3\,\%1)\,/(e\tilde{\ }^2\,k\tilde{\ }^2) + \frac{1}{48}(3\,\sigma 0\tilde{\ }\,e\tilde{\ }^2\,k\tilde{\ }^2\,h\tilde{\ }^2$$
$$- e\tilde{\ }^3\,k\tilde{\ }^3\,h\tilde{\ }^3 + e\tilde{\ }^3\,k\tilde{\ }^3\,h\tilde{\ }^3\,\%1 + 3\,\sigma 0\tilde{\ }\,e\tilde{\ }^2\,k\tilde{\ }^2\,h\tilde{\ }^2\,\%1$$
$$+ 4\,\sigma 0\tilde{\ }^3 - 4\,\sigma 0\tilde{\ }^3\,\%1)\,/(e\tilde{\ }^2\,k\tilde{\ }^2))$$
$$\%1 := \text{signum}(-h\tilde{\ }\,e\tilde{\ }\,k\tilde{\ } - 2\,\sigma 0\tilde{\ })$$

Der Balken erreicht die Grenze der elastischen Tragfähigkeit, wenn die Spannungsbeträge in den Randfasern gleich der Fließspannung σ_0 werden, also $|Ekh/2| = \sigma_0$. Der zugehörige Betrag der Krümmung bzw. der Betrag des elastischen Grenzmoments sind dann

```
> kg:=2*sigma0/e/h;
> mbg:=eval(abs(subs(k=kg,mbv)));
```

$$kg := 2\,\frac{\sigma 0^\sim}{e^\sim\,h^\sim}$$

$$mbg := \frac{1}{6}\,b^\sim\,\sigma 0^\sim\,h^{\sim 2}$$

Das Grenzmoment errechnet sich also aus dem Produkt der Fließspannung σ_0 mit dem Widerstandsmoment $bh^2/6$ des Rechteckquerschnitts. Wir machen Krümmung und Biegemoment des elastisch-plastischen Balkens dimensionslos, indem wir durch die negative elastische Grenzkrümmung bzw. das elastische Grenzmoment dividieren.

```
> mu:=subs(k=-kg*kappa,mbv/mbg);    mu:= simplify("):
```

Nach Umschreibung auf die Heaviside-Funktion erhalten wir zwischen der dimensionslosen Krümmung $\kappa = -kEh/(2\sigma_0)$ und dem dimensionslosen Biegemoment $\mu = 6M_b/(bh^2\sigma_0)$ folgenden nichtlinearen Zusammenhang.

```
> convert(mu,Heaviside):    mu:=collect(",Heaviside);
```

$$\mu := (-\frac{1}{2}\,\frac{1}{\kappa^2} + \frac{3}{2} - \kappa)\,\text{Heaviside}(\kappa - 1) + \kappa$$

```
> plot(mu,kappa=0..5);
```

Um diese Funktion $\mu(\kappa)$ zu invertieren, zerlegen wir sie in zwei Abschnitte. Im elastischen Bereich — $\kappa \in [0,1]$ — finden wir

```
> mu1:=eval(subs(Heaviside=0,mu));
```

$$\mu 1 := \kappa$$

Im plastischen Bereich — $\kappa > 1$ — ergibt sich

```
> mu2:=eval(subs(Heaviside=1,mu));
```

$$\mu 2 := -\frac{1}{2}\,\frac{1}{\kappa^2} + \frac{3}{2}$$

Die Umkehrfunktionen der einzelnen Abschnitte sind dann

```
> mu:='mu': kappaelast:=solve(mu=mu1,kappa);
```

$$kappaelast := \mu$$

```
> kappa2:=solve(mu=mu2,kappa);
```

$$\kappa 2 := \frac{\sqrt{-2\,\mu + 3}}{2\,\mu - 3},\, -\frac{\sqrt{-2\,\mu + 3}}{2\,\mu - 3}$$

Wegen $\kappa > 0$ und $\mu < 3/2$ ist die zweite dieser Lösungen zu wählen. MAPLE übersieht, daß sie sich einfacher schreiben läßt. Wir geben einen Hinweis, indem wir vor dem Ausdruck und im Nenner das Vorzeichen ändern:

```
> kappa2:=-subs(2*mu-3=-2*mu+3,kappa2[2]);
```

$$\kappa 2 := \frac{1}{\sqrt{-2\,\mu + 3}}$$

Nun müssen wir die Funktion $\kappa(\mu)$ noch für negative Werte von κ erklären. Das ist einfach, denn diese Funktion ist in μ ungerade. Der elastische Ast **kappaelast** gilt also im Bereich $|\mu| \le 1$, während der plastische Ast $\kappa 2$ sich wie folgt auf den Bereich $1 < |\mu| < 3/2$ ausdehnen läßt:

```
> kappaplast:=signum(mu)/sqrt(3-2*abs(mu));
```

$$kappaplast := \frac{\mathrm{signum}(\mu)}{\sqrt{3 - 2\,|\mu|}}$$

Diese aus den Ästen κ_{elast} und κ_{plast} bestehende Funktion $\kappa(\mu)$ wurde bereits in Abschn. 2.2 genauer untersucht.

⏐Wichtig:⏐ Es stellt sich die Frage, warum wir die Rechnung unter der Einschränkung $k < 0$ durchgeführt haben, obwohl wir die Lösung für alle reellen Werte von k benötigen. Der Grund ist ein Programmfehler in der Version 4 von MAPLE, den wir auf diese Weise umgangen haben. Das zeigt folgende Wiederholung der Rechnung ohne die einschränkende Annahme.

```
> k:='k': mbv:=value(mb); mbg:=eval(abs(subs(k=kg,mbv)));
```

$$mbg := \frac{5}{24}\,b^{\sim}\,\sigma 0^{\sim}\,h^{\sim 2}$$

Dieser Wert des elastischen Grenzmoments stimmt nicht mit dem oben erhaltenen richtigen Ergebnis überein.

```
> subs(k=-kg*kappa,mbv/mbg): simplify("):
> convert(",Heaviside): mu:=collect(",Heaviside);
```

$$\mu := \left(\frac{6}{5} + \frac{4}{5}\,\kappa\right)\mathrm{Heaviside}(\kappa + 1) + \left(-\frac{4}{5}\,\kappa + \frac{6}{5}\right)\mathrm{Heaviside}(\kappa - 1) - \frac{6}{5}$$

```
> plot(mu,kappa=-5..5);
```

Die Unstetigkeit dieses Graphen stellt einen groben Fehler dar.

Eine kürzere Schreibweise des Spannungs-Dehnungs-Diagramms wäre übrigens

```
> sigma:=(abs(e*epsilon+sigma0)-abs(e*epsilon-sigma0))/2;
```

$$\sigma := \frac{1}{2}\,|e^{\sim}\,\varepsilon + \sigma 0^{\sim}| - \frac{1}{2}\,|e^{\sim}\,\varepsilon - \sigma 0^{\sim}|$$

```
> plot(subs(e=1,sigma0=2,sigma),epsilon);
```

Auch die Integration dieser Funktion kann ohne geeignete Annahmen zu Fehlern führen. Dasselbe gilt für die Darstellung des Spannungs-Dehnungs-Diagramms mittels des Befehls **piecewise**.

Nicht zu allen Funktionen lassen die Stammfunktionen sich in geschlossener Form, also ausgedrückt durch elementare oder höhere transzendente Funktionen, angeben. In solchen Fällen schreibt MAPLE beim Aufruf int — ebenso wie bei Int — das Integral lediglich hin, ohne es auszuwerten. Hier ein Beispiel.

```
> f:=x^(1/3)*sin(x); i:=int(f,x=0..u);
```

$$f := x^{1/3} \sin(x)$$

$$i := \int_0^u x^{1/3} \sin(x)\, dx$$

Setzen wir für u einen Zahlenwert ein, so beschreibt das Integral einen Flächeninhalt, und dieser läßt sich näherungsweise mit einem numerischen Verfahren berechnen. (Ein mögliches — wenn auch nicht sehr effizientes — Prinzip ist das bereits betrachtete Treppenverfahren.) Die numerische Berechnung des Integrals für den Wert $u = \pi$ wird aufgerufen mit dem Befehl

```
> evalf(subs(u=Pi,i));
```

$$2.263659222$$

Den Graphen der Stammfunktion im Intervall $[0, \pi]$ erhalten wir mit dem plot-Befehl

```
> pli:=plot(i,u=0..Pi,color=blue): pli;
```

Das Vorgehen ist rechenintensiv, denn für zahlreiche Zwischenpunkte u muß der jeweilige Flächeninhalt numerisch berechnet werden.

Eine andere Integrationsmethode besteht darin, den Integranden in eine Reihe zu entwickeln und gliedweise zu integrieren. Brechen wir die Entwicklung der Stammfunktion bei einer bestimmten Ordnung ab, so erhalten wir eine Näherung in der Umgebung des Entwicklungspunktes.

```
> fser:=series(f,x=0); iser:=int(fser,x=0..u);
```

$$fser := x^{4/3} - \frac{1}{6} x^{10/3} + \frac{1}{120} x^{16/3} + \mathrm{O}(x^{19/3})$$

$$iser := \lim_{x \to u} \frac{3}{7} x^{7/3} - \frac{1}{26} x^{13/3} + \frac{1}{760} x^{19/3} + \mathrm{O}(x^{22/3})$$

Anders als bei Taylor-Reihen können wir hier den Ordnungsterm nicht durch Umwandeln in ein Polynom beseitigen. Stattdessen ersetzen wir das große O durch eine Null, also die identisch verschwindende Funktion.

```
> subs(O=0,iser);
```

$$\lim_{x \to u-} \frac{3}{7} x^{7/3} - \frac{1}{26} x^{13/3} + \frac{1}{760} x^{19/3} + 0(x^{22/3})$$

```
> iserf:=evalf(");
```

$$iserf := .4285714286\, u^{7/3} - .03846153846\, u^{13/3} + .001315789474\, u^{19/3}$$

Ein Vergleich des Graphen dieser dreigliedrigen Näherung der Stammfunktion mit der numerisch ermittelten Kurve zeigt bis etwa $u = \pi/2$ gute Übereinstimmung. Die Reihenentwicklung besitzt dabei den Vorzug, auch einen analytischen Näherungsausdruck für die Stammfunktion — und nicht nur einen Kurvenzug — zu liefern.

```
> pliserf:=plot(iserf,u=0..Pi,color=red):
> plots[display]({pli,pliserf});
```

Eine unmittelbare Reihenentwicklung von i um den Punkt $u = 0$ vermag MAPLE nicht vorzunehmen. Wohl aber ist die Entwicklung um einen anderen Punkt möglich und ergibt eine Taylor-Reihe.

```
> iser1:=series(i,u=Pi/4,5);
```

$$iser1 := \int_0^{1/4\,\pi} x^{1/3} \sin(x)\, dx + \frac{1}{8}\, 4^{2/3}\, \pi^{1/3}\, \sqrt{2}\, \left(u - \frac{1}{4}\,\pi\right) +$$

$$\left(\frac{1}{16}\, 4^{2/3}\, \pi^{1/3}\, \sqrt{2} + \frac{1}{12}\, \frac{4^{2/3}\, \sqrt{2}}{\pi^{2/3}}\right) \left(u - \frac{1}{4}\,\pi\right)^2 +$$

$$\left(\frac{1}{18}\, \frac{4^{2/3}\, \sqrt{2}}{\pi^{2/3}} - \frac{1}{48}\, 4^{2/3}\, \pi^{1/3}\, \sqrt{2} - \frac{2}{27}\, \frac{4^{2/3}\, \sqrt{2}}{\pi^{5/3}}\right) \left(u - \frac{1}{4}\,\pi\right)^3$$

$$+ \left(- \frac{1}{48}\, \frac{4^{2/3}\, \sqrt{2}}{\pi^{2/3}} - \frac{1}{18}\, \frac{4^{2/3}\, \sqrt{2}}{\pi^{5/3}} - \frac{1}{192}\, 4^{2/3}\, \pi^{1/3}\, \sqrt{2}\right.$$

$$\left. + \frac{10}{81}\, \frac{4^{2/3}\, \sqrt{2}}{\pi^{8/3}}\right) \left(u - \frac{1}{4}\,\pi\right)^4 + \mathrm{O}\!\left(\left(u - \frac{1}{4}\,\pi\right)^5\right)$$

```
> iserf1:=evalf(convert(iser1,polynom));
```

$$iserf1 := -.2817038606 + .6524015178\, u$$
$$+ .4646446607\, (u - .7853981635)^2$$
$$- .05560926297\, (u - .7853981635)^3$$
$$- .07039189526\, (u - .7853981635)^4$$

```
> pliserf1:=plot(iserf1,u=0..Pi,color=green):
> plots[display]({pli,pliserf,pliserf1});
```

Übungsvorschlag: Das Integral $\int_{x=0}^u \tan x / x\, dx$ läßt sich nicht geschlossen auswerten. Nähern Sie den Integranden durch ein Taylor-Polynom an und integrieren Sie dieses. Welchen Grad des Polynoms müssen Sie wählen, damit das Integral für $u = 1.2$ auf 1% genau berechnet wird? (Vergleich mit der numerischen Lösung)

Ein Anwendungsbeispiel aus der Mechanik finden wir in der Schwingung eines *Fadenpendels* mit großen Ausschlägen. In der durch den Auslenkungswinkel φ gekennzeichneten Lage beträgt die potentielle Energie der Punktmasse $-mgl \cos \varphi$ und ihre kinetische Energie $mv^2/2$. Bei Reibungsfreiheit ist die Summe dieser Energien so groß wie die potentielle Energie $-mgl\cos\varphi_0$ im Umkehrpunkt ($\varphi = \varphi_0$), also gilt $v^2 = 2gl(\cos\varphi - \cos\varphi_0)$ (s. Bild 4.9). Beim Hinabschwingen ist $v = -l\dot\varphi$, und somit

$$-\dot\varphi/\sqrt{\cos\varphi - \cos\varphi_0} = \sqrt{2g/l}\,.$$

Nun integrieren wir beide Seiten dieser Gleichung über ein Viertel der Schwingungsdauer T, genauer über das Zeitintervall $[0, T/4]$, in dem der Winkel von φ_0 auf den Wert $\varphi = 0$ monoton abnimmt. Wir schreiben $\varphi = \xi\varphi_0$, also $\dot\varphi\,dt = d\varphi = \varphi_0\,d\xi$, und können wegen der Monotonie ξ als Integrationsvariable im Integral der linken Seite benutzen. Das Minuszeichen beseitigen wir durch Vertauschen der Integrationsgrenzen.

$$\int_0^1 \frac{\varphi_0 d\xi}{\sqrt{\cos\xi\varphi_0 - \cos\varphi_0}} = \int_0^{T/4}\sqrt{\frac{2g}{l}}\,dt = \sqrt{\frac{2g}{l}}\,\frac{T}{4}\,.$$

```
>   f:=phi0/sqrt(cos(xi*phi0)-cos(phi0));
>   t:=4*sqrt(l/2/g)*Int(f,xi=0..1);
```

$$f := \frac{\phi0}{\sqrt{\cos(\xi\,\phi0) - \cos(\phi0)}}$$

$$t := 2\sqrt{2}\sqrt{\frac{l}{g}}\int_0^1 \frac{\phi0}{\sqrt{\cos(\xi\,\phi0) - \cos(\phi0)}}\,d\xi$$

Dieses Integral läßt sich auf elliptische Integrale zurückführen, jedoch nicht durch elementare Funktionen ausdrücken. Zunächst berechnen wir den Grenzwert T_0 der Schwingungsdauer für unendlich kleine Amplituden:

```
>   t0:=limit(t,phi0=0);
```

$$t0 := 2\sqrt{\frac{l}{g}}\,\pi$$

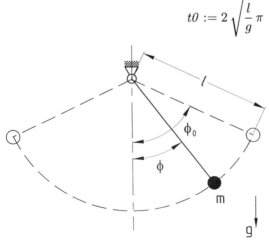

Bild 4.9. Fadenpendel mit großen Ausschlägen

Nun beschaffen wir uns eine Reihendarstellung, um die Abnahme des Verhältnisses T_0/T der Schwingungsdauern mit wachsender Amplitude φ_0 darzustellen.

```
> series(t0/t,phi0=0,8);
```

$$1 - \frac{1}{16}\,\phi0^2 + \frac{1}{3072}\,\phi0^4 + \mathrm{O}\left(\phi0^6\right)$$

```
> p4:=convert(",polynom);
```

$$p4 := 1 - \frac{1}{16}\,\phi0^2 + \frac{1}{3072}\,\phi0^4$$

Als Ergebnis haben wir folgende Näherungsformel erhalten:

$$T_0 = T\left(1 - \frac{1}{16}\,\varphi_0{}^2\left(1 - \frac{1}{192}\,\varphi_0{}^2\right)\right)\,. \tag{4.3}$$

Für eine Amplitude von 90° ergibt ein Vergleich der Näherung mit dem numerisch ermittelten Wert gute Übereinstimmung.

```
> phi0:=Pi/2:  evalf(p4); evalf(t0/t);
```
$$.8477692242$$
$$.8472130870$$

Wir erkennen, daß die Schwingungsdauer bei kleinen Ausschlägen nur etwa
85% des Wertes der Schwingungsdauer bei einer Amplitude von 90° beträgt.
Im Falle einer Amplitude von 20° liegt die Abweichung noch unter 1%.

```
> phi0:=Pi/9: evalf(p4);
```
$$.9923893974$$

Das Integral zur Berechnung von T weist zwei Besonderheiten auf. Erstens
enthält es im Integranden den Parameter φ_0. Dieses bestimmte Integral
definiert also nicht eine Konstante, sondern eine Funktion von φ_0. (Solche
Integrale heißen Parameterintegrale.) Zweitens ist der Integrand im Integra-
tionsintervall $[0,1]$ nicht beschränkt, wie sein Graph zeigt.

```
> plot(f,xi=0..1,0..10);
```

Die Art der Singularität bei $\xi = 1$ gibt uns eine Reihenentwicklung an.

```
> phi0:='phi0':  series(f,xi=1,2);
```

$$\frac{\phi0}{\sqrt{-\sin(\phi0)\,\phi0}\,\sqrt{\xi-1}} + \mathrm{O}\left(\sqrt{\xi-1}\right)$$

Für jeden festen Wert des Parameters φ_0 ist demnach der Flächeninhalt einer
sich ins Unendliche erstreckenden Fläche zu berechnen.

Nicht alle ins Unendliche reichenden Flächen besitzen einen endlichen
Flächeninhalt. Man vergleiche etwa:

```
> Int(1/(1-x)^(1/2),x=0..1); Int(1/(1-x),x=0..1);
```

$$\int_0^1 \frac{1}{\sqrt{1-x}}\, dx$$

$$\int_0^1 \frac{1}{1-x}\, dx$$

```
> value(""),value(");
```

$$2, \infty$$

Vorsicht ist geboten, wenn über einen Pol hinweg integriert werden soll, beispielsweise

```
> f:=1/x; int(f,x=-1..2);
```

$$f := \frac{1}{x}$$

$$\int_{-1}^2 \frac{1}{x}\, dx$$

Warum hier eine Schwierigkeit vorliegt, macht der Graph des Integranden deutlich.

```
> plot(f,x=-1..2,-10..10);
```

Die unendlichen Flächen über den Teilintervallen $[-1, 0)$ und $(0, 1]$ sind kongruent, doch besitzt die eine negativen und die andere positiven Flächeninhalt. Da MAPLE nicht wissen kann, wie wir mit dieser Tatsache umgehen wollen, wird das Integral nicht ausgewertet. Wenn wir uns auf den Standpunkt stellen, daß die beiden unendlichen Teilflächen sich aufheben und lediglich die Fläche über dem Intervall $[1, 2]$ verbleiben soll —deren Wert, wie wir wissen, gleich $\ln 2$ ist — so können wir die Berechnung dieses Cauchyschen Hauptwertes mit einer zusätzlichen Option veranlassen.

```
> int(f,x=-1..2,CauchyPrincipalValue);
```

$$\ln(2)$$

Ins Unendliche reichende Flächen, also uneigentliche Integrale entstehen auch, wenn eine Integrationsgrenze im Unendlichen liegt. Daß auch solche Flächen endlichen oder unendlichen Flächeninhalt haben können, zeigen zwei Beispiele.

```
> Int(1/x,x=1..infinity); Int(1/x^(3/2),x=1..infinity);
```

$$\int_1^\infty \frac{1}{x}\, dx$$

$$\int_1^\infty \frac{1}{x^{3/2}}\, dx$$

```
> value(""),value(");
```

$$\infty, 2$$

Übungsvorschlag: Welche Geschwindigkeit v_0 muß man einer Rakete erteilen, die das Schwerefeld der Erde verlassen soll? Die kinetische Anfangsenergie $mv_0^2/2$ muß so groß sein wie die Arbeit gegen die Anziehungskraft F_G der Erde beim Verbringen der Rakete von der Erdoberfläche (Abstand vom Erdmittelpunkt $r = R$) bis $r = \infty$. Dabei genügt die Anziehungskraft dem Gesetz $F_G = mg(R/r)^2$.

Als weiteres Beispiel eines uneigentlichen Parameterintegrals betrachten wir

```
> f:='f': t:='t': p:=s->Int(f(t)*exp(-s*t),t=0..infinity);
```

$$p := s \rightarrow \int_0^\infty \mathrm{f}(\,t\,)\,\mathrm{e}^{(\,-s\,t\,)}\,dt$$

Durch diese Vorschrift wird einer Funktion f mit dem Definitionsbereich $[0, \infty)$ eine Funktion p der komplexen Variablen s zugeordnet. Man spricht von einer Integraltransformation — im vorliegenden Fall ist es die Laplace-Transformation. Transformieren wir als Beispiel den Einheitssprung an der Stelle 2.

```
> f(t):=Heaviside(t-2);
```

$$\mathrm{f}(\,t\,) := \mathrm{Heaviside}(\,t - 2\,)$$

```
> p(s);
```

$$\int_0^\infty \mathrm{Heaviside}(\,t - 2\,)\,\mathrm{e}^{(\,-s\,t\,)}\,dt$$

```
> value(");
```

```
Definite integration: Can't determine if the integral is
convergent.  Need to know the sign of --> s
Will now try indefinite integration and then take limits.
```

$$\lim_{t\to\infty} -\frac{e^{(-s\,t)}}{s} + \frac{e^{(-2\,s)}}{s}$$

Besitzt s positiven Realteil, so ist der Grenzwert von $\exp(-st)$ gleich Null, und wir finden $p(s) = \exp(-2s)/s$. (Ist der Realteil von s dagegen negativ, so wird der Wert von $p(s)$ unendlich.) Diese Erkenntnis erhalten wir einfacher, wenn wir die Transformation mit dem Befehl `laplace` vornehmen. Dieser gehört zum Paket `inttrans` (Integraltransformationen), welches wir zunächst einlesen.

```
> with(inttrans):  laplace(Heaviside(t-2),t,s);
```

$$\frac{e^{(-2\,s)}}{s}$$

Die Umkehrung der Laplace-Transformation liefert der Befehl `invlaplace`, im Beispiel:

```
> invlaplace(exp(-2*s)/s,s,t);
```

$$\mathrm{Heaviside}(\,t - 2\,)$$

Weitere wichtige Integraltransformationen sind die Fourier-Transformation und die Mellin-Transformation, während die z-Transformation mittels einer unendlichen Summe erklärt ist. Auch für die Ausführung dieser Transformationen hält MAPLE eigene Befehle bereit. (S. `?inttrans`, `?laplace`, `?fourier`, `?mellin`, `?ztrans`.) Derartige Transformationen finden Anwendung in der Nachrichtentechnik und der Regelungstechnik sowie bei der Lösung von gewöhnlichen und partiellen Differentialgleichungen.

Abschließend noch ein Beispiel für die Definition einer höheren transzendenten Funktion durch ein Parameterintegral:

```
> g:=Int(t^(x-1)*exp(-t),t=0..infinity);
```

$$g := \int_0^\infty t^{(x-1)} e^{(-t)} \, dt$$

```
> assume(x>0): value(g);
```

$$\Gamma(x^\sim)$$

Die von Euler mittels dieses uneigentlichen Parameterintegrals definierte Γ-Funktion besitzt die Eigenschaft, daß die Werte von $\Gamma(x+1)$ für ganzzahlige x gleich x! (x-Fakultät), also gleich dem Produkt $1 \cdot 2 \cdot 3 \cdots (x-1) \cdot x$ sind. (S. `?GAMMA`, `?factorial`.) Ein Zahlenbeispiel bestätigt das:

```
> GAMMA(20)-19!;
```

$$0$$

4.3.3 Lösung von Differentialgleichungen mittels Quadraturen

Die Aufgabe, alle Lösungen $y(x)$ der Differentialgleichung $y'(x) = g(x)$ zu finden, ist gleichbedeutend damit, das unbestimmte Integral der Funktion $g(x)$ aufzusuchen. Derartige Differentialgleichungen, die durch die Ermittlung von Integralen — sog. Quadraturen — gelöst werden, treffen wir bei der Berechnung von Balkenbiegelinien an. Als Vorbereitung dazu müssen wir die inneren Kräfte im Balken bereitstellen.

Wir betrachten einen geraden Balken, dessen linkes Ende $x = x_A$ frei und dessen rechtes Ende $x = x_E$ eingespannt ist. Führen wir am inneren Punkt x einen gedachten Schnitt, so werden die Schnittgrößen Biegemoment, Querkraft und Normalkraft nur von der Belastung des links vom Schnitt liegenden Kragarms beeinflußt. Wir untersuchen drei Typen von Belastungen und das durch sie an der Stelle x hervorgerufene Biegemoment M_b (s. Bild 4.10):

- Einzelmoment M an der Stelle x_M $(< x)$: $M_b(x) = -M$

- Senkrecht zur Balkenachse wirkende Einzelkraft F an der Stelle x_F $(< x)$: $M_b(x) = -F(x - x_F)$

- Linienkraft $q(u)$ — auch Schüttlast genannt — auf dem Intervall $[x_l, x_r]$ $(x_l < x_r \leq x)$: $M_b(x) = -\int_{u=x_l}^{x_r} q(u)(x - u) \, du$.

Zunächst verfolgen wir die Wirkung der Einzelkraft. Wenn wir ihren Einfluß auf das Biegemoment an jeder Schnittstelle $x \in [x_A, x_E]$ beschreiben wollen, so müssen wir eine Fallunterscheidung durchführen.

$$M_b(x) = \begin{cases} -F(x - x_F) & \text{, wenn} \quad x \geq x_F, \\ 0 & \text{, wenn} \quad x < x_F. \end{cases}$$

Diese Darstellung läßt sich mittels der Heaviside-Funktion vereinheitlichen.

```
> mb:=-f*(x-xf)*Heaviside(x-xf);
```
$$mb := -f\,(\,x - xf\,)\,\text{Heaviside}(\,x - xf\,)$$

Wir notieren die für die Schnittgrößen gültigen Differentialgleichungen $M_b' = F_Q$ und $F_Q' = -q$.

```
> fq:=diff(mb,x);  q:=-diff(fq,x);
```
$$fq := -f\,\text{Heaviside}(\,x - xf\,) - f\,(\,x - xf\,)\,\text{Dirac}(\,x - xf\,)$$
$$q := 2\,f\,\text{Dirac}(\,x - xf\,) + f\,(\,x - xf\,)\,\text{Dirac}(\,1, x - xf\,)$$

MAPLE liefert uns im Sinne der Distributionstheorie verallgemeinerte erste und zweite Ableitungen Dirac(.) und Dirac(1,.) der Heaviside-Funktion an ihrer Sprungstelle. Sie lassen sich durch Anwendung des Befehls simplify vereinfachen.

```
> fq:=simplify(fq);  q:=simplify(q);
```
$$fq := -f\,\text{Heaviside}(\,x - xf\,)$$
$$q := f\,\text{Dirac}(\,x - xf\,)$$

Das Ergebnis für die Querkraft ist einleuchtend. Die Ausgabe der Linienkraft q besagt, daß die Einzelkraft sich deuten läßt als Grenzwert einer Linienkraft (mit der Resultierenden F), deren Intensität nach Unendlich geht, während ihr Wirkungsintervall sich auf den Punkt x_F zusammenzieht.

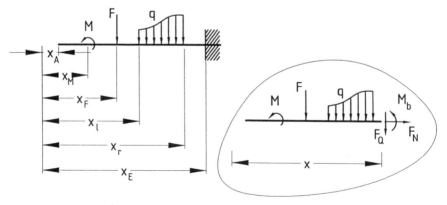

Bild 4.10. Schnittgrößen im rechts eingespannten Balken

Im vorliegenden Zusammenhang genügen uns gewöhnliche Ableitungen —
die der Heaviside-Funktion sind identisch Null —, so daß wir alle Dirac-Terme
ignorieren können. Auf graphische Darstellungen haben sie sowieso keinen
Einfluß.

Die Graphen von M_b und F_Q — Zustandslinien von Biegemoment und
Querkraft genannt — stellen sich für ein Zahlenbeispiel wie folgt dar.

```
> f:=1:  xf:=1/3:  plot({mb,fq},x=0..1);
```

Als nächstes studieren wir die beliebige Linienkraft auf einem Intervall $[x_l, x_r]$.
Hier sind bezüglich der Lage der Schnittstelle drei Fälle zu unterscheiden:

$$M_b(x) = \begin{cases} -\int_{u=x_l}^{x_r} q(u)(x-u)\,du & \text{, wenn} & x_r \leq x\,, \\ -\int_{u=x_l}^{x} q(u)(x-u)\,du & \text{, wenn} & x_l < x < x_r\,, \\ 0 & \text{, wenn} & x \leq x_l\,. \end{cases}$$

Auch diesmal erlaubt die Heaviside-Funktion eine Vereinheitlichung:

```
> q:='q':  mb:=-int(q(u)*(x-u),u=xl..x)*Heaviside(x-xl)
>               -int(q(u)*(x-u),u=x..xr)*Heaviside(x-xr);
```

$$mb := -\int_{xl}^{x} q(u)(x-u)\,du\,\text{Heaviside}(x-xl)$$
$$-\int_{x}^{xr} q(u)(x-u)\,du\,\text{Heaviside}(x-xr)$$

Querkraft und Linienkraft finden wir durch Ableiten.

```
> fq:=diff(mb,x):    linienkraft:=-diff(fq,x):
```

Die uns nicht interessierenden Dirac-Terme eliminieren wir wie folgt.

```
> fq:=eval(subs(Dirac=0,fq));
```

$$fq := -\int_{xl}^{x} q(u)\,du\,\text{Heaviside}(x-xl)$$
$$-\int_{x}^{xr} q(u)\,du\,\text{Heaviside}(x-xr)$$

```
> linienkraft:=eval(subs(Dirac=0,linienkraft));
```

$$linienkraft := q(x)\,\text{Heaviside}(x-xl) - q(x)\,\text{Heaviside}(x-xr)$$

Das Ergebnis ist wie erwartet ausgefallen:

$$F_Q(x) = M_b'(x) = \begin{cases} -\int_{u=x_l}^{x_r} q(u)\,du & \text{, wenn} & x_r \leq x\,, \\ -\int_{u=x_l}^{x} q(u)\,du & \text{, wenn} & x_l < x < x_r\,, \\ 0 & \text{, wenn} & x \leq x_l\,. \end{cases}$$

$$-F_Q'(x) = \begin{cases} q(x) & , \text{wenn} \quad x \in [x_l, x_r], \\ \\ 0 & \text{sonst}. \end{cases}$$

Wählen wir als Beispiel eine linear vom Wert q_l auf den Wert q_r anwachsende Linienkraft.

```
> q:=u-> ql + (qr-ql)*(u-xl)/(xr-xl);
```

$$q := u \rightarrow ql + \frac{(qr - ql)(u - xl)}{xr - xl}$$

```
>   mb;
```

$$-\left(\frac{1}{6}\frac{x^2(x\,qr + 3\,ql\,xr - x\,ql - 3\,xl\,qr)}{xr - xl} - \frac{1}{6}xl(qr\,xl^2 - 3\,ql\,xr\,xl\right.$$

$$\left. + 2\,ql\,xl^2 - 3\,xl\,qr\,x - 3\,xl\,x\,ql + 6\,ql\,xr\,x\right)/(xr - xl)\Big)$$

$$\text{Heaviside}(x - xl) - \left(-\frac{1}{6}xr(2\,qr\,xr^2 - 3\,xl\,qr\,xr\right.$$

$$+ ql\,xr^2 - 3\,x\,qr\,xr - 3\,ql\,xr\,x + 6\,xl\,qr\,x)/(xr - xl)$$

$$\left. - \frac{1}{6}\frac{x^2(x\,qr + 3\,ql\,xr - x\,ql - 3\,xl\,qr)}{xr - xl}\right)$$

$$\text{Heaviside}(x - xr)$$

```
>  fq;
```

$$-\left(\frac{1}{2}\frac{x(2\,ql\,xr + x\,qr - 2\,xl\,qr - x\,ql)}{xr - xl}\right.$$

$$\left. - \frac{1}{2}\frac{xl(2\,ql\,xr - ql\,xl - xl\,qr)}{xr - xl}\right)\text{Heaviside}(x - xl)$$

$$-\left(\frac{1}{2}\frac{xr(ql\,xr + qr\,xr - 2\,xl\,qr)}{xr - xl}\right.$$

$$\left. - \frac{1}{2}\frac{x(2\,ql\,xr + x\,qr - 2\,xl\,qr - x\,ql)}{xr - xl}\right)$$

$$\text{Heaviside}(x - xr)$$

```
>  linienkraft;
```

$$\left(ql + \frac{(qr - ql)(x - xl)}{xr - xl}\right)\text{Heaviside}(x - xl)$$

$$-\left(ql + \frac{(qr - ql)(x - xl)}{xr - xl}\right)\text{Heaviside}(x - xr)$$

Wir stellen die Zustandslinien von Biegemoment und Querkraft sowie die

Linienkraft für ein Zahlenbeispiel graphisch dar.

```
> xl:=1/5:xr:=3/5: ql:=2:qr:=3: plot({mb,fq,linienkraft},x=0..1);
```

Bisher haben wir nur den rechts eingespannten Balken betrachtet. Bei einem an zwei Stellen gelagerten Balken lassen die Schnittgrößen an Schnittstellen zwischen den Lagern sich nicht ohne Kenntnis der Auflagerreaktionen berechnen. Da ein Computeralgebraprogramm aber unbekannte Größen verarbeiten kann, versehen wir die Auflagerreaktionen einfach mit Namen und können die zugehörigen Schnittgrößen formelmäßig angeben. Schließlich ermitteln wir die Größe der Auflagerreaktionen — im statisch bestimmten Falle — aus der Bedingung, daß rechts vom rechten Balkenende — also für $x > x_E$ — die Werte aller Schnittgrößen gleich Null sein müssen, weil die eingeprägten Belastungen und die Lagerreaktionen sich das Gleichgewicht halten. Das Vorgehen wollen wir in die Form einer Prozedur bringen. Es soll keine Belastungen in Richtung der Balkenachse geben, so daß die Normalkraft gleich Null ist und nur Querkraft und Biegemoment zu berechnen sind.

Ausgeben lassen wir graphische Darstellungen der Zustandslinien. Aus diesen sind Lage und Größe der Extremwerte zu entnehmen. Die Sprünge von Querkraft und Biegemoment an Lagern geben ferner die Größe von Auflagerkräften bzw. Einspannmomenten an.

Formale Parameter der Prozedur sind die folgenden Listen:

e: x-Koordinaten der beiden Balkenenden

w: x-Koordinaten von Wegfesseln (Lagerungen senkrecht zur Balkenachse)

d: x-Koordinaten von Drehfesseln (Einspannungen)

k: Listen $[x_F, F]$ von Angriffspunkt und Größe der Einzelkräfte

m: Listen $[x_M, M]$ von Angriffspunkt und Größe der Einzelmomente

l: Listen $[x_l, q_l, x_r, q_r]$ von linker bzw. rechter Intervallgrenze und zugehöriger Ordinate von linear veränderlichen Linienkräften

Damit auch die analytischen Ausdrücke der Schnittgrößen und die Werte der Lagerreaktionen nach dem Verlassen der Prozedur verfügbar sind, sehen wir ferner die folgenden formalen Parameter vor:

px: Name der Koordinate auf der Balkenachse

pmb: Ausdruck für das Biegemoment als Funktion von px

pfq: Ausdruck für die Querkraft als Funktion von px

pr: Liste der Werte der Lagerreaktionen in der Reihenfolge, in der die Wegfesseln und Drehfesseln eingegeben wurden.

| Prozedur schnittgroessen |

```
> schnittgroessen:=proc(e::list,w::list,d::list,k::list,
> m::list,l::list,px,pmb,pfq,pr)
```

Auflagerkraefte und Schnittgroessen am geraden Balken

```
> local    i,j,mb,fq,x,u,q,r,quer,mom,pm,pq;
>       mb := 0;     j := 0;
```

```
>     for i to nops(m) do
>         mb := mb-m[i][2]*Heaviside(x-m[i][1])
>     od;
>     for i to nops(k) do
>         mb :=  mb-k[i][2]*(x-k[i][1])*Heaviside(x-k[i][1])
>     od;
>     for i to nops(l) do
>     q :=l[i][2]+(l[i][4]-l[i][2])*(u-l[i][1])/(l[i][3]-l[i][1]);
>     mb := mb-int(q*(x-u),u = l[i][1] .. x)*Heaviside(x-l[i][1])
>             -int(q*(x-u),u = x .. l[i][3])*Heaviside(x-l[i][3])
>     od;
>     for i to nops(w) do
>         j := j+1;   mb := mb+r[j]*(x-w[i])*Heaviside(x-w[i])
>     od;
>     for i to nops(d) do
>         j := j+1;   mb := mb+r[j]*Heaviside(x-d[i])
>     od;

>     mb:=eval(subs(Dirac=0,mb));
>     fq := diff(mb,x);
>     fq:=eval(subs(Dirac=0,fq));
>     quer := eval(subs(x = e[2]+1,fq));
>     mom := eval(subs(x = e[2]+1,mb));
>     solve({quer,mom},{r[1],r[2]});
>     assign(");
>   pmb:=subs(x=px,mb);
>   pfq:=subs(x=px,fq);
>   pr:=r;

>     pq := plot(fq,x = e[1]..e[2],linestyle = 2,color = blue):
>     pm := plot(mb,x = e[1]..e[2],linestyle = 1,color = red):
>     plots[display]({pq,pm})
> end:
```

Wir testen die Prozedur an einem Beispiel (s. Bild 4.11).

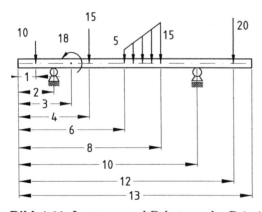

Bild 4.11. Lagerung und Belastung des Beispielbalkens

```
> enden:=[0,13]: wegfesseln:=[2,10]: drehfesseln:=[ ]:
> kraefte:=[[1,10],[4,15],[12,20]]: momente:=[[3,18]]:
> linienkraefte:=[[6,5,8,15]]:
> schnittgroessen(enden,wegfesseln,drehfesseln,kraefte,
> momente,linienkraefte,'x','mb','fq','r');
```

Die von der Prozedur ausgegebenen Zustandslinien zeigt Bild 4.12.

Noch einige Erläuterungen zur Prozedur:

Wer es gewohnt ist, positive Werte der Schnittgrößen nach unten abzutragen, mag in den plot-Befehlen mb und fq durch −mb und −fq ersetzen.

Die Zahl der Momente, Kräfte usw. ermittelt MAPLE aus der Anzahl nops der Elemente der betreffenden Eingabelisten und summiert dementsprechend über die jeweilige Anzahl. Man beachte, daß in der Eingabe auch leere Listen in der Form [ ] explizit angegeben werden müssen.

Elemente von r sind die Lagerreaktionen, die mit dem Index j fortlaufend numeriert werden, und zwar in der Reihenfolge der Definition der zugehörigen Fesseln in der Eingabe. Diese Reaktionsgrößen werden als positiv bezeichnet, wenn sie in umgekehrtem Sinne wirken wie die positiven eingeprägten Kräfte bzw. Momente.

Das Gesamtgleichgewicht wird ausgedrückt, indem Querkraft und Biegemoment im Abstand 1 rechts vom rechten Lager gleich Null gesetzt werden.

Die umfangreichen Ausdrücke für Biegemoment und Querkraft sind mit den folgenden Befehlen verfügbar, sollen aber hier nicht wiedergegeben werden.

```
> mb:        fq:
```

Aus der Graphik konnten wir ersehen, daß das Biegemoment im Intervall $[6, 7]$ sein Maximum als relatives Extremum annimmt. Dort hat die Ableitung $M_b' = F_Q$ einen Nulldurchgang. Wir ermitteln dessen Lage und den Größtwert des Biegemoments.

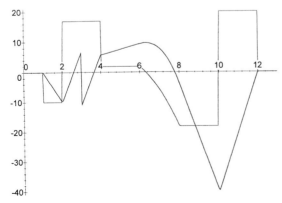

Bild 4.12. Zustandslinien von Querkraft und Biegemoment des Beispielbalkens

```
> xmax:=fsolve(fq,x=6..7);
```
$$xmax := 6.316561177$$

```
> x:=xmax:    mb;
```
$$9.6367324$$

Die Kraft im rechten Auflager liefert uns der folgende Aufruf.

```
> evalf(r[2]);
```
$$38.16666667$$

Wichtig: Beim Aufruf der Prozedur haben wir die letzten vier Parameter in Apostrophe eingeschlossen. Den Grund dafür machen wir uns am Beispiel des Parameters mb klar. Zum Zeitpunkt unseres Aufrufs der Prozedur bedeutet mb nicht einen Namen, sondern besitzt aus vorangegangenen Rechnungen einen Wert. Die Apostrophe bewirken, daß in der Prozedur eine Zuweisung zu der Variablen mit dem Namen mb erfolgt. Ohne sie würde eine Zuweisung zu dem an die Prozedur übergebenen aktuellen Wert von mb versucht, was zu einer Fehlermeldung führt. Die Apostrophe erübrigen sich, wenn wir vor jedem Aufruf der Prozedur ein *unassign* der Variablen mb mittels des Befehls mb:='mb': vornehmen oder aber, wenn wir den letzten vier Parametern der Prozedur bei jedem Aufruf neue Namen geben, denen mit Sicherheit vorher noch kein Wert zugewiesen wurde. Die Vergabe von jeweils anderen Namen könnte sich insbesondere dann empfehlen, wenn wir die Werte aus dem vorigen Aufruf aufbewahren wollen und deshalb vermeiden möchten, daß sie überschrieben werden.

Die Ausgabe der Ausdrücke für die Schnittgrößen und die Auflagerreaktionen läßt sich übrigens auch anders bewirken. Statt an formale Parameter hätten wir diese Größen an globale Variable übergeben können. Diese sind ja nach Verlassen der Prozedur verfügbar. Ihr Name ist allerdings innerhalb der Prozedurdefinition festgelegt und kann beim Prozeduraufruf nicht frei gewählt werden. Wir müssen uns also kundig machen, unter welchem Namen die Größen zu finden sind, und müssen sie— wenn wir sie aufbewahren wollen — vor einem erneuten Aufruf unter einem anderen Namen speichern, weil sie sonst überschrieben werden.

Um eine solche Ausgabe über die globalen Variablen x, mb, fq, r zu erhalten, müßten wir in unserer Prozedurdefinition folgende Änderungen vornehmen:

Die letzten vier formalen Parameter (px,pmb,pfq,pr) sind wegzulassen.

Es ist die Deklaration global x,mb,fq,r; einzufügen. Diese Variablen x,mb,fq,r sind demgemäß in der Deklaration der lokalen Variablen zu streichen.

Die drei Zuweisungen zu den Variablen pmb,pfq,pr entfallen.

Übungsvorschlag: Berechnen Sie statisch bestimmt gelagerte Balken mit verschiedenen Lagerungen und Belastungen, deren Schnittgrößen und Auflagerreaktionen in Lehr- und Handbüchern tabelliert sind, mittels der Prozedur `schnittgroessen` und überprüfen Sie die Ergebnisse.

Wenn wir einen n-fach statisch unbestimmt gelagerten Balken eingeben, so kann die Prozedur `schnittgroessen` die Schnittgrößen und Auflagerkräfte aus den Gleichgewichtsbedingungen natürlich nicht vollständig ermitteln. Diese enthalten vielmehr noch n unbestimmte Parameter. Daher sind graphische Darstellungen der Schnittgrößen in der Regel nur für statisch bestimmte Teile des Balkens (Kragarme) zu erwarten. Die Ausdrücke für die Schnittgrößen sind uns jedoch zugänglich. Um das zu sehen, fügen wir dem bereits berechneten System zwei Drehfesseln hinzu.

```
> drehfesseln:=[2,10]:
> schnittgroessen(enden,wegfesseln,drehfesseln,kraefte,
> momente,linienkraefte,'x','mb','fq','r');
> x:='x': mb;
```

$$-18\,\text{Heaviside}(\,x-3\,) - 10\,(\,x-1\,)\,\text{Heaviside}(\,x-1\,)$$
$$- 15\,(\,x-4\,)\,\text{Heaviside}(\,x-4\,)$$
$$- 20\,(\,x-12\,)\,\text{Heaviside}(\,x-12\,)$$
$$- \left(\frac{5}{6}\,x^3 - \frac{25}{2}\,x^2 - 90 + 60\,x\right)\text{Heaviside}(\,x-6\,)$$
$$- \left(-\frac{160}{3} - 40\,x - \frac{5}{6}\,x^3 + \frac{25}{2}\,x^2\right)\text{Heaviside}(\,-8+x\,)$$
$$+ \left(\frac{161}{6} - \frac{1}{8}\,r_3 - \frac{1}{8}\,r_4\right)(\,x-2\,)\,\text{Heaviside}(\,x-2\,)$$
$$+ \left(\frac{229}{6} + \frac{1}{8}\,r_3 + \frac{1}{8}\,r_4\right)(\,x-10\,)\,\text{Heaviside}(\,x-10\,)$$
$$+ r_3\,\text{Heaviside}(\,x-2\,) + r_4\,\text{Heaviside}(\,x-10\,)$$

Für die Kraft im rechten Auflager ergibt sich

```
> evalf(r[2]);
```
$$38.16666667 + .1250000000\,r_3 + .1250000000\,r_4$$

Die Richtigkeit dieses Ergebnisses ist offensichtlich: Gegenüber dem statisch bestimmten Fall müssen die beiden Lagerkräfte ein zusätzliches Kräftepaar aufbringen, um den beiden Reaktionsmomenten r_3 und r_4 das Gleichgewicht zu halten. Der innere Hebelarm dieses Kräftepaares ist gleich dem Lagerabstand, also 8, und die beiden Zusatzkräfte besitzen daher den Betrag $(r_3 + r_4)/8$.

Für die Balkenverformungen gelten bei kleinen Neigungswinkeln α in guter Näherung die linearen Differentialgleichungen $w'(x) = \alpha(x)$ und $\alpha'(x) = k(x)$, die sich durch Quadratur lösen lassen. (w: Durchsenkung der Balkenachse, k: Krümmung der Balkenachse).

Im Falle elastischen Materialverhaltens ist die Krümmung gegeben durch $k(x) = -M_b(x)/EI_y(x)$ (E: Elastizitätsmodul, I_y: Flächenmoment um die Biegeachse y).

Beginnen wir mit dem einfachen Beispiel eines Balkens mit konstanter Biegesteifigkeit EI_y, der rechts (bei $x = l$) eingespannt und links (bei $x = 0$) durch die Einzelkraft F belastet ist. Biegemoment und Krümmung sind

```
> f:='f':  mb:=-f*x;  k:=-mb/e/iy;
```

$$mb := -f\,x$$

$$k := \frac{f\,x}{e\,iy}$$

Integration nach x liefert uns eine Stammfunktion $\alpha_{\text{pre}}(x)$ von $k(x)$.

```
> alphapre:=int(k,x);
```

$$alphapre := \frac{1}{2}\frac{f\,x^2}{e\,iy}$$

Die Neigungsfunktion hat also die Gestalt $\alpha(x) = \alpha_{\text{pre}}(x) + C$, und die Integrationskonstante ermittelt sich aus der Bedingung, daß die Neigung an der Einspannung verschwinden, also $0 = \alpha(l) = \alpha_{\text{pre}}(l) + C$ gelten muß, zu $C = -\alpha_{\text{pre}}(l)$.

```
> alpha:=alphapre-subs(x=l,alphapre);
```

$$\alpha := \frac{1}{2}\frac{f\,x^2}{e\,iy} - \frac{1}{2}\frac{f\,l^2}{e\,iy}$$

Entsprechend erhalten wir durch nochmalige Integration, weil an der Einspannung auch die Durchsenkung w verschwindet:

```
> wpre:=int(alpha,x): w:=wpre-subs(x=l,wpre);
```

$$w := \frac{1}{6}\frac{f\,x^3}{e\,iy} - \frac{1}{2}\frac{f\,l^2\,x}{e\,iy} + \frac{1}{3}\frac{f\,l^3}{e\,iy}$$

Die Erfüllung der Randbedingungen bei $x = l$ wird offensichtlich, wenn wir $\alpha(x)$ und $w(x)$ in Faktoren zerlegen

```
> factor(alpha), factor(w);
```

$$\frac{1}{2}\frac{f\,(x-l)\,(x+l)}{e\,iy}, \quad \frac{1}{6}\frac{f\,(x+2\,l)\,(x-l)^2}{e\,iy}$$

```
> f:=1: e:=1: iy:=1: l:=2: plot({mb,alpha,w},x=0..1);
```

Übungsvorschlag: Suchen Sie in Lehr- und Handbüchern Tabellen von Biegelinien statisch bestimmt gelagerter Balken mit konstantem Querschnitt. Überprüfen Sie diese Tabellen, indem Sie — erforderlichenfalls mit der Prozedur **schnittgroessen** — den Biegemomentenverlauf und daraus durch zweimalige Integration unter Beachtung der Lagerungsbedingungen die Biegelinie ermitteln.

Als nächstes nehmen wir an, daß der Balken einen Rechteckquerschnitt besitzt, dessen Höhe linear von h_l am linken Balkenende auf h_r am rechten Balkenende anwächst. Das Flächenmoment 2. Grades und das Widerstandsmoment des Rechteckquerschnitts sind gegeben durch $I_y = bh^3/12$ bzw. $W_b = bh^2/6$.

```
> f:='f': e:='e': l:='l':
> iy:=b*h^3/12: wb:=b*h^2/6: h:=hl+(hr-hl)*x/l:
> k;
```

$$12 \frac{f\,x}{e\,b\left(hl + \dfrac{(hr-hl)\,x}{l}\right)^3}$$

Die Biegerandspannung errechnet sich aus $\sigma_b(x) = |M_b(x)|/W_b(x)$.

```
> sigma:=abs(mb)/wb;
```

$$\sigma := 6\,\frac{|f\,x|}{b\left(hl + \dfrac{(hr-hl)\,x}{l}\right)^2}$$

Die umfangreichen Ausdrücke für die Verformungen sollen hier nicht wiedergegeben werden.

```
> alphapre:=int(k,x): alpha:=alphapre-subs(x=l,alphapre):
> wpre:=int(alpha,x): w:=wpre-subs(x=l,wpre):
```

Betrachten wir ein Zahlenbeispiel, bei dem der Querschnitt am rechten Ende dreimal so hoch ist wie am linken. Zeichnen wir uns den Verlauf des Biegemoments und der Randspannung auf (s. Bild 4.13).

```
> f:=1: e:=1: b:=1: l:=2: hl:=1: hr:=3: plot({mb,sigma},x=0..1);
```

Während die Randspannung im Falle konstanten Querschnitts ebenso wie das Biegemoment linear mit x anwachsen und ihr Maximum an der Einspannung

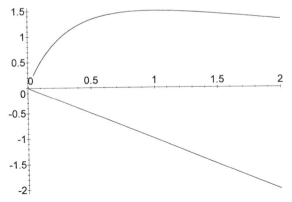

Bild 4.13. Verlauf von Biegemoment und Randspannung des Balkens mit veränderlichem Querschnitt

bei $x = l$ annehmen muß, erkennen wir im vorliegenden Falle, daß sie ein
Maximum erreicht und zur Einspannung hin wieder abnimmt. Den Ort der
größten Spannung erhalten wir durch Nullsetzen der Ableitung.

```
> xmax:=fsolve(diff(sigma,x),x);
```
$$xmax := 1.000000000$$

```
> evalf(subs(x=xmax,sigma));
```
$$1.500000000$$

An der Einspannung finden wir dagegen

```
> evalf(subs(x=1,sigma));
```
$$1.333333333$$

Für die Verformungen ergibt sich

```
>  plot({k,alpha,w},x=0..1);
```

Die betragsmäßig größten Durchsenkungen und Neigungswinkel treten offensichtlich am linken Balkenende auf:

```
> evalf(subs(x=0,alpha)), evalf(subs(x=0,w));
```
$$-2.666666667, \quad 2.51668079$$

Als nächstes studieren wir einen Rechteckbalken mit Voute (s. Bild 4.14).
Das bedeutet, daß die Höhe sich folgendermaßen mit x ändern soll:

$$h(x) = \begin{cases} h_l = const. & \text{, wenn } x \leq x_K, \\ h_l + h_{\text{Voute}}(x) = h_l + (h_r - h_l)\dfrac{x - x_K}{l - x_K} & \text{, wenn } x > x_K. \end{cases}$$

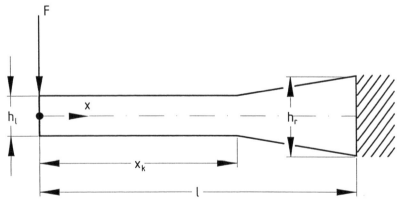

Bild 4.14. Balken mit veränderlichem Querschnitt (Voute)

Für den Kehrwert des Flächenmoments 2. Grades folgt daraus

$$\frac{1}{I_y(x)} = \frac{12}{bh_l^3} \cdot \begin{cases} 1 & \text{, wenn } x \le x_K, \\[2ex] \dfrac{1}{(1 + h_{\text{Voute}}/h_l)^3} & \text{, wenn } x > x_K. \end{cases}$$

Mittels der Heaviside-Funktion läßt sich das darstellen als

```
> f:='f': e:='e': b:='b': l:='l': hl:='hl': hr:='hr':
> hvoute:=(hr-hl)*(x-xk)/(l-xk):
> h:=hl+hvoute*Heaviside(x-xk);
```

$$h := hl + \frac{(hr - hl)(x - xk)\,\text{Heaviside}(x - xk)}{l - xk}$$

```
> iyinv:=12/b/hl^3*(1+(1/(1+hvoute/hl)^3 -1)*Heaviside(x-xk));
```

$$iyinv := \quad 12\left(1 + \left(\frac{1}{\left(1 + \dfrac{(hr - hl)(x - xk)}{(l - xk)hl}\right)^3} - 1\right)\right.$$
$$\left.\text{Heaviside}(x - xk)\right)/(b\,hl^3)$$

```
> b:=1: hl:=1: hr:=2: l:=2: xk:=2*l/3:
> plot({h,iyinv},x=0..1,0..12);
> f:=1: e:=1: k:=-mb/e*iyinv: k:=expand(k);
```

$$k := 12x + 12\,\frac{x\,\text{Heaviside}\left(x - \dfrac{4}{3}\right)}{\left(-1 + \dfrac{3}{2}x\right)^3} - 12x\,\text{Heaviside}\left(x - \frac{4}{3}\right)$$

```
> alphapre:=int(k,x): alpha:=alphapre-eval(subs(x=1,alphapre)):
> wpre:=int(alpha,x): w:=wpre-eval(subs(x=1,wpre)):
> plot({k,alpha,w},x=0..1);
```

Nunmehr wenden wir uns einem statisch unbestimmten Problem zu. Ein zur Achse $x = 0$ symmetrischer Balken mit Vouten sei beidseits eingespannt und durch eine Gleichlast sowie zwei symmetrisch angeordnete Einzelkräfte belastet (s. Bild 4.15). Wir führen einen Rundschnitt um die rechte Hälfte des Balkens und legen dabei drei unbekannte Kraftgrößen frei (s. Bild 4.16), so daß das Problem sich als einfach statisch unbestimmt erweist: Bei $x = l$ wirken eine Lagerkraft und ein Einspannmoment und bei $x = 0$ das Biegemoment. Die Querkraft bei $x = 0$ ist aus Symmetriegründen gleich Null. Wir ermitteln die Schnittgrößen in der rechten Balkenhälfte mit der Prozedur **schnittgroessen**. Wir erhalten den Graphen der Querkraft, da deren

Berechnung aus den Gleichgewichtsbedingungen allein möglich ist. Der Ausdruck für das Biegemoment enthält die unbekannte Reaktionsgröße in der dritten Fessel, also das Einspannmoment am rechten Balkenende. Deshalb kann die Prozedur keine graphische Darstellung der Biegemomentenlinie liefern. Um sie zu erhalten, müssen wir die gesamten Balkenverformungen ermitteln, was im folgenden geschehen soll.

```
> schnittgroessen([0,2],[2],[0,2],[[1,2]],[ ],[[0,1,2,1]],
>    'x','mb','fq','r');
```

Anmerkung: Umständlicher, aber übersichtlicher, hätten wir diesen Aufruf der Prozedur folgendermaßen formulieren können:

```
> enden:=[0,2]: wegfesseln:=[2]: drehfesseln:=[0,2]:
> kraefte:=[[1,2]]: momente:=[ ]:  linienkraefte:=[[0,1,2,1]]:
> schnittgroessen(enden,wegfesseln,drehfesseln,kraefte,
>    momente,linienkraefte,'x','mb','fq','r');
```

Sehen wir uns den Ausdruck für das Biegemoment an.

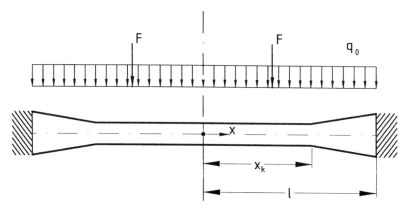

Bild 4.15. Statisch unbestimmter Balken mit Vouten

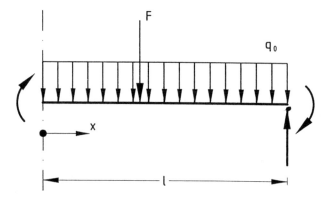

Bild 4.16. Biegemoment in Balkenmitte und Lagerreaktionen

```
> mb;
```

$$-2\,(\,x-1\,)\,\mathrm{Heaviside}(\,x-1\,) - \frac{1}{2}\,x^2\,\mathrm{Heaviside}(\,x\,)$$

$$- \left(2\,x - 2 - \frac{1}{2}\,x^2\right)\mathrm{Heaviside}(\,x-2\,)$$

$$+ 4\,(\,x-2\,)\,\mathrm{Heaviside}(\,x-2\,) + (4 - r_3)\,\mathrm{Heaviside}(\,x\,)$$

$$+ r_3\,\mathrm{Heaviside}(\,x-2\,)$$

Diese Lösung besitzt nur im Intervall $[0,2)$ physikalische Bedeutung, und dort gilt Heaviside$(x){=}1$ und Heaviside$(-2+x){=}0$. Wir verkürzen daher die Formel entsprechend.

```
> mb:=subs(Heaviside(x)=1,Heaviside(-2+x)=0,mb);
```

$$mb := -2\,(\,x-1\,)\,\mathrm{Heaviside}(\,x-1\,) - \frac{1}{2}\,x^2 + 4 - r_3$$

```
> k:=-mb*iyinv/e;
```

$$k := -\left(-2\,(\,x-1\,)\,\mathrm{Heaviside}(\,x-1\,) - \frac{1}{2}\,x^2 + 4 - r_3\right)$$
$$\left(12 + 12\left(\frac{1}{\left(-1 + \frac{3}{2}\,x\right)^3} - 1\right)\mathrm{Heaviside}\left(x - \frac{4}{3}\right)\right)$$

```
> alphapre:=int(expand(k),x):
> alpha:=expand(alphapre-eval(subs(x=1,alphapre))):
> wpre:=int(alpha,x):
```

$$wpre := \frac{1732}{27}\,x + \frac{16}{9}\,\ln(2)\,x - 6\,r_3\,\%1\,x^2 - \frac{16}{9}\,\ln(2)\,x\,\%1$$

$$+ \frac{8}{3}\,\frac{r_3\,\%1}{-1 + \frac{3}{2}\,x} + \frac{16}{9}\,\%1\,(\frac{1}{3}\ln(-2 + 3\,x)\,(-2 + 3\,x) + \frac{2}{3} - x)$$

$$+ 36\,\%1\,x^2 - \frac{1}{2}\,\%1\,x^4 - 16\,\frac{\%1}{-1 + \frac{3}{2}\,x} - \frac{16}{9}\,\ln(4)\,x + \frac{1568}{27}\,\%1$$

$$+ 4\,\mathrm{Heaviside}(x-1)\,x^3 + \frac{1}{2}\,x^4 + 6\,r_3\,x^2 - 24\,x^2 - 4\,\%1\,x^3$$

$$- 4\,\mathrm{Heaviside}(x-1) + \frac{32}{3}\,\%1\,\ln(2) + \frac{224}{27}\,\frac{\%1}{-2 + 3\,x}$$

$$- \frac{256}{27}\,\%1\,\ln(-2 + 3\,x) + 20\,r_3\,x\,\%1 - \frac{1984}{27}\,x\,\%1$$

$$+ 12\,\mathrm{Heaviside}(x-1)\,x - \frac{56}{3}\,r_3\,\%1 - 12\,\mathrm{Heaviside}(x-1)\,x^2$$

$$- 19\,r_3\,x$$

$$\%1 := \mathrm{Heaviside}(x - \frac{4}{3})$$

```
> w:=wpre-eval(subs(x=1,wpre)):
```

Noch enthalten die Funktionen $\alpha(x)$ und $w(x)$ die statisch Unbestimmte r_3. Wir ermitteln sie aus der bisher nicht berücksichtigten Forderung, daß der Neigungswinkel α auf der Symmetrieachse $x = 0$ verschwinden muß.

```
> r[3]:=fsolve(subs(x=0,alpha),r[3]);
```

$$r_3 := 3.311362448$$

Damit liegen nun die Schnittgrößen und Verformungen endgültig fest.

```
> plot({mb,k,alpha,w},x=0..1);
```

Übungsvorschlag: Suchen Sie in Lehr- und Handbüchern Tabellen von Biegelinien statisch unbestimmt gelagerter Balken mit konstantem Querschnitt. Überprüfen Sie diese Tabellen, indem Sie — erforderlichenfalls mit der Prozedur `schnittgroessen` — den Biegemomentenverlauf (der noch die statisch Unbestimmten enthält) und daraus durch zweimalige Integration unter Beachtung der Lagerungsbedingungen die Biegelinie sowie die endgültigen Schnittgrößen und Auflagerreaktionen ermitteln.

Übungsvorschlag: Wenden Sie das im letzten Vorschlag beschriebene Vorgehen an auf den links eingespannten und rechts gelenkig gelagerten Balken unter linear veränderlicher Linienkraft, dessen Ergebnisse in Abschn. 2.3.2 erwähnt und in Abschn. 4.2.1 genauer diskutiert worden sind.

Nach diesen elastischen Beispielen soll noch die Biegelinie eines Balkens aus elastisch-plastischem Material berechnet werden. Der Balken sei am rechten Ende eingespannt und am linken Ende durch eine Einzelkraft $-F$ belastet. Das Biegemoment wächst gemäß $M_b(x) = Fx$ linear mit x an. Bei $x = x_G$ erreicht sein Betrag das Grenzmoment M_G, unter dem die Randfasern zu fließen beginnen. Links von x_G erfolgt die Balkenbiegung also elastisch, rechts davon elastisch-plastisch. Das dimensionslose Biegemoment $\mu = M_b/M_G$ an der Stelle x ist demnach gleich x/x_G. Gemäß den Darlegungen in Abschn. 4.3.2 gilt bei einem Rechteckquerschnitt für die dimensionslose Krümmung

$$\kappa = \begin{cases} \mu & , \text{ wenn } \quad \mu \leq 1 \, , \\[2mm] \dfrac{1}{\sqrt{3 - 2\mu}} & , \text{ wenn } \quad 1 < \mu < 3/2 \, . \end{cases}$$

Die Krümmung ergibt sich aus $k = -2\sigma_0\kappa/(Eh)$ und ist folglich gleich $-\kappa$, wenn wir den Vorfaktor gleich 1 wählen. Für x_G nehmen wir $0.7l$ an. Mittels der Heaviside-Funktion können wir dann schreiben

```
> l:=1:   xg:=7*l/10:
> k:=-x/xg-(1/sqrt(3-2*x/xg)-x/xg)*Heaviside(x-xg);
```

$$k := -\frac{10}{7}\,x - \left(7\,\frac{1}{\sqrt{147 - 140\,x}} - \frac{10}{7}\,x \right) \text{Heaviside}\left(x - \frac{7}{10} \right)$$

```
> alphapre:=int(k,x):
> alpha:=alphapre-eval(subs(x=1,alphapre)):
```

```
> wpre:=int(alpha,x):
> w:=wpre-eval(subs(x=1,wpre));
```

$$w := -\frac{5}{21}\,x^3 - \frac{1}{2100}\,\%1\,(147 - 140\,x)^{3/2} + \frac{7}{300}\,\%1\,\sqrt{49}$$

$$-\frac{1}{10}\,(\%1\,x - \frac{7}{10}\,\%1)\,\sqrt{49} + \frac{5}{21}\,\%1\,x^3 + \frac{49}{300}\,\%1 - \frac{7}{20}\,\%1\,x$$

$$+\frac{7}{20}\,x - \frac{1}{10}\,\sqrt{7}\,x + \frac{1}{10}\,\sqrt{49}\,x - \frac{49}{300} + \frac{31}{300}\,\sqrt{7} - \frac{7}{75}\,\sqrt{49}$$

$$\%1 := \text{Heaviside}(x - \frac{7}{10})$$

Schließlich können wir uns die Verformungen graphisch darstellen lassen.

```
> plot({k,alpha,w},x=0..1);
```

4.3.4   Doppelintegrale

Als erste Anwendung von Doppelintegralen wollen wir das Volumen und die Oberfläche einer Kugel mit einer zylindrischen Bohrung berechnen. Die z-Achse unseres kartesischen Koordinatensystems legen wir parallel zur Zylinderachse durch den Kugelmittelpunkt. Kugel und Zylinder werden beschrieben durch die Gleichungen

$$\text{Kugel}: x^2 + y^2 + z^2 = r_K^2\,, \quad \text{Zylinder}: (x - e)^2 + y^2 = r_Z^2\,.$$

Darin bedeuten r_K bzw. r_Z die Radien von Kugel und Zylinder und $|e|$ den Abstand der Zylinderachse vom Kugelmittelpunkt. Wir beschränken uns auf den Fall $|e| + r_Z < r_K$, so daß der zu untersuchende Körper zweifach zusammenhängt. Einen groben Eindruck von diesem Körper gibt uns für konkrete Zahlenwerte eine dreidimensionale implizite Darstellung der beiden Flächen.

```
> rk:=1: e:=1/2: rz:=1/4:   plots[implicitplot3d]
>     ({x^2+y^2+z^2=rk^2,(x-e)^2+y^2=rz^2},x=-rk..rk,y=-rk..rk,
>     z=-3/2*rk..3/2*rk,style=PATCH,scaling=CONSTRAINED);
```

Um eine genauere Darstellung zu erhalten, beschreiben wir die kartesischen Koordinaten beider Flächen in Abhängigkeit von zwei Parametern θ und φ.

```
> rk:='rk': e:='e': rz:='rz':
> xz:=e+rz*cos(phi); yz:=rz*sin(phi);
> zz:=sin(theta)*sqrt(rk^2-xz^2-yz^2); xk:=rk*cos(theta)*cos(phi);
> yk:=rk*cos(theta)*sin(phi); zk:=rk*sin(theta);
```

$$xz := e + rz\cos(\phi)$$

$$yz := rz\sin(\phi)$$

$$zz := \sin(\theta)\sqrt{rk^2 - (e + rz\cos(\phi))^2 - rz^2\sin(\phi)^2}$$

$$xk := rk\cos(\theta)\cos(\phi)$$

$$yk := rk\cos(\theta)\sin(\phi)$$

$$zk := rk\sin(\theta)$$

Damit die Kugelfläche im Bereich des Zylinders nicht dargestellt wird, addieren wir dort etwas Imaginäres zur z-Koordinate. Weil aber alle Funktionen — und somit auch die Heaviside-Funktion — nur auf den Schnittpunkten diskreter Parameterlinien ausgewertet werden, wirkt die Öffnung in der Kugel selbst bei der Wahl eines Netzes von 50 mal 50 Parameterlinien etwas ausgefranst (s. Bild 4.17).

```
> rk:=1: e:=1/2: rz:=1/4:
> plot3d({[xz,yz,zz],[xk,yk,zk+I*Heaviside(rz^2-(xk-e)^2-yk^2)]},
> theta=-Pi/2..Pi/2,phi=0..2*Pi,style=PATCH,grid=[50,50]);
```

Für die Zwecke der Berechnung lösen wir die Gleichungen der Kugel und des Zylinders nach z_K bzw. y_Z auf. Wir wählen bei beiden Wurzeln das positive Vorzeichen und beschreiben daher die obere Hälfte der Kugel und die rechte Hälfte des Zylinders.

```
> rk:='rk': e:='e': rz:='rz':
> zk:=sqrt(rk^2-x^2-y^2); yz:=sqrt(rz^2-(x-e)^2);
```

$$zk := \sqrt{rk^2 - x^2 - y^2}$$

$$yz := \sqrt{rz^2 - x^2 + 2xe - e^2}$$

Weil $z = 0$ und $y = 0$ Symmetrieebenen der Bohrung sind, genügt es, den Rauminhalt von deren rechtem oberen Viertel zu ermitteln und das Ergebnis zu vervierfachen. Das Volumen denken wir uns zusammengesetzt aus Säulen

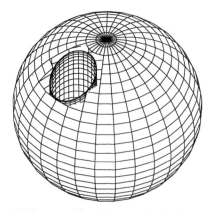

Bild 4.17. Kugel mit zylindrischer Bohrung

der Grundfläche $dx\,dy$ und der Höhe z_K. Die Summation des Rauminhalts aller Säulen geschieht durch Auswertung eines Doppelintegrals über die Querschnittsfläche des Zylinders, wobei zunächst über y von 0 bis y_Z und danach über x von $e - r_Z$ bis $e + r_Z$ zu integrieren ist.

```
> bohrvolumen:=4*Int(Int(zk,y=0..yz),x=e-rz..e+rz);
```

$$bohrvolumen := 4 \int_{e-rz}^{e+rz} \int_0^{\sqrt{rz^2 - x^2 + 2\,x\,e - e^2}} \sqrt{rk^2 - x^2 - y^2}\,dy\,dx$$

Um den ausgeschnittenen Teil der Kugeloberfläche zu berechnen, beachten wir folgendes. Die Parameterlinien $x = const.$ und $y = const.$ bilden auf der Kugelfläche ein schiefwinkliges Netz. Zwei Paare benachbarter Parameterlinien schneiden aus der Kugelfläche — genau genommen aus der Tangentialebene an die Kugelfläche — ein Parallelogramm heraus. Das bestätigt uns die graphische Darstellung.

```
> rk:=1:  plot3d(zk,x=0..0.7*rk,y=0..0.7*rk,axes=NORMAL,
> style=PATCH,scaling=CONSTRAINED);
```

Im Grundriß — d.h. in der x,y-Ebene — stellen diese Parallelogramme sich natürlich als Rechtecke dar. Das ersehen wir aus der letzten Graphik, wenn wir den Quader, der die Bildorientierung angibt, interaktiv drehen, bis die Blickrichtung parallel zur z-Achse liegt. (Dieselbe Ansicht erhalten wir auch unmittelbar, wenn wir den obigen Aufruf mit der zusätzlichen Option `orientation` $=[90,180]$ wiederholen.) Ein Parallelogramm, das sich im Grundriß als Rechteck mit den Seitenlängen dx und dy darstellt, wird aufgespannt von den beiden Kantenvektoren $d_x\mathbf{r} = \partial\mathbf{r}/\partial x\,dx = \mathbf{r}_{,x}\,dx$ und $d_y\mathbf{r} = \partial\mathbf{r}/\partial y\,dy = \mathbf{r}_{,y}\,dy$. Wir beschaffen zunächst die Tangentenvektoren $\mathbf{r}_{,x}$ und $\mathbf{r}_{,y}$ an die Kugelfläche.

```
> rk:='rk':  with(linalg):
> r:=vector([x,y,zk]);
```

$$r := \left[\begin{matrix} x & y & \sqrt{rk^2 - x^2 - y^2} \end{matrix}\right]$$

```
> rx:=map(diff,r,x);
```

$$rx := \left[\begin{matrix} 1 & 0 & -\dfrac{x}{\sqrt{rk^2 - x^2 - y^2}} \end{matrix}\right]$$

```
> ry:=map(diff,r,y);
```

$$ry := \left[\begin{matrix} 0 & 1 & -\dfrac{y}{\sqrt{rk^2 - x^2 - y^2}} \end{matrix}\right]$$

Daß diese Tangentenvektoren an die x- und y-Linien auf der Kugelfläche tatsächlich überall dort keinen rechten Winkel einschließen, wo $x \neq 0$ und $y \neq 0$ gilt, zeigt der folgende Aufruf.

```
> angle(rx,ry);
```

$$\arccos\left(x\,y\,/\left(\,(rk^2 - x^2 - y^2)\,\sqrt{1 + \frac{x^2}{rk^2 - x^2 - y^2}}\right.\right.$$
$$\left.\left.\sqrt{1 + \frac{y^2}{rk^2 - x^2 - y^2}}\,\right)\right)$$

Der Flächeninhalt des von den beiden Tangentenvektoren aufgespannten Parallelogramms ist der Betrag ihres Kreuzprodukts.

```
> cr:=crossprod(rx,ry);
```

$$cr := \left[\begin{array}{ccc} \dfrac{x}{\sqrt{rk^2 - x^2 - y^2}} & \dfrac{y}{\sqrt{rk^2 - x^2 - y^2}} & 1 \end{array}\right]$$

```
> norm(cr,2);
```

$$\sqrt{\left|\frac{x}{\sqrt{rk^2 - x^2 - y^2}}\right|^2 + \left|\frac{y}{\sqrt{rk^2 - x^2 - y^2}}\right|^2 + 1}$$

Die Betragsstriche, die im hier vorliegenden reellen Falle entbehrlich sind, verhindern eine Vereinfachung dieses Ausdrucks. Wir beseitigen sie, indem wir die Funktion abs durch die identisch abbildende Funktion $x \rightarrow x$ ersetzen.

```
> eval(subs(abs=(x->x),"));
```

$$\sqrt{\frac{x^2}{rk^2 - x^2 - y^2} + \frac{y^2}{rk^2 - x^2 - y^2} + 1}$$

```
> aparall:=simplify(");
```

$$aparall := \sqrt{-\frac{rk^2}{-rk^2 + x^2 + y^2}}$$

Um den gesamten durch die Bohrung ausgeschnittenen Anteil der Kugelfläche zu erhalten, berechnen wir wieder ein Viertel und vervierfachen das Ergebnis. Die Summation der Flächeninhalte $dA = A_{\text{Parall}}\,dx\,dy$ aller Parallelogramme liefert uns eine Doppelintegration nach obigem Muster.

```
> bohrflaeche:=4*Int(Int(aparall,y=0..yz),x=e-rz..e+rz);
```

$$bohrflaeche := 4\int_{e-rz}^{e+rz}\int_{0}^{\sqrt{rz^2 - x^2 + 2\,x\,e - e^2}}\sqrt{-\frac{rk^2}{-rk^2 + x^2 + y^2}}\,dy\,dx$$

Die Mantelfläche eines Viertels der Bohrung setzen wir zusammen aus Streifen der Breite ds und der Höhe z_K. Für die Bogenlänge auf dem Zylinderumfang gilt $d\,s^2 = d\,x^2 + d\,y^2$ mit $d\,y = y_Z'(x)\,d\,x$, also $d\,s = \sqrt{1 + y_Z'(x)^2}d\,x = l_{\text{Bogen}}d\,x$.

> lbogen:=simplify(sqrt(1+(diff(yz,x))^2));

$$lbogen := \sqrt{-\frac{rz^2}{-rz^2 + x^2 - 2\,x\,e + e^2}}$$

> mantel:=4*Int(subs(y=yz,zk)*lbogen,x=e-rz..e+rz);

$$mantel := 4$$
$$\int_{e-rz}^{e+rz} \sqrt{rk^2 - rz^2 - 2\,x\,e + e^2}\,\sqrt{-\frac{rz^2}{-rz^2 + x^2 - 2\,x\,e + e^2}}\,dx$$

Da wir es durchweg mit elliptischen Integralen zu tun haben, ist eine einfache formelmäßige Lösung nicht zu erwarten, und wir beschränken uns auf die numerische Auswertung eines Zahlenbeispiels.

> rk:=1: e:=1/2: rz:=1/4: vb:=evalf(bohrvolumen);
$$vb := .3315860915$$

> ob:=evalf(bohrflaeche); om:=evalf(mantel);
$$ob := .4690467600$$
$$om := 2.582634260$$

Volumen und Oberfläche der Kugel ohne Bohrung sind gegeben durch

> vvoll:=evalf(4/3*Pi*rk^3); ovoll:=evalf(4*Pi*rk^2);
$$vvoll := 4.188790204$$
$$ovoll := 12.56637062$$

Bilden wir das Verhältnis der Werte für die Kugel mit und ohne Bohrung, so finden wir, daß das Volumen sich durch die Bohrung auf 92% vermindert, während die Oberfläche auf 117% anwächst.

> (vvoll-vb)/vvoll; (ovoll-ob+om)/ovoll;
$$.9208396518$$
$$1.168193949$$

Übungsvorschlag: Legen Sie den Kugelmittelpunkt auf die Achse der Bohrung und vergleichen Sie das errechnete Volumen mit dem, das sich in Abschn. 4.3.2 mittels einfacher Integration ergeben hat. Überprüfen Sie auch die Oberfläche dieses Rotationskörpers, indem Sie die erste Guldinsche Regel anwenden.

Als weitere Anwendung der Doppelintegrale beweisen wir noch zwei Aussagen über die Flächenmomente eines Dreiecks, die wir bereits in Abschn. 3.4 benutzt haben. Aus den Ortsvektoren $\mathbf{0}$, $\mathbf{r}_1$ und $\mathbf{r}_2$ der Ecken des Dreiecks bilden wir den Summen- und Differenzvektor $\mathbf{p} = \mathbf{r}_1 + \mathbf{r}_2$, $\mathbf{q} = \mathbf{r}_2 - \mathbf{r}_1$ (s. Bild 4.18), woraus umgekehrt folgt $\mathbf{r}_1 = (\mathbf{p} - \mathbf{q})/2$, $\mathbf{r}_2 = (\mathbf{p} + \mathbf{q})/2$. Den

Ortsvektor der Fläche stellen wir in Abhängigkeit von zwei Parametern u
und v dar in der Form $\mathbf{r} = u\,\mathbf{p} + v\,\mathbf{q}$. Die Parameterpaare $(0,0)$, $(1/2, -1/2)$
und $(1/2, 1/2)$ kennzeichnen die Eckpunkte, und das Dreieck läßt sich in der
u, v-Ebene beschreiben als $\{(u, v)| -u \le v \le u, \ 0 \le u \le 1/2\}$.

```
> plot([[0,0],[1/2,-1/2],[1/2,1/2],[0,0]],scaling = CONSTRAINED);
```

Die Tangentenvektoren an die u- und v-Parameterlinien auf der ursprüng-
lichen Dreiecksfläche sind $\mathbf{r}_{,u} = \mathbf{p}$ und $\mathbf{r}_{,v} = \mathbf{q}$. Einem Rechteck mit den
Kanten $d\,u$ und $d\,v$ in der u, v-Ebene entspricht auf der ursprünglichen Drei-
ecksfläche ein Parallelogramm mit dem Flächeninhalt $d\,A = |\mathbf{r}_{,u} \times \mathbf{r}_{,v}|\,d\,u\,d\,v =$
$|\mathbf{p} \times \mathbf{q}|\,d\,u\,d\,v = 4A\,d\,u\,d\,v$. Darin bedeutet A den Flächeninhalt des gesamten
Dreiecks, denn dieser ergibt sich zu $A = |\mathbf{r}_1 \times \mathbf{r}_2|/2 = |\mathbf{p} \times \mathbf{q}|/4$. Der Orts-
vektor des Schwerpunkts berechnet sich aus $\mathbf{r}_S A = \int \mathbf{r}\,d\,A = \int \int \mathbf{r}\,4A\,d\,u\,d\,v$.
Die Auswertung des Doppelintegrals geschieht, indem zunächst v von $-u$ bis
u und danach u von 0 bis $1/2$ integriert wird.

```
> p:=vector(2): q:=vector(2): r:=evalm(u*p+v*q);
```

$$r := [u\,p_1 + v\,q_1 \ u\,p_2 + v\,q_2]$$

```
> rs:=4*Int(Int(r,v=-u..u),u=0..1/2);
```

$$rs := 4 \int_0^{1/2} \int_{-u}^{u} r\,dv\,du$$

```
> evalm(");
```

$$\left[4 \int_0^{1/2} \int_{-u}^{u} u\,p_1 + v\,q_1 \,dv\,du \ 4 \int_0^{1/2} \int_{-u}^{u} u\,p_2 + v\,q_2 \,dv\,du \right]$$

```
> value(");
```

$$\left[\frac{1}{3}\,p_1 \ \frac{1}{3}\,p_2 \right]$$

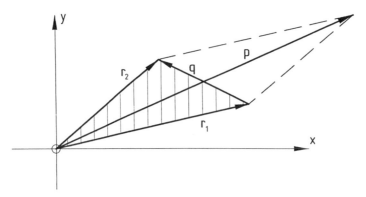

Bild 4.18. Zur Berechnung der Flächenmomente des schraffierten Dreiecks

Als Ergebnis haben wir $\mathbf{r}_S = \mathbf{p}/3 = (\mathbf{0} + \mathbf{r}_1 + \mathbf{r}_2)/3$ erhalten, d.h. die Aussage (3.2), daß der Ortsvektor des Schwerpunkts sich als Mittelwert der Ortsvektoren der drei Ecken berechnet. Man überlegt sich leicht, daß das Ergebnis auch richtig bleibt, wenn das Dreieck nicht in der x, y-Ebene und keine der Ecken im Koordinatenursprung liegt.

Es bleibt die Matrix des Tensors der Flächenmomente 2.Grades bezüglich der Achsen $x = 0$ und $y = 0$ zu berechnen gemäß $\mathbf{I} = \int \mathbf{r} \otimes \mathbf{r}\, dA$.

```
> rr:=evalm(r&*transpose(r));
```

$$rr := \begin{bmatrix} \left(u\,p_1 + v\,q_1\right)^2 , \left(u\,p_1 + v\,q_1\right)\left(u\,p_2 + v\,q_2\right) \\ \left(u\,p_1 + v\,q_1\right)\left(u\,p_2 + v\,q_2\right) , \left(u\,p_2 + v\,q_2\right)^2 \end{bmatrix}$$

```
> i:=4*a*Int(Int(rr,v=-u..u),u=0..1/2);
```

$$i := 4\,a \int_0^{1/2} \int_{-u}^{u} rr\, dv\, du$$

```
> value(evalm(i));
```

$$\left[4\,a \left(\frac{1}{32}\,p_1{}^2 + \frac{1}{96}\,q_1{}^2\right) , 4\,a \left(\frac{1}{96}\,q_1\,q_2 + \frac{1}{32}\,p_1\,p_2\right) \right]$$
$$\left[4\,a \left(\frac{1}{96}\,q_1\,q_2 + \frac{1}{32}\,p_1\,p_2\right) , 4\,a \left(\frac{1}{32}\,p_2{}^2 + \frac{1}{96}\,q_2{}^2\right) \right]$$

Das ist — wie in (3.3) behauptet — die Komponentenmatrix des Tensors $(3\mathbf{p} \otimes \mathbf{p} + \mathbf{q} \otimes \mathbf{q})A/24$, was wir uns durch eine Probe bestätigen lassen.

```
> evalm((3*p&*transpose(p)+q&*transpose(q))*a/24-"):
>       map(simplify,");
```

$$\begin{bmatrix} 0 & 0 \\ 0 & 0 \end{bmatrix}$$

Übungsvorschlag: Berechnen Sie den Schwerpunkt und die Flächenmomente 2. Grades des Kreisabschnitts von Abschn. 4.3.2 mit der hier auf das Dreieck angewendeten Methode der Doppelintegrale. Überlegen Sie, daß die Rückführung auf Integrationen über nur eine Variable in Abschn. 4.3.2 deshalb möglich war, weil alle Integranden Funktionen von x oder von y allein waren. Wäre nicht die x-Achse eine Symmetrieachse der Fläche und damit das gemischte Flächenmoment $I_{xy} = 0$ gewesen, so hätte man auch das Integral $I_{xy} = \int \int x\,y\,dx\,dy$ berechnen müssen, dessen Integrand von beiden Variablen abhängt.

5 Statistik und Wahrscheinlichkeitsrechnung

Wir erfahren in diesem Kapitel zunächst, wie sich mit MAPLE statistische Daten verarbeiten lassen. Dabei stoßen wir auch auf die Frage des inneren Zusammenhanges zweier Datenlisten und sehen, wie wir vorgehen müssen, um einen derartigen Zusammenhang durch eine empirische Formel mittels der Methode der kleinsten Fehlerquadrate zu beschreiben.

Wenn insbesondere die Gesetzmäßigkeit des Zusammenhanges bekannt ist, so rühren Abweichungen der Daten von der idealen Kurve nur von Meßungenauigkeiten her. Die Zuverlässigkeit der aus den Daten gewonnenen Ergebnisse läßt sich dann abschätzen, wenn man die Wahrscheinlichkeitsverteilung der Meßfehler heranzieht.

Wir wenden uns daher als nächstes derartigen Verteilungen zu. Weil dabei insbesondere die Normalverteilung von überragender Bedeutung ist, studieren wir deren theoretische Eigenschaften und praktische Handhabung genauer. Wenn wir allerdings den Vertrauensbereich des Erwartungswertes einer Grundgesamtheit an Hand einer Stichprobe schätzen wollen, so erweist sich die Studentsche t-Verteilung als maßgebend.

Mit ihrer Hilfe läßt sich auch der Vertrauensbereich bei der linearen Regression angeben. Das zeigen wir an einem Beispiel aus dem physikalischen Praktikum. Dabei ist zunächst ein linearer Zusammenhang aufzufinden zwischen Größen, die aus den Meßwerten abgeleitet sind, und der Vertrauensbereich dieser Geraden wird sodann aus den Streuungen der Meßwerte errechnet.

Wir beschließen das Kapitel mit der Diskussion einiger Wahrscheinlichkeitsverteilungen diskreter Variabler. Als einfache Anwendung bietet sich der ideale Würfel an, bei dem die Wahrscheinlichkeiten sich durch Abzählen ermitteln lassen. An zwei Beispielen zeigen wir nun, daß die Verteilungen für wachsende Anzahl der beteiligten Würfel bzw. Würfe immer besser durch die Normalverteilung angenähert werden. Diese Erkenntnis machen wir uns im dritten Beispiel zunutze, um die Echtheit eines Würfels an Hand einer großen Zahl von Würfen zu überprüfen.

5.1 Beschreibung von Stichproben

5.1.1 Charakterisierung einer Datenliste

Für die Behandlung von Fragestellungen aus der Statistik und Wahrscheinlichkeitsrechnung hält MAPLE das Paket stats bereit. Wir lesen es in den

Arbeitsspeicher ein:

```
> with(stats);
```

$[anova, describe, fit, importdata, random, statevalf, statplots, transform]$

Die Ausgabe nennt uns die bereitgestellten Operationen. Neben der Funktion `importdata` zum Einlesen statistischer Daten von externen Dateien sind dies die folgenden Unterpakete:

- `anova`: Varianzanalyse
- `describe`: Beschreibung statistischer Daten
- `fit`: Regression
- `random`: Erzeugung von Zufallszahlen
- `statevalf`: Numerische Auswertung statistischer Verteilungen
- `statplots`: Zeichenfunktionen
- `transform`: Manipulation statistischer Daten

Jedes dieser Unterpakete enthält eine Anzahl von Funktionen, die zugänglich werden, wenn man sie entweder gemeinsam mit dem Namen des Unterpakets aufruft oder wenn man das Unterpaket zuvor in den Arbeitsspeicher eingelesen hat. So ist `mean` (Mittelwert) beispielsweise eine Funktion des Unterpakets `describe`. Will man den Mittelwert einer Datenliste `data` bilden, so ruft man also entweder auf `describe[mean](data);` oder `with(describe):` `mean(data);` Über den Inhalt der Unterpakete informiert die *on-line*-Hilfe (z.B. `?describe`).

Wir stellen zunächst die Unterpakete `describe` und `random` bereit:

```
> with(describe): with(random):
```

Als Übungsmaterial benötigen wir statistische Daten. Wir beschaffen sie uns einfach aus Zufallszahlen. Da das Unterpaket `random` schon bereit steht, brauchen wir nur die gewünschte Verteilung und Anzahl anzugeben. (Über die zur Verfügung stehenden Verteilungen informiert `?distributions`.) Der folgende Aufruf liefert eine Sequenz von 50 Zufallszahlen, die normalverteilt sind mit Mittelwert 3 und Standardabweichung 2. Diese Sequenz machen wir durch Einschließen in eckigen Klammern zu einer Liste. (Aus Platzgründen beschränken wir uns auf die Mitnahme von 6 Stellen.)

```
> Digits:=6: normald[3,2](50):   datax:=[""];
```

$datax := [5.35167, 1.87327, 3.47079, .11490, .84161, 2.95599, -2.17057,$
$\quad 2.11345, .99343, 2.94425, 6.05250, 1.78976, 3.32808, 4.30605,$
$\quad 1.91788, 7.27006, 3.36886, 1.76674, 2.10260, 4.64764, 3.50426,$
$\quad 3.38366, 4.65598, -.48452, 5.24616, 2.67888, -.11189, 1.43860,$
$\quad 1.96267, 2.48346, -.07234, 3.84038, 1.90792, 1.95314, 3.11215,$
$\quad 6.04316, -.57818, .18243, -.55262, 1.10681, 2.79003, 6.99298,$
$\quad .48425, 2.88712, 5.22700, 3.73827, 2.93694, 4.23800, 6.48758,$
$\quad .76180]$

Auf diese statistische Liste wenden wir einige Funktionen des Unterpakets describe an. Die Anzahl der Daten liefert der Befehl

```
> n:=count(datax);
```

$$n := 50$$

Der Mittelwert $\bar{x} = \sum x_i/n$ ist das arithmetische Mittel der Daten:

```
> xq:=mean(datax);
```

$$xq := 2.66566$$

(Daneben stellt das Unterpaket describe noch das quadratische, geometrische und harmonische Mittel als weitere Möglichkeiten bereit, die zentrale Tendenz der Daten zu kennzeichnen.)

Als einfaches Maß für die Spreizung der Daten kann der Wertebereich (range) $b = \min x_i .. \max x_i$ dienen:

```
> bw:=range(datax);
```

$$bw := -2.17057..7.27006$$

Verfeinerte Maße sind die Varianz $s^2 = \sum(x_i - \bar{x})^2/f$ und ihre Wurzel, die Standardabweichung $s = \sqrt{s^2}$. Dabei bedeutet f die Zahl der Freiheitsgrade, die bei der Grundgesamtheit mit der Zahl n der Daten identisch ist. Wie wir sehen, ist die Standardabweichung das quadratische Mittel der Abweichungen der Daten vom Mittelwert; das arithmetische Mittel der Abweichungen ist als Kennwert ungeeignet, da es stets gleich Null ist.

Der Begriff Streuung wird von einigen Autoren für die Varianz, von anderen für die Standardabweichung benutzt und sollte wegen dieser Mehrdeutigkeit besser nicht verwendet werden.

```
> sx2:=variance(datax);
> sx:=standarddeviation(datax);
```

$$sx2 := 4.44484$$

$$sx := 2.10828$$

Bei einer Stichprobe vom Umfang n betrachtet man $f = n - 1$ als Zahl der Freiheitsgrade. (Einzelheiten dazu entnehme man den Lehrbüchern.) In diesem Falle werden Varianz und Standardabweichung aufgerufen mit dem modifizierten Befehl:

```
> sx2stich:=variance[1](datax);
> sxstich:=standarddeviation[1](datax);
```

$$sx2stich := 4.53556$$

$$sxstich := 2.12969$$

Wir prüfen, daß in der Tat im Rahmen der Rechengenauigkeit die folgenden Ausdrücke gleich sind:

```
> sqrt(sx2stich), sxstich, evalf(sx*sqrt(n/(n-1))),
> evalf(sqrt(sx2*n/(n-1)));
```

$$2.12969, \ 2.12969, \ 2.12967, \ 2.12969$$

Die statistischen Daten unserer Urliste `datax` gewinnen an Übersichtlichkeit, wenn wir sie sortieren. Das geschieht mit dem Befehl `statsort` aus dem Unterpaket `transform`.

```
> with(transform):
> dataxs:=statsort(datax);
```

$$dataxs := [-2.17057, -.57818, -.55262, -.48452, -.11189, -.07234,$$
$$.11490, .18243, .48425, .76180, .84161, .99343, 1.10681, 1.43860,$$
$$1.76674, 1.78976, 1.87327, 1.90792, 1.91788, 1.95314, 1.96267,$$
$$2.10260, 2.11345, 2.48346, 2.67888, 2.79003, 2.88712, 2.93694,$$
$$2.94425, 2.95599, 3.11215, 3.32808, 3.36886, 3.38366, 3.47079,$$
$$3.50426, 3.73827, 3.84038, 4.23800, 4.30605, 4.64764, 4.65598,$$
$$5.22700, 5.24616, 5.35167, 6.04316, 6.05250, 6.48758, 6.99298,$$
$$7.27006]$$

Ein weiteres nützliches Hilfsmittel zur Aufbereitung statistischer Daten ist ihre Einteilung in Klassen. Im Beispiel wollen wir acht Klassen einführen durch die Definition:

```
> klassend:=[-2.5..-0.5,-0.5..0.5,0.5..1.5,1.5..2.5,
> 2.5..3.5,3.5..4.5,4.5..5.5,5.5..7.5];
```

$$klassend := [-2.5.. - .5, -.5...5, .5..1.5, 1.5..2.5, 2.5..3.5,$$
$$3.5..4.5, 4.5..5.5, 5.5..7.5]$$

Weil sechs der Klassen im vorliegenden Falle gleiche Breite (=1) haben, hätten wir die Definition auch kürzer fassen können:

```
> klassen:=[-2.5..-0.5,seq(-0.5+(i-1)..-0.5+i, i=1..6),5.5..7.5];
```

$$klassen := [-2.5.. - .5, -.5...5, .5..1.5, 1.5..2.5, 2.5..3.5,$$
$$3.5..4.5, 4.5..5.5, 5.5..7.5]$$

Die Zuweisung der Daten zu den zuvor definierten Klassen geschieht mit dem Befehl `tallyinto` aus dem Unterpaket `transform`.

```
> dataxk:=tallyinto(datax,klassen);
```

$$dataxk := [\text{Weight}(-2.5.. - .5, 3), \text{Weight}(-.5...5, 6),$$
$$\text{Weight}(.5..1.5, 5), \text{Weight}(2.5..3.5, 11),$$
$$\text{Weight}(3.5..4.5, 5), \text{Weight}(4.5..5.5, 5),$$
$$\text{Weight}(5.5..7.5, 5), \text{Weight}(1.5..2.5, 10)]$$

Das Ergebnis `dataxk` ist ebenfalls eine statistische Liste. (MAPLE kennt verschiedene Formen der Gestaltung statistischer Listen; über die Möglichkeiten informiert `?data`.) `Weight(-2.5..-0.5,3)` bedeutet beispielsweise, daß die Klasse der Daten x_i mit $-2.5 \le x_i < -0.5$ drei Eingangswerte enthält. Wie wir der sortierten Datenliste `dataxs` entnehmen, sind dies die Werte

−2.17.., −.57.. und −.55.. . (Statt `Weight(-2.5..-0.5,1)` hätte MAPLE kürzer `-2.5..-0.5` geschrieben.)

Offenbar geht bei der Klasseneinteilung Information verloren. Andererseits wird Übersicht gewonnen, wenn wir die Daten in Form eines Histogramms graphisch darstellen (s. Bild 5.1). Der Befehl `histogram` gehört zum Unterpaket `statplots`.

```
> with(statplots):
Warning: new definition for    quantile
> histogram(dataxk,style=line);
```

Die Flächen der Rechtecke über den 8 Klassen geben das Gewicht (d.h. die Anzahl, auch absolute Häufigkeit genannt) der darin jeweils enthaltenen Daten an. (Die Höhe der Rechtecke gibt die absolute Häufigkeitsdichte = Quotient von Gewicht und Klassenbreite.)

5.1.2 Innerer Zusammenhang zweier Datenlisten

Wir beschaffen uns noch eine zweite Datenliste aus 50 Zufallszahlen und sortieren sie anschließend.

```
> datay:=[normald[3.5,2.5](50)];
```

$datay := [2.27067, 2.33800, 4.63350, 1.90655, 1.13237, 7.49336, 4.63243,$
$\quad -.31722, 4.37986, 5.08386, 2.68208, 1.13147, 2.67808, 2.62830,$
$\quad 3.32823, 2.44632, 3.13209, 6.64903, 3.35367, 6.81946, .26575,$
$\quad 7.05439, 4.97960, 6.86607, 1.18488, -1.10363, 1.89817, -1.09283,$
$\quad 7.80789, -.04701, 1.38068, 2.95214, -.51516, 2.02028, 3.81031,$
$\quad 8.05795, 1.92109, -2.32407, -1.38778, 1.46550, 8.15982, 8.39873,$
$\quad 4.79660, 5.34743, 3.36501, 5.25522, 5.15637, 4.97795, 4.95068,$
$\quad 4.68771]$

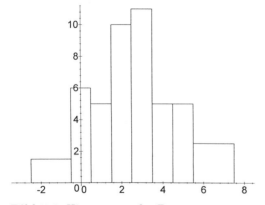

Bild 5.1. Histogramm der Daten

```
> datays:=statsort(datay);
```

$datays := [-2.32407, -1.38778, -1.10363, -1.09283, -.51516,$
$\qquad -.31722, -.04701, .26575, 1.13147, 1.13237, 1.18488, 1.38068,$
$\qquad 1.46550, 1.89817, 1.90655, 1.92109, 2.02028, 2.27067, 2.33800,$
$\qquad 2.44632, 2.62830, 2.67808, 2.68208, 2.95214, 3.13209, 3.32823,$
$\qquad 3.35367, 3.36501, 3.81031, 4.37986, 4.63243, 4.63350, 4.68771,$
$\qquad 4.79660, 4.95068, 4.97795, 4.97960, 5.08386, 5.15637, 5.25522,$
$\qquad 5.34743, 6.64903, 6.81946, 6.86607, 7.05439, 7.49336, 7.80789,$
$\qquad 8.05795, 8.15982, 8.39873]$

Mittelwert, Varianz und Standardabweichung ergeben sich zu

```
> yq:=mean(datay); sy2:= variance(datay);
> sy:=standarddeviation(datay);
```

$$yq := 3.37386$$
$$sy2 := 7.30508$$
$$sy := 2.70279$$

Diese Kenngrößen ändern sich beim Sortieren der Daten natürlich nicht, wie wir uns im Rahmen der Rechengenauigkeit am Beispiel bestätigen lassen:

```
> [mean, variance,standarddeviation](datays);
```

$$[3.37382, 7.30510, 2.70279]$$

Nun soll der Zusammenhang zwischen den alten Daten (Liste `dataxs`) und den neuen (Liste `datays`) betrachtet werden. Dazu stellen wir uns vor, daß wir an 50 Elementen einer Stichprobe jeweils einen x-Wert und einen y-Wert ermittelt haben (beispielsweise Größe und Gewicht von Menschen). Einen guten Überblick liefert die Auftragung der y-Werte über den x-Werten mittels des Befehls `scatter2d` aus dem Unterpaket `statplots`.

```
> scatter2d(dataxs,datays);
```

Wir erkennen einen engen Zusammenhang zwischen beiden Datenlisten: Zu größeren x-Werten gehören größere y-Werte. Kaum ein Zusammenhang besteht dagegen offensichtlich zwischen den einander zugeordneten Daten der Listen `dataxs` und `datay`.

```
> scatter2d(dataxs,datay);
```

Als Kennzahl für den inneren Zusammenhang zweier Datenlisten kann man ihre Kovarianz $s_{xy} = \sum (x_i - \bar{x})(y_i - \bar{y})/f$ verwenden. (Anders als bei Varianz und Standardabweichung sieht MAPLE hier nur den Fall $f = n$ vor.) Wir bilden die Kovarianz für die beiden betrachteten Fälle:

```
> sxy:=covariance(dataxs,datays);
```

$$sxy := 5.64456$$

```
> covariance(dataxs,datay);
```

$$.893744$$

Die Kovarianz einer Datenliste mit sich selbst ist die Varianz dieser Liste, wie auch eine Probe zeigt:

> `covariance(datay,datay)=variance(datay);`

$$7.30508 = 7.30508$$

Aussagekräftiger als die Kovarianz ist der aus ihr durch Normierung entstehende Korrelationskoeffizient $r = s_{xy}/(s_x s_y)$ (Befehl `linearcorrelation`). (Eine Deutung ist folgende: Betrachten wir $x_i - \bar{x}$ und $y_i - \bar{y}$ $(i = 1 \ldots n)$ als Komponenten zweier n-dimensionaler Vektoren, dann ist der Korrelationskoeffizient das Skalarprodukt der beiden Vektoren, dividiert durch das Produkt ihrer Beträge. Weil sein Wert gemäß der Schwarzschen Ungleichung zwischen -1 und +1 liegen muß, läßt er sich deuten als Cosinus des von den beiden Vektoren eingeschlossenen Winkels. Sind die Vektoren gleich oder entgegengesetzt gerichtet — d.h. besteht exakt lineare Korrelation zwischen den Datenlisten —, so hat der Cosinus den Betrag 1; stehen die Vektoren aufeinander senkrecht — d.h. besteht keinerlei lineare Korrelation zwischen den Datenlisten —, so ist der Cosinus gleich Null.) In unseren zwei betrachteten Beispielen finden wir erwartungsgemäß einen nahe bei 1 liegenden und einen ziemlich kleinen Betrag des Korrelationskoeffizienten:

> `r:=linearcorrelation(dataxs,datays);`
> `linearcorrelation(dataxs,datay);`

$$r := .990585$$
$$.156847$$

Wir überzeugen uns noch, daß der Korrelationskoeffizient tatsächlich nach der angegebenen Vorschrift berechnet wird:

> `sxy/(sx*sy);`

$$.990580$$

5.2   Lineare und nichtlineare Regression

Betrachten wir noch einmal die graphische Auftragung der sortierten y-Werte über den sortierten x-Werten, die wir als Meßpunkte einer Versuchsreihe deuten wollen:

> `experim:=scatter2d(dataxs,datays):  experim;`

Derartige Diagramme legen eine Approximation durch einen analytischen Ausdruck nahe. In MAPLE geschieht das mit der Gaußschen Methode der kleinsten Fehlerquadratsumme im Rahmen des Befehls `leastsquare` innerhalb des Unterpakets `fit`. Dabei dürfen die freien Konstanten $a, b, c, \ldots$ im Ansatz für die Ausgleichskurve $y = g(x, a, b, c, \ldots)$ nur linear auftreten, also in der Form $y = a g_1(x) + b g_2(x) + c g_3(x) + \ldots$.

Zuerst versuchen wir eine Approximation der Meßpunkte durch eine Parabel dritten Grades, also eine Funktion mit vier freien Konstanten.

```
> with(fit): leastsquare[[x,y],y=a+b*x+c*x^2+d*x^3,{a,b,c,d}]
> ([dataxs,datays]);
```

$$y = -.202124 + 1.26838\, x + .0724703\, x^2 - .0114860\, x^3$$

Die rechte Seite der Gleichung speichern wir unter dem Namen kubisch und erzeugen eine plot-Struktur dieses Ausdrucks, den wir unter dem Namen analytkub ablegen.

```
> kubisch:=rhs("): analytkub:=plot(kubisch,x=-3..8,color=blue):
```

Als nächstes approximieren wir die Meßpunkte durch eine Gerade, also eine Funktion mit nur zwei freien Konstanten. Für diesen Sonderfall gibt es eine Kurzform des Befehls leastsquare:

```
> leastsquare[[x,y]]([dataxs,datays]);
> lin:=rhs("):   analytlin:=plot(lin,x=-3..8,color=red):
```

$$y = -.0111753 + 1.26986\, x$$

Nun laden wir das Paket plots in den Arbeitsspeicher und stellen die Meßwerte und die beiden analytischen Näherungsfunktionen dar mit dem Befehl display:

```
> with(plots): display({experim,analytkub,analytlin});
```

Die Approximation durch eine Gerade $y = a + bx$ wird auch als lineare Regression bezeichnet, und die beiden Koeffizienten lassen sich geschlossen angeben:

$$b = \frac{s_{xy}}{s_x^2}, \qquad a = \bar{y} - b\bar{x}\,.$$

Dabei ist $s_x^2 = \sum(x_i - \bar{x})^2/f$ wieder die Varianz der x-Daten und $s_{xy} = \sum(x_i - \bar{x})(y_i - \bar{y})/f$ die Kovarianz der x- und y-Daten. Der Wert f der Freiheitsgrade (n oder $n-1$) kürzt sich aus der Berechnungsvorschrift heraus. Mit $f = n$ finden wir Werte, die im Rahmen der Rechengenauigkeit mit den von MAPLE im obigen Ausdruck lin berechneten Koeffizienten übereinstimmen.

```
> b:=sxy/sx2;
> a:=yq-b*xq;
```

$$b := 1.26991$$
$$a := -.01129$$

Auch für die bei der Minimierung erzielte Fehlerquadratsumme Q gibt es im Falle linearer Regression eine einfache Formel:

$$Q = \sum_{j=1}^{n}(a + b\,x_j - y_j)^2 = (1 - r^2)\,n\,s_y^2\,.$$

Darin bedeutet r den Korrelationskoeffizienten der x- und y-Daten und s_y^2 die mit dem Freiheitsgrad n gebildete Varianz der y-Daten. (*Vorsicht*: Manche Autoren bezeichnen in diesem Zusammenhang mit s_y^2 die Varianz der y-Fehler und nicht die der y-Werte.) Im Falle der perfekten linearen Korrelation ($|r| = 1$) wird der Fehler also gleich Null, d.h. alle Punkte liegen exakt auf der Ausgleichsgeraden. In unserem Beispiel finden wir dagegen

```
> Q:=(1-r^2)*n*sy2;
```

$$Q := 6.84523$$

Wir überprüfen das Ergebnis, indem wir alle Fehlerquadrate summieren, und finden Übereinstimmung im Rahmen der Rechengenauigkeit.

```
> sum((a+b*dataxs[j]-datays[j])^2,j=1..n);
```

$$6.85964$$

Da die kubische Parabel zwei Freiwerte mehr besitzt als die lineare Funktion, liefert sie natürlich eine kleinere Fehlerquadratsumme und approximiert in diesem Sinne unsere Meßpunkte besser:

```
> sum((subs(x=dataxs[j],kubisch)-datays[j])^2,j=1..n);
```

$$4.72367$$

Wichtig: Würden wir ein Polynom vom Grad 49 ansetzen, so hätten wir 50 Freiwerte und könnten die Fehlerquadratsumme exakt zu Null machen: Alle Meßpunkte würden genau auf der Kurve liegen. Am Sinn eines solchen Vorgehens kommen uns aber sofort Zweifel. Der stark gekrümmte Verlauf eines solchen Kurvenzugs würde sämtlichen zufälligen Schwankungen der Meßwerte folgen, also die Meßfehler gut wiedergeben, die gerade das Wesentliche verdecken. Im Sinne des Fehlerausgleichs stellt daher wahrscheinlich sogar die lineare Funktion eine bessere Näherung dar als die kubische Parabel.

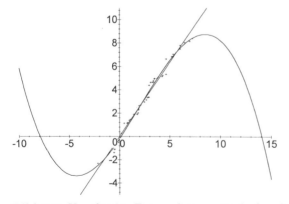

Bild 5.2. Unzulässige Extrapolation mittels Ausgleichskurven

Diese Aussagen beziehen sich auf den Fall, wo keine Erkenntnisse über den „richtigen" Kurvenverlauf vorliegen, d.h. nicht aus theoretischen Überlegungen bereits die Form der Abhängigkeit zwischen den Variablen x und y bekannt ist. Besonders gefährlich ist es in einem solchen Falle, die Ausgleichskurven aus dem Meßgebiet heraus zu extrapolieren. Das zeigt drastisch eine Graphik (s. Bild 5.2).

```
> analytlin:=plot(lin,x=-10..15,color=red):
> analytkub:=plot(kubisch,x=-10..15,color=blue):
> display({experim,analytkub,analytlin});
```

Auf Fehlerabschätzungen in dem Fall, bei dem der exakte Kurvenverlauf bekannt ist, kommen wir in Abschnitt 5.3.3 zurück.

Übungsvorschlag: Approximieren Sie die Meßdaten unseres Beispiels durch Polynome vom Grade 5, 9 u.a. und beurteilen Sie das Ergebnis.

5.3 Fehlerschätzungen

5.3.1 Wahrscheinlichkeitsverteilungen von stetigen Variablen

Zufallsvariable können stetige oder diskrete Werte annehmen. Stetig ist beispielsweise die Zerreißfestigkeit von Drähten, diskret die Augenzahl eines Würfels. Die Wahrscheinlichkeit für das Auftreten bestimmter Werte dieser Variablen wird durch ihre Wahrscheinlichkeitsverteilung beschrieben.

Über die im Statistik-Paket von MAPLE verfügbaren Verteilungen informiert `?distributions`. (Verteilungen bei stetigen Variablen werden als *continuous distributions*, solche bei diskreten Variablen als *discrete distributions* bezeichnet.)

Bei stetigen Variablen wird die Verteilungsfunktion $F(x)$ (cumulative density function, `cdf`) betrachtet und ihre Ableitung nach x, die Wahrscheinlichkeitsdichte $f(x) = F'(x)$ (probability density function, `pdf`). Ferner ist die Umkehrfunktion der Verteilungsfunktion (inverse cumulative density function, `icdf`) von Bedeutung. Der Wert der Verteilungsfunktion $F(x_1)$ an der Stelle x_1 gibt die Wahrscheinlichkeit an, daß die Zufallsvariable x einen Wert kleiner als x_1 annimmt. Natürlich ist $F(-\infty) = 0$. Geometrisch beschreibt $F(x_1)$ als Integral über $F'(x)$ den Inhalt der Fläche unter der Wahrscheinlichkeitsdichte $f(x)$ zwischen $-\infty$ und x_1. Weil der Wert von x mit Sicherheit — d.h. mit der Wahrscheinlichkeit 1 — irgendwo zwischen $-\infty$ und $+\infty$ liegt, muß ferner $F(+\infty) = 1$ gelten. Die Wahrscheinlichkeit, daß die Zufallsvariable einen Wert zwischen x und $x + dx$ annimmt, ist $F(x+dx) - F(x) \approx F'(x)\,dx = f(x)\,dx$. Diese Aussage liefert eine Interpretation der Wahrscheinlichkeitsdichte $f(x)$. (Daß f in anderem Zusammenhang die Zahl der Freiheitsgrade bezeichnet, dürfte wohl nicht zu Verwechslungen führen.)

Die bekannteste Wahrscheinlichkeitsverteilung für eine stetige Variable ist die Gaußsche Normalverteilung, die sich durch Angabe von Mittelwert (auch

Erwartungswert genannt) μ und Standardabweichung σ vollständig beschreiben läßt. Für eine spezielle Wahl ($\mu = 6$, $\sigma = 0.5$) wollen wir die Verteilungsfunktion und die Wahrscheinlichkeitsdichte graphisch darstellen. Die numerische Auswertung von Verteilungen geschieht im Unterpaket `statevalf`, das wir zunächst einlesen.

```
> with(statevalf):
> pl1:=plot(cdf[normald[6,0.5]],3..9,color=red):
> pl2:=plot(pdf[normald[6,0.5]],3..9,color=blue):
> display({pl1,pl2});
```

Theoretische Erkenntnisse über die Wahrscheinlichkeitsdichte $f(x)$ gewinnen wir, indem wir die formelmäßige Darstellung dieser Gaußschen Glockenkurve diskutieren. Wir können sie z.B. aus `?distributions` entnehmen:

```
> f:=exp(-(x-mu)^2/2/sigma^2)/sqrt(2*Pi*sigma^2);
```

$$f := \frac{1}{2} \frac{e^{\left(-1/2\,\frac{(x-\mu)^2}{\sigma^2}\right)} \sqrt{2}}{\sqrt{\pi\,\sigma^2}}$$

Berechnung ihrer Ableitung und Nullsetzen zeigt, daß die Funktion $f(x)$ ihr Maximum bei $x = \mu$ annimmt:

```
> f1:=diff(f,x); xmaxi:=solve(f1,x);
```

$$f1 := -\frac{1}{2} \frac{(x-\mu)\,e^{\left(-1/2\,\frac{(x-\mu)^2}{\sigma^2}\right)} \sqrt{2}}{\sigma^2 \sqrt{\pi\,\sigma^2}}$$

$$xmaxi := \mu$$

Nochmaliges Differenzieren und Nullsetzen liefert die Erkenntnis, daß die Funktion $f(x)$ bei $x = \mu \pm \sigma$ Wendepunkte besitzt:

```
> f2:=diff(f1,x); xwend:=solve(f2,x);
```

$$f2 := -\frac{1}{2} \frac{e^{\left(-1/2\,\frac{(x-\mu)^2}{\sigma^2}\right)} \sqrt{2}}{\sigma^2 \sqrt{\pi\,\sigma^2}} + \frac{1}{2} \frac{(x-\mu)^2\,e^{\left(-1/2\,\frac{(x-\mu)^2}{\sigma^2}\right)} \sqrt{2}}{\sigma^4 \sqrt{\pi\,\sigma^2}}$$

$$xwend := \sigma + \mu, -\sigma + \mu$$

Ehe wir die Verteilungsfunktion $F(x)$ aus $f(x)$ als uneigentliches Integral berechnen, lassen wir MAPLE wissen, daß μ und σ reelle Größen sind und σ zudem positiv ist.

```
> assume(mu,real); assume(sigma>0);
> int(f,x=-infinity..v): F:=subs(v=x,");
```

$$F := -\frac{1}{2}\,\mathrm{erf}\left(\frac{1}{2}\,\frac{\sqrt{2}\,(-x+\mu^\sim)}{\sigma^\sim}\right) + \frac{1}{2}$$

Wie wir sehen, läßt die Verteilungsfunktion sich durch die höhere transzendente Funktion `erf` — error function, Fehlerfunktion — ausdrücken. Erwartungsgemäß gilt:

```
> limit(F,x=infinity);
```
$$1$$

Die Wahrscheinlichkeit, daß der Wert der Variablen x zwischen den Wendepunkten der Glockenkurve — also im Intervall $[\mu - \sigma, \mu + \sigma]$ — liegt, ist $S = F(\mu + \sigma) - F(\mu - \sigma)$, also:

```
> subs(x=mu+sigma,F)-subs(x=mu-sigma,F): S:=evalf(");
```
$$S := .6826894920$$

Man interpretiert das Ergebnis, indem man sagt, der Wert von x liege mit einer statistischen Sicherheit von 68,3% in diesem Intervall.

Für das Intervall $[\mu - u\sigma, \mu + u\sigma]$ finden wir die statistische Sicherheit $S = F(\mu + u\sigma) - F(\mu - u\sigma)$:

```
> S:=subs(x=mu+u*sigma,F)-subs(x=mu-u*sigma,F);
```
$$S := -\frac{1}{2}\operatorname{erf}\left(-\frac{1}{2}\sqrt{2}\,u\right) + \frac{1}{2}\operatorname{erf}\left(\frac{1}{2}\sqrt{2}\,u\right)$$

Wie wir sehen, hängt dieser Wert nur von der Wahl von u ab, nicht aber von den Parametern μ und σ der speziellen Normalverteilung. Wir können uns bei der Auswertung also auf die sogenannte normierte Normalverteilung — mit Erwartungswert $\mu = 0$ und Standardabweichung $\sigma = 1$ — beschränken. Ihre Verteilungsfunktion ist

```
> Phi:=subs({mu=0,sigma=1},F);
```
$$\Phi := -\frac{1}{2}\operatorname{erf}\left(-\frac{1}{2}\sqrt{2}\,x\right) + \frac{1}{2}$$

Wir lassen uns noch einmal bestätigen, daß die statistische Sicherheit sich tatsächlich berechnen läßt aus $S = \Phi(u) - \Phi(-u)$:

```
> S:=subs(x=u,Phi)-subs(x=-u,Phi);
```
$$S := -\frac{1}{2}\operatorname{erf}\left(-\frac{1}{2}\sqrt{2}\,u\right) + \frac{1}{2}\operatorname{erf}\left(\frac{1}{2}\sqrt{2}\,u\right)$$

Für $u = 1.645$ ergibt sich beispielsweise eine statistische Sicherheit von 90%:

```
> subs(u=1.645,S): evalf(");
```
$$.9000301889$$

Dasselbe numerische Ergebnis liefert das Unterpaket `statevalf`. Die normierte Normalverteilung läßt sich dabei in verkürzter Form — ohne Parameter — aufrufen:

```
> cdf[normald](1.645)-cdf[normald](-1.645);
```
$$.9000301890$$

Wir sehen uns noch die Graphen von Verteilungsfunktion und Wahrscheinlichkeitsdichte der normierten Normalverteilung an:

```
> pl3:=plot(cdf[normald],-3..3,color=blue):
> pl4:=plot(pdf[normald],-3..3,color=red):
> display({pl3,pl4});
```

Das Bild der Umkehrfunktion entsteht aus der Verteilungsfunktion durch Vertauschen der beiden Koordinatenachsen:

```
> plot(icdf[normald],-1..2,color=green);
```

Diese Umkehrfunktion wird benötigt, weil man üblicherweise die gewünschte statistische Sicherheit vorgibt und das zugehörige Intervall auf der x-Achse wissen möchte. Die Begrenzungswerte dieses Intervalls bezeichnet man als Schwellenwerte oder Fraktilen.

Im Falle einer einseitigen Abgrenzung sucht man beispielsweise ein $x_1 = \mu + u_{e975}\sigma$ so, daß mit einer statistischen Sicherheit von 97,5% der Wert der Variablen x, die einer Normalverteilung genügt, kleiner als x_1 ist. Dann muß gelten $\Phi(u_{e975}) = .975$, und der Schwellenwert u_{e975} ist der Wert der Umkehrfunktion von Φ an der Stelle .975, also:

```
> ue975:=icdf[normald](0.975);
```

$$ue975 := 1.959963985$$

Im Gegensatz dazu sucht man bei der zweiseitigen Abgrenzung zwei Werte x_{unten} und x_{oben} so, daß der Wert von x mit einer Wahrscheinlichkeit von 2,5% kleiner als $x_{\text{unten}} = \mu - u_{\text{unten}95}\sigma$ und mit einer Wahrscheinlichkeit von 2,5% größer als $x_{\text{oben}} = \mu + u_{\text{oben}95}\sigma$ ist. Mit einer statistischen Sicherheit von 95% liegt er dann zwischen den Werten x_{unten} und x_{oben}.

```
> uunten95:=icdf[normald](0.025); uoben95:=icdf[normald](0.975);
```

$$uunten95 := -1.959963985$$

$$uoben95 := 1.959963985$$

Offenbar brauchen wir nur einen der beiden Schwellenwerte zu berechnen, da sie sich allein durch das Vorzeichen unterscheiden. Ursache dafür ist die Symmetrie der Glockenkurve der Normalverteilung.

Entsprechend bekommen wir mit

```
> ub99:=icdf[normald](0.995);
```

$$ub99 := 2.575829304$$

die Aussage, daß mit einer statistischen Sicherheit von 99% die Werte einer normalverteilten Zufallsvariablen im Intervall $[\mu - 2.58\sigma, \mu + 2.58\sigma]$ liegen.

5.3.2 Vertrauensbereich des Erwartungswertes einer Grundgesamtheit

Den Erwartungswert (Mittelwert) und die Varianz einer stetigen Zufallsvariablen x mit einer beliebigen Wahrscheinlichkeitsdichte $f(x)$ definiert man als

$$E[x] = \int_{-\infty}^{\infty} x\, f(x)\, dx \quad \text{bzw.} \quad V[x] = \int_{-\infty}^{\infty} (x - E[x])^2\, f(x)\, dx$$

und bezeichnet ihre Werte meist mit μ bzw. σ^2.

Übungsvorschlag: Weisen Sie durch Einsetzen der entsprechenden Wahrscheinlichkeitsdichte $f(x)$ in diese Integrale nach, daß die als μ bzw. σ^2 bezeichneten Parameter der Normalverteilung in der Tat den Erwartungswert und die Varianz dieser Verteilung angeben.

Entsteht eine Zufallsvariable als Summe voneinander unabhängiger Zufallsvariablen, so läßt sich zeigen: Ihr Erwartungswert ist die Summe der Erwartungswerte der Summanden und ihre Varianz ist die Summe der Varianzen der Summanden. (Für die Standardabweichung als die Wurzel aus der Varianz gilt keine derartige Superposition.) Diese Erkenntnisse wendet man an bei der Entnahme einer Stichprobe vom Umfang n aus einer Grundgesamtheit und kann folgendes beweisen:

Das Stichprobenmittel $\bar{x}$ und die mit dem Freiheitsgrad $n-1$ (!) gebildete Stichprobenvarianz s^2 sind erwartungstreue Schätzungen für Mittelwert und Varianz der Grundgesamtheit. Die Varianz des Mittelwerts beträgt nur ein n-tel der Varianz der Grundgesamtheit. In Formeln:

$$E[\bar{x}] = E[x] = \mu; \qquad E[s^2] = V[x] = \sigma^2; \qquad V[\bar{x}] = V[x]/n = \sigma^2/n.$$

Schlüsse auf den Erwartungswert der Grundgesamtheit lassen sich dann mit vorgegebener statistischer Sicherheit aus den Kennwerten der Stichprobe ziehen, wenn das Stichprobenmittel $\bar{x}$ normalverteilt ist. Das ist der Fall, wenn die Grundgesamtheit normalverteilt ist, gilt aber näherungsweise auch bei beliebig verteilter Grundgesamtheit, wenn der Stichprobenumfang nicht allzu klein ist. (Diese Folgerung aus dem zentralen Grenzwertsatz werden wir in Abschn. 5.5 am Beispiel des Würfelns mit drei Würfeln bestätigt finden.) Die Tatsache, daß die Normalverteilung des Mittelwerts den Erwartungswert μ und die Standardabweichung $\sigma/\sqrt{n}$ besitzt, besagt, daß mit der statistischen Sicherheit S —und dem zugehörigen Schwellenwert u_{bS} der normierten Normalverteilung für beidseitige Abgrenzung — gilt:

$$\mu - u_{bS}\sigma/\sqrt{n} \le \bar{x} \le \mu + u_{bS}\sigma/\sqrt{n},$$

woraus man durch Umstellen den Vertrauensbereich für μ erhält:

$$\bar{x} - u_{bS}\sigma/\sqrt{n} \le mu \le \bar{x} + u_{bS}\sigma/\sqrt{n}.$$

Meist ist allerdings die Standardabweichung σ der Grundgesamtheit nicht bekannt und wird daher näherungsweise durch die Standardabweichung s der Stichprobe ersetzt. Da diese jedoch selbst eine Zufallsgröße ist, wird der Vertrauensbereich zwangsläufig breiter, also unschärfer ausfallen müssen. Eine detaillierte Analyse liefert die Aussage:

$$\bar{x} - t_{bSf}s/\sqrt{n} \le \mu \le \bar{x} + t_{bSf}s/\sqrt{n}.$$

Darin bedeutet t_{bSf} den zu einer statistischen Sicherheit S gehörigen beidseitigen Schwellenwert der Studentschen t-Verteilung zum Freiheitsgrad $f = n-1$. (Diese Verteilung wird mit dem Befehl `studentst[f]` aufgerufen.) Für $f \to \infty$ nähern diese Verteilungen sich der normierten Normalverteilung, für kleine Werte des Freiheitsgrades f verlaufen sie jedoch deutlich flacher. Das zeigen die graphischen Darstellungen:

```
> p15:=plot(pdf[studentst[1]],-3..3,color=gold):
> p16:=plot(pdf[studentst[3]],-3..3,color=green):
> p17:=plot(pdf[studentst[10]],-3..3,color=blue):
> display({p14,p15,p16,p17});
```

Der Vertrauensbereich wird mit abnehmender Zahl n der Daten breiter, und zwar um so mehr, je höher die geforderte statistische Sicherheit S ist. Das Anwachsen der Schwellenwerte der t-Verteilungen für abnehmende Zahl der Freiheitsgrade zeigt am Beispiel der statistischen Sicherheit von 90% bei beidseitiger Abgrenzung die Graphik der Verteilungsfunktionen. (Die Schwellenwerte sind die Schnittpunkte der Verteilungsfunktionen mit den Konstanten 0.025 und 0.975.)

```
> p18:=plot(cdf[normald],-5..5,color=red):
> p19:=plot(cdf[studentst[1]],-5..5,color=gold):
> p110:=plot(cdf[studentst[3]],-5..5,color=green):
> p111:=plot(cdf[studentst[10]],-5..5,color=blue):
> p112:=plot({0.025,0.975},-5..5,color=magenta):
> p113:=plot(1,-5..5,color=black):
> display({p18,p19,p110,p111,p112,p113});
```

Zahlenmäßig berechnen die Schwellenwerte sich aus der Inversen der Verteilungsfunktion wie folgt:

```
> icdf[normald](0.975); icdf[studentst[10]](0.975);
> icdf[studentst[3]](0.975); icdf[studentst[1]](0.975);
```

$$1.95996$$
$$2.22814$$
$$3.18245$$
$$12.7062$$

Die obigen Ergebnisse finden eine Anwendung in der Meßtechnik. Wird eine physikalische Größe x (z.B. die Schwingungsdauer eines Pendels) mehrmals gemessen, so streuen die Meßwerte um den wahren Wert. Man nimmt sie als normalverteilt an und betrachtet ihren Erwartungswert als den gesuchten wahren Wert. Aus den Meßdaten ergibt sich für diesen wahren Wert der Vertrauensbereich

$$\bar{x} - t_{bSf}s/\sqrt{n} \le x \le \bar{x} + t_{bSf}s/\sqrt{n} \,.$$

Dafür schreibt man auch kurz

$$x = \bar{x} \pm t_{bSf}s/\sqrt{n} \,.$$

Übungsvorschlag: Beschaffen Sie normalverteilte Zufallszahlen, deuten sie diese als Meßwerte, wählen Sie eine statistische Sicherheit und geben sie den Vertrauensbereich an. Nehmen Sie weitere Zufallszahlen (der gleichen Verteilung) hinzu und beobachten Sie, wie der Vertrauensbereich sich mit wachsender Zahl der Meßwerte ändert.

5.3.3 Vertrauensbereich der linearen Regression

Wir haben schon gesehen, daß bei der Approximation von x, y-Meßdaten durch eine Regressionsgerade die Fehlerquadratsumme Q sich leicht angeben läßt. Unter einigen Voraussetzungen gelingt es, daraus auf die Zuverlässigkeit der beiden Koeffizienten der Geradengleichung zu schließen. Diese Voraussetzungen sind

- Man weiß auf Grund theoretischer Erkenntnisse, daß zwischen den Variablen x und y ein linearer Zusammenhang besteht, also die exakten Werte tatsächlich auf einer Geraden liegen müssen.

- Man darf annehmen, daß die Meßwerte $x_j (j = 1 \ldots n)$ exakt und nur die Meßwerte y_j mit Meßfehlern behaftet sind.

- Alle y-Meßwerte sind normalverteilt um den jeweiligen exakten Wert und besitzen gleiche Standardabweichung.

Mittels der Theorie der Fehlerfortpflanzung läßt sich für den Koeffizienten a in aufwendiger Rechnung (s. die Lehrbücher) folgende Varianz herleiten:

$$s_a^2 = \frac{Q}{f\,n}\left(1 + \left(\frac{\bar{x}}{s_x}\right)^2\right) .$$

Als Freiheitsgrad f ist dabei der Unterschied zwischen der Zahl der Daten und der Parameter der Ausgleichskurve zu nehmen, also $f = n - 2$. Diese Varianz ist aus Meßwerten erschlossen und daher selbst wieder fehlerbehaftet. Bei der Angabe des Vertrauensbereichs sind daher die Schwellenwerte der Studentschen t-Verteilung und nicht die der normierten Normalverteilung heranzuziehen. Mit einer statistischen Sicherheit S liegt also der exakte Wert des Parameters a, der die Bedeutung des y-Wertes an der Stelle $x = 0$ hat, im Intervall

$$a - t_{bSf}s_a \le y(x = 0) \le a + t_{bSf}s_a .$$

Auch für andere x läßt der Vertrauensbereich der zugehörigen y-Werte sich leicht angeben. Um das zu sehen, führen wir eine Variablentransformation $w = c + x$ durch. Die lineare Regression würde dann natürlich dieselbe Gerade liefern, die sich jetzt aber schreibt als $y = \tilde{a} + bw$ mit $\tilde{a} = a - bc$. Für den Vertrauensbereich gilt

$$y(w = 0) = \tilde{a} \pm t_{bSf}s_{\tilde{a}} \quad \text{mit} \quad s_{\tilde{a}}^2 = \frac{Q}{f\,n}\left(1 + \left(\frac{\bar{w}}{s_w}\right)^2\right) .$$

Der Wert von $\tilde{a}$ hat die Bedeutung des y-Wertes an der Stelle $w = 0$, also $x = -c$. Ferner gilt $\bar{w} = c + \bar{x}$ und $s_w = s_x$. Setzen wir alles ein und schreiben am Ende wieder x statt $-c$, so finden wir

$$y(x) = a + bx \pm t_{bSf}\, s_y \sqrt{\frac{1 - r^2}{f}} \sqrt{1 + \left(\frac{x - \bar{x}}{s_x}\right)^2} \quad \text{mit} \quad f = n - 2\,.$$

In unserem Beispiel erhalten wir bei Vorgabe einer statistischen Sicherheit von 95%:

```
> f:=count(dataxs)-2;
> tb95:=icdf[studentst[f]](0.975);
> sx:=sqrt(sx2);
> sy:=sqrt(sy2);
> korr:=tb95*sqrt((1-r^2)/f)*sy*sqrt(1+((x-xq)/sx)^2);
> oben:=plot(lin+korr,x=-3..8,color=green):
> unten:=plot(lin-korr,x=-3..8,color=green):
> display({experim,analytlin,oben,unten});
```

$$f := 48$$
$$tb95 := 2.01063$$
$$sx := 2.10828$$
$$sy := 2.70279$$
$$korr := .107379\sqrt{1 + .224979\,(\,x - 2.66566\,)^2}$$

Wie wir sehen, wird der Vertrauensbereich der exakten Geraden durch die beiden Äste einer Hyperbel begrenzt (s. Bild 5.3). Deren Asymptoten besitzen die Steigungen

$$b \pm t_{bSf}\sqrt{\frac{1 - r^2}{f}}\,\frac{s_y}{s_x}\,,$$

womit auch der Vertrauensbereich des Parameters b festliegt.

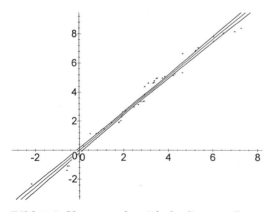

Bild 5.3. Vertrauensbereich der linearen Regression

5.4 Ein Versuch aus dem physikalischen Praktikum

Indem man die Schwingungszeiten von Pendeln mißt, kann man die am Versuchsort wirksame Schwerebeschleunigung g ermitteln. Weil die zugrundeliegende physikalische Gesetzmäßigkeit bekannt ist, lassen sich ferner aus den Meßfehlern Schlüsse auf die Zuverlässigkeit des Ergebnisses ziehen.

Der Zusammenhang zwischen den Schwingungsdauern T und T_0 eines physischen Pendels bei endlicher Amplitude $\hat{\phi}$ bzw. unendlich kleinen Ausschlägen (Grenzübergang $\hat{\phi} \to 0$) ist in guter Näherung gegeben durch

$$T_0 = T\,p(\hat{\phi}) \approx T\,\left(1 - \frac{\hat{\phi}^2}{16}\left(1 - \frac{\hat{\phi}^2}{192}\right)\right) . \tag{5.1}$$

Diese Tatsache wurde als Formel (4.3) in Abschn. 4.3.2 am Beispiel des Fadenpendels hergeleitet, ist aber auch für das physische Pendel gültig. Wie in Abschn. 7.2.3 ausgeführt wird, hängt der Wert von T_0 nur von Systemkonstanten ab:

$$T_0^2 = \frac{4\,\pi^2}{g}\left(r + \frac{J_s}{m}\frac{1}{r}\right) . \tag{5.2}$$

(g: Schwerebeschleunigung, m: Masse, r: Abstand des Schwerpunkts von der Drehachse, J_S: Trägheitsmoment bezogen auf die zur Drehachse parallele Achse durch den Schwerpunkt.)

Bei der Ermittlung der Schwerebeschleunigung g mit dem sogenannten *Reversionspendel* liegt die Drehachse in einer Symmetrieebene des Pendelgrundkörpers. Auf diesem Grundkörper sind zwei identische Zusatzmassen verschieblich angeordnet. Sie werden so verschoben, daß ihre Schwerpunkte stets in der Symmetrieebene des Grundkörpers verbleiben und vom Gesamtschwerpunkt S des Pendels — bestehend aus Grundkörper und Zusatzmassen — die Abstände $s + a$ bzw. $s - a$ besitzen. Bei einer Änderung des Abstandes a werden beide Zusatzmassen um dieselbe Strecke in entgegengesetzten Richtungen verschoben, so daß die Lage von S unverändert bleibt. Das Trägheitsmoment ergibt sich mit dem Steinerschen Satz zu

$$J_S = J_G + 2\bar{J} + \bar{m}(s + a)^2 + \bar{m}(s - a)^2 = J_0 + 2\bar{m}a^2 .$$

(J_G: Trägheitsmoment des Grundkörpers bezüglich der Achse durch den Gesamtschwerpunkt, $\bar{m}, \bar{J}$: Masse und Eigenträgheitsmoment einer Zusatzmasse.) Welchen Einfluß eine Änderung des Abstandes a auf die Schwingungsdauer hat, entnimmt man aus

$$T_0^2 = \frac{4\,\pi^2}{g}\left(r + \frac{J_0}{m}\frac{1}{r} + \frac{2\bar{m}}{m}\frac{1}{r}a^2\right) .$$

Wir wählen eine Drehachse A, die vom Schwerpunkt einen festen (aber uns i. allg. unbekannten) Abstand r_1 besitzt. Dann messen wir für verschiedene Werte von a die Schwingungsdauern T und die zugehörigen Amplituden $\hat{\phi}$.

Mittels der Formel (5.1) errechnen wir daraus das zugehörige T_0. (Man beachte, daß die Funktion p exakt bekannt ist und keine Freiwerte enthält. Eine Regressionsrechnung zur Ermittlung von T_0 aus T wäre also fehl am Platze.)

Der Zusammenhang zwischen T_0 und a ist durch eine irrationale Funktion gegeben. Gehen wir jedoch auf die Variablen $x = a^2$ und $y = T_0^2$ über, so finden wir eine lineare Beziehung und können die Meßwerte einer linearen Regressionsrechnung unterziehen. Auch der Vertrauensbereich läßt sich angeben.

Wenn wir eine zweite Drehachse Z im Abstand r_2 vom Schwerpunkt wählen und dieselben Messungen durchführen und auswerten, erhalten wir eine zweite Gerade in x und y. Wenn die beiden Geraden nicht zufällig identisch sind — d.h., wenn die Abstände r_1 und r_2 sich unterscheiden —, ergibt sich ein Schnittpunkt (x, y) und damit ein Wertepaar (a, T_0).

Nun liefert aber (5.2) die quadratische Gleichung

$$r^2 - \frac{g\,T_0^2}{4\,\pi^2}\,r + \frac{J_S}{m} = 0$$

mit den beiden Wurzeln

$$r_{1,2} = \frac{g\,T_0^2}{8\,\pi^2} \pm \sqrt{\left(\frac{g\,T_0^2}{8\,\pi^2}\right)^2 - \frac{J_S}{m}}\,,$$

und daraus folgt

$$l \equiv r_1 + r_2 = \frac{g\,T_0^2}{4\,\pi^2}\,. \tag{5.3}$$

Während wir zur Ermittlung der Abstände r_1 und r_2 die Lage des Schwerpunkts kennen müssen, läßt die Summe $l = r_1 + r_2$ sich auch ohne diese Kenntnis ermitteln, wenn die Drehachsen auf verschiedenen Seiten des Schwerpunkts liegen (s. Bild 5.4). (Diesen Fall erkennt man daran, daß man das Pendel umdrehen muß, um bei Wahl der anderen Drehachse Schwingungen

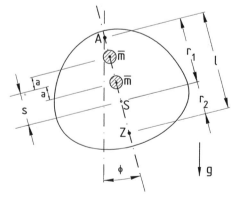

Bild 5.4. Das Reversionspendel

mit kleinen Ausschlägen zu erhalten; daher der Name Reversionspendel.) In diesem Falle ist l einfach der Abstand der beiden Drehachsen. Da T_0 den aus dem Schnitt der Regressionsgeraden ermittelten gemeinsamen Wert für beide Drehachsen darstellt, läßt sich aus Gl. (5.3) die Erdbeschleunigung berechnen zu

$$g = \frac{4\,\pi^2\,l}{T_0^2}$$

Wir nehmen an, daß für die Werte $a = 5, 9, 13, 17, 21$ cm jeweils 5 Messungen der Schwingungszeit T für die Drehachsen A und Z durchgeführt worden sind. Die daraus unter Berücksichtigung der Amplitude $\hat{\phi}$ errechneten Werte T_0 (in ms) sind in folgenden Listen gegeben:

```
> T0_5A:=[1981.0,1981.2,1981.4,1980.5,1982.2]:
> T0_5Z:=[1994.0,1993.8,1994.8,1993.8,1994.8]:
> T0_9A:=[1991.5,1994.6,1990.3,1993.2,1995.1]:
> T0_9Z:=[1998.3,1998.3,1998.1,1998.3,1998.4]:
> T0_13A:=[2011.7,2009.5,2013.1,2011.7,2010.3]:
> T0_13Z:=[2002.9,2003.8,2004.1,2004.6,2005.3]:
> T0_17A:=[2035.3,2037.3,2035.3,2035.6,2035.5]:
> T0_17Z:=[2013.2,2012.3,2011.4,2011.5,2013.5]:
> T0_21A:=[2071.3,2065.1,2068.4,2069.3,2066.9]:
> T0_21Z:=[2022.2,2023.5,2022.2,2022.0,2022.4]:
```

Wir fassen die zu den Achsen A und Z gehörigen Meßwerte jeweils zu einer Liste zusammen und bilden die zugehörigen y-Werte (Einheit s^2).

```
> T0_A:=[op(T0_5A),op(T0_9A),op(T0_13A),op(T0_17A),op(T0_21A)]:
> T0_Z:=[op(T0_5Z),op(T0_9Z),op(T0_13Z),op(T0_17Z),op(T0_21Z)]:
> y_A:=map(x->(x/1000)^2,T0_A);
```

$$y\_A := [3.92436, 3.92515, 3.92595, 3.92238, 3.92912,$$
$$3.96607, 3.97843, 3.96129, 3.97285, 3.98042,$$
$$4.04694, 4.03809, 4.05257, 4.04694, 4.04131,$$
$$4.14245, 4.15059, 4.14245, 4.14367, 4.14326,$$
$$4.29028, 4.26464, 4.27828, 4.28200, 4.27208]$$

```
> y_Z:=map(x->(x/1000)^2,T0_Z);
```

$$y\_Z := [3.97604, 3.97524, 3.97923, 3.97524, 3.97923,$$
$$3.99320, 3.99320, 3.99240, 3.99320, 3.99360,$$
$$4.01161, 4.01521, 4.01642, 4.01842, 4.02123,$$
$$4.05297, 4.04935, 4.04573, 4.04613, 4.05418,$$
$$4.08929, 4.09455, 4.08929, 4.08848, 4.09010]$$

Ferner beschaffen wir die x-Werte (Einheit m^2).

```
> x_:=[seq(seq((0.05+i*0.04)^2,j=1..5),i=0..4)];
```

$$x_- := [.0025, .0025, .0025, .0025, .0025, .0081, .0081,$$
$$.0081, .0081, .0081, .0169, .0169, .0169, .0169,$$
$$.0169, .0289, .0289, .0289, .0289, .0289, .0441,$$
$$.0441, .0441, .0441, .0441]$$

Lineare Regression gibt die zwei Ausgleichsgeraden und deren Schnittpunkt.

```
> leastsquare[[x,y]]([x_,y_A]);        geradeA:=rhs("):
```

$$y = 3.90319 + 8.44219\,x$$

```
> leastsquare[[x,y]]([x_,y_Z]);        geradeZ:=rhs("):
```

$$y = 3.97065 + 2.72082\,x$$

```
> x_schnitt:=solve(geradeA=geradeZ,x);
> y_schnitt:=subs(x=x_schnitt,geradeA);
> pls:=plot({[x_schnitt,y_schnitt]},style=POINT,symbol=BOX):
```

$$x\_schnitt := .0117909$$
$$y\_schnitt := 4.00273$$

Als nächstes ermitteln wir die Hyperbeln, die den Vertrauensbereich beider Geraden begrenzen sowie die Schnittpunkte von je zwei Hyperbeln. Das Ergebnis stellen wir graphisch dar.

```
> xq:=mean(x_); sx:=standarddeviation[1](x_);
> f:=count(x_)-2;
> syA:=standarddeviation[1](y_A);
> syZ:=standarddeviation[1](y_Z);
> rA:=linearcorrelation(x_,y_A);
> rZ:=linearcorrelation(x_,y_Z);
> tb90:=statevalf[icdf,studentst[f]](0.95);
```

$$xq := .0201000$$
$$sx := .0152578$$
$$f := 23$$
$$syA := .129004$$
$$syZ := .0415828$$
$$rA := .998867$$
$$rZ := .998132$$
$$tb90 := 1.71387$$

```
> untenA:=geradeA-tb90*syA*sqrt((1-rA^2)/f)*sqrt(1+((x-xq)/sx)^2):
> obenA:=geradeA+tb90*syA*sqrt((1-rA^2)/f)*sqrt(1+((x-xq)/sx)^2):
> untenZ:=geradeZ-tb90*syZ*sqrt((1-rZ^2)/f)*sqrt(1+((x-xq)/sx)^2):
> obenZ:=geradeZ+tb90*syZ*sqrt((1-rZ^2)/f)*sqrt(1+((x-xq)/sx)^2):
> plgA:=plot(geradeA,x=0.0105..0.013,color=red):
> plgZ:=plot(geradeZ,x=0.0105..0.013,color=red):
> pluA:=plot(untenA,x=0.0105..0.013,color=green):
> ploA:=plot(obenA,x=0.0105..0.013,color=green):
```

```
> pluZ:=plot(untenZ,x=0.0105..0.013,color=green):
> ploZ:=plot(obenZ,x=0.0105..0.013,color=green):
> x_rechts:=solve(untenA=obenZ,x);
> y_rechts:=subs(x=x_rechts,untenA);
> plr:=plot({[x_rechts,y_rechts]},style=POINT,symbol=BOX):
```

$$x\_rechts := .0123982$$
$$y\_rechts := 4.00540$$

```
> x_links:=solve(untenZ=obenA,x);
> y_links:=subs(x=x_links,untenZ);
> pll:=plot({[x_links,y_links]},style=POINT,symbol=BOX):
```

$$x\_links := .0111625$$
$$y\_links := 3.99997$$

```
> display({plgA,plgZ,pluA,ploA,pluZ,ploZ,pls,plr,pll});
```

Der Abstand zwischen den beiden Drehachsen wurde zu $l = 0.9942 \pm 0.0005$ m gemessen.

```
> l:=0.9942; deltal := 0.0005;
```

$$l := .9942$$
$$deltal := .0005$$

Damit ergibt sich für die Schwerebeschleunigung der Wert (in m/s^2)

```
> g:=evalf(4*Pi^2*l/y_schnitt);
```

$$g := 9.80564$$

Die Wahrscheinlichkeit, daß eine der beiden Geraden im Vertrauensbereich zwischen den zugehörigen Hyperbeln liegt, beträgt 90%=0.9; die Wahrscheinlichkeit, daß beide Geraden zwischen den Hyperbeln liegen, also $0.9^2 = 0.81$=81%. Der Vertrauensbereich von $y = T_0^2$ ist dann durch

$$3.99997 \leq y \leq 4.00540$$

gegeben. Obere und untere Schranken für g erhalten wir daher aus

```
> goben:=evalf(4*Pi^2*(l+deltal)/y_links);
> gunten:=evalf(4*Pi^2*(l-deltal)/y_rechts);
```

$$goben := 9.81736$$
$$gunten := 9.79419$$

Wir wollen noch den Einfluß einer ungenauen Messung der Amplituden abschätzen. Ein Fehler $\Delta\hat{\phi}$ bei der Bestimmung von $\hat{\phi}$ führt zu einem Fehler

$$\Delta T_0 \approx T p'(\hat{\phi})\Delta\hat{\phi} \approx -T\,\frac{\hat{\phi}}{8}\left(1 - \frac{\hat{\phi}^2}{96}\right)\Delta\hat{\phi}\,.$$

Beträgt der Ausschlag $\hat{\phi} = 10° = \pi/18$ und die Meßgenauigkeit $\Delta\hat{\phi} = 0.5° = \pi/360$, so erhalten wir bei einem Wert $T = 2000$ ms einen Fehler von $|\Delta T_0| = 0.4$ ms. Dieser ist, verglichen mit den Gesamtfehlern der T_0-Werte, als gering einzuschätzen.

5.5 Diskrete Verteilungen und ihre Approximation durch die Normalverteilung

In diesem Abschnitt untersuchen wir drei Würfelprobleme. Zufallsvariable ist dabei die Augenzahl eines Würfels oder die Augensumme mehrerer Würfel. Sie kann offenbar nur ganzzahlige, d.h. diskrete Werte annehmen.

Problem 1: Beim Würfeln mit einem echten — also unverfälschten — Würfel ist die Wahrscheinlichkeit für das Auftreten jeder der sechs Augenzahlen 1 bis 6 gleich, nämlich ein Sechstel. Man spricht von einer diskreten Gleichverteilung (s. ?distributions,discreteuniform). Beim gleichzeitigen Würfeln mit mehreren Würfeln sind die möglichen Augensummen dagegen nicht alle gleich wahrscheinlich. Wir prüfen das im Falle dreier Würfel. Das Ergebnis eines Wurfes kennzeichnen wir durch das Tripel der Augenzahlen (i_1, i_2, i_3) der Würfel 1, 2, 3. Die Anzahl der verschiedenen möglichen Ergebnisse — der sogenannten Elementarereignisse, die wir wieder als gleich wahrscheinlich annehmen — ist dabei 6^3. Die Augensumme beträgt $i_1 + i_2 + i_3$ und liegt zwischen 3 und 18. Die Augensumme 3 kann nur in einem Falle, nämlich $(1, 1, 1)$ auftreten, die Augensumme 4 dagegen bereits in drei Fällen — $(2, 1, 1)$, $(1, 2, 1)$ und $(1, 1, 2)$. Die absolute Häufigkeit sämtlicher Augensummen zwischen 3 und 18 erhalten wir durch Abzählen wie folgt. Wir definieren einen Vektor mit 18 Komponenten, die wir mit dem Anfangswert Null belegen. Dann gehen wir in einer dreifachen Schleife sämtliche Tripel der Augenzahlen durch und erhöhen jeweils den Wert derjenigen Vektorkomponente um eins, deren Nummer der zugehörigen Augensumme entspricht. Wir erkennen, daß die Augensummen 10 und 11 am häufigsten, nämlich je 27-mal vertreten sind.

```
> v:=linalg[vector](18,0):

> for i1 to 6 do   for i2 to 6 do   for i3 to 6 do

> v[i1+i2+i3] := v[i1+i2+i3] + 1    od  od  od:

> print(v);
```

$$[0\ 0\ 1\ 3\ 6\ 10\ 15\ 21\ 25\ 27\ 27\ 25\ 21\ 15\ 10\ 6\ 3\ 1]$$

Division der absoluten Häufigkeiten (elementweise mit dem Befehl map) durch die Zahl der Elementarereignisse liefert die relativen Häufigkeiten sämtlicher Augensummen, also ihre diskrete Wahrscheinlichkeitsverteilung. Diese fassen wir in einer statistischen Liste zusammen und berechnen deren Mittelwert und Standardabweichung.

```
> w:=map(x->x/6^3,v):

> data:=[seq(Weight(i,w[i]),i=3..18)];
```

$$data := \left[\text{Weight}\left(3, \frac{1}{216}\right), \text{Weight}\left(4, \frac{1}{72}\right), \text{Weight}\left(5, \frac{1}{36}\right), \right.$$
$$\text{Weight}\left(6, \frac{5}{108}\right), \text{Weight}\left(7, \frac{5}{72}\right), \text{Weight}\left(8, \frac{7}{72}\right),$$
$$\text{Weight}\left(9, \frac{25}{216}\right), \text{Weight}\left(10, \frac{1}{8}\right), \text{Weight}\left(11, \frac{1}{8}\right),$$
$$\text{Weight}\left(12, \frac{25}{216}\right), \text{Weight}\left(13, \frac{7}{72}\right), \text{Weight}\left(14, \frac{5}{72}\right),$$
$$\text{Weight}\left(15, \frac{5}{108}\right), \text{Weight}\left(16, \frac{1}{36}\right), \text{Weight}\left(17, \frac{1}{72}\right),$$
$$\left. \text{Weight}\left(18, \frac{1}{216}\right)\right]$$

```
> mu:=mean(data); evalf(");
> sigma:=standarddeviation(data); evalf(");
```

$$\mu := \frac{21}{2}$$

$$10.50000000$$

$$\sigma := \frac{1}{2}\sqrt{35}$$

$$2.958039892$$

Wir wollen das Histogramm dieser Daten vergleichen mit der Wahrscheinlichkeitsdichte einer Normalverteilung desselben Mittelwerts μ und derselben Standardabweichung σ (s. Bild 5.5).

```
> datak:=transform[tallyinto](data,[seq(i-0.5..i+0.5,i=1..18)]):
> pl1:=histogram(datak,style=line):
```

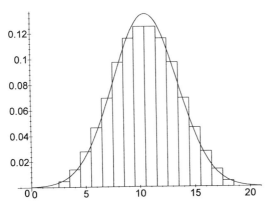

Bild 5.5. Wahrscheinlichkeitsverteilung der Augensummen bei einem Wurf mit drei Würfeln und ihre Approximation durch eine Normalverteilung

```
> pl2:=plot(pdf[normald[mu,sigma]],0..21,color=red):
> display({pl1,pl2});
```

Es ist offensichtlich, daß die Wahrscheinlichkeitsverteilung der Augensummen bereits bei nur drei Würfeln recht gut von der Normalverteilung approximiert wird. Es ist dies ein Beispiel für den zentralen Grenzwertsatz, der besagt, daß die Verteilung einer Zufallsgröße, welche als Summe unabhängiger Zufallsgrößen mit nahezu beliebiger (!) Verteilung zustandekommt, mit wachsender Zahl der Summanden gegen eine Normalverteilung strebt.

Übungsvorschlag: Führen Sie die Untersuchung für vier oder fünf Würfel durch und bestätigen Sie, daß die Übereinstimmung mit der Normalverteilung sich weiter verbessert.

Problem 2: Wir betrachten mehrmaliges Würfeln mit einem Würfel. Bei einem einzelnen Wurf ist die Wahrscheinlichkeit, eine Fünf zu würfeln, gleich $p = 1/6$ und die Wahrscheinlichkeit, keine Fünf zu würfeln, gleich $1 - p = 5/6$.

```
> p:=1/6:
```

Als Hilfsmittel aus der Kombinatorik benötigen wir den Begriff des Binomialkoeffizienten

$$\binom{n}{k} = \frac{n!}{k!(n-k)!} \; .$$

Dieser beschreibt die Anzahl aller voneinander verschiedenen k-elementigen Teilmengen einer n-elementigen Menge. Wir erhalten ihn in MAPLE mit dem Befehl **binomial**, z.B. die Ziehungsmöglichkeiten beim Zahlenlotto 6 aus 49 als $\binom{49}{6}$ zu

```
> binomial(49,6);
```

$$13983816$$

Die Wahrscheinlichkeit, bei n aufeinanderfolgenden Würfen die ersten k Male eine Fünf und die restlichen $n - k$ Male keine Fünf zu würfeln, ist wegen der Unabhängigkeit der Ergebnisse der einzelnen Würfe gleich dem Produkt der Einzelwahrscheinlichkeiten, also: $p^k(1-p)^{n-k}$. Fragen wir aber nach der Wahrscheinlichkeit, k Male eine Fünf zu würfeln ohne Rücksicht auf die Reihenfolge der Wurfergebnisse, so ist die Wahrscheinlichkeit um den Faktor $\binom{n}{k}$ größer, also

$$B_{n,p}(k) = \binom{n}{k} p^k (1-p)^{n-k} \; .$$

Diese Wahrscheinlichkeitsverteilung heißt Binomialverteilung und wird in MAPLE mit **binomiald** bezeichnet. Für diese und andere diskrete Verteilungen berechnet MAPLE im Rahmen des Unterpakets **statevalf** die Werte der Wahrscheinlichkeitsverteilung (*probability function*, **pf**), der Verteilungsfunktion (*discrete cumulative probability function*, **dcdf**) und ihrer Inversen (*inverse discrete cumulative probability function*, idcdf). Die Wahrscheinlichkeit, bei 18 Würfen genau dreimal — also im Mittel bei jedem sechsten Wurf — die Fünf zu würfeln, ist

```
> pf[binomiald[18,p]](3);
```
$$.2451984480$$

Das sind knapp 25%. Die Wahrscheinlichkeit, höchstens dreimal die Fünf zu würfeln, ist die Summe aus den Wahrscheinlichkeiten für das 0-, 1-, 2- und 3-malige Würfeln der Fünf.

```
> w:=0:  for i to 4 do w:=w+pf[binomiald[18,p]](i-1) od:  w;
```
$$.6478527621$$

Diese kumulative Wahrscheinlichkeit erhalten wir einfacher, indem wir MAPLE den Wert der Verteilungsfunktion berechnen lassen:

```
> dcdf[binomiald[18,p]](3);
```
$$.6478527619$$

Für den Fall $n = 18$ geben wir im folgenden die Wahrscheinlichkeitsverteilung als statistische Liste an und berechnen Mittelwert und Standardabweichung.

```
> Digits:=6:  n:=18:
> data:=[seq(Weight(i,pf[binomiald[n,p]](i)),i=0..n)];
> mu:=mean(data); sigma:=standarddeviation(data);
```

$$data := [\text{Weight}(\,0, .0375610\,), \text{Weight}(\,1, .135220\,),$$
$$\text{Weight}(\,2, .229874\,), \text{Weight}(\,3, .245198\,),$$
$$\text{Weight}(\,4, .183899\,), \text{Weight}(\,5, .102983\,),$$
$$\text{Weight}(\,6, .0446261\,), \text{Weight}(\,7, .0153004\,),$$
$$\text{Weight}(\,8, .00420761\,), \text{Weight}(\,9, .000935023\,),$$
$$\text{Weight}(\,10, .000168304\,), \text{Weight}(\,11, .0000244806\,),$$
$$\text{Weight}(\,12, .285607\,10^{-5}\,), \text{Weight}(\,13, .263637\,10^{-6}\,),$$
$$\text{Weight}(\,14, .188312\,10^{-7}\,), \text{Weight}(\,15, .100433\,10^{-8}\,),$$
$$\text{Weight}(\,16, .376625\,10^{-10}\,), \text{Weight}(\,17, .886176\,10^{-12}\,),$$
$$\text{Weight}(\,18, .984640\,10^{-14}\,)]$$

$$\mu := 3.00000$$

$$\sigma := 1.58114$$

Es läßt sich zeigen, daß Mittelwert und Standardabweichung einer Binomialverteilung gegeben sind durch $\mu = n\,p$ bzw. $\sigma = \sqrt{n\,p\,(1-p)}$. Das bestätigen wir an unserem Beispiel:

```
> evalf(n*p), evalf(sqrt(n*p*(1-p)));
```
$$3., 1.58114$$

Nun vergleichen wir das Histogramm der Binomialverteilung mit der Wahrscheinlichkeitsdichte einer Normalverteilung gleichen Mittelwerts und gleicher Standardabweichung und erkennen, daß die Normalverteilung eine — wenn auch grobe — Approximation der Binomialverteilung darstellt (s. Bild 5.6).

```
> datak:=transform[tallyinto](data,[seq(i-0.5..i+0.5,i=0..n)]):
> pl1:=histogram(datak,style=line):
> pl2:=plot(pdf[normald[mu,sigma]],0..20,color=red):
> display({pl1,pl2});
```

Mit zunehmender Gesamtzahl n der Würfe wird die Binomialverteilung von der Normalverteilung immer besser angenähert und geht im Grenzfall $n \to \infty$ in diese über.

Übungsvorschlag: Überprüfen Sie die letzte Behauptung experimentell, indem Sie die Untersuchung für eine zunehmend größere Gesamtzahl von Würfen durchführen.

Problem 3: Wir wollen die Echtheit eines Würfels an Hand einer großen Zahl von Würfen beurteilen. Bei $n = 900$ Würfen sei $k = 135$-mal die Fünf gewürfelt worden. Die relative Häufigkeit $p_h = k/n$ weicht deutlich von dem idealen Wert $1/6$ ab:

```
> n:=900: k:=135: ph:=k/n; evalf(");
```

$$ph := \frac{3}{20}$$

$$.150000$$

Auf der Grundlage dieses Ergebnisses wollen wir für die Wahrscheinlichkeit p, bei einmaligem Würfeln eine Fünf zu würfeln, zwei Schranken p_u und p_o wie folgt definieren: Besitzt p den geringen Wert p_u (oder weniger), so ist die

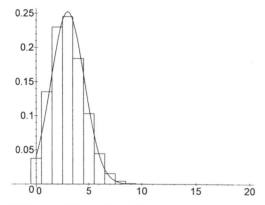

Bild 5.6. Wahrscheinlichkeit, bei 18 Würfen mit einem Würfel k-mal die Fünf zu würfeln, und Approximation dieser Verteilung durch eine Normalverteilung

Wahrscheinlichkeit, bei 900 Würfen die Fünf 135-mal oder öfter zu erzielen, kleiner als 2,5%. Besitzt p dagegen den hohen Wert p_o (oder mehr), so ist die Wahrscheinlichkeit, bei 900 Würfen die Fünf 135-mal oder seltener zu erzielen, kleiner als 2,5%. Wir sagen dann, die Wahrscheinlichkeit p liege aufgrund der $n = 900$ Testwürfe mit einer statistischen Sicherheit von 95% im Intervall $[p_u, p_o]$. Enthält dieses Intervall den Wert 1/6 nicht, so werden wir den Würfel mit einer Irrtumswahrscheinlichkeit von höchstens 5% zurückweisen.

Wegen der hohen Zahl n der Würfe dürfen wir die Binomialverteilungen in guter Näherung durch die Wahrscheinlichkeitsdichten von Normalverteilungen mit demselben Mittelwert $\mu = n p$ und derselben Standardabweichung $\sigma = \sqrt{n p (1 - p)}$ ersetzen.

Bei einseitiger Abgrenzung und einer statistischen Sicherheit von 97,5% ist der Schwellenwert u der normierten Normalverteilung — wie wir schon wissen —

> `ue975:=icdf[normald](0.975);`

$$ue975 := 1.95996$$

Die Schrankenwerte p_u und p_o genügen den Gleichungen

$$\mu_u + u_{e975}\sigma_u \equiv n p_u + u_{e975} \sqrt{n p_u (1 - p_u)} = k - 1/2, \qquad (5.4)$$

$$\mu_o - u_{e975}\sigma_o \equiv n p_o - u_{e975} \sqrt{n p_o (1 - p_o)} = k + 1/2. \qquad (5.5)$$

(Bei der Approximation der diskreten Wahrscheinlichkeitsverteilung durch die stetige Wahrscheinlichkeitsdichte haben wir den diskreten Wert k durch das diesen Wert umschließende Intervall $[k - 1/2, k + 1/2]$ zu ersetzen.)

> `p:='p': pu:=solve(n*p+ue975*sqrt(n*p*(1-p))=k-1/2,p);`
> `p:='p': po:=solve(n*p-ue975*sqrt(n*p*(1-p))=k+1/2,p);`

$$pu := .127644$$

$$po := .175402$$

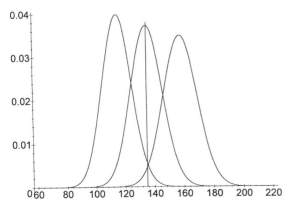

Bild 5.7. Zur Beurteilung der Echtheit eines Würfels

Da der Wert 1/6 des echten Würfels zwischen den beiden berechneten
Grenzwerten liegt, erlaubt unser Versuch uns nicht, den Würfel mit 95-
prozentiger Sicherheit zurückzuweisen. Wir müssen also weiter würfeln.

Zur Veranschaulichung berechnen wir die Werte der Binomialverteilungen
für die drei Wahrscheinlichkeiten p_h, p_u, p_o, verbinden sie jeweils durch einen
Polygonzug und tragen sie zusammen mit einer Markierung der Abszisse
$k = 135$ auf (s. Bild 5.7):

```
> b1:=seq(pf[binomiald[n,ph]](i),i = 0..220):
> b2:=seq(pf[binomiald[n,pu]](i),i = 0..220):
> b3:=seq(pf[binomiald[n,po]](i),i = 0..220):
> pl1:=plot([seq([i,b1[i+1]],i=60..220)],color=red):
> pl2:=plot([seq([i,b2[i+1]],i=60..220)],color=blue):
> pl3:=plot([seq([i,b3[i+1]],i=60..220)],color=green):
> plc:=plot([[135,0],[135,0.038]],color=gold):
> display({pl1,pl2,pl3,plc});
```

Da wir die Normalverteilung als Näherung herangezogen haben, wollen
wir vorsichtshalber unsere Sicherheitsaussage an Hand der echten Binomialverteilung überprüfen. Die Wahrscheinlichkeit, höchstens k-mal bei n Würfen
die Fünf zu würfeln, sollte uns der Wert der Verteilungsfunktion liefern. Der
implementierte Algorithmus konvergiert aber so langsam, daß MAPLE eine
Fehlermeldung ausgibt.

```
> dcdf[binomiald[n,ph]](k);
Error, (in evalf/Hypergeom) slow convergence
```

Doch läßt die Verteilungsfunktion sich auch durch Summation aus den
schon vorliegenden Daten ermitteln. Im Falle p_o ergibt sich die Wahrscheinlichkeit, bei 900 Würfen höchstens 135-mal die Fünf zu erzielen, als Summe
der Wahrscheinlichkeiten der Fälle 0 bis 135. Im Falle p_u erhalten wir die
Wahrscheinlichkeit, bei 900 Würfen mindestens 135-mal die Fünf zu erzielen,
als Summe der Wahrscheinlichkeiten aller 900 Fälle (diese hat den Wert 1)
abzüglich der Wahrscheinlichkeit, die Fünf höchstens 134-mal zu erzielen.

```
> i:='i': sum(b3[i+1],i=0..135);
```
$$.0233445$$

```
> 1 - sum(b2[i+1],i=0..134);
```
$$.026956$$

Die Summe beider Werte liefert in der Tat mit sehr guter Genauigkeit eine
Irrtumswahrscheinlichkeit von 5%:

```
> "+"";
```
$$.0503005$$

Abschließend wollen wir noch das Verhalten bei wachsender Zahl der Versuche studieren. Die Gleichungen (5.4) und (5.5) lassen sich nach Division
durch n mit den Abkürzungen $p_h = k/n$, $\varepsilon = 1/\sqrt{n}$ in folgende Form bringen:

$$g_u(p_u) \equiv p_u - p_h + \varepsilon^2/2 + \varepsilon\, u\, \sqrt{p_u\,(1-p_u)} = 0\,,$$
$$g_o(p_o) \equiv p_o - ph - \varepsilon^2/2 - \varepsilon\, u\, \sqrt{p_o\,(1-p_o)} = 0\,.$$

Ihre Lösungen bleiben übersichtlich, wenn wir sie als Potenzreihen in ε angeben. Zu diesem Zweck notieren wir bereits die Gleichungen in dieser Form:

```
> p:='p': ph:='ph':
> gu:=p-ph+epsilon^2/2+epsilon*u*sqrt(p*(1-p));
> gus:=series(gu,epsilon,2);
```

$$gu := p - ph + \frac{1}{2}\varepsilon^2 + \varepsilon\, u\, \sqrt{p\,(1-p)}$$
$$gus := (\,p - ph\,) + u\, \sqrt{p\,(1-p)}\,\varepsilon + \mathrm{O}\left(\varepsilon^2\right)$$

```
> pus:=solve(gus,p);
```

$$pus := ph - u\, \sqrt{-ph\,(-1+ph)}\,\varepsilon + \mathrm{O}\left(\varepsilon^2\right)$$

```
> go:=p-ph-epsilon^2/2-epsilon*u*sqrt(p*(1-p));
> gos:=series(go,epsilon,2);
```

$$go := p - ph - \frac{1}{2}\varepsilon^2 - \varepsilon\, u\, \sqrt{p\,(1-p)}$$
$$gos := (\,p - ph\,) - u\, \sqrt{p\,(1-p)}\,\varepsilon + \mathrm{O}\left(\varepsilon^2\right)$$

```
> pos:=solve(gos,p);
```

$$pos := ph + u\, \sqrt{-ph\,(-1+ph)}\,\varepsilon + \mathrm{O}\left(\varepsilon^2\right)$$

Schließlich schreiben wir statt ε wieder $1/\sqrt{n}$:

```
> n:='n': pu:=subs(epsilon=1/sqrt(n),pus);
> po:=subs(epsilon=1/sqrt(n),pos);
```

$$pu := ph - \frac{u\, \sqrt{-ph\,(-1+ph)}}{\sqrt{n}} + \mathrm{O}\left(\frac{1}{n}\right)$$
$$po := ph + \frac{u\, \sqrt{-ph\,(-1+ph)}}{\sqrt{n}} + \mathrm{O}\left(\frac{1}{n}\right)$$

Wir erkennen, daß die Schranken p_u und p_o sich mit wachsendem n von unten bzw. oben dem Wert p_h, also der relativen Häufigkeit nähern. Die Wahrscheinlichkeit, eine Fünf zu würfeln, wird demnach bei fester Vorgabe der statistischen Sicherheit mit wachsender Zahl der Würfe immer genauer durch die relative Häufigkeit des Auftretens der Fünf wiedergegeben. Dieser wichtige Sachverhalt wird als Gesetz der großen Zahl bezeichnet.

Asymptotisch nimmt der Abstand zwischen den Schranken proportional zur Wurzel aus n ab. Um die Breite des Vertrauensbereiches zu halbieren, müssen wir also die Zahl der Versuche vervierfachen.

Für große Werte von n wird der Ordnungsterm in den obigen Ausdrücken für p_u und p_o klein, so daß wir ihn vernachlässigen und in guter Näherung schreiben können:

$$p = p_h \pm u \sqrt{p_h\,(1 - p_h)}\ \frac{1}{\sqrt{n}}\ .$$

Die Größe des bei dieser Approximation entstehenden Fehlers prüfen wir
an den Zahlenwerten unseres Beispiels. Wir sehen, daß die entstehenden
Näherungswerte — verglichen mit den oben bereits berechneten exakten Werten p_u und p_o — bei 900 Würfen die Breite des Vertrauensbereiches mit nur
etwa 2% Fehler angeben.

```
> pu1:=convert(pus,polynom): po1:=convert(pos,polynom):
> n:=900: k:=135: ph:=k/n: u:=ue975: epsilon:=1/sqrt(n):
> evalf(pu1), evalf(po1);
```
$$.126672,\ .173328$$

6 Approximation von Funktionen

In diesem Kapitel lernen wir Methoden kennen, um eine gegebene Funktion nach verschiedenen Kriterien durch einfachere Funktionsausdrücke (Polynome, gebrochene rationale Funktionen, trigonometrische Funktionen) näherungsweise zu beschreiben. Als Beispiel wollen wir in allen Fällen die folgende auf dem Intervall $x \in (x_l, x_r)$ definierte Funktion approximieren:

```
> f:=ln(1+100*(x-xl)/(xr-xl));
```

$$f := \ln\left(1 + 100\,\frac{x - xl}{xr - xl}\right)$$

Die Variablentransformation

$$x = \frac{x_r + x_l}{2} + \xi\frac{x_r - x_l}{2}$$

macht daraus die auf dem Intervall $\xi \in (-1, 1)$ erklärte Funktion

```
> fxi:=simplify(subs(x=(xr+xl)/2+xi*(xr-xl)/2,f));
```

$$fxi := \ln(51 + 50\,\xi)$$

```
> plfxi:=plot(fxi,xi=-1..1,color=black):  plfxi;
```

Wir lesen das Paket `numapprox` ein, welches eine Reihe von Hilfsmitteln für die numerische Approximation bereitstellt.

```
> with(numapprox):
```

6.1 Taylor- und Pade-Approximation

Eine uns schon bekannte Approximation entsteht durch Abbruch der Reihenentwicklung der gegebenen Funktion.

```
> fser:=series(fxi,xi,9);
```

$$
\begin{aligned}
fser := \ln(51) + \frac{50}{51}\,\xi - \frac{1250}{2601}\,\xi^2 + \frac{125000}{397953}\,\xi^3 - \frac{1562500}{6765201}\,\xi^4 + \\
\frac{62500000}{345025251}\,\xi^5 - \frac{7812500000}{52788863403}\,\xi^6 + \frac{781250000000}{6281874744957}\,\xi^7 \\
- \frac{4882812500000}{45767944570401}\,\xi^8 + \mathrm{O}\left(\xi^9\right)
\end{aligned}
$$

```
> ftay:=sort(evalf(convert(fser,polynom)));
```

$$ftay := -.1066862964\,\xi^8 + .1243657398\,\xi^7 - .1479952304\,\xi^6$$
$$+ .1811461620\,\xi^5 - .2309613565\,\xi^4 + .3141074448\,\xi^3$$
$$- .4805843906\,\xi^2 + .9803921569\,\xi + 3.931825633$$

```
> pltay:=plot(ftay,xi=-1..1,color=blue):
> with(plots):    display({plfxi,pltay});
```

Nahe der Entwicklungsstelle $\xi = 0$ — wo die Ableitungen nullter bis achter Ordnung der Funktion und des Approximationspolynoms übereinstimmen — ist die Näherung sehr gut. Daß der Fehler für $|\xi| > 0.7$ stark anwächst, zeigt uns die folgende Graphik.

```
> plot(fxi-ftay,xi=-1..1);
```

Eine Approximation durch eine gebrochene rationale Funktion liefert der Befehl **pade** aus dem Paket **numapprox**. Wir wählen 6 und 2 als Grad des Zähler- bzw. Nennerpolynoms.

```
> pade(fxi,xi,[6,2]):    evalf("):    fpade:=normal(expand("));
```

$$fpade := -\Big(-23862.24977 - 41041.54378\,\xi - 18120.28844\,\xi^2$$
$$- 680.8278869\,\xi^3 + 100.1217481\,\xi^4$$
$$- 19.63171531\,\xi^5 + 3.207796619\,\xi^6 \Big) \Big/$$
$$\Big(6069. + 8925.\,\xi + 3125.\,\xi^2 \Big)$$

Dasselbe hätte übrigens der folgende Befehl geleistet

```
> convert(fser,ratpoly,6,2):
```

Die Pade-Approximation wird so berechnet, daß ihre Taylor-Reihe mit jener der zu approximierenden Funktion so weit wie möglich übereinstimmt. Das bestätigt uns die Probe im Rahmen der Rechengenauigkeit.

```
> taylor(fpade-fxi,xi,11);
```

$$.1\,10^{-8} - .6\,10^{-9}\,\xi^2 + .9\,10^{-9}\,\xi^3 - .9\,10^{-9}\,\xi^4 + .10\,10^{-8}\,\xi^5 -$$
$$.11\,10^{-8}\,\xi^6 + .11\,10^{-8}\,\xi^7 - .11\,10^{-8}\,\xi^8$$
$$-.00011858671\,\xi^9 + .00041854408\,\xi^{10} + O\left(\xi^{11}\right)$$

```
> plpade:=plot(fpade,xi=-1..1,color=red):
> display({plfxi,pltay,plpade});
```

Offenbar liefert die Pade-Approximation bei gleicher Zahl der Koeffizienten eine bessere Näherung als die Taylor-Approximation.

```
> plot(fxi-fpade,xi=-1..1);
```

6.2 Diskrete Approximation und Interpolation

Die Methode der kleinsten Fehlerquadrate aus dem Paket `stats` können wir anwenden, wenn wir den kontinuierlichen Verlauf der gegebenen Funktion durch eine endliche Anzahl von Stützwerten ersetzen. Wir wählen $m = 9$ äquidistante Stützstellen.

```
> with(stats):
> xidata:=[seq((i-5)/4,i=1..9)];
```

$$xidata := \left[-1, \frac{-3}{4}, \frac{-1}{2}, \frac{-1}{4}, 0, \frac{1}{4}, \frac{1}{2}, \frac{3}{4}, 1\right]$$

```
> fdata:=[seq(evalf(subs(xi=xidata[i],fxi)),i=1..9)];
```

$$fdata := [0, 2.602689685, 3.258096538, 3.650658241,$$
$$3.931825633, 4.151039906, 4.330733340,$$
$$4.483002552, 4.615120517]$$

```
> plpunkte:=statplots[scatter2d](xidata,fdata): plpunkte;
```

Nun beschaffen wir uns mittels der Funktion `leastsquare` aus dem Unterpaket `fit` Polynome vom Grade n, deren Werte an den m Stützstellen ξ_i von den vorgegebenen Funktionswerten im quadratischen Mittel möglichst wenig abweichen gemäß der Forderung

$$\sum_{i=1}^{m}\left(f(\xi_i) - \sum_{k=0}^{n} c_k \xi_i^k\right)^2 = \text{Min}.$$

Wir untersuchen die Fälle n=3 und n=8.

```
> fit[leastsquare[[xi,y], y=sum(co[j]*xi^j,j=0..3),
> {seq(co[l],l=0..3)}]]([xidata,fdata]): fls3:=sort(rhs("));
```

$$fls3 := 1.777873868\,\xi^3 - 1.613035500\,\xi^2 + .471956419\,\xi$$
$$+ 4.119116615$$

```
> plfls3:=plot(fls3,xi=-1..1,color=brown):
> fit[leastsquare[[xi,y], y=sum(co[j]*xi^j,j=0..8),
> {seq(co[l],l=0..8)}]]([xidata,fdata]): fls8:=sort(rhs("));
```

$$fls8 := -2.032428001\,\xi^8 + 2.185849044\,\xi^7 + 1.446460679\,\xi^6$$
$$- 1.521467825\,\xi^5 - .5733437625\,\xi^4 + .6794727499\,\xi^3$$
$$- .4649546083\,\xi^2 + .9637062869\,\xi + 3.931825956$$

```
> plfls8:=plot(fls8,xi=-1..1,color=green):
```

Anders als bei der Taylor- und Pade-Entwicklung wird diesmal eine möglichst gute Approximation über das ganze Intervall hinweg angestrebt. Im Falle $n = 8$ stimmt die Zahl der Freiheitsgrade des Polynoms mit der Zahl der zu approximierenden Punkte überein, so daß der Fehler exakt zu Null wird. An den gewählten Stützstellen nimmt dieses Polynom also die Werte der zu approximierenden Funktion an. Man spricht dann von *Interpolation*. Zwischen den Stützstellen aber gibt es beträchtliche Abweichungen im Funktionsverlauf, insbesondere in der Nähe der Intervallenden. Das zeigen die graphischen Darstellungen.

```
> display({plfxi,plpunkte,plfls3,plfls8});
> plot({fxi-fls3,fxi-fls8},xi=-1..1);
```

Das Interpolationspolynom `fls8` erhalten wir im Rahmen der Rechengenauigkeit auch mit dem Befehl

```
> interp(xidata,fdata,xi):
```

Übungsvorschlag: Prüfen Sie, daß bei der Interpolation in der Tat die Funktionswerte an den Stützstellen exakt angenommen werden, und ermitteln Sie den betragsmäßig größten Fehler im Intervall.

6.3   Polynom-Approximation im quadratischen Mittel

Die Methode der kleinsten Fehlerquadrate ist auch anwendbar, ohne daß bestimmte Stützstellen ausgezeichnet werden. Bedeutet $\phi_k(\xi)$ das Funktionensystem, durch welches die Funktion $f(\xi)$ approximiert werden soll, so können wir fordern

$$Q = \int_{\xi=-1}^{1} \left(f(\xi) - \sum_{k=1}^{n} c_k \phi_k(\xi) \right)^2 w(\xi) \, d\xi = \text{Min} .$$

Die Gewichtsfunktion $w(\xi)$ erlaubt die unterschiedliche Bewertung der quadratischen Fehler an verschiedenen Stellen des Intervalls. Da der Fehler Q von der Wahl der n Koeffizienten c_k abhängt, lauten die notwendigen Bedingungen für das Minimum

$$\frac{\partial Q}{\partial c_j} = 2 \int_{\xi=-1}^{1} \left(f(\xi) - \sum_{k=1}^{n} c_k \phi_k(\xi) \right) \left(-\phi_j(\xi) \right) w(\xi) \, d\xi = 0, \qquad j = 1 \ldots n .$$

$$(6.1)$$

Praktisch bedeutsam ist insbesondere die Wahl von Ansatzfunktionen, die ein orthogonales System bilden im Sinne der Forderung

$$\int_{\xi=-1}^{1} \phi_k(\xi) \, \phi_j(\xi) \, w(\xi) \, d\xi = 0, \qquad \text{wenn} \quad j \neq k .$$

Die Matrix der linearen Gleichungen (6.1) besitzt dann Diagonalform, und die Berechnung der Unbekannten geschieht mittels der Formel

$$c_j = \frac{\int_{\xi=-1}^{1} f(\xi) \, \phi_j(\xi) \, w(\xi) \, d\xi}{\int_{\xi=-1}^{1} \phi_j^2(\xi) \, w(\xi) \, d\xi} .$$

$$(6.2)$$

Orthogonale Systeme von Polynomen zu verschiedenen Gewichtsfunktionen $w(\xi)$ auf dem Intervall $(-1, 1)$ sowie auf den Intervallen $(0, \infty)$ und $(-\infty, \infty)$ werden vom Paket `orthopoly` bereitgestellt.

```
> with(orthopoly);
```

$$[\,G, H, L, P, T, U\,]$$

Einzelheiten zu diesen Funktionen entnimmt man der *on-line*-Hilfe, z.B. ?P.

Die Legendreschen Polynome $P_k(\xi)$ — auch Kugelfunktionen 1. Art genannt — sind auf dem Intervall $(-1, 1)$ orthogonal bezüglich der Gewichtsfunktion $w(\xi) \equiv 1$. Die Koeffizienten der Entwicklung unserer Beispielfunktion bis zum Polynomgrad $n = 8$ ergeben sich also wie folgt.

```
> j:='j': cj:=Int(fxi*P(j,xi),xi=-1..1)/Int(P(j,xi)^2,xi=-1..1);
```

$$cj := \frac{\displaystyle\int_{-1}^{1} \ln(\,51 + 50\,\xi\,)\,\mathrm{P}(\,j, \xi\,)\,d\xi}{\displaystyle\int_{-1}^{1} \mathrm{P}(\,j, \xi\,)^2\,d\xi}$$

```
> cp:=seq(evalf(cj),j=0..8);
```

$$\begin{aligned}
cp := \ &3.661271722, \ 1.390161848, \ -.6966084755, \\
&.4325183839, \ -.2925456506, \ .2072244934, \\
&-.1510761463, \ .1123213456, \ -.08469838291
\end{aligned}$$

Damit finden wir folgende Näherungspolynome vom Grad 3 bzw. 8.

```
> fp3:=sort(sum(cp[k+1]*P(k,xi),k=0..3));
```

$$\begin{aligned}
fp3 := \ &1.081295960\,\xi^3 - 1.044912713\,\xi^2 + .7413842721\,\xi \\
&+ 4.009575960
\end{aligned}$$

```
> plfp3:=plot(fp3,xi=-1..1,color=magenta):
> fp8:=sort(sum(cp[k+1]*P(k,xi),k=0..8));
```

$$\begin{aligned}
fp8 := \ &-4.258078860\,\xi^8 + 3.011616079\,\xi^7 + 5.767252009\,\xi^6 \\
&- 3.233025395\,\xi^5 - 2.891198978\,\xi^4 + 1.479408135\,\xi^3 \\
&- .1055540263\,\xi^2 + .8842272537\,\xi + 3.923922923
\end{aligned}$$

```
> plfp8:=plot(fp8,xi=-1..1,color=gold):
```

Die nach Formel (6.2) berechneten Legendre-Koeffizienten sind von der Anzahl n der mitgeführten Legendre-Polynome unabhängig und ändern sich also bei Hinzunahme höherer Polynome nicht. Dagegen ändern sich, wie ein Vergleich von `fp3` mit `fp8` zeigt, alle Koeffizienten bei den Potenzen von ξ. Die folgende Graphik zeigt, daß Integral- und Summenform des Kriteriums des kleinsten Fehlerquadrats recht unterschiedliche Näherungspolynome liefern können.

```
> display({plfxi,plfls3,plfp3});
```

Im Falle $n = 8$ ist der Unterschied nicht so deutlich.

```
> display({plfxi,plfls8,plfp8});
```

Wir vergleichen deshalb die Fehlerfunktionen.

```
> plot({fxi-fls8,fxi-fp8},xi=-1..1);
```

Die Abweichungen sind nahe den Intervallenden am größten. Dem können wir begegnen, indem wir die Fehler an den Intervallenden stärker gewichten. Auf Tschebyscheff-Polynome 1. Art $T_k(\xi)$ führt folgende Wahl der Gewichtsfunktion.

```
> w:=1/sqrt(1-xi^2);
```

$$w := \frac{1}{\sqrt{1 - \xi^2}}$$

```
> plot(w,xi=-1..1,0..5);   j:='j':
> cj:=Int(fxi*T(j,xi)*w,xi=-1..1)/Int(T(j,xi)^2*w,xi=-1..1);
```

$$cj := \frac{\displaystyle\int_{-1}^{1} \frac{\ln(51 + 50\,\xi)\,\mathrm{T}(j,\xi)}{\sqrt{1 - \xi^2}}\,d\xi}{\displaystyle\int_{-1}^{1} \frac{\mathrm{T}(j,\xi)^2}{\sqrt{1 - \xi^2}}\,d\xi}$$

```
> ct:=seq(evalf(cj),j=0..8);
```

$$ct := 3.418543982,\ 1.638004975,\ -.6707650743,$$
$$.3662388431,\ -.2249628927,\ .1473961350,$$
$$-.1005981677,\ .07062012821,\ -.05060830308$$

```
> ft8:=sort(sum(ct[k+1]*T(k,xi),k=0..8));
```

$$ft8 := -6.477862794\,\xi^8 + 4.519688205\,\xi^7 + 9.736584224\,\xi^6$$
$$- 5.551116200\,\xi^5 - 5.068319585\,\xi^4 + 2.471759852\,\xi^3$$
$$+ .266871673\,\xi^2 + .7819282235\,\xi + 3.914336028$$

Die Tschebyscheff-Koeffizienten und das Näherungspolynom könnten wir auch wesentlich weniger zeitaufwendig mittels des Befehls **chebyshev** aus dem Paket **numapprox** wie folgt erhalten.

```
> chebyshev(fxi,xi,0.03):  sort(");
```

$$-6.512888986\,\xi^8 + 4.533741117\,\xi^7 + 9.800946252\,\xi^6$$
$$- 5.573374109\,\xi^5 - 5.104542774\,\xi^4 + 2.481556508\,\xi^3$$
$$+ .273217438\,\xi^2 + .7808929373\,\xi + 3.914169191$$

```
> plft8:=plot(ft8,xi=-1..1,color=maroon):
> display({plfxi,plft8});
> plot(fxi-ft8,xi=-1..1);
```

Der Fehler verteilt sich bei der Tschebyscheff-Approximation gleichmäßiger

über das Intervall und ist in unserem Beispiel am Rand nur noch halb so
groß wie bei der Approximation mit Legendre-Polynomen. Das zeigt folgender
Vergleich.

```
> plot({fxi-ft8,fxi-fp8},xi=-1..1);
```

Übungsvorschlag: Stellen Sie die Legendre-Polynome der Grade 0 bis 8 in
einer Graphik dar. Machen Sie dasselbe für die Legendre-Approximationen
unserer Beispielfunktion mit 1 bis 9 Ansatzfunktionen sowie für die zugehörigen Fehlerfunktionen.
Übungsvorschlag: Erzeugen Sie die entsprechenden Graphiken auch für die
Tschebyscheff-Approximation.
Übungsvorschlag: Approximieren Sie die Funktion $\ln(1+\xi)$ auf der reellen
Halbachse $(0,\infty)$ mit Hilfe von Laguerre-Polynomen $L_k(\xi)$. Als zeitsparend
erweist es sich im vorliegenden Beispiel, die Integrationen über das unendliche Intervall nicht numerisch mit `evalf(Int(.))`, sondern symbolisch mit
`evalf(int(.))` vorzunehmen.

6.4 Gleichmäßige Approximation

Wollen wir eine Funktion überall in einem Intervall mit vorgeschriebener Genauigkeit approximieren, dann interessiert nicht der mittlere quadratische
Fehler, sondern der maximale absolute Fehler. Die Beschaffung von Funktionen, die diesen minimieren, kann iterativ geschehen. MAPLE stellt dazu
im Paket `numapprox` die Funktion `minimax` zur Verfügung. Wir approximieren mit ihrer Hilfe unsere Beispielfunktion gleichmäßig durch ein Polynom
8. Grades.

```
> fpolmin:=minimax(fxi,xi=-1..1,[8,0]);
```

$fpolmin := 3.851611262 + (.7778026009 + (2.277771196$

$+ (2.509098832 + (-15.13790989 + (-5.632761979$

$+ (25.86779535 + (4.569564865 - 14.55170766\,\xi)\,\xi)\,\xi)\,\xi)\,\xi)\,\xi)\,\xi$

Wenn wir diese Horner-Form des Polynoms ausmultiplizieren, dann läßt das
Näherungspolynom sich mit den zuvor nach anderen Kriterien ermittelten
vergleichen.

```
> sort(expand(fpolmin));
```

$-14.55170766\,\xi^8 + 4.569564865\,\xi^7 + 25.86779535\,\xi^6$

$- 5.632761979\,\xi^5 - 15.13790989\,\xi^4 + 2.509098832\,\xi^3$

$+ 2.277771196\,\xi^2 + .7778026009\,\xi + 3.851611262$

```
> plfpolmin:=plot(fpolmin,xi=-1..1,color=cyan):
> display({plfxi,plfpolmin});
> plot(fxi-fpolmin,xi=-1..1);
```

Wie wir der Graphik entnehmen, wird der größte Fehlerbetrag an zehn ver-

schiedenen Stellen angenommen. Er ist nur noch etwa halb so groß wie bei
der Tschebyscheff-Approximation.

Noch wesentlich höhere Genauigkeit wird mit gebrochenen rationalen Funktionen an Stelle von Polynomen erreicht. Wir wählen wieder 6 und 2 als Grad
des Zähler- bzw. Nennerpolynoms.

```
> fratmin:=minimax(fxi,xi=-1..1,[6,2]);
```

$$fratmin := (2.787089234 + (5.757247694 + (3.207198484+$$
$$(.1752952609 + (-.02411244800$$
$$+ (.01797184083 - .01965811200\,\xi\,)\,\xi)\xi)\xi)\xi)\xi)$$
$$/(.7088142159 + (1.287685701 + .5823715682\,\xi\,)\,\xi)$$

```
> plfratmin:=plot(fratmin,xi=-1..1,color=grey):
> display({plfxi,plfratmin});
> plot(fxi-fratmin,xi=-1..1);
```

Der Fehler beträgt nur etwa ein Hundertstel des Wertes, der sich bei der
gleichmäßigen Approximation durch ein Polynom ergeben hat. Wenn es auf
hohe Genauigkeit im gesamten Intervall ankommt, ist also die gleichmäßige
Approximation durch eine gebrochene rationale Funktion das Verfahren der
Wahl. Die folgende Graphik zeigt schließlich, daß die Pade-Approximation im
Teilintervall $(-0.6, 1)$ noch genauer ist als die zuletzt konstruierte Näherung,
dagegen im Teilintervall $(-1, -0.8)$ viel größere Fehler aufweist.

```
> plot({fxi-fpade,fxi-fratmin},xi=-0.8..1);
```

6.5 Trigonometrische Approximation

Diesmal bilden wir mittels der Variablentransformation

$$x = x_l + \eta \frac{x_r - x_l}{\pi}$$

das Intervall $x \in (x_l, x_r)$ auf das Intervall $\eta \in (0, \pi)$ ab. Dort stellen die
Funktionen $\cos k\eta \, (k = 0, 1, 2, \ldots)$ und die Funktionen $\sin k\eta \, (k = 1, 2, 3, \ldots)$
jeweils ein orthogonales System dar gemäß den Bedingungen

$$\int_{\eta=0}^{\pi} \cos j\eta \cos k\eta \, d\eta = 0, \qquad \text{wenn} \quad j \neq k,$$

$$\int_{\eta=0}^{\pi} \sin j\eta \sin k\eta \, d\eta = 0, \qquad \text{wenn} \quad j \neq k.$$

Ferner gilt

$$\int_{\eta=0}^{\pi} \cos^2 j\eta d\eta = \begin{cases} \pi/2 & \text{,wenn} \quad j = 1, 2, 3, \ldots \\ \pi & \text{,wenn} \quad\quad\ j = 0, \end{cases}$$

$$\int_{\eta=0}^{\pi} \sin^2 j\eta d\eta = \pi/2, \qquad j = 1, 2, 3, \ldots .$$

Übungsvorschlag: Lassen Sie diese Integralaussagen von MAPLE bestätigen.

Approximieren wir eine auf $\eta \in (0, \pi)$ definierte Funktion $f(\eta)$ nach dem Prinzip des minimalen Fehlerquadrats, so ergeben sich — analog zu Gleichung (6.2) — die Entwicklungskoeffizienten im Falle der Näherung mittels einer Summe von Cosinus-Funktionen zu

$$c_j = \frac{\int_{\eta=0}^{\pi} f(\eta) \cos j\eta \, d\eta}{\int_{\eta=0}^{\pi} \cos^2 j\eta \, d\eta} = \frac{2}{\pi} \int_{\eta=0}^{\pi} f(\eta) \cos j\eta \, d\eta, \quad \text{wenn } j = 1, 2, 3, \ldots,$$

$$c_0 = \frac{1}{\pi} \int_{\eta=0}^{\pi} f(\eta) d\eta, \quad \text{wenn} \quad j = 0,$$

und bei Annäherung durch eine Summe von Sinus-Funktionen zu

$$c_j = \frac{\int_{\eta=0}^{\pi} f(\eta) \sin j\eta \, d\eta}{\int_{\eta=0}^{\pi} \sin^2 j\eta \, d\eta} = \frac{2}{\pi} \int_{\eta=0}^{\pi} f(\eta) \sin j\eta \, d\eta \, .$$

Wir wollen wieder unsere Beispielfunktion approximieren, die sich diesmal nach Koordinatentransformation schreibt als

```
> feta:=subs(x=xl+ eta*(xr-xl)/Pi,f);
```

$$feta := \ln\left(1 + 100\,\frac{\eta}{\pi}\right)$$

```
> pleta:=plot(feta,eta=0..Pi,color=black):
```

Die Approximation mittels Cosinus-Funktionen gibt

```
> j:='j': cc:=evalf(int(feta,eta=0..Pi)/Pi),
> seq(evalf(Int(feta*cos(j*eta),eta=0..Pi)*2/Pi),j=1..8):
> fcos:=sum(cc[k+1]*cos(k*eta),k=0..8);
```

$$
\begin{aligned}
fcos := {} & 3.661271723 - 1.099375556 \cos(\eta) \\
& - .3871235752 \cos(2\eta) - .2981205614 \cos(3\eta) \\
& - .1858712056 \cos(4\eta) - .1602815325 \cos(5\eta) \\
& - .1166875146 \cos(6\eta) - .1051941691 \cos(7\eta) \\
& - .08242505224 \cos(8\eta)
\end{aligned}
$$

```
> plcos:=plot(fcos,eta=0..Pi,color=red):
> display({pleta,plcos});
> plot(feta-fcos,eta=0..Pi); j:='j':
```

Übungsvorschlag: Stellen Sie die Ansatzfunktionen in einer Graphik dar. Machen Sie dasselbe für die Approximationen der Beispielfunktion mit einer von 1 bis 9 wachsenden Zahl von Ansatzfunktionen sowie für die zugehörigen Fehlerfunktionen. Beobachten Sie, daß der Fehler bei $\eta = 0$ mit wachsender Zahl der Ansatzfunktionen immer kleiner wird. (Wächst die Zahl der Ansatzfunktionen über alle Grenzen, so strebt er sogar nach Null. Man sagt, daß die Reihe dort gegen den Funktionswert konvergiert.)

Entsprechend gibt die Approximation mittels Sinus-Funktionen

```
> cs:=seq(evalf(Int(feta*sin(j*eta),eta=0..Pi)*2/Pi),j=1..8):
> fsin:=sum(cs[k]*sin(k*eta),k=1..8);
```

$$\begin{aligned}
fsin := {}& 4.849792304 \sin(\eta) - .7498903796 \sin(2\eta) \\
&+ 1.388553468 \sin(3\eta) - .4696571326 \sin(4\eta) \\
&+ .7772342588 \sin(5\eta) - .3477964630 \sin(6\eta) \\
&+ .5309822872 \sin(7\eta) - .2780846774 \sin(8\eta)
\end{aligned}$$

```
> plsin:=plot(fsin,eta=0..Pi,color=blue):
> display({pleta,plsin});
> plot(feta-fsin,eta=0..Pi);
```

Übungsvorschlag: Stellen Sie die Ansatzfunktionen in einer Graphik dar. Machen Sie dasselbe für die Approximationen der Beispielfunktion mit einer von 1 bis 8 wachsenden Zahl von Ansatzfunktionen sowie für die zugehörigen Fehlerfunktionen. Beobachten Sie, daß der Fehler bei $\eta = \pi$ mit wachsender Zahl der Ansatzfunktionen unverändert bleibt. Das kann nicht anders sein, weil alle Ansatzfunktionen dort den Wert Null besitzen. (Wächst die Zahl der Ansatzfunktionen über alle Grenzen, so konvergiert die Reihe dort also nicht gegen den Funktionswert.)

6.6 Fourier-Reihen periodischer Funktionen

Die soeben betrachtete Entwicklung einer gegebenen Funktion, die auf einem endlichen Intervall erklärt ist, nach trigonometrischen Funktionen wird beispielsweise benötigt, wenn diese Sinus- oder Cosinus-Funktionen sich als Eigenfunktionen bei der Lösung gewöhnlicher oder partieller Differentialgleichungen ergeben (s. dazu die nächsten beiden Kapitel). Eine tiefere Einsicht insbesondere in das Konvergenzverhalten an den Intervallenden — das sich ja in den obigen Beispielen bei der Cosinus- und der Sinus-Entwicklung unterschiedlich dargestellt hat, erhalten wir, wenn wir beachten, daß die trigonometrischen Funktionen auf der gesamten reellen Achse definiert sind, und daß die Funktionen $\cos j\eta$ ($j = 0, 1, 2, \ldots$) bezüglich der Intervallenden $\eta = 0$ und $\eta = \pi$ symmetrisch, die Funktionen $\sin j\eta$ ($j = 1, 2, 3, \ldots$) jedoch antimetrisch verlaufen.

Wir ergänzen nun auch die gegebene Funktion in symmetrischer bzw. antimetrischer Weise zu zwei periodischen Funktionen und vergleichen diese mit der Cosinus- bzw. Sinus-Entwicklung.

```
> fsymm:=subs(eta=arccos(cos(eta)),feta);
```

$$fsymm := \ln\left(1 + 100\,\frac{\arccos(\cos(\eta))}{\pi}\right)$$

```
> fantim:=
> signum(tan(eta/2))*subs(eta=2*abs(arctan(tan(eta/2))),feta);
```

$$fantim :=$$
$$\mathrm{signum}\left(\tan\left(\frac{1}{2}\,\eta\right)\right)\ln\left(1+200\,\frac{\left|\arctan\left(\tan\left(\frac{1}{2}\,\eta\right)\right)\right|}{\pi}\right)$$

```
> plfsymm:=plot(fsymm,eta=-2*Pi..3*Pi,color=black):
> plcos:=plot(fcos,eta=-2*Pi..3*Pi,color=red):
> display({plfsymm,plcos});
```

Die symmetrisch fortgesetzte Funktion ist überall stetig, weshalb die Cosinus-Reihe — nach dem Satz von Dirichlet — überall punktweise konvergiert. An der scharfen Spitze bei $\eta = 0$ ist die Konvergenz allerdings langsam und die Approximation mit wenigen Ansatzfunktionen daher recht ungenau.

```
> plfantim:=plot(fantim,eta=-2*Pi..3*Pi,color=black):
> plsin:=plot(fsin,eta=-2*Pi..3*Pi,color=blue):
> display({plfantim,plsin});
```

Die antimetrisch fortgesetzte Funktion besitzt Sprünge. An diesen Unstetigkeitsstellen konvergiert die Sinus-Reihe nicht punktweise, und in der Nähe dieser Stellen ist die Konvergenz sehr langsam und die Approximation mit wenigen Ansatzfunktionen daher recht ungenau.

Wir wissen nun, wie periodische Funktionen mit speziellen Symmetrieeigenschaften sich approximieren lassen. In der Schwingungstechnik und Nachrichtentechnik stellt sich jedoch auch die Aufgabe, ganz beliebige periodische Funktionen durch trigonometrische Summen anzunähern. Läßt man die Zahl der Ansatzfunktionen über alle Grenzen wachsen, so spricht man von harmonischer Analyse und bezeichnet die Approximations-Funktion als Fourier-Reihe. Als Periodizitätsintervall wählen wir $\zeta \in (0, 2\pi)$ und transformieren unsere Beispielfunktion auf dieses Intervall mittels

$$x = x_l + \zeta\,\frac{x_r - x_l}{2\pi}\ .$$

```
> fzeta:=subs(x=xl+ zeta*(xr-xl)/(2*Pi),f);
```

$$fzeta := \ln\left(1+50\,\frac{\zeta}{\pi}\right)$$

Ihre periodische Fortsetzung erhalten wir aus

```
> fperiodisch:=subs(zeta=2*arccot(cot(zeta/2)),fzeta);
```

$$fperiodisch := \ln\left(1+100\,\frac{\mathrm{arccot}\left(\cot\left(\frac{1}{2}\,\zeta\right)\right)}{\pi}\right)$$

```
> plfperiodisch:=plot(fperiodisch,zeta=-4*Pi..6*Pi,color=black):
```

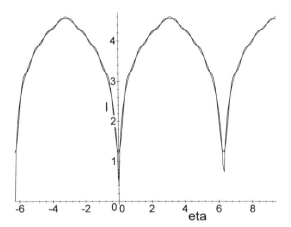

Bild 6.1. Approximation der symmetrischen Fortsetzung durch eine Cosinus-Summe

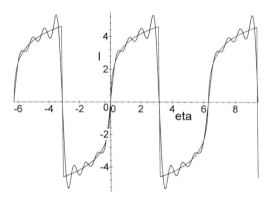

Bild 6.2. Approximation der antimetrischen Fortsetzung durch eine Sinus-Summe

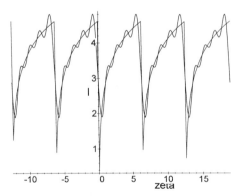

Bild 6.3. Approximation der periodischen Fortsetzung durch eine Summe aus Sinus- und Cosinus-Funktionen

Die folgenden periodischen Funktionen bilden ein orthogonales System auf dem Intervall $(0, 2\pi)$:

$$\cos j\zeta, \qquad j = 0, 1, 2, \ldots; \qquad \sin j\zeta, \qquad j = 1, 2, 3, \ldots.$$

Minimierung des Fehlerquadrats über diesem Intervall nach der Vorschrift

$$Q = \int_{\zeta=0}^{2\pi} \left(f(\zeta) - \sum_{k=0}^{n} \bar{c}_k \cos k\zeta - \sum_{k=1}^{n} \hat{c}_k \sin k\zeta \right)^2 d\zeta = \text{Min}$$

gibt die Fourier-Koeffizienten.

```
> j:='j': cpc:=evalf(int(fzeta,zeta=0..2*Pi)/(2*Pi)),
> seq(evalf(Int(fzeta*cos(j*zeta),zeta=0..2*Pi)/Pi),j=1..4):
> j:='j': cps:=seq(evalf(Int(fzeta*sin(j*zeta),
> zeta=0..2*Pi)/Pi),j=1..4):   ftrig:=sum(cpc[k+1]
> *cos(k*zeta),k=0..4)+sum(cps[k]*sin(k*zeta),k=1..4);
```

$$\begin{aligned}
ftrig := {}& 3.661271720 - .3871235752\cos(\zeta) \\
& - .1858712056\cos(2\zeta) - .1166875146\cos(3\zeta) \\
& - .08242505226\cos(4\zeta) - .7498903800\sin(\zeta) \\
& - .4696571327\sin(2\zeta) - .3477964629\sin(3\zeta) \\
& - .2780846775\sin(4\zeta)
\end{aligned}$$

```
> plftrig:=plot(ftrig,zeta=-4*Pi..6*Pi,color=green):
> display({plfperiodisch,plftrig});
> plot(fperiodisch-ftrig,zeta=-1..7);
```

Anmerkung: Soll eine gegebene Funktion an äquidistanten Stützstellen durch eine trigonometrische Summe interpoliert werden oder sind überhaupt nur diese Stützwerte bekannt, so kann das Prinzip des kleinsten Fehlerquadrats in Summen- statt Integralform herangezogen werden. Die numerische Durchführung wird als schnelle Fourier-Transformation (*Fast Fourier Transform*) bezeichnet und von MAPLE unter dem Befehl FFT bereitgestellt (s. ?FFT).

7 Gewöhnliche Differentialgleichungen

Zur Lösung gewöhnlicher Differentialgleichungen stellt MAPLE den Befehl
dsolve zur Verfügung. Dieser läßt sich anwenden auf einzelne solcher Gleichungen beliebiger Ordnung — d.h. beliebigen Grades der höchsten auftretenden Ableitung — ebenso wie auf Systeme. Die Differentialgleichungen dürfen
linear oder nichtlinear sein, sie können in expliziter oder impliziter Schreibweise vorliegen. Anfangsbedingungen lassen sich einarbeiten und in vielen
Fällen sogar Randbedingungen.

Nach einem einleitenden Beispiel aus der Wärmeleitung wird in diesem
Kapitel die allgemeine Lösung von Schwingungsproblemen sowie die Anpassung an Anfangsbedingungen diskutiert. An linearen Systemen werden freie
und erzwungene Schwingungen einschließlich des Resonanzphänomens sowie
der Einfluß von schwacher und starker Dämpfung untersucht. An nichtlinearen Schwingungen studieren wir sodann die numerische Lösung von Anfangswertaufgaben und gewinnen auf diese Weise beim Doppelpendel Einblick in
das interessante Gebiet des chaotischen Verhaltens. Eine Analyse instabiler
Gleichgewichtslagen warnt uns, daß die Lösung von Anfangswertaufgaben
nicht immer eindeutig sein muß.

Bei Randwertaufgaben erhalten wir mit Hilfe von MAPLE — wie wir
sehen werden — jedenfalls im linearen Fall mit konstanten Koeffizienten, aber
selbst auch bei einfachen nichtlinearen Beispielen eine geschlossene Lösung.
Falls eine solche aber nicht gefunden wird, dann muß die Randwertaufgabe
auf die numerische Lösung von Anfangswertaufgaben zurückgeführt werden.
Dieselben Methoden sind anwendbar bei Eigenwertaufgaben, auf die wir bei
Stabilitätsproblemen wie dem Stabknicken, aber auch bei der Anwendung
des Produktansatzes zur Lösung partieller Differentialgleichungen stoßen. Als
weitere numerische Möglichkeit untersuchen wir schließlich die Methode der
Finiten Elemente.

7.1 Wärmeleitung im Hohlzylinder

Als einleitendes Beispiel betrachten wir die stationäre Wärmeleitung in einem
dickwandigen Hohlzylinder, dessen innere und äußere Oberfläche auf unterschiedlichen Temperaturen gehalten werden. Der Wärmefluß genügt dem
Fourierschen Gesetz

$$q = -\lambda \frac{dT}{dr} .$$

(Es bedeutet $T(r)$ die Temperatur im Abstand r von der Zylinderachse, dT/dr den Temperaturgradienten, λ die Wärmeleitzahl des Materials und q die je Zeiteinheit durch die Flächeneinheit nach außen tretende Wärme.) Durch alle zylindrischen Schichten von gleicher Länge l und unterschiedlichem Radius r ($r_i \leq r \leq r_a$) muß je Zeiteinheit dieselbe Wärmemenge

$$Q = 2\pi\, r\, l\, q = -2\pi\, \lambda\, l\, r\, \frac{d\,T}{d\,r} \qquad\qquad (7.1)$$

hindurchtreten, da zwischen den Schichten keine Wärme durch Heizung zugeführt oder zur Temperaturänderung verbraucht wird.

Die Differentialgleichung (7.1) der stationären Wärmeleitung läßt sich auf verschiedene Weisen behandeln.

1. Methode: Auflösung nach der ersten Ableitung und Verwendung des Befehls `int`.

$$\frac{d\,T}{d\,r} = \frac{a}{r} \qquad \text{mit} \qquad a = -\frac{Q}{2\pi\,\lambda\,l}\,. \qquad\qquad (7.2)$$

Diese Form läßt sich — wie schon in Abschn. 4.3.3 besprochen — durch Quadratur lösen:

> `tpre:=int(a/r,r);`

$$tpre := a\ln(\,r\,)$$

Das allgemeine Integral von (7.2) hat also die Form

$$T(r) = T_{\mathrm{pre}}(r) + C\,.$$

Die Vorgabe der Temperatur auf dem Innenrand

$$T(r = r_i) = T_i$$

liefert für die Integrationskonstante C die Bestimmungsgleichung

$$T_i = T_{\mathrm{pre}}(r_i) + C$$

und damit folgende spezielle Lösung der Differentialgleichung

$$T(r) = T_i + T_{\mathrm{pre}}(r) - T_{\mathrm{pre}}(r_i)\,.$$

> `t:=ti+tpre-subs(r=ri,tpre);`

$$t := ti + a\ln(\,r\,) - a\ln(\,ri\,)$$

Auch die Vorgabe der Temperatur auf dem Außenrand

$$T(r = r_a) = T_a$$

läßt sich berücksichtigen durch passende Festlegung der Konstanten a, die ja noch die unbekannte Wärmemenge Q enthält.

> `randaussen:=ta=subs(r=ra,t);`

$$randaussen := ta = ti + a\ln(\,ra\,) - a\ln(\,ri\,)$$

```
> awert:=solve(randaussen,a);
```

$$awert := -\frac{ta - ti}{-\ln(ra) + \ln(ri)}$$

```
> subs(a=awert,t);
```

$$ti - \frac{(ta - ti)\ln(r)}{-\ln(ra) + \ln(ri)} + \frac{(ta - ti)\ln(ri)}{-\ln(ra) + \ln(ri)}$$

Der letzte Ausdruck beschreibt die gesuchte Temperaturverteilung im Zylinder. (Sie wurde bereits in Abschn. 2.3.6 diskutiert und in Abschn. 2.4 graphisch dargestellt.)

2. Methode: Beschaffung des unbestimmten Integrals mit `dsolve`.
Die allgemeine Lösung der Differentialgleichung (7.2) einschließlich der Integrationskonstanten liefert der MAPLE-Befehl `dsolve` wie folgt:

```
> t:='t': dgl:=diff(t(r),r)=a/r;
```

$$dgl := \frac{\partial}{\partial r} t(r) = \frac{a}{r}$$

```
> dsolve(dgl,t(r));
```

$$t(r) = a\ln(r) + \_C1$$

Dasselbe Ergebnis erhalten wir auch, wenn wir die Wärmeleitungsgleichung in der impliziten Form (7.1) belassen:

```
> dglimpl:=r*diff(t(r),r)=a;
```

$$dglimpl := r\left(\frac{\partial}{\partial r} t(r)\right) = a$$

```
> dsolve(dglimpl,t(r));
```

$$t(r) = a\ln(r) + \_C1$$

3. Methode: Lösung einer Differentialgleichung 2. Ordnung mit `dsolve`.
Da wir zwei Randbedingungen erfüllen wollen, ist es vom Standpunkt der Systematik der Differentialgleichungen am durchsichtigsten, von einer Differentialgleichung zweiter Ordnung auszugehen. Wir erhalten sie durch Ableitung von (7.1) nach der Zeit, wodurch die unbekannte Konstante Q bzw. a eliminiert wird:

$$\frac{d}{dr}\left(r\frac{dT}{dr}\right) = 0 \, . \tag{7.3}$$

```
> diffgl:=diff(r*diff(t(r),r),r)=0;
```

$$diffgl := \left(\frac{\partial}{\partial r} t(r)\right) + r\left(\frac{\partial^2}{\partial r^2} t(r)\right) = 0$$

Ihr allgemeines Integral liefert der Befehl `dsolve` in der Form

```
> dsolve(diffgl,t(r));
```

$$t(r) = \_C1 + \_C2\ln(r)$$

Die frühere Konstante a wird jetzt als _C2 bezeichnet, womit ihre Rolle als eine der beiden Integrationskonstanten des Problems deutlich wird. Die Ermittlung von _C1 und _C2 aus den Randbedingungen

```
> randbed:=t(ri)=ti, t(ra)=ta;
```

$$randbed := \mathrm{t}(ri) = ti, \mathrm{t}(ra) = ta$$

kann wie bei Methode 1 geschehen. Zweckmäßiger ist es jedoch, MAPLE diese Aufgabe zu übertragen, wie wir im folgenden sehen.

4. Methode: Berücksichtigung der Randbedingungen im Befehl `dsolve`. MAPLE führt die Ermittlung der Integrationskonstanten automatisch durch, wenn wir im Befehl `dsolve` die beiden Randbedingungen zur Differentialgleichung 2. Ordnung hinzufügen:

```
> dsolve({diffgl,randbed},t(r));
```

$$\mathrm{t}(r) = \frac{\ln(ra)\,ti - ta\ln(ri)}{\ln(ra) - \ln(ri)} - \frac{(-ta + ti)\ln(r)}{\ln(ra) - \ln(ri)}$$

Wichtig: Der Befehl `dsolve` in der zuletzt verwendeten Form ist im vorliegenden Beispiel offenbar am geeignetsten, um die gesuchte Lösung der Differentialgleichung einschließlich ihrer Anpassung an die Nebenbedingungen mit geringstmöglichem Aufwand zu erhalten.

7.2 Schwingungen

7.2.1 Linearer Ein-Massen-Schwinger

Die Differentialgleichung der **freien ungedämpften Schwingung** lautet

$$\ddot{s}(t) + \omega_0^2 s(t) = 0.$$

```
> t:='t': dgl:=diff(s(t),t,t)+omega0^2*s(t)=0;
```

$$dgl := \left(\frac{\partial^2}{\partial t^2} \mathrm{s}(t) \right) + \omega 0^2\, \mathrm{s}(t) = 0$$

Ihre allgemeine Lösung liefert uns MAPLE in der Form

```
> dsolve(dgl,s(t));
```
$$\mathrm{s}(t) = \_C1 \cos(\omega 0\, t) + \_C2 \sin(\omega 0\, t)$$

Eine den Anfangsbedingungen $s(t = 0) = 2$, $\dot{s}(t = 0) = -5$ genügende spezielle Lösung erhalten wir wie folgt.

```
> anf:=s(0)=2, D(s)(0)=-5;
```

$$anf := \mathrm{s}(0) = 2, \mathrm{D}(s)(0) = -5$$

```
> dsolve({dgl,anf},s(t));
```

$$\mathrm{s}(t) = 2\cos(\omega 0\, t) - 5\,\frac{\sin(\omega 0\, t)}{\omega 0}$$

Wir sehen uns die Graphik des Schwingungsverlaufs an.

```
> plot(subs(omega0=1,rhs(")),t=0..20);
```

Die **freie Schwingung mit geschwindigkeitsproportionaler Dämpfung** besitzt die Differentialgleichung

$$\ddot{s}(t) + 2\delta\dot{s}(t) + \omega_0^2 s(t) = 0 \;.$$

```
> dgl:=diff(s(t),t,t)+2*delta*diff(s(t),t)+omega^2*s(t)=0;
```

$$dgl := \left(\frac{\partial^2}{\partial t^2}\, s(t)\right) + 2\,\delta\left(\frac{\partial}{\partial t}\, s(t)\right) + \omega 0^2\, s(t) = 0$$

```
> dsolve(dgl,s(t));
```

$$s(t) = \_C1\, e^{(-(\delta-\sqrt{-(\omega 0-\delta)\,(\omega 0+\delta)})\,t)}$$
$$+ \_C2\, e^{(-(\delta+\sqrt{-(\omega 0-\delta)\,(\omega 0+\delta)})\,t)}$$

```
> dsolve({dgl,anf},s(t));   r:=rhs("):
```

$$s(t) = \frac{1}{2}\frac{(2\,\delta + 2\,\sqrt{\delta^2 - \omega 0^2} - 5)\, e^{(-(\delta-\sqrt{-(\omega 0-\delta)\,(\omega 0+\delta)})\,t)}}{\sqrt{\delta^2 - \omega 0^2}}$$
$$- \frac{1}{2}\frac{(2\,\delta - 2\,\sqrt{\delta^2 - \omega 0^2} - 5)\, e^{(-(\delta+\sqrt{-(\omega 0-\delta)\,(\omega 0+\delta)})\,t)}}{\sqrt{\delta^2 - \omega 0^2}}$$

Im Falle $\delta < \omega_0$ spricht man von schwacher, im Falle $\delta > \omega_0$ von starker Dämpfung. Bei schwacher Dämpfung ist der Ausdruck $\sqrt{\delta^2 - \omega_0^2}$ imaginär, so daß sich der Übergang auf die reelle Darstellung mittels des Befehls `evalc` empfiehlt. Hier ein Zahlenbeispiel für schwache Dämpfung.

```
> rc:=evalc(subs(omega0=1,delta=0.25,r));
```

$$rc := 2.000000000\, e^{(-.25\,t)} \cos(.9682458366\,t)$$
$$- 4.647580016\, e^{(-.25\,t)} \sin(.9682458366\,t)$$

```
> plot(rc,t=0..20);
```

Als nächstes betrachten wir eine schwach gedämpfte Schwingung mit $\delta/\omega_0 = 0.95$. Dieses Verhältnis liegt nur noch wenig unter dem Grenzfall $\delta/\omega_0 = 1$.

```
> rschwach:=evalc(subs(omega0=1,delta=0.95,r));
```

$$rschwach := 2.000000000\, e^{(-.95\,t)} \cos(.3122498999\,t)$$
$$- 9.927945536\, e^{(-.95\,t)} \sin(.3122498999\,t)$$

Wir erkennen eine exponentiell abklingende harmonische Schwingung mit der folgenden Kreisfrequenz ω.

```
> omega:=sqrt(omega0^2-delta^2);
```

$$\omega := \sqrt{\omega 0^2 - \delta^2}$$

```
> omega:=subs(omega0=1,delta=0.95,omega);
```
$$\omega := .3122498999$$

Mittels der in Abschn. 2.3.7 erläuterten Einführung eines Phasenwinkels β läßt die schwach gedämpfte Schwingung sich als Produkt einer Exponentialfunktion und einer Sinusfunktion schreiben:

```
> g:=simplify(rschwach/exp(-.95*t))-expand(a*sin(omega*t-beta));
```

$$g := 2.\cos(.3122498999\,t) - 9.927945536\sin(.3122498999\,t)$$
$$- a\sin(.3122498999\,t)\cos(\beta) + a\cos(.3122498999\,t)\sin(\beta)$$

```
> coskoeff:=coeff(g,cos(omega*t));sinkoeff:=coeff(g,sin(omega*t));
```

$$coskoeff := 2. + a\sin(\beta)$$
$$sinkoeff := -9.927945536 - a\cos(\beta)$$

```
> solve({coskoeff,sinkoeff},{a,beta});
```

$$\{a = -10.12739367,\ \beta = .1987908890\},$$
$$\{a = 10.12739367,\ \beta = -2.942801765\}$$

```
> assign("[1]):    rsch:=a*exp(-.95*t)*sin(omega*t-beta);
```

$$rsch := -10.12739367\,e^{(-.95\,t)}\sin(.3122498999\,t - .1987908890)$$

Die Richtigkeit der Umformung lassen wir uns von MAPLE bestätigen.

```
> expand(rschwach-rsch);
```
$$0$$

Zum Vergleich wählen wir eine stark gedämpfte Schwingung mit $\delta/\omega_0 = 1.05$. Dieses Verhältnis liegt etwas oberhalb des Grenzfalls $\delta/\omega_0 = 1$.

```
> rstark:=subs(omega0=1,delta=1.05,r);
```

$$rstark := -3.529039094\,e^{(-.7298437881\,t)} + 5.529039095\,e^{(-1.370156212\,t)}$$

Die Funktion `rstark` besteht aus zwei Operanden — es sind Summanden. Der erste Summand wird durch den Befehl `op(1,rstark)` zugänglich. Er besteht selbst wieder aus zwei Operanden — es sind Faktoren. Den zweiten Faktor erhalten wir mit dem Befehl `op(2,op(1,rstark))`. Wir können daher die Exponentialfunktion des ersten Summanden und den Koeffizienten des zweiten Summanden wie folgt ausklammern.

```
> vor:=op(2,op(1,rstark))*op(1,op(2,rstark));
```
$$vor := 5.529039095\,e^{(-.7298437881\,t)}$$

```
> rst:=vor*combine(expand(rstark/vor),exp);
```

$$rst := 5.529039095$$
$$e^{(-.7298437881\,t)}\left(-.6382734926 + 1.000000000\,e^{(-.6403124239\,t)}\right)$$

MAPLE bestätigt bestätigt uns die Richtigkeit der Umformung:

```
> simplify(rst-rstark);
```
$$0$$

Ein Vergleich der Darstellungen `rsch` und `rst` zeigt folgendes: Wegen des oszillierenden Sinus-Faktors besitzt die schwach gedämpfte Schwingung unendlich viele Nulldurchgänge. Die stark gedämpfte Schwingung dagegen hat in unserem Beispiel einen einzigen Nulldurchgang, der durch das Verschwinden des eingeklammerten Ausdrucks in `rst` verursacht wird. Eine geringfügige Abänderung der Dämpfung hat also ein qualitativ völlig anderes Schwingungsverhalten zur Folge. Diese überraschende Erkenntnis ist für den Ingenieur jedoch von keiner großen Bedeutung, denn eine graphische Darstellung der beiden Schwingungsverläufe zeigt, daß der quantitative Unterschied ihrer Amplituden nach kurzer Zeit unmerklich wird.

```
> plschwach:=plot(rschwach,t=0..10,color=red):
> plstark:=plot(rstark,t=0..10,color=blue):
> plots[display]({plschwach,plstark});
```

Abschließend eine Darstellung des Schwingungsverlaufs für fünf verschiedene Werte der Dämpfung:

```
> plot({seq(subs(omega0=1,delta=i*0.4,r),i=1..5)},t=0..10);
```

Noch deutlicher ersehen wir den Einfluß der wachsenden Dämpfung aus einer dreidimensionalen Graphik:

```
> plot3d(subs(omega0=1,r),t=0..10,delta=0..2,
>     style=PATCH,axes=NORMAL);
```

Den **erzwungenen Schwingungen** wenden wir uns als nächstes zu und beschränken uns dabei auf den ungedämpften Fall. Die Aufhängung der Feder eines Feder-Masse-Systems soll gemäß

$$w(t) = a \sin \Omega t$$

oszillieren (s. Bild 7.1). Bedeutet $s(t)$ die Auslenkung der Masse gegenüber dem ruhenden Beobachter, so beträgt die Federkraft

$$F = c(s - w) \,,$$

und das Newtonsche Grundgesetz für die freigeschnittene Masse verlangt

$$m\ddot{s} = -F \,.$$

Führen wir abkürzend die Eigenkreisfrequenz

$$\omega_0 = \sqrt{c/m}$$

ein, so ergibt sich die inhomogene Differentialgleichung 2. Ordnung:

$$\ddot{s}(t) + \omega_0^2 s(t) = \omega_0^2 a \sin \Omega t \,.$$

```
> a:='a':  beta:='beta':   omega:='omega':

> dgl:=diff(s(t),t,t)+omega0^2*(s(t)-a*sin(Omega*t))=0;
```

$$dgl := \left(\frac{\partial^2}{\partial t^2} \, \mathrm{s}(\,t\,) \right) + \omega 0^2 \, (\, \mathrm{s}(\,t\,) - a \sin(\,\Omega\, t\,)) = 0$$

Ihre Lösung ist

```
> dsolve(dgl,s(t)):       expand(rhs(")):

> collect(",sin(Omega*t));
```

$$\left(\frac{\omega 0^2 \, a \cos(\omega 0 \, t)^2}{\omega 0^2 - \Omega^2} + \frac{\omega 0^2 \, a \sin(\omega 0 \, t)^2}{\omega 0^2 - \Omega^2} \right) \sin(\Omega\, t)$$

$$+ \_C1 \cos(\omega 0\, t) + \_C2 \sin(\omega 0\, t)$$

Der erste Summand läßt sich noch vereinfachen. Die bloße Anwendung des Befehls `simplify` bringt jedoch den gesamten Ausdruck auf den Hauptnenner und führt keineswegs zu einer übersichtlicheren Darstellung. Hier hilft der Befehl `applyop` weiter, der es uns gestattet, eine Funktion nur auf ausgewählte Operanden eines Ausdrucks — hier die Funktion `simplify` auf den ersten Summanden — anzuwenden.

```
> applyop(simplify,1,");
```

$$\frac{\omega 0^2 \, a \sin(\Omega\, t)}{\omega 0^2 - \Omega^2} + \_C1 \cos(\omega 0\, t) + \_C2 \sin(\omega 0\, t)$$

Wie wir sehen, führt das System gleichzeitig zwei Arten von Schwingungen aus: die erzwungene Schwingung mit der Kreisfrequenz Ω der Anregung und die bereits früher behandelte freie oder Eigenschwingung mit der Eigenkreis-

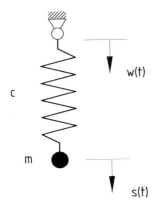

Bild 7.1. Erzwungene Schwingung eines Feder-Masse-Systems

frequenz ω_0. Da die freien Schwingungen bei realen Systemen herausgedämpft werden, interessiert nur der erzwungene Anteil. Wir setzen deshalb:

```
> serzw:=subs(_C1=0,_C2=0,");
```

$$serzw := \frac{\omega0^2\, a \sin(\Omega\, t)}{-\Omega^2 + \omega0^2}$$

Das Verhältnis der Beträge der Amplituden $\max |s|$ der Masse bzw. a des Aufhängepunktes ist also gegeben durch die Vergrößerungsfunktion

```
> v:=omega0^2/abs(omega0^2-Omega^2);
```

$$v := \frac{\omega0^2}{\left|-\Omega^2 + \omega0^2\right|}$$

```
> plot(subs(omega0=1,v),Omega=0..3,0..15);
```

Das Phänomen der Resonanz ist in der Graphik deutlich zu erkennen: Liegt die Kreisfrequenz Ω der Anregung dicht bei der Eigenkreisfrequenz ω_0, dann wird die Auslenkung der Masse und damit die Beanspruchung der Feder unzulässig groß, und es kann zur Zerstörung des Systems kommen. Die Kenntnis von Eigenkreisfrequenzen ist also wichtig, um mit Anregungskreisfrequenzen hinreichenden Abstand halten zu können.

Übungsvorschlag: Gehen Sie mit dem Ansatz $s(t) = s_0 \sin(\Omega\, t - \beta)$ in die Differentialgleichung der erzwungenen gedämpften Schwingung hinein und ermitteln Sie die Vergrößerungsfunktion $|s_0/a|$ sowie den wegen der Dämpfung auftretenden Winkel β der Phasenverschiebung in Abhängigkeit von der Anregungskreisfrequenz Ω. Bestimmen Sie an Zahlenbeispielen für verschieden große Dämpfung die Lage und Größe des Maximums der Vergrößerungsfunktion.

Nun wollen wir noch einen Anfahrvorgang untersuchen. Die Aufhängung der Feder soll während des Zeitintervalls $[0, t_1]$ von Null auf den Wert a verschoben werden. Das vor dem Zeitpunkt $t = 0$ in Ruhe befindliche System wird dadurch zu einer Schwingung angeregt. Die rechte Seite der inhomogenen Differentialgleichung ist diesmal stückweise erklärt. Wir beschreiben sie mittels Heaviside-Funktionen.

```
> dgl:=diff(s(t),t,t)+omega0^2*(s(t)-w)=0;
```

$$dgl := \left(\frac{\partial^2}{\partial t^2}\, s(t)\right) + \omega0^2\,(s(t) - w) = 0$$

```
> w:=a*t/t1*Heaviside(t)-a*(t/t1-1)*Heaviside(t-t1);
```

$$w := \frac{a\, t\, \text{Heaviside}(t)}{t1} - a\left(\frac{t}{t1} - 1\right)\text{Heaviside}(t - t1)$$

```
> dsolve({dgl,s(0)=0,D(s)(0)=0},s(t)):
> eval(subs(signum(t1)=1,Dirac=0,rhs(")))):
> sanfahr:=collect(",[Heaviside(t),Heaviside(t-t1)]);
```

$$sanfahr := -\frac{(-a\,\omega0\,t + a\sin(\omega0\,t))\,\text{Heaviside}(t)}{\omega0\,t1}$$

$$- \big(a\cos(\omega0\,t)\sin(\omega0\,t1) - a\,\omega0\,t1 + a\,\omega0\,t$$

$$- a\sin(\omega0\,t)\cos(\omega0\,t1)\big)\text{Heaviside}(t - t1)/(\omega0\,t1)$$

Je nachdem, ob die Verschiebung a während eines kürzeren oder längeren Zeitintervalls t_1 aufgebracht wird, ergeben sich recht unterschiedliche Kurvenverläufe (s. Bild 7.2).

```
> plot(subs(omega0=1,a=1,t1=1,{w,sanfahr}),t=0..20);
> plot(subs(omega0=1,a=1,t1=10,{w,sanfahr}),t=0..20);
```

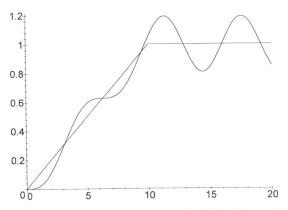

Bild 7.2. Langsames Anfahren des Ein-Massen-Schwingers

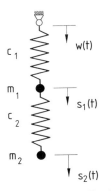

Bild 7.3. Der Zwei-Massen-Schwinger

7.2.2 Linearer Zwei-Massen-Schwinger

Die Auslenkungen der beiden Massen gegenüber dem ruhenden Beobachter
werden mit $s_1(t)$ und $s_2(t)$ bezeichnet, die Aufhängung soll wieder gemäß
dem Gesetz

$$w(t) = a \sin \Omega t$$

oszillieren (s. Bild 7.3). Die Federkräfte sind

$$F_1 = c_1(s_1 - w), \qquad F_2 = c_2(s_2 - s_1),$$

und das Newtonsche Grundgesetz für die freigeschnittenen Massen liefert —
bei fehlender Dämpfung —

$$m_1 \ddot{s}_1(t) = F_2 - F_1, \qquad m_2 \ddot{s}_2(t) = -F_2.$$

Es ergibt sich folgendes inhomogene System linearer Differentialgleichungen:

$$\begin{aligned}
m_1 \ddot{s}_1(t) + (c_1 + c_2)\, s_1(t) - c_2\, s_2(t) &= c_1\, a \sin \Omega t, \\
m_2 \ddot{s}_2(t) - c_2\, s_1(t) + c_2\, s_2(t) &= 0.
\end{aligned}$$

```
> dgln:=m1*diff(s1(t),t,t)+(c1+c2)*s1(t)-c2*s2(t)=
> c1*a*sin(Omega*t), m2*diff(s2(t),t,t)-c2*s1(t)+c2*s2(t)=0;
```

$$dgln := m1 \left(\frac{\partial^2}{\partial t^2} s1(t) \right) + (c1 + c2)\, s1(t) - c2\, s2(t) =$$
$$c1\, a \sin(\Omega t),$$
$$m2 \left(\frac{\partial^2}{\partial t^2} s2(t) \right) - c2\, s1(t) + c2\, s2(t) = 0$$

Die Lösung dieses Systems mit dem Befehl dsolve({dgln},{s1(t),s2(t)});
soll hier nicht vorgeführt werden, weil sie ziemlich viel Zeit und Platz benötigt.
Als Ergebnis erhalten wir die Erkenntnis, daß beide Massen gleichzeitig drei
harmonische Schwingungen ausführen, nämlich zwei Eigenschwingungen mit
den Eigenkreisfrequenzen ω_1 bzw. ω_2 und eine erzwungene Schwingung mit
der Anregungskreisfrequenz Ω. Nachdem wir dies wissen, bietet sich folgendes
Vorgehen an: Die Eigenkreisfrequenzen erhalten wir durch den Ansatz

$$s_1(t) = b_1 \sin \omega\, t, \qquad s_2(t) = b_2 \sin \omega\, t.$$

```
> subs(a=0,s1(t)=b1*sin(omega*t),s2(t)=b2*sin(omega*t),{dgln}):
> collect(",sin(omega*t));
```

$$\begin{aligned}
\Big\{ \left(-m1\, b1\, \omega^2 + (c1 + c2)\, b1 - c2\, b2\right) \sin(\omega t) &= 0, \\
\left(-m2\, b2\, \omega^2 - c2\, b1 + c2\, b2\right) \sin(\omega t) &= 0 \Big\}
\end{aligned}$$

Die Gleichungen sollen für beliebige t erfüllt sein, also auch für den Fall $\sin \omega t = 1$.

```
> lingln:=subs(sin(omega*t)=1,");
```

$$lingln := \Big\{ - m1 \, b1 \, \omega^2 + (\, c1 + c2 \,) \, b1 - c2 \, b2 = 0,$$

$$-m2 \, b2 \, \omega^2 - c2 \, b1 + c2 \, b2 = 0 \Big\}$$

Wir beschaffen uns die Matrix dieses homogenen Gleichungssystems und ihre Determinante.

```
> with(linalg): m:=genmatrix(lingln,{b1,b2}); det(m);
```

$$m := \begin{bmatrix} -m1 \, \omega^2 + c1 + c2 & -c2 \\ -c2 & -m2 \, \omega^2 + c2 \end{bmatrix}$$

$$m1 \, \omega^4 \, m2 - m1 \, \omega^2 \, c2 - c1 \, m2 \, \omega^2 + c1 \, c2 - c2 \, m2 \, \omega^2$$

Nichttriviale Lösungen b_1 und b_2 existieren nur, wenn die Determinante verschwindet. Das ist für die folgenden Werte von ω der Fall.

```
> solve(",omega);
```

$$\frac{1}{2} \frac{\sqrt{2} \sqrt{m1 \, m2 \, (c2 \, m2 + m1 \, c2 + c1 \, m2 + \%1)}}{m1 \, m2},$$

$$-\frac{1}{2} \frac{\sqrt{2} \sqrt{m1 \, m2 \, (c2 \, m2 + m1 \, c2 + c1 \, m2 + \%1)}}{m1 \, m2},$$

$$\frac{1}{2} \frac{\sqrt{2} \sqrt{m1 \, m2 \, (c2 \, m2 + m1 \, c2 + c1 \, m2 - \%1)}}{m1 \, m2},$$

$$-\frac{1}{2} \frac{\sqrt{2} \sqrt{m1 \, m2 \, (c2 \, m2 + m1 \, c2 + c1 \, m2 - \%1)}}{m1 \, m2}$$

$$\%1 := (c2^2 \, m2^2 + 2 \, c2^2 \, m2 \, m1 + 2 \, c2 \, m2^2 \, c1 + m1^2 \, c2^2$$

$$- 2 \, m1 \, m2 \, c1 \, c2 + c1^2 \, m2^2)^{1/2}$$

Nur die Eigenkreisfrequenzen mit positivem Vorzeichen sind von Bedeutung.

Unser Vorgehen stellt ein Beispiel für die Lösung einer allgemeinen Matrizeneigenwertaufgabe dar. (Die Ermittlung der Eigenkreisfrequenzen von Systemen mit beliebig vielen Freiheitsgraden mittels der Lösung einer allgemeinen Matrizeneigenwertaufgabe haben wir bereits in Abschn. 3.3.2 an einem Spezialfall kennengelernt.)

Nun interessieren wir uns für die erzwungene Schwingung.

```
> subs(s1(t)=b1*sin(Omega*t),s2(t)=b2*sin(Omega*t),{dgln}):
> collect(",sin(Omega*t));
```

$$\Big\{ (-m1 \, b1 \, \Omega^2 + (\, c1 + c2 \,) \, b1 - c2 \, b2) \, \sin(\Omega t) = c1 \, a \sin(\Omega t),$$

$$(-m2 \, b2 \, \Omega^2 - c2 \, b1 + c2 \, b2) \, \sin(\Omega t) = 0 \Big\}$$

```
> subs(sin(Omega*t)=1,");
```

$$\Big\{ - m1\, b1\, \Omega^2 + (\, c1 + c2\,)\, b1 - c2\, b2 = c1\, a,$$

$$-m2\, b2\, \Omega^2 - c2\, b1 + c2\, b2 = 0 \Big\}$$

```
> solve(",{b1,b2}); assign("):
```

$$\Big\{ b2 = c2\, c1\, a \,\Big/$$

$$\Big(m1\, \Omega^4\, m2 - m1\, \Omega^2\, c2 - c1\, m2\, \Omega^2 + c1\, c2 - c2\, m2\, \Omega^2 \Big) \,,$$

$$b1 = - \Big(m2\, \Omega^2 - c2 \Big)\, c1\, a \,\Big/$$

$$\Big(m1\, \Omega^4\, m2 - m1\, \Omega^2\, c2 - c1\, m2\, \Omega^2 + c1\, c2 - c2\, m2\, \Omega^2 \Big) \Big\}$$

Als Vergrößerungsfunktionen V_1 und V_2 definieren wir die Verhältnisse der Amplitudenbeträge der Massen m_1 bzw. m_2 zur Anregungsamplitude.

```
> v1:=abs(b1/a); v2:=abs(b2/a);
```

$$v1 := \Big| \Big(m2\, \Omega^2 - c2 \Big)\, c1 \,\Big/$$

$$\Big(m1\, \Omega^4\, m2 - m1\, \Omega^2\, c2 - c1\, m2\, \Omega^2 + c1\, c2 - c2\, m2\, \Omega^2 \Big) \Big|$$

$$v2 := \Big| c2\, c1 \,\Big/ \Big(m1\, \Omega^4\, m2 - m1\, \Omega^2\, c2 - c1\, m2\, \Omega^2 + c1\, c2 - c2\, m2\, \Omega^2 \Big) \Big|$$

Im Nenner der beiden Vergrößerungsfunktionen steht die bereits betrachtete Determinante det(m) des Gleichungssystems. Die Vergrößerungsfunktionen wachsen demnach über alle Grenzen — d.h. es liegt Resonanz vor —, wenn die Anregungskreisfrequenz Ω sich einer Nullstelle der Determinante, also einer der beiden Eigenkreisfrequenzen ω_1 oder ω_2 nähert. Das wurde bereits in Abschn. 2.3.3 diskutiert.

7.2.3 Physisches Pendel

Ein starrer Körper führt Drehbewegungen um eine raumfeste Achse A aus. Die Verbindungslinie vom Schwerpunkt S zur Achse A besitzt die Länge r und den augenblicklichen Winkel φ gegen die Vertikale. Das Moment der am Hebelarm $r \sin\varphi$ angreifenden Gewichtskraft mg ist gleich der Verringerung des Impulsmomentes $J_A \dot\varphi$ des Körpers.

$$mg\, r \sin\varphi = -J_A \ddot\varphi \,.$$

Daraus wird

$$\ddot\varphi + \omega_0^2 \sin\varphi = 0 \qquad \text{mit} \qquad \omega_0^2 = \frac{mg\, r}{J_A} \,.$$

Im Falle kleiner Ausschläge kann $\sin\varphi$ durch φ angenähert werden, und es entsteht die bereits behandelte lineare Schwingungsgleichung

$$\ddot{\varphi} + \omega_0^2\varphi = 0 \ .$$

Ihre Lösungen sind harmonische Schwingungen mit der Eigenkreisfrequenz ω_0, also der Schwingungsdauer

$$T_0 = \frac{2\pi}{\omega_0} \ .$$

Das Trägheitsmoment J_A bezüglich A läßt sich nach dem Satz von Steiner ausdrücken durch das Trägheitsmoment J_S bezüglich der zur Achse A parallelen Achse durch den Schwerpunkt gemäß $J_A = J_S + mr^2$. Folglich erhalten wir die bereits in Abschn. 5.4 benutzte Formel

$$T_0^2 = \frac{4\pi^2}{\omega_0^2} = \frac{4\pi^2 J_A}{mgr} = \frac{4\pi^2}{g}\left(r + \frac{J_S}{m}\frac{1}{r}\right) \ .$$

(Beim Fadenpendel der Länge l wird wegen $J_S = 0, r = l$ daraus $T_0^2 = 4\pi^2 l/g$.)

Wir interessieren uns nun für den Fall großer Amplituden, also die nichtlineare Differentialgleichung.

```
> dgl:=diff(phi(t),t,t)+omega0^2*sin(phi(t))=0;
```

$$dgl := \left(\frac{\partial^2}{\partial t^2}\phi(t)\right) + \omega0^2 \sin(\phi(t)) = 0$$

```
> dsolve(dgl,phi(t));
```

$$t = \int_0^{\phi(t)} \frac{1}{\sqrt{2\cos(y1)\,\omega0^2 + \_C1}}\, dy1 - \_C2,$$

$$t = \int_0^{\phi(t)} -\frac{1}{\sqrt{2\cos(y2)\,\omega0^2 + \_C1}}\, dy2 - \_C2$$

MAPLE liefert uns die Lösung in der inversen Form (t als Funktion von φ), wertet aber die elliptischen Integrale nicht aus. Eine derartige Form der Lösung haben wir bereits in Abschn. 4.3.2 aus dem Erhaltungssatz der mechanischen Energie hergeleitet und zur Berechnung der Schwingungsdauer herangezogen.

Wenn wir in `dsolve` Anfangsbedingungen hinzufügen, erhalten wir überhaupt keine Lösung. Doch bietet MAPLE zwei andere Möglichkeiten, nichtlineare Differentialgleichungen wenigstens näherungsweise zu behandeln:

- Die Lösung in Zeitschritten mit einem numerischen Verfahren (z.B. Runge-Kutta).

- Die Darstellung der Lösung in Form einer Potenzreihe.

Wir beginnen mit der Reihenlösung und beschränken uns zunächst aus Platzgründen auf Terme bis zur vierten Ordnung ausschließlich. Die Anfangsbedingung halten wir ganz allgemein.

> `anf:=phi(t0)=phi0, D(phi)(t0)=phipunkt0;`

$$anf := \phi(\,t0\,) = \phi0\,,\ \mathrm{D}(\,\phi\,)(\,t0\,) = phipunkt0$$

> `Order:=4;`

$$Order := 4$$

> `dsolve({dgl,anf},phi(t),type=series);`

$$\phi(\,t\,) = \phi0 + phipunkt0\,(\,t - t0\,) - \frac{1}{2}\,\omega0^2 \sin(\,\phi0\,)\,(\,t - t0\,)^2 -$$
$$\frac{1}{6}\,\omega0^2 \cos(\,\phi0\,)\,phipunkt0\,(\,t - t0\,)^3 + \mathrm{O}\left((\,t - t0\,)^4\right)$$

Offenbar besitzt die Reihenlösung den Vorteil, eine formelmäßige Lösung zu liefern, jedoch den Nachteil, daß das nach Streichen des Ordnungsterms verbleibende Taylor-Polynom natürlich nur im Anfangszeitraum eine brauchbare Näherung der Lösung darstellt.

Wir prüfen das an einem Zahlenbeispiel, welches wir mit der numerischen Lösung vergleichen wollen.

> `anf:=phi(0)=Pi/2, D(phi)(0)=0;`

$$anf := \phi(\,0\,) = \frac{1}{2}\,\pi\,,\ \mathrm{D}(\,\phi\,)(\,0\,) = 0$$

> `Order:=12:`
> `dsolve({subs(omega0=1,dgl),anf},phi(t),series);`

$$\phi(\,t\,) = \frac{1}{2}\,\pi - \frac{1}{2}\,t^2 + \frac{1}{240}\,t^6 - \frac{1}{19200}\,t^{10} + \mathrm{O}(\,t^{12}\,)$$

> `pol:=convert(rhs("),polynom);`

$$pol := \frac{1}{2}\,\pi - \frac{1}{2}\,t^2 + \frac{1}{240}\,t^6 - \frac{1}{19200}\,t^{10}$$

Die numerische Lösung erhalten wir wie folgt.

> `num:=dsolve({subs(omega0=1,dgl),anf},phi(t),numeric);`

`num := proc(rkf45_x) ... end`

Die Auswertung dieser Lösungsprozedur beispielsweise für den Zeitpunkt $t = 3.0$ veranlaßt der Befehl

> `num(3.0);`

$$\left[t = 3.0\,,\ \phi(\,t\,) = -1.320582412862918,\right.$$
$$\left.\frac{\partial}{\partial t}\,\phi(\,t\,) = -.7037204813944680\right]$$

Wir beschaffen uns auch die Lösung der linearisierten Differentialgleichung.

```
> dgllin:=diff(phi(t),t,t)+phi(t)=0;
```

$$dgllin := \left(\frac{\partial^2}{\partial t^2} \phi(t) \right) + \phi(t) = 0$$

```
> dsolve({dgllin,anf},phi(t));    lin:=rhs("):
```

$$\phi(t) = \frac{1}{2} \pi \cos(t)$$

Nun wollen wir den Verlauf der drei Lösungen vergleichen. Für die graphische Auswertung der Prozedur zur numerischen Lösung der Differentialgleichung steht im Paket `plots` der Befehl `odeplot` zur Verfügung (s. `?odeplot`).

```
> with(plots):
> plin:=plot(lin,t=0..3,color=black):
> ppol:=plot(pol,t=0..3,color=blue):
> pnum:=odeplot(num,[t,phi(t)],0..3,color=red):
> display({plin,ppol,pnum});
```

Wie wir sehen (s. Bild 7.4), stellt die Lösung der linearisierten Differentialgleichung bei der gewählten Amplitude keine brauchbare Approximation dar. Das Taylor-Polynom liefert etwa bis zum Nulldurchgang eine gute Näherung, während die numerische Lösung auch noch darüber hinaus zuverlässig ist. Übrigens lassen sich eine Vielzahl von Parametern setzen, um die numerische Lösung im einzelnen zu beeinflussen (s. `?dsolve,numeric`).

Die Dauer bis zum ersten Nulldurchgang, also in unserem Beispiel ein Viertel der Schwingungsdauer, läßt sich aus dem Taylor-Polynom ermitteln.

```
> wertpol:=fsolve(pol,t=1..2);
```

$$wertpol := 1.851477233$$

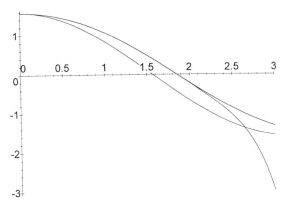

Bild 7.4. Lineare Näherung, Reihenlösung und numerische Lösung der Differentialgleichung des physischen Pendels bei großen Ausschlägen

Die linearisierte Lösung liefert dagegen den Wert

```
> wertlin:=evalf(Pi/2);
```

$$wertlin := 1.570796327$$

Das Verhältnis

```
> wertlin/wertpol;
```

$$.8484016433$$

haben wir in Abschn. 4.3.2 bereits aus einer anderen Reihenentwicklung erhalten.

Wenn wir das Pendel hinreichend kräftig anstoßen, dann schwingt es nicht zurück, sondern überschlägt sich. Das sehen wir an drei Bewegungen, die in der tiefsten Lage starten.

```
> omega0:=1:
> num1:=dsolve({dgl,phi(0)=0,D(phi)(0)=1.9},phi(t),numeric):
> num2:=dsolve({dgl,phi(0)=0,D(phi)(0)=2.0},phi(t),numeric):
> num3:=dsolve({dgl,phi(0)=0,D(phi)(0)=2.1},phi(t),numeric):
> pnum1:=odeplot(num1,[t,phi(t)],0..10):
> pnum2:=odeplot(num2,[t,phi(t)],0..10):
> pnum3:=odeplot(num3,[t,phi(t)],0..10):
> display({pnum1,pnum2,pnum3});
```

Im ersten Falle ist die zu Beginn erteilte kinetische Energie geringer als die potentielle Energie der höchsten Lage, so daß diese nicht erreicht werden kann, im dritten Falle ist sie größer, so daß der Überschlag erfolgt. Im zweiten Falle reicht die kinetische Energie genau aus, um die höchste Lage zu erreichen. Das geschieht allerdings asymptotisch für $t \to \infty$, so daß die Pendelbewegung in diesem Sonderfall keinen periodischen Charakter hat. Die bei der numerischen Integration zwangsläufig auftretenden Quadratur- und Rundungsfehler sorgen jedoch i. allg. dafür, daß tatsächlich die Lösung langfristig entweder ein Zurückschwingen oder einen Überschlag beschreibt.

7.2.4 Das Doppelpendel

Das mathematische Doppelpendel ist ein besonders einfaches System mit zwei Freiheitsgraden (φ_1 und φ_2), an dem wir im Falle großer Amplituden die Besonderheiten nichtlinearen Verhaltens studieren können. Es besteht aus zwei Punktmassen, die durch masselos gedachte starre Stäbe untereinander und mit der Aufhängung gelenkig verbunden sind (s. Bild 7.5). Das Newtonsche Grundgesetz für die beiden freigeschnittenen Massen liefert in vektorieller Form

$$m_1 \ddot{\mathbf{r}}_1 = m_1 \mathbf{g} + \mathbf{f}_1 + \mathbf{f}_2 \,, \tag{7.4}$$

$$m_2 \ddot{\mathbf{r}}_2 = m_2 \mathbf{g} - \mathbf{f}_2 \,. \tag{7.5}$$

Addition beider Gleichungen gibt

$$m_1 \ddot{\mathbf{r}}_1 + m_2 \ddot{\mathbf{r}}_2 = (m_1 + m_2) \mathbf{g} + \mathbf{f}_1 \,. \tag{7.6}$$

Die beiden unbekannten Stabkräfte eliminieren wir, indem wir von Gleichung (7.6) nur die skalare Komponente in Richtung $\mathbf{n}_1$ und von Gleichung (7.5) nur die skalare Komponente in Richtung $\mathbf{n}_2$ heranziehen.

$$0 = [m_1\ddot{\mathbf{r}}_1 + m_2\ddot{\mathbf{r}}_2 - (m_1 + m_2)\mathbf{g}] \cdot \mathbf{n}_1\,,$$

$$0 = [m_2\ddot{\mathbf{r}}_2 - m_2\mathbf{g}] \cdot \mathbf{n}_2\,.$$

Mit

$$\mathbf{r}_1 = l_1\mathbf{e}_1\,, \qquad \mathbf{r}_2 = l_1\mathbf{e}_1 + l_2\mathbf{e}_2$$

und

$$\mathbf{e}_1 = [\sin\varphi_1 \; -\cos\varphi_1]\,, \qquad \mathbf{n}_1 = [\cos\varphi_1 \; \sin\varphi_1]\,,$$

$$\dot{\mathbf{e}}_1 = \mathbf{n}_1\dot{\varphi}_1\,, \qquad \dot{\mathbf{n}}_1 = -\mathbf{e}_1\dot{\varphi}_1\,,$$

$$\ddot{\mathbf{e}}_1 = \mathbf{n}_1\ddot{\varphi}_1 + \dot{\mathbf{n}}_1\dot{\varphi}_1 = \mathbf{n}_1\ddot{\varphi}_1 - \mathbf{e}_1\dot{\varphi}_1{}^2$$

— sowie entsprechenden Formeln mit dem Index 2 — entstehen, mit der Abkürzung

$$\mu = \frac{m_2}{m_1 + m_2}\,,$$

die beiden nichtlinearen Differentialgleichungen

$$\begin{aligned}0 =\; & l_1\ddot{\varphi}_1(t) + l_2\mu\cos(\varphi_2(t) - \varphi_1(t))\ddot{\varphi}_2(t) + g\sin\varphi_1(t)\\ & -l_2\mu\sin(\varphi_2(t) - \varphi_1(t))\dot{\varphi}_2{}^2(t)\,,\end{aligned}$$

$$\begin{aligned}0 =\; & l_2\ddot{\varphi}_2(t) + l_1\cos(\varphi_2(t) - \varphi_1(t))\ddot{\varphi}_1(t) + g\sin\varphi_2(t)\\ & +l_1\sin(\varphi_2(t) - \varphi_1(t))\dot{\varphi}_1{}^2(t)\,.\end{aligned}$$

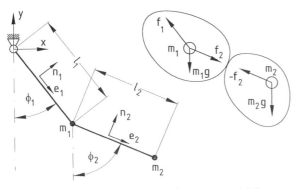

Bild 7.5. Zur Aufstellung der Bewegungsgleichungen des Doppelpendels

```
> dgl1:=l1*diff(phi1(t),t,t) + l2*mu*cos(phi2(t)-phi1(t))
>       *diff(phi2(t),t,t) + g*sin(phi1(t))
>       -l2*mu*sin(phi2(t)-phi1(t))*diff(phi2(t),t)^2=0;
> dgl2:=l2*diff(phi2(t),t,t)+l1*cos(phi2(t)-phi1(t))
>       *diff(phi1(t),t,t) + g*sin(phi2(t))
>       +l1*sin(phi2(t)-phi1(t))*diff(phi1(t),t)^2=0;
```

$$dgl1 := l1\left(\frac{\partial^2}{\partial t^2}\phi1(t)\right) + l2\,\mu\cos(\phi2(t)-\phi1(t))\left(\frac{\partial^2}{\partial t^2}\phi2(t)\right)$$

$$+ g\sin(\phi1(t)) - l2\,\mu\sin(\phi2(t)-\phi1(t))\left(\frac{\partial}{\partial t}\phi2(t)\right)^2 = 0$$

$$dgl2 := l2\left(\frac{\partial^2}{\partial t^2}\phi2(t)\right) + l1\cos(\phi2(t)-\phi1(t))\left(\frac{\partial^2}{\partial t^2}\phi1(t)\right)$$

$$+ g\sin(\phi2(t)) + l1\sin(\phi2(t)-\phi1(t))\left(\frac{\partial}{\partial t}\phi1(t)\right)^2 = 0$$

Im Falle kleiner Ausschläge können wir vereinfachend

$$\cos(\varphi_2(t)-\varphi_1(t)) \approx 1, \quad \sin\varphi_1(t) \approx \varphi_1(t), \qquad \sin\varphi_2(t) \approx \varphi_2(t)$$

setzen und die in $\dot\varphi_1$ und $\dot\varphi_2$ quadratischen Terme vernachlässigen. Es ergeben sich die beiden gekoppelten linearen Differentialgleichungen

$$0 = l_1\ddot\varphi_1(t) + l_2\,\mu\,\ddot\varphi_2(t) + g\,\varphi_1(t),$$
$$0 = l_2\ddot\varphi_2(t) + l_1\ddot\varphi_1(t) + g\,\varphi_2(t).$$

```
> dgllin1:=l1*diff(phi1(t),t,t)+l2*mu*diff(phi2(t),t,t)
>         +g*phi1(t)=0;
> dgllin2:=l2*diff(phi2(t),t,t)+l1*diff(phi1(t),t,t)+g*phi2(t)=0;
```

$$dgllin1 := l1\left(\frac{\partial^2}{\partial t^2}\phi1(t)\right) + l2\,\mu\left(\frac{\partial^2}{\partial t^2}\phi2(t)\right) + g\,\phi1(t) = 0$$

$$dgllin2 := l2\left(\frac{\partial^2}{\partial t^2}\phi2(t)\right) + l1\left(\frac{\partial^2}{\partial t^2}\phi1(t)\right) + g\,\phi2(t) = 0$$

Die folgenden zehn Beispiele dienen uns dazu, mit den verschiedenen Bewegungstypen linearer und nichtlinearer Schwingungssysteme vertraut zu werden. Diese Typen lassen sich im Falle des Doppelpendels wie folgt charakterisieren:

1. Ruhelage. Die Werte der Winkel φ_1 und φ_2 sind zeitlich konstant. Die nichtlinearen Differentialgleichungen sind erfüllt, wenn $\sin\varphi_1 = 0$ und $\sin\varphi_2 = 0$ gilt. Es existieren demnach vier Gleichgewichtslagen $(\varphi_1, \varphi_2) = (0,0), (0,\pi), (\pi,0), (\pi,\pi)$. Nur die erste dieser Lagen ist stabil (s. Abschn. 7.2.5). Die linearen Differentialgleichungen sind erfüllt, wenn $\varphi_1 = 0$ und $\varphi_2 = 0$ gilt, also in der stabilen Gleichgewichtslage.

2. Periodische Bewegung. Sie wiederholt sich exakt nach einer bestimmten Zeit. Die Schwingungen eines linearen Systems mit zwei Freiheitsgraden sind periodisch, wenn die beiden Eigenfrequenzen in rationalem Verhältnis stehen. Das werden uns die Beispiele 1, 2 und 3 zeigen. Auch nichtlineare Systeme können periodische Bewegungen ausführen, doch scheint keines unserer Beispiele ein solches Verhalten zu zeigen. (Freilich können wir nur begrenzte Zeitabschnitte überprüfen.)

3. Fastperiodische Bewegung. Sie wiederholt sich annähernd nach bestimmten Zeiten, wie in Abschn. 4.1.2 erläutert wurde. Die Schwingungen eines linearen Systems mit zwei Freiheitsgraden sind fastperiodisch, wenn das Verhältnis der beiden Eigenfrequenzen irrational ist. Das zeigt Beispiel 8. Auch ein nichtlineares System kann bei mittelgroßen Ausschlägen fastperiodisches Verhalten zeigen, wie wir an den Beispielen 4, 5 und 6 sehen werden.

4. Chaotische Bewegung. Sie ist weder periodisch noch fastperiodisch, sondern völlig unregelmäßig. Nur nichtlineare Systeme weisen diesen Bewegungstyp auf. Wir begegnen ihm in den Beispielen 7, 9 und 10.

Die nichtlinearen Gleichungen kann MAPLE nicht formelmäßig lösen, so daß wir auf den numerischen Lösungsweg angewiesen sind. Zu diesem Zweck müssen wir die Systemkenngrößen sowie Anfangsbedingungen zahlenmäßig vorgeben.

Als erstes betrachten wir folgendes **System 1**:

```
> l1:=1: l2:=1: mu:=9/25: g:=10:
```

Die Anfangsgeschwindigkeiten setzen wir in allen Beispielen gleich Null.

```
> anfgeschw:=D(phi1)(0)=0, D(phi2)(0)=0;
```

$$anfgeschw := D(\phi1)(0) = 0, \quad D(\phi2)(0) = 0$$

Beispiel 1. Als Anfangslage wählen wir

```
> anflage1:=phi1(0)=1/15, phi2(0)=1/9;
```

$$anflage1 := \phi1(0) = \frac{1}{15}, \quad \phi2(0) = \frac{1}{9}$$

Das linearisierte Problem läßt sich leicht formelmäßig lösen.

```
> loesung:=dsolve({dgllin1,dgllin2,anflage1,anfgeschw},
> {phi1(t),phi2(t)});
```

$$loesung := \left\{ \phi2(t) = \frac{1}{9} \cos\left(\frac{5}{2}t\right), \quad \phi1(t) = \frac{1}{15} \cos\left(\frac{5}{2}t\right) \right\}$$

Die erhaltenen Lösungsfunktionen wollen wir mit einem Namen belegen und stellen zu diesem Zweck eine Prozedur bereit.

```
> loesseq:=proc()
> global loesung,phi1,phi2,t;
> local phiseq;
> assign(loesung): phiseq:=unapply(phi1(t),t), unapply(phi2(t),t):
>   phi1(t):='phi1(t)': phi2(t):='phi2(t)':
> phiseq
> end:
```

Die Prozedur ordnet zunächst den linken Seiten `phi1(t)` bzw. `phi2(t)` die auf der rechten Seite stehenden Lösungsausdrücke mittels des Befehls `assign` zu. Die Sequenz der daraus mit dem Befehl `unapply` erhaltenen Funktionen `phi1` und `phi2` wird lokal unter `phiseq` gespeichert. Vor der Ausgabe muß auf `phi1(t)` und `phi2(t)` noch ein *unassign* angewendet werden, damit diese bei erneuter Lösung der Differentialgleichung wieder als Unbekannte fungieren können.

Den Lösungsfunktionen unseres ersten Beispiels geben wir den Namen `phi01`.

```
> phi01:=loesseq();
```

$$\phi 01 := t \to \frac{1}{15}\cos\left(\frac{5}{2}t\right) , \quad t \to \frac{1}{9}\cos\left(\frac{5}{2}t\right)$$

```
> plot({phi01},0..7);
```

Als Anfangslage haben wir genau die erste Eigenform vorgegeben und eine harmonische Bewegung mit der Kreisfrequenz $\omega_1 = 5/2$, also der Schwingungsdauer $T_1 = 2\pi/\omega_1 = 4\pi/5 = 2.5133$ erhalten. Nun ändern wir die Anfangsvorgabe ab.

Beispiel 2.

```
> anflage2:=phi1(0)=1/15, phi2(0)=-1/9:
> loesung:=dsolve({dgllin1,dgllin2,anflage2,anfgeschw},
>   {phi1(t),phi2(t)});      phi02:=loesseq():
```

$$loesung := \left\{ \phi 2(t) = -\frac{1}{9}\cos(5t), \quad \phi 1(t) = \frac{1}{15}\cos(5t) \right\}$$

```
> plot({phi02},0..7);
```

Diesmal haben wir als Anfangslage die zweite Eigenform vorgegeben und eine harmonische Bewegung mit der Kreisfrequenz $\omega_2 = 5$, also der Schwingungsdauer $T_2 = 2\pi/\omega_2 = 2\pi/5 = 1.2566$ erhalten. Die Parameter des Systems 1 sind so gewählt, daß $T_2 = T_1/2$ gilt. Während die Grundschwingung eine Periode durchläuft, vollführt die Oberschwingung zwei Perioden.

Bei einer beliebigen Anfangsvorgabe werden beide Eigenschwingungen gleichzeitig ausgeführt. Die Bewegung der Massen ist dann nicht harmonisch, jedoch wegen der Zahlenvorgaben des Systems 1 periodisch.

Beispiel 3. Speziell wählen wir als Anfangsbedingung die Summe derjenigen aus den Beispielen 1 und 2. Dann summieren sich die beiden zugehörigen

Lösungen.

```
> anflage3:=phi1(0)=2/15, phi2(0)=0:
> dsolve({dgllin1,dgllin2,anflage3,anfgeschw},{phi1(t),phi2(t)}):
> loesung:=combine(",trig);    phi03:=loesseq():
```

$$loesung := \left\{ \phi2(t) = \frac{1}{9} \cos\left(\frac{5}{2}t\right) - \frac{1}{9} \cos(5t), \right.$$

$$\left. \phi1(t) = \frac{1}{15} \cos\left(\frac{5}{2}t\right) + \frac{1}{15} \cos(5t) \right\}$$

```
> plot({phi03},0..7);
```

Kurvenverläufe wie diese sind nicht immer auf Anhieb zu interpretieren. Das gilt erst recht für die Schwingungen mit großen Ausschlägen, die wir noch untersuchen wollen. Es kann aufschlußreicher sein, den Pfad in der φ_1, φ_2-Ebene — das ist der Konfigurationsraum unseres Systems — darzustellen, wobei die Zeit als Kurvenparameter dient (s. Bild 7.6).

```
> pl1:=plot([phi01,0..10],color=blue):
> pl2:=plot([phi02,0..10],color=red):
> pl3:=plot([phi03,0..10],color=black):
> with(plots):    display({pl1,pl2,pl3});
```

Eine andere Möglichkeit ist die Animation des Bewegungsvorganges. Vorbereitend erstellen wir eine Prozedur, welche die Form des ausgelenkten Doppelpendels als Polygonzug darstellt.

```
> form:=proc(phi1,phi2,t)
> local x1,y1,x2,y2;
> global l1,l2;
> x1:=l1*sin(phi1(t));
> y1:=-l1*cos(phi1(t));
> x2:=x1+l2*sin(phi2(t));
> y2:=y1-l2*cos(phi2(t));
> plot([[0,0],[x1,y1],[x2,y2]],scaling=CONSTRAINED,axes=NONE)
> end:
```

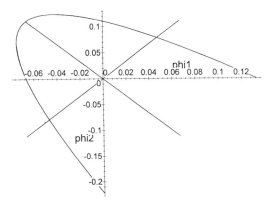

Bild 7.6. Pfade im Konfigurationsraum, periodische Bewegungen

Zur Probe lassen wir die Anfangslage des Beispiels 2 (zweite Eigenform) darstellen. (Man beachte, daß `phi02` eine Sequenz mit zwei Elementen bedeutet und daher die ersten beiden der drei Parameter der Prozedur liefert.)

```
> display(form(phi02,0));
```

Nun teilen wir die Periode T_1 der Grundschwingung in n äquidistante Teile, und stellen die zu diesen Zeitpunkten gehörigen Formen nacheinander — insequence, also als bewegtes Bild — dar. Diese Animation wollen wir uns für alle drei Beispiele ansehen. (Für die Animation von Funktionen stellt MAPLE übrigens noch einen anderen Befehl zur Verfügung, s. `?animate`.)

```
> t1:=4*Pi/5:  n:=50:
> display([seq(form(phi01,i*t1/n),i=0..n-1)],insequence=true);
> display([seq(form(phi02,i*t1/n),i=0..n-1)],insequence=true);
> display([seq(form(phi03,i*t1/n),i=0..n-1)],insequence=true);
```

Beispiel 4. Jetzt wenden wir uns der numerischen Lösung der nichtlinearen Differentialgleichungen zu. Die Anfangsbedingung wählen wir wie in Beispiel 3, um zu prüfen, ob die Lösung der linearisierten Differentialgleichungen eine brauchbare Näherung liefert. Einen Teil des Befehls kürzen wir mit einem `alias` ab, um im folgenden Schreibarbeit zu sparen.

```
> alias(num=([phi1(t),phi2(t)],numeric,
>          maxfun=-1,maxkop=-1,output=listprocedure)):
> loesung:=dsolve({dgl1,dgl2,anflage3,anfgeschw},num);
```

$$loesung := [t = (\mathbf{proc}(t) \dots \mathbf{end}),\ \phi1(t) = (\mathbf{proc}(t) \dots \mathbf{end}),$$

$$\frac{\partial}{\partial t}\,\phi1(t) = (\mathbf{proc}(t) \dots \mathbf{end}),\ \phi2(t) = (\mathbf{proc}(t) \dots \mathbf{end}),$$

$$\frac{\partial}{\partial t}\,\phi2(t) = (\mathbf{proc}(t) \dots \mathbf{end})]$$

Die Vorgabe der Parameter `maxfun` und `maxkop` setzt standardmäßig eingebaute Begrenzungen außer Kraft (s. `?dsolve,numeric`). Die gewählte Option `output` bewirkt, daß die Lösung die Form einer Liste von Prozeduren besitzt — und nicht aus einer Prozedur besteht, deren Ausgabe die Form einer Liste hat. Die Prozeduren zur Berechnung der beiden Winkel stehen auf den rechten Seiten der Gleichungen im zweiten und vierten Element der Liste. Die Belegung ihrer Sequenz mit einem Namen gemäß dem bereits benutzten Schema läßt sich diesmal mit einem einfachen Befehl bewerkstelligen.

```
> phi04:=rhs(loesung[2]),rhs(loesung[4]):
```

Nun vergleichen wir die exakte Lösung der linearisierten Differentialgleichung mit der numerischen Lösung der exakten Differentialgleichung. Das könnte mit dem Befehl `plot({phi03,phi04},0..20);` geschehen. Es zeigt sich aber, daß die Ausführung sehr viel Rechenzeit benötigt. Das liegt daran, daß beim `plot`-Befehl die anfänglich erzeugte Kurve durch die Berechnung von Zwischenpunkten nachträglich verfeinert wird, was bei `phi04` zusätzliche numerische Integrationen erfordert. Vorzuziehen ist daher der speziell auf die Darstellung der numerischen Lösungen von Differentialgleichungen zugeschnittene Befehl `odeplot`. Damit die Kurven im vorliegenden Beispiel nicht zu grob werden, müssen wir mehr als die standardmäßige Anzahl `numpoints` von Stützpunkten — das sind 49 — verlangen.

```
> plt3:=plot({phi03},0..20,color=red):
> plt4:=odeplot(loesung,[[t,phi1(t)],[t,phi2(t)]],0..20,
> numpoints=200,color=blue):   display({plt3,plt4});
```

Bis etwa $t = 5$ stimmen die Kurven recht gut überein, unterscheiden sich jedoch später merklich. Die Abweichung ist nicht überraschend, denn gemäß der Lösung der linearisierten Differentialgleichungen besitzt der Betrag des Winkels φ_2 zum Zeitpunkt $t = 2\pi/5$ den Maximalwert 2/9, also etwa 13°. Diese Amplitude kann demnach nicht mehr als klein angesehen werden.

Daß die Lösung der nichtlinearen Differentialgleichungen keine Periode in der Größenordnung von $T_1 = 4\pi/5$ besitzt, erkennen wir auch gut beim Vergleich der Pfade der Beispiele 3 und 4 im Konfigurationsraum.

```
> pl4:=odeplot(loesung,[phi1(t),phi2(t)],0..10,numpoints=200):
> display({pl3,pl4});
```

Beispiel 5. Jetzt gehen wir zu sehr großen Ausschlägen über und vergrößern deshalb die Anfangsamplituden des Beispiels 1 um den Faktor 18.

```
> anflage5:=phi1(0)=6/5, phi2(0)=2:
> loesung:=dsolve({dgl1,dgl2,anflage5,anfgeschw},num):
> phi05:=rhs(loesung[2]),rhs(loesung[4]):
> odeplot(loesung,[[t,phi1(t)],[t,phi2(t)]],0..25,numpoints=200);
```

Der zeitliche Verlauf erinnert zwar noch an die erste Eigenschwingung des linearisierten Problems, ist aber offensichtlich nicht harmonisch. Zum Zeitpunkt $T_0 = 19.75$ scheint die Anfangslage wieder erreicht zu werden. Wir prüfen diese Beobachtung.

```
> loesung(19.75);
```

$$[t(19.75) = 19.75,\ \phi1(t)(19.75) = 1.200537599727645,$$

$$(\frac{\partial}{\partial t}\,\phi1(t))(19.75) = .1367805785936726,$$

$$\phi2(t)(19.75) = 1.996044326099886,$$

$$(\frac{\partial}{\partial t}\,\phi2(t))(19.75) = -.05885365286107289]$$

In der Tat nehmen φ_1 und φ_2 mit sehr guter Genauigkeit ihre Anfangswerte an. Dennoch ist die Bewegung nicht exakt periodisch mit der Periode T_0, denn die Werte der Winkelgeschwindigkeiten $\dot\varphi_1$ und $\dot\varphi_2$ weichen deutlich von den Anfangswerten Null ab.

Betrachten wir nun den Pfad im Konfigurationsraum.

```
> odeplot(loesung,[phi1(t),phi2(t)],0..20,numpoints=200);
```

Daß er nicht geschlossen, also die Bewegung nur näherungsweise periodisch ist, wird deutlich, wenn wir die Abschnitte nahe den Zeitpunkten $t = 0$ und $t = T_0$ vergrößern. Zum Zeitpunkt T_0 mündet der Pfad nicht exakt in seinen anfänglichen Verlauf ein.

```
> pl5a:=odeplot(loesung,[phi1(t),phi2(t)],0..0.25,numpoints=200,
> color=red):      pl5b:=odeplot(loesung,[phi1(t),phi2(t)],
> 19.5..20.0,numpoints=200,color=blue):    display({pl5a,pl5b});
```

Sehen wir uns auch die Animation an.

```
> t1:=19.75:  n:=100:
> display([seq(form(phi05,i*t1/n),i=0..n-1)],insequence=true);
```

Beispiel 6. Wir vergrößern die Anfangsauslenkung des Beispiels 3 um den Faktor 9.

```
> anflage6:=phi1(0)=6/5, phi2(0)=0:
> loesung:=dsolve({dgl1,dgl2,anflage6,anfgeschw},num):
> phi06:=rhs(loesung[2]),rhs(loesung[4]):
```

Der Pfad im Konfigurationsraum zeigt, daß die Bewegung wohl nicht periodisch, aber vermutlich fastperiodisch ist:

```
> odeplot(loesung,[phi1(t),phi2(t)],0..25,numpoints=400);
> display([seq(form(phi06,i*t1/n),i=0..n-1)],insequence=true);
```

Beispiel 7. Nun vergrößern wir die Anfangsauslenkung des letzten Beispiels noch einmal um den Faktor 5/3.

```
> anflage7:=phi1(0)=2, phi2(0)=0:
> loesung:=dsolve({dgl1,dgl2,anflage7,anfgeschw},num):
> phi07:=rhs(loesung[2]),rhs(loesung[4]):
```

Die Graphik zeigt, daß diesmal der Betrag des Winkels φ_2 den Wert π überschreitet, also der untere Stab mit der Masse m_2 sich mehrmals überschlägt.

```
> odeplot(loesung,[[t,phi1(t)],[t,phi2(t)]],0..15,numpoints=200);
```

Nun sehen wir uns die Überschläge in der Animation an.

```
> display([seq(form(phi07,i*t1/n),i=0..n-1)],insequence=true);
```

Der Pfad im Konfigurationsraum zeigt uns ebenfalls die Überschläge, denn der Winkel φ_2 besitzt Werte $\varphi_2 < -\pi$.

```
> odeplot(loesung,[[t,phi1(t)],[t,phi2(t)]],0..15,numpoints=200);
```

Nun ist es sinnvoll, Konfigurationen, deren Winkel φ_1 und/oder φ_2 sich um ganzzahlige Vielfache von 2π unterscheiden, miteinander zu identifizieren und das auch in der Graphik zum Ausdruck zu bringen. Als Hilfsmittel dazu haben wir in Abschn. 2.2 die Funktion reduz konstruiert.

```
> reduz:=x->evalf(Pi*(2*frac((x/Pi+signum(x))/2)-signum(x)));
```

$$reduz := x \rightarrow \text{evalf}\Bigg(\pi$$

$$\left(2\,\text{frac}\left(\frac{1}{2}\frac{x}{\pi} + \frac{1}{2}\,\text{signum}(\,x\,)\right) - \text{signum}(\,x\,)\right)\Bigg)$$

(Die Funktion `x->evalf(arctan(sin(x),cos(x)))` würde übrigens dasselbe leisten.) Nunmehr werden alle Konfigurationen durch Winkel φ_1 und
φ_2 beschrieben, die zwischen $-\pi$ und $+\pi$ liegen.

```
> plot([t->reduz(phi07[1](t)),t->reduz(phi07[2](t)),0..15],
> -Pi..Pi,-Pi..Pi,axes=BOXED);
```

Die senkrechten Geradenstücke zeigen uns, wo der Betrag von φ_2 um 2π
abgeändert worden ist. Die Bewegung hat chaotischen Charakter.

Nun untersuchen wir noch ein anderes System, das wir **System 2** nennen,
mit abgeänderten Parametern.

```
> mu:=49/64: g:=81/8:
```

Beispiel 8. Zunächst wollen wir kleine Ausschläge betrachten und wählen
die Anfangslage wie in Beispiel 3.

```
> loesung:=dsolve({dgllin1,dgllin2,anflage3,anfgeschw},
> {phi1(t),phi2(t)}):  phi08:=loesseq();
```

$$\phi08 := t \rightarrow \frac{1}{15}\cos\left(\frac{3}{5}\sqrt{15}\,t\right) + \frac{1}{15}\cos(\,9\,t\,),$$

$$t \rightarrow \frac{8}{105}\cos\left(\frac{3}{5}\sqrt{15}\,t\right) - \frac{8}{105}\cos(\,9\,t\,)$$

Wir erkennen die Überlagerung zweier Eigenschwingungen mit den

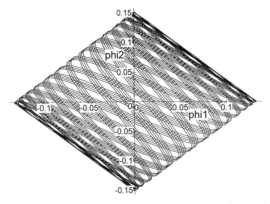

Bild 7.7. Pfad im Konfigurationsraum, fastperiodische Bewegung

Eigenkreisfrequenzen $\omega_1 = 3\sqrt{15}/5 = 9/\sqrt{15}$ und $\omega_2 = 9$. Das Verhältnis $\omega_2/\omega_1 = \sqrt{15}$ ist irrational und die Schwingung daher fastperiodisch, wie in Abschn. 4.1.2 erläutert (s. Bild 7.7).

```
> plot([phi08,0..50]);
```

Beispiel 9. Um große Ausschläge zu studieren, wählen wir die Anfangslage wie in Beispiel 7.

```
> loesung:=dsolve({dgl1,dgl2,anflage7,anfgeschw},num):
> phi09:=rhs(loesung[2]),rhs(loesung[4]):
```

Die Animation zeigt uns diesmal keine Überschläge. Das muß auch so sein, denn die dem System im Anfangszustand mitgegebene (potentielle) Energie reicht für einen Überschlag nicht aus.

```
> t1:=10: n:=50:
> display([seq(form(phi09,i*t1/n),i=0..n-1)],insequence=true);
```

Wir wollen auch den Pfad im Konfigurationsraum betrachten. Es zeigt sich chaotisches Verhalten (s. Bild 7.8).

```
> odeplot(loesung,[phi1(t),phi2(t)],0..60,numpoints=4000);
```

Zum Vergleich mit dem folgenden Beispiel stellen wir noch bereit

```
> plt09:=odeplot(loesung,[[t,phi1(t)],[t,phi2(t)]],0..15,
> numpoints=200,color=red):
```

Beispiel 10. Kleine Änderung der Anfangsbedingung. Wir wollen untersuchen, welchen Einfluß eine Abänderung der Anfangsvorgabe um 1% auf den Verlauf der Lösung hat.

```
> epsilon:=1/100:  anflage10:=phi1(0)=2*(1+epsilon), phi2(0)=0:
> loesung:=dsolve({dgl1,dgl2,anflage10,anfgeschw},num):
```

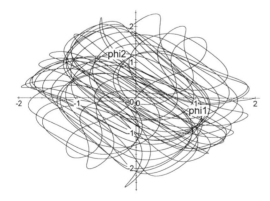

Bild 7.8. Pfad im Konfigurationsraum, chaotische Bewegung

Wir vergleichen nun die Lösungen der Beispiele 9 und 10:

```
> plt10:=odeplot(loesung,[[t,phi1(t)],[t,phi2(t)]],0..15,
> numpoints=200,color=blue):   display({plt09,plt10});
```

Nur bis etwa $t = 2$ liegen die beiden Lösungen dicht beieinander, für $t > 8$ dagegen haben sie bereits völlig unterschiedlichen Charakter. Die Abhängigkeit der Lösung von den Anfangsbedingungen ist also nicht stetig. Dieses Phänomen bezeichnet man als kinetische Instabilität. Im Gegensatz dazu sind die Lösungen linearer Differentialgleichungen ungedämpfter Schwingungen stets stabil, wenn alle Eigenkreisfrequenzen reell sind. Bezeichnet nämlich $\varphi_j(t)$ die Lösungen eines linearen Problems, dann sind $(1 + \varepsilon)\,\varphi_j(t)$ die Lösungen eines modifizierten Problems, bei dem alle Anfangsvorgaben mit dem Faktor $1 + \varepsilon$ vergrößert worden sind. Da aber die Beträge der $\varphi_j(t)$ als Summen harmonischer Funktionen beschränkt sind, weichen für alle Zeiten $t > 0$ die Lösungen des modifizierten Problems beliebig wenig von den Lösungen des Ausgangsproblems ab, wenn die Anfangsbedingungen beider Probleme nur nahe genug beieinander liegen. Die praktischen Konsequenzen dieser Erkenntnis sind schwerwiegend:

Bei stabilen linearen Systemen genügt es, den Anfangszustand ungefähr zu kennen, um mit guter Genauigkeit das Verhalten über beliebig lange Zeitspannen vorauszusagen. Entfernt sich das System jedoch weit vom Gleichgewichtszustand und muß daher als nichtlinear behandelt werden, dann ist chaotisches und das heißt instabiles Verhalten die Regel. Der Anfangszustand müßte dann exakt (also auf unendlich viele Kommastellen !) bekannt sein, um langfristige Voraussagen machen zu können. Aber auch die numerische Rechnung müßte mit unendlicher Genauigkeit erfolgen, denn eine kleine Verfälschung durch Rundungs- und Quadraturfehler hätte zu späteren Zeitpunkten großen Einfluß auf die Ergebnisse. Diese ernüchternde Erkenntnis — mit der Folgerung, daß es beispielsweise eine langfristige Wettervorhersage nie geben wird — ist erst ins Bewußtsein der Naturwissenschaftler und Ingenieure gedrungen, seit es möglich ist, mit Rechnerunterstützung nichtlineare Probleme genauer zu studieren. Zuvor wurden vielfach Erfahrungen mit linearen Systemen voreilig verallgemeinert.

Abschließend ziehen wir einige Schlußfolgerungen aus den Pfaden im Konfigurationsraum, also der φ_1, φ_2 -Ebene. Diese liefern interessante Aussagen über die verschiedenen Bewegungstypen.

1. Ruhe. Der Pfad besteht nur aus einem Punkt. Das Doppelpendel nimmt zu allen Zeiten dieselbe Konfiguration ein.

2. Periodische Bewegung. Der Pfad ist eine geschlossene Kurve. (S. Bild 7.6. In den Beispielen 1, 2 und 3 überdecken sich Hin- und Hergang, weil die Anfangsgeschwindigkeiten zu Null gewählt waren.)

3. Fastperiodische Bewegung. Wir können sie gut am Beispiel 8 studieren (s. Bild 7.7). Der Pfad läuft nicht in sich zurück, sondern erreicht

immer neue Punkte. Ein Teilgebiet der φ_1, φ_2-Ebene wird auf diese Weise dicht überdeckt. Geben wir eine Konfiguration aus diesem Gebiet vor, so brauchen wir nur hinreichend lange zu warten, bis sie mit vorgegebener Genauigkeit eingenommen wird. Dabei läuft jedoch der Pfad durch jeden Punkt nur in zwei Richtungen, d.h. das Verhältnis $d\varphi_1/d\varphi_2 = \dot\varphi_1/\dot\varphi_2$ der Winkelgeschwindigkeiten besitzt in einer Konfiguration nur zwei Werte.

4. Chaotische Bewegung. Im Gegensatz zu den anderen drei Bewegungstypen gibt es keinerlei Regelmäßigkeit (s. Bild 7.8). Insbesondere kann der Pfad aus mehr als zwei Richtungen durch einen Punkt laufen; eine Einschränkung des Verhältnisses $\dot\varphi_1/\dot\varphi_2$ ist nicht erkennbar.

Übungsvorschlag: Überlegen Sie, daß für die potentielle bzw. die kinetische Energie des Doppelpendels gilt

$$
\begin{aligned}
E_{\text{pot}} &= (m_1 + m_2)g\left[l_1(1 - \cos\varphi_1) + \mu l_2(1 - \cos\varphi_2)\right], \\
E_{\text{kin}} &= \tfrac{1}{2}[m_1\,\dot{\mathbf{r}}_1 \cdot \dot{\mathbf{r}}_1 + m_2\,\dot{\mathbf{r}}_2 \cdot \dot{\mathbf{r}}_2] \\
&= \tfrac{1}{2}(m_1 + m_2)[l_1^2\dot\varphi_1{}^2 + 2\mu l_1 l_2 \cos(\varphi_2 - \varphi_1)\dot\varphi_1\dot\varphi_2 + \mu l_2^2\dot\varphi_2{}^2].
\end{aligned}
$$

Beweisen Sie mit Hilfe von MAPLE aus den Bewegungsgleichungen, daß die Gesamtenergie $E_{\text{pot}} + E_{\text{kin}}$ während der Bewegung erhalten bleiben muß. Da bei der numerischen Lösung der Bewegungsgleichungen von der Energieerhaltung nicht explizit Gebrauch gemacht wird, stellt die Änderung der Gesamtenergie ein Maß für den bei der numerischen Integration entstehenden Fehler dar. Schreiben sie eine Prozedur, die zu loesung die Gesamtenergie berechnet, und prüfen Sie für einige der Beispiele, wie genau die Energieerhaltung gewährleistet ist, indem sie die Prozedur auf den Anfangs- und den Endzustand anwenden.

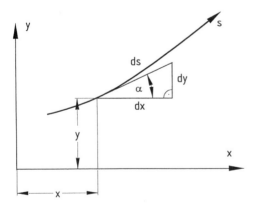

Bild 7.9. Differentialgeometrische Zusammenhänge

7.2.5 Stabilität von Gleichgewichtslagen

Ehe wir die Stabilitätsuntersuchung beginnen, wollen wir einige Tatsachen aus der Differentialgeometrie ebener Kurven zusammenstellen, die wir auch im folgenden Abschnitt über Randwertaufgaben benötigen werden.

Bedeuten dx, dy, ds die Differentiale der Koordinaten x und y bzw. der Bogenlänge s und bezeichnet α den Winkel, den die Tangente an die Kurve mit der x-Achse einschließt, so gelten die Zusammenhänge (s. Bild 7.9)

$$dx = \cos\alpha\, ds\,, \qquad dy = \sin\alpha\, ds\,, \qquad dx^2 + dy^2 = ds^2\,, \qquad \tan\alpha = dy/dx\,.$$

Wird die Kurve in der Form $y = y(x)$ dargestellt, so ist $dy/dx = y'(x)$, und das Differential der Bogenlänge schreibt sich

$$ds = \sqrt{dx^2 + dy^2} = \sqrt{1 + y'(x)^2}\, dx\,.$$

Die Krümmung der Kurve ist erklärt als Änderung des Winkels α mit der Bogenlänge s, also $k = d\alpha/ds$. Bei Verwendung der Darstellung $y = y(x)$ wird daraus unter Beachtung der Kettenregel

$$k = \frac{d\alpha}{ds} = \frac{d\alpha}{d\tan\alpha}\frac{d\tan\alpha}{dx}\frac{dx}{ds} = \frac{y''(x)}{\left(\sqrt{1 + y'(x)^2}\right)^3}\,.$$

Als Anwendung betrachten wir das Problem, einen Verkehrsweg so zu trassieren, daß die Krümmung sich stetig mit der Bogenlänge ändert. (Würde nämlich beispielsweise bei einem Bahngleis an ein gerades Stück unmittelbar ein Kreisbogen anschließen, so wäre die beim Durchfahren der Übergangsstelle ruckartig einsetzende Zentrifugalkraft dem Fahrkomfort abträglich.) Die Trasse verlaufe zunächst geradlinig entlang der negativen x-Achse bis zum Ursprung. Dort ist dann $x = 0$, $y = 0$, $\alpha = 0$, $k = 0$. Von diesem Punkt an soll die Bogenlänge zählen und die Krümmung linear anwachsen gemäß

$$k = \frac{d\alpha}{ds} = \frac{s}{a^2}\,.$$

Integration liefert

$$\alpha(s) = \frac{s^2}{2a^2}\,.$$

Die Lage des so definierten Übergangsbogens — der Klothoide genannt wird — in der x, y-Ebene erhalten wir durch Integration der beiden Beziehungen

$$dx = \cos\alpha(s)ds\,, \qquad dy = \sin\alpha(s)ds\,.$$

```
> alpha:=s^2/(2*a^2):
> Int(cos(alpha),s=0..s0)=int(cos(alpha),s=0..s0);
> Int(sin(alpha),s=0..s0)=int(sin(alpha),s=0..s0);
```

$$\int_0^{s0} \cos\left(\frac{1}{2}\frac{s^2}{a^2}\right) ds = \frac{\sqrt{\pi}\,\mathrm{FresnelC}\left(\dfrac{s0}{\sqrt{\pi}\sqrt{\dfrac{1}{a^2}}\,a^2}\right)}{\sqrt{\dfrac{1}{a^2}}}$$

$$\int_0^{s0} \sin\left(\frac{1}{2}\frac{s^2}{a^2}\right) ds = \frac{\sqrt{\pi}\, \mathrm{FresnelS}\left(\dfrac{s0}{\sqrt{\pi}\,\sqrt{\dfrac{1}{a^2}}\,a^2}\right)}{\sqrt{\dfrac{1}{a^2}}}$$

Die beiden Integrationen sind nicht elementar durchführbar, sondern definieren zwei höhere transzendente Funktionen, die Fresnelsche Integrale genannt werden und von MAPLE verarbeitet werden können. Wählen wir den Zahlenwert $a = 1/\sqrt{\pi}$, so finden wir als Parameterdarstellung der Kurve

```
> a:=1/sqrt(Pi): x:=simplify(rhs("""")); y:=simplify(rhs(""""));
```

$$x := \mathrm{FresnelC}(\,s0\,)$$

$$y := \mathrm{FresnelS}(\,s0\,)$$

Indem wir — unter Verwendung der Heaviside-Funktion — noch $y = 0$ für negative $s0$ setzen, erhalten wir eine Darstellung der Trasse.

```
> plot([x,y*Heaviside(s0),s0=-0.7..0.7],
> axes=NONE,scaling=CONSTRAINED);
```

Nach diesen Vorbereitungen wenden wir uns dem eigentlichen Problem zu. Eine Punktmasse soll in einem Tal bzw. auf einem Kamm liegen, und wir wollen die Stabilität dieser Ruhelage studieren (s. Bild 7.10). Den vertikalen Schnitt durch das Tal bzw. den Kamm — als Bahnkurve einer möglichen Bewegung — beschreiben wir in der Form

$$x = x(s), \qquad y = y(s),$$

wobei die Bogenlänge s als Parameter dient.

Speziell studieren wir Kurvenscharen, die beschrieben werden durch

$$y = a\,|s|^p \qquad \text{mit} \qquad a = \pm 1, \quad p > 1\,.$$

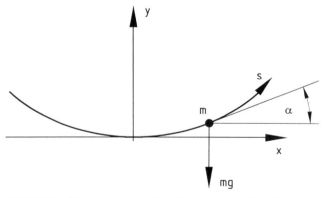

Bild 7.10. Bewegung einer Punktmasse um eine Ruhelage

(Da wir nicht im Bereich negativer s rechnen wollen, werden wir die Betragstriche im folgenden fortlassen.)

Nun ist

$$\sin \alpha = \frac{dy}{ds} \,,$$

und die x-Koordinate ergibt sich daher durch Integration von

$$dx = \cos \alpha \, ds = \sqrt{1 - \sin^2 \alpha} \, ds = \sqrt{1 - \left(\frac{dy}{ds}\right)^2} \, ds \,,$$

solange $|\alpha| \le \pi/2$ bleibt. Entsprechend finden wir für die Krümmung

$$k = \frac{d\alpha}{ds} = \frac{d}{ds}\left(\arcsin \frac{dy}{ds}\right) \,.$$

```
> a:='a':   y:=a*s^p; ys:=combine(diff(y,s),power);
```

$$y := a\, s^p$$

$$ys := p\, s^{(p-1)}\, a$$

```
> k:=combine(diff(arcsin(ys),s),power);
> xexakt:=int(subs(s=u,combine(sqrt(1-ys^2),power)),u=0..s);
```

$$k := \frac{p\,(p-1)\, s^{(p-2)}\, a}{\sqrt{1 - p^2\, s^{(2p-2)}\, a^2}}$$

$$xexakt := \int_0^s \sqrt{1 - p^2\, u^{(2p-2)}\, a^2}\, du$$

(Mit den wiederholten Befehlen combine(,power) veranlassen wir MAPLE, Potenzen zusammenzufassen. Ohne diese Befehle ergeben sich schlecht lesbare Darstellungen.)

Wie wir sehen, ist die Krümmung der Bahnkurve bei $s = 0$ gleich Null, wenn $p > 2$, endlich und verschieden von Null, wenn $p = 2$, und unendlich, wenn $1 < p < 2$ ist.

Das Integral zur Berechnung von x läßt sich nicht für beliebige Exponenten p geschlossen auswerten. Um in diesen Fällen mit geringem Rechenzeitbedarf graphische Darstellungen erzeugen zu können, greifen wir nicht auf numerische Integration zurück, sondern entwickeln den Integranden in eine Reihe und integrieren diese.

```
> integrand:=convert(series(sqrt(1-v^2),v=0,8),polynom);
```

$$integrand := 1 - \frac{1}{2}\, v^2 - \frac{1}{8}\, v^4 - \frac{1}{16}\, v^6 - \frac{5}{128}\, v^8$$

```
> integrand:=subs(v=ys,integrand);
```

$$integrand := 1 - \frac{1}{2}\, p^2\, (s^{(p-1)})^2\, a^2 - \frac{1}{8}\, p^4\, (s^{(p-1)})^4\, a^4$$
$$- \frac{1}{16}\, p^6\, (s^{(p-1)})^6\, a^6 - \frac{5}{128}\, p^8\, (s^{(p-1)})^8\, a^8$$

```
> x:=int(integrand,s);
```

$$x := s - \frac{1}{8}\frac{p^4\,a^4\,s^{(-3+4\,p)}}{-3+4\,p} - \frac{1}{16}\frac{p^6\,a^6\,s^{(6\,p-5)}}{6\,p-5} - \frac{1}{2}\frac{p^2\,a^2\,s^{(2\,p-1)}}{2\,p-1}$$
$$- \frac{5}{128}\frac{p^8\,a^8\,s^{(-7+8\,p)}}{-7+8\,p}$$

Die Integrationskonstante hat sich gerade so ergeben, daß die Bedingung $x(s = 0) = 0$ bereits erfüllt ist.

Nicht für jeden Wert von s sind unsere Darstellungen gültig. Vielmehr ist $|\sin\alpha| = |dy(s)/ds| \leq 1$ zu beachten. Der größte zulässige Wert von s bestimmt sich also aus der Bedingung

```
> a:=1: grenzbedingung:=ys=1;
```

$$grenzbedingung := s^{(p-1)}\,p = 1$$

```
> sgrenz:=simplify(solve(grenzbedingung,s));
```

$$sgrenz := p^{\left(-\frac{1}{p-1}\right)}$$

Wenn die punktförmige Masse m unter dem Einfluß der Schwerkraft eine Bewegung ausführt, so muß diese dem Newtonschen Grundgesetz gehorchen. In Richtung der Bahntangente lautet dieses:

$$-mg\sin\alpha = m\,\ddot{s}$$

oder

$$\ddot{s} + g\,\frac{dy(s)}{ds} = 0 \,. \tag{7.7}$$

Bei $s = 0$ besitzt der Schnitt durch das Tal bzw. den Kamm eine horizontale Tangente, d. h. es gilt $\alpha(s = 0) = 0$. Damit ist das Verbleiben der Masse in der Ruhelage ($s(t) \equiv 0$) eine Lösung der Bewegungsgleichung. Die Stabilität dieser Gleichgewichtslage soll nun für spezielle Geometrien $y(s)$ untersucht werden.

Multiplikation der Bewegungsgleichung (7.7) mit $\dot{s}$ und Integration gibt

$$\dot{s}^2 + 2g\,y(s) = v_0^2 \,. \tag{7.8}$$

Diese Gleichung sagt aus, daß die Summe von kinetischer und potentieller Energie der Masse während der Bewegung konstant bleibt. Die Integrationskonstante v_0 hat die Bedeutung der Geschwindigkeit beim Durchlaufen der Lage $s = 0$. Auflösung nach $\dot{s}$ liefert im Falle $\dot{s} > 0$

$$\dot{s} = \frac{ds}{dt} = \sqrt{v_0^2 - 2g\,y(s)} \,. \tag{7.9}$$

Die Erdbeschleunigung g setzen wir im folgenden gleich 1.

```
> a:='a':    dgl:=diff(s(t),t,t)+a*p*s(t)^(p-1)=0;
```

$$dgl := \left(\frac{\partial^2}{\partial t^2}\,s(t)\right) + a\,p\,s(t)^{(p-1)} = 0$$

```
> dsolve(dgl,s(t));
```

$$t = \int_0^{s(t)} - \frac{1}{\sqrt{-2\,a\,y2^p + \_C1}}\,dy2 - \_C2,$$

$$t = \int_0^{s(t)} \frac{1}{\sqrt{-2\,a\,y1^p + \_C1}}\,dy1 - \_C2$$

Die Lösung der nichtlinearen Bewegungsgleichung (7.7) hat MAPLE offenbar so vorgenommen, daß der aus (7.7) hergeleitete Energieerhaltungssatz (7.9) durch Trennung der Variablen und Integration auf Quadraturen zurückgeführt worden ist, womit die Lösung in inverser Form ($t = t(s)$) vorliegt. (Die beiden angegebenen Lösungsmöglichkeiten betreffen die Fälle $\dot{s} > 0$ und $\dot{s} < 0$.) Allerdings sind die Integrale nicht für alle Exponenten p elementar auswertbar. Zum Vergleich lassen wir uns die Lösung des Energieerhaltungssatzes von MAPLE auch direkt berechnen und finden Übereinstimmung mit der Lösung der Bewegungsgleichung.

```
> energ:=diff(s(t),t)=sqrt(v0^2-2*a*s(t)^p);
```

$$energ := \frac{\partial}{\partial t}\,s(t) = \sqrt{v0^2 - 2\,a\,s(t)^p}$$

```
> dsolve(energ,s(t));
```

$$-\int_0^{s(t)} \frac{1}{\sqrt{v0^2 - 2\,a\,y1^p}}\,dy1 + t = \_C1$$

Der Energieerhaltungssatz hat jedoch — wie man leicht nachprüft — noch eine weitere Lösung, die in dem von MAPLE angegebenen Ausdruck nicht enthalten ist, nämlich

$$s(t) \equiv \left(\frac{v_0^2}{2a}\right)^{1/p} = const.$$

Diese zeitlich konstante Funktion ist allerdings auch nicht von Interesse, denn sie ist keine Lösung der ursprünglichen Bewegungsgleichung — außer im Spezialfall $v_0 = 0$ —, weil die für eine Ruhelage nötige Bedingung $dy(s)/ds = \sin\alpha = 0$ verletzt ist.

Geschlossene Lösungen der Bewegungsgleichung kann MAPLE in den beiden linearen Sonderfällen liefern. Als Anfangszustand geben wir die Auslenkung $s = 0$ und die Geschwindigkeit v_0 vor.

```
> a:=1: p:=2: k; dgl;
```

$$2\,\frac{1}{\sqrt{1 - 4\,s^2}}$$

$$\left(\frac{\partial^2}{\partial t^2}\,s(t)\right) + 2\,s(t) = 0$$

```
> dsolve({dgl,s(0)=0,D(s)(0)=v0},s(t));
```

$$s(t) = \frac{1}{2} v0 \sqrt{2} \sin\left(\sqrt{2}\, t\right)$$

Die zugehörige Form des Tales wird beschrieben durch

```
> xexakt,y;
```

$$\frac{1}{2} \sqrt{1 - 4s^2}\, s + \frac{1}{4} \arcsin(2s),\ s^2$$

Das ist die Parameterdarstellung einer gewöhnlichen Zykloide, deren Scheitel im Ursprung liegt. Dort (bei $s = 0$) besitzt die Krümmung den Wert 2. In einem solchen Tal führt die Masse harmonische Schwingungen aus, deren Eigenkreisfrequenz (hier gleich $\sqrt{2}$) und damit auch die Schwingungsdauer von der Amplitude nicht abhängt. Diese Bahnkurve heißt deshalb die Leibnizsche Isochrone, und ihren Graphen erhalten wir wie folgt.

```
> plot({[xexakt,y,s=0..sgrenz],[-xexakt,y,s=0..sgrenz]},
> color=black,scaling=CONSTRAINED);
```

Nun kehren wir das Vorzeichen von a um, d.h. wir spiegeln das soeben betrachtete Tal an der x-Achse und erhalten einen Kamm, dessen Krümmung im Scheitel den Wert -2 besitzt.

```
> a:=-1: plot({[xexakt,y,s=0..sgrenz],[-xexakt,y,s=0..sgrenz]},
> color=black,scaling=CONSTRAINED);
> dgl;
```

$$\left(\frac{\partial^2}{\partial t^2} s(t)\right) - 2\, s(t) = 0$$

```
> dsolve({dgl,s(0)=0,D(s)(0)=v0},s(t)): simplify(convert(",trig));
```

$$s(t) = \frac{1}{2} v0 \sqrt{2} \sinh\left(\sqrt{2}\, t\right)$$

Die beiden Beispiele zeigen gegensätzliches Verhalten: Im Falle des Tales verursacht eine (hinreichend kleine) Störung des Gleichgewichts eine harmonische Schwingung um die Ruhelage. Im Falle des Kammes dagegen entfernt die Masse sich mit wachsender Geschwindigkeit vom Ausgangspunkt. Im ersten Falle nennt man die Ruhelage daher kinetisch stabil, im zweiten Falle kinetisch instabil. Ein Verlassen der Gleichgewichtslage erfordert allerdings in beiden Fällen das Vorhandensein einer Anfangsgeschwindigkeit v_0. Setzen wir nämlich in den Lösungen $v_0 = 0$, so folgt beide Male $s(t) \equiv 0$.

Wenn die Krümmung des Tales oder Kammes im Scheitel gleich Null ist, wird das Gleichgewicht der Masse in dieser Lage gewöhnlich als indifferent bezeichnet. Wir wählen $p = 4$ und betrachten zunächst das Tal.

```
> a:=1: p:=4:  plot({[x,y,s=0..sgrenz],[-x,y,s=0..sgrenz]},
> color=black,scaling=CONSTRAINED);
```

Um zu sehen, was es mit der Indifferenz auf sich hat, untersuchen wir die

Bewegung aus der Lage $s = 0$ heraus. Da MAPLE eine explizite geschlossene Lösung nicht angeben kann, wählen wir eine Potenzreihendarstellung.

```
> dgl;
```

$$\left(\frac{\partial^2}{\partial t^2} s(t)\right) + 4 s(t)^3 = 0$$

```
> dsolve({dgl,s(0)=0,D(s)(0)=v0},s(t),series);
```

$$s(t) = v0\, t - \frac{1}{5} v0^3 t^5 + O(t^6)$$

Nun studieren wir den Kamm.

```
> a:=-1: plot({[x,y,s=0..sgrenz],[-x,y,s=0..sgrenz]},color=black,
> scaling=CONSTRAINED);
> dgl;
```

$$\left(\frac{\partial^2}{\partial t^2} s(t)\right) - 4 s(t)^3 = 0$$

```
> dsolve({dgl,s(0)=0,D(s)(0)=v0},s(t),series);
```

$$s(t) = v0\, t + \frac{1}{5} v0^3 t^5 + O(t^6)$$

Wir erkennen folgendes: Bis zu Termen der Ordnung t^4 einschließlich beschreiben beide Lösungen eine gleichförmige Bewegung mit der Geschwindigkeit v_0. Diese Lösung entspricht der Bewegung auf konstantem Niveau, also der Indifferenz im Großen. In unserem Falle liegt jedoch nur Indifferenz im Kleinen vor, denn der Term der Ordnung t^5 zeigt im Falle des Tales eine Abnahme, im Falle des Kammes jedoch eine Zunahme der Geschwindigkeit. Beim Exponenten $p = 2$ dagegen macht der Unterschied sich bereits im Term der Ordnung t^3 bemerkbar, wie die Reihenentwicklungen der weiter oben ermittelten Lösungen zeigen:

```
> series(1/2*sqrt(2)*v0*sin(sqrt(2)*t),t=0,4);
> series(1/2*sqrt(2)*v0*sinh(sqrt(2)*t),t=0,4);
```

$$v0\, t - \frac{1}{3} v0\, t^3 + O(t^4)$$

$$v0\, t + \frac{1}{3} v0\, t^3 + O(t^4)$$

Im indifferenten Falle $p = 4$ ist die Ruhelage im Tal und auf dem Kamm zwar weiterhin kinetisch stabil bzw. instabil, die Stabilität bzw. Instabilität wird bei der Bewegung jedoch erst mit einer gewissen Verzögerung deutlich.

Aus dem Energieerhaltungssatz lassen sich noch zwei interessante Schlüsse ziehen. Eine erste Umstellung von (7.8) liefert

$$2g\, y(s) = v_0^2 - \dot{s}^2 \le v_0^2,$$

also die Aussage, daß während einer Bewegung, die am Talboden die Anfangsgeschwindigkeit v_0 besitzt, nur solche Punkte s erreicht werden können, für die $y(s) \leq v_0^2/(2g)$ gilt. (Damit ist die Stabilität der Ruhelage am Boden eines Tales für beliebige Talformen sichergestellt, ohne daß die Bewegungsgleichung gelöst werden muß.) Bei einem Kamm, für den ja $y(s) \leq 0$ gilt, ergibt sich dagegen keine solche Einschränkung.

Eine zweite Umstellung von (7.8) liefert im Falle $v_0 = 0$

$$\dot{s}^2 = -2g\,y(s) \,. \tag{7.10}$$

Bei einem Tal kann die rechte Seite nicht positiv sein, woraus $\dot{s} \equiv 0$ zu folgern ist. Die (stabile) Ruhelage am Boden eines Tales kann also nicht von selbst verlassen werden.

Die Tatsache, daß eine Ruhelage nicht von selbst verlassen werden kann, ist jedoch nur notwendig, aber nicht hinreichend für die Stabilität dieser Ruhelage. Das haben wir am Beispiel des Kammes mit dem Exponenten $p = 2$ gesehen.

Um zu klären, ob (instabile) Gleichgewichtslagen auf der Höhe eines Kammes von selbst verlassen werden können, studieren wir die Lösung der zugehörigen Anfangswertaufgabe zum Energieerhaltungssatz (7.10) für unsere spezielle Klasse von Kammgeometrien.

```
> a:=-1: p:='p': v0:=0: energ;
```

$$\frac{\partial}{\partial t}\,\mathrm{s}(\,t\,) = \sqrt{2}\,\sqrt{\mathrm{s}(\,t\,)^p}$$

```
> loesung:=dsolve(energ,s(t));
```

$$loesung := \frac{\sqrt{2}\,\mathrm{s}(t)}{(p-2)\,\sqrt{\mathrm{s}(t)^p}} + t = \_C1$$

```
> solve(loesung,s(t)):    st:=factor(");
```

$$st := e^{\left(\frac{\ln\left(\frac{2}{(p-2)^2\,(t-\_C1)^2}\right)}{p-2}\right)}$$

Die Integrationskonstante $\_C1$ ist aus der Bedingung zu bestimmen, daß diese Funktion $s(t)$ für $t = 0$ den Wert Null besitzen soll. Dabei ist eine Fallunterscheidung zu machen. Im Falle $p > 2$ müßte das Argument des Logarithmus gleich Null werden, und das ist für keinen endlichen Wert $\_C1$ möglich. Im Falle $p < 2$ dagegen bewirkt die Wahl $\_C1 = 0$, daß für $t = 0$ das Argument des Logarithmus Unendlich wird und somit die gewünschte Anfangsbedingung $s(0) = 0$ erfüllt ist. Den Fall $p = 2$ haben wir bereits untersucht; das ist offenbar der kleinste Exponent, bei dem ein Verlassen der Ruhelage nicht von selbst möglich ist. Bei einem beliebig kleineren Exponenten dagegen wird, wie wir schon wissen, die Krümmung am höchsten Punkt negativ unendlich, und die Instabilität der Ruhelage erweist sich als so gravierend, daß diese ohne Aufbringen einer Störung verlassen werden kann. Wir studieren das Verhalten im Falle $p = 3/2$.

```
> a:=-1: p:=3/2: plot({[x,y,s=0..sgrenz],[-x,y,s=0..sgrenz]},
> color=black,scaling=CONSTRAINED);
> st;
```

$$\frac{1}{64}\left(t - \_C1\right)^4$$

(Wegen der Anfangsbedingung muß — wie schon erwähnt — $\_C1 = 0$ gelten.) Wir prüfen noch, ob diese Lösung des Energieerhaltungssatzes auch die Bewegungsgleichung `dgl` erfüllt, und erhalten eine positive Aussage.

```
> dgl;
```

$$\left(\frac{\partial^2}{\partial t^2}\,\mathrm{s}(t)\right) - \frac{3}{2}\,\sqrt{\mathrm{s}(t)} = 0$$

```
> eval(subs(s(t)=st,dgl)):   simplify(",symbolic);
```
$$0 = 0$$

Es gibt also im vorliegenden Falle eine Lösung der Bewegungsgleichung, die aus der Lage $s = 0$ mit der Geschwindigkeit $\dot{s} = 0$ startet und die Ruhelage verläßt. Zu denselben Anfangsbedingungen gibt es jedoch auch die Lösung $s(t) \equiv 0$, also das Verbleiben in der Ruhelage. Diese Möglichkeit ist in dem von MAPLE gelieferten Integral `loesung` der Energieerhaltungsgleichung nicht enthalten.

Diese Energieerhaltungsgleichung hat die Form

$$\dot{s} = \sqrt{2}\,s^{p/2} \equiv f(s)\,,$$

und die Ableitung ihrer rechten Seite nach s liefert

$$\frac{df}{ds} = \frac{p}{\sqrt{2}}\,s^{(p-2)/2}\,.$$

Im Falle $p \geq 2$ bleibt dieser Ausdruck für alle s beschränkt. Damit ist eine verschärfte Form der Lipschitz-Bedingung erfüllt, und diese sichert bekanntlich die Eindeutigkeit der Lösung der Differentialgleichung. Im Falle $p < 2$ dagegen wird df/ds bei $s = 0$ unendlich, die Lipschitz-Bedingung ist verletzt, und wir haben als Konsequenz daraus mehrdeutige Lösungen der Differentialgleichung gefunden.

⎡Wichtig:⎤ Um keine Lösungen zu übersehen, empfiehlt es sich im Falle nichtlinearer Differentialgleichungen, die Lipschitzbedingungen zu bilden. Sind sie verletzt, so bleibt zu prüfen, ob es neben den von MAPLE ausgegebenen Lösungen noch weitere gibt.

Daß wir mit dieser Methode auch die von MAPLE übersehene Lösung des Energieerhaltungssatzes gefunden hätten, welche nicht der Bewegungsgleichung genügt, zeigt uns das Folgende.

```
> a:='a': p:='p': v0:='v0': energ;
```

$$\frac{\partial}{\partial t} \, s(\, t\,) = \sqrt{v0^2 - 2\, a\, s(\, t\,)^p}$$

```
> f:=subs(s(t)=s,rhs(")); fs:=diff(f,s);
```

$$f := \sqrt{v0^2 - 2\, a\, s^p}$$

$$fs := -\frac{a\, s^p\, p}{\sqrt{v0^2 - 2\, a\, s^p}\ s}$$

Wie wir sehen, wird df/ds unendlich, wenn der Radikand im Nenner verschwindet. Auflösen dieser Bedingung $v_0^2 - 2as^p = 0$ nach s beschreibt aber gerade die gesuchte zusätzliche Lösung der Differentialgleichung.

Übrigens gibt es im Falle der Mehrdeutigkeit nicht nur zwei, sondern sogar unendlich viele verschiedene Lösungen der Bewegungsgleichung. So erfüllt im Falle des Exponenten $p = 3/2$ jede Bewegung der Form

$$s(t) = \begin{cases} 0, & \text{wenn} \quad t \le t_0, \\ \frac{1}{64}\, (t - t0)^4, & \text{wenn} \quad t > t_0 \end{cases}$$

mit beliebigem $t_0 \ge 0$ die Bewegungsgleichung

$$\ddot{s} = \frac{3}{2}\sqrt{s}$$

für alle $t \ge 0$ sowie die Anfangsbedingungen

$$s(t = 0) = 0, \qquad \dot{s}(t = 0) = 0\, .$$

Die Masse kann also bis zu einem Zeitpunkt t_0 auf dem höchsten Punkt des Kammes verharren und sich dann plötzlich in Bewegung setzen. Diese Erkenntnis ist naturphilosophisch außerordentlich interessant. Sie zeigt, daß es Fälle gibt, wo auch bei exakter Kenntnis des Anfangszustandes die zukünftige Bewegung aus dem Newtonschen Grundgesetz nicht eindeutig ermittelt werden kann. Im vorigen Abschnitt haben wir gesehen, daß im Falle chaotischen Verhaltens nur eine (praktisch unmögliche) exakte Kenntnis des Anfangszustandes eine Vorhersage erlaubt. (Das betrachtete chaotische Verhalten war deterministisch. Die Gleichungen des Doppelpendels erfüllen die Lipschitzbedingungen.) Im zuletzt diskutierten Beispiel würde dagegen nicht einmal mehr ein Laplacescher Dämon, dem der aktuelle Zustand der Welt exakt bekannt ist, eine Vorhersage treffen können. Solche prinzipielle Indeterminiertheit ist aus der Quantenmechanik geläufig, doch läßt sich etwa die Wahrscheinlichkeit des radioktiven Zerfall eines Atoms wenigstens durch Angabe einer Halbwertzeit kennzeichnen, während wir im vorliegenden Beispiel keinen Anhaltspunkt über den Zeitpunkt t_0 besitzen, in dem die Ruhelage verlassen wird. Es ist bemerkenswert, daß wir in unserer Untersuchung nur Hilfsmittel der Mechanik und Mathematik herangezogen haben, die bereits zur Zeit Newtons vorlagen.

7.3 Randwertprobleme

7.3.1 Flüssigkeitsbehälter

Wir betrachten einen dünnwandigen kreiszylindrischen Behälter mit dem Radius r und der Höhe l, der mit einer Flüssigkeit des Berechnungsgewichtes γ bis zum Rand gefüllt sei. Vom oberen Rand zählen wir die Koordinate x. Unten bei $x = l$ sei die Behälterwand starr eingespannt. Die Wanddicke $t(x)$ darf mit x veränderlich sein. (S. Bild 7.11.)

Nach der Kesselformel verursacht der Flüssigkeitsdruck $p(x) = \gamma x$ eine Umfangsspannung $\sigma_t = p\,r/t$. Zu diesem Membranspannungszustand — der so heißt, weil er auch von einer biegeschlaffen Membran abgetragen werden könnte — gehört die elastische Umfangsdehnung $\varepsilon_t = \sigma_t/E = p\,r/(Et)$. Bezeichnet w die Verschiebung der Behälterwand nach außen, also die Zunahme des Radius, so ist die Umfangsdehnung gegeben durch $\varepsilon_t = w/r$. Zum Membranspannungszustand gehört also die Verschiebung $w(x) = r^2\,p(x)/(E\,t(x))$. Diese Verschiebung kann sich aber im unteren Teil des Behälters nicht ausbilden, denn sie erfüllt nicht die Einspannbedingung $w(x = l) = 0$. Bei der sich tatsächlich einstellenden Verschiebung $w(x)$ wird deshalb nur der Anteil $p_{\text{Membran}} = E\,w(x)\,t(x)/r^2$ des Flüssigkeitsdruckes durch Membranwirkung abgetragen.

Der restliche Anteil

$$q = \gamma x - p_{\text{Membran}}$$

verursacht eine Biegung der Behälterwand.

Um diesen Effekt zu erfassen, denken wir uns die Wand bestehend aus vielen vertikal nebeneinanderstehenden schmalen Balken mit Rechteckquerschnitt der Höhe t. Die Breite eines Rechtecks normieren wir zu 1. Die sich einstellende Radialverschiebung $w(x)$ der Behälterwand beschreibt die Biegelinie dieser Balken. Für die Balkenbiegung gelten — wie wir in Kap. 4 gesehen

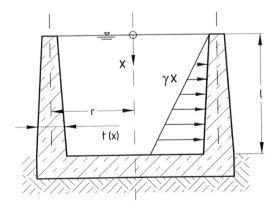

Bild 7.11. Bis zum Rand gefüllter Flüssigkeitsbehälter

haben — bei kleinen elastischen Verformungen die Beziehungen

$$w'(x) = \alpha(x), \qquad \alpha'(x) = -\frac{M_b(x)}{\bar{E}I_y(x)},$$

und die Differentialgleichungen des Gleichgewichts

$$M_b'(x) = F_Q(x), \qquad F_Q'(x) = -q(x).$$

Das Flächenmoment zweiten Grades des Rechteckquerschnittes ist $I_y = t^3/12$. Statt des E-Moduls wird $\bar{E} = E/(1 - \nu^2)$ — ν: Querkontraktionszahl — verwendet, um zu berücksichtigen, daß die Querkontraktion durch die Wechselwirkung der nebeneinanderliegenden Balken behindert ist. Bezeichnet t_0 die Wanddicke an der Einspannung, so führen wir noch ein

$$\delta(x) = \frac{t(x)}{t_0}, \qquad N_0 = \frac{Et_0^3}{12(1 - \nu^2)}, \qquad D_0 = \frac{Et_0}{r^2}.$$

Durch Eliminationsprozesse ließe das System der Balkendifferentialgleichungen sich auf eine einzige Differentialgleichung vierter Ordnung für die Biegelinie $w(x)$ zurückführen. Wir wollen der Integration jedoch das System von vier Differentialgleichungen 1. Ordnung zugrunde legen, weil wir dann in der Ausgabe sofort alle interessierenden Kraft- und Weggrößen erhalten.

```
> dgl:=diff(w(x),x)=alpha(x),diff(alpha(x),x)=-mb(x)/n0/delta(x)^3
> , diff(mb(x),x)=fq(x), diff(fq(x),x)= d0*delta(x)*w(x)-gam*x;
```

$$dgl := \frac{\partial}{\partial x}\,\mathrm{w}(\,x\,) = \alpha(\,x\,),\ \frac{\partial}{\partial x}\,\alpha(\,x\,) = -\frac{\mathrm{mb}(\,x\,)}{n0\,\delta(\,x\,)^3},$$

$$\frac{\partial}{\partial x}\,\mathrm{mb}(\,x\,) = \mathrm{fq}(\,x\,),\ \frac{\partial}{\partial x}\,\mathrm{fq}(\,x\,) = d0\,\delta(\,x\,)\,\mathrm{w}(\,x\,) - gam\,x$$

Zu vier Differentialgleichungen erster Ordnung sind vier Randbedingungen vorzugeben. Bei $x = l$ ist der Balken eingespannt. Dort müssen die Werte der Durchbiegung w und des Neigungswinkels α gleich Null sein. Bei $x = 0$ besitzt der Balken ein freies Ende, d.h. dort verschwinden die Schnittgrößen M_b und F_Q.

```
> randbed:=w(l)=0, alpha(l)=0, mb(0)=0, fq(0)=0;
```

$$randbed := \mathrm{w}(\,l\,) = 0,\ \alpha(\,l\,) = 0,\ \mathrm{mb}(\,0\,) = 0,\ \mathrm{fq}(\,0\,) = 0$$

```
> n0:=e*t0^3/12/(1-nu^2); d0:=e*t0/r^2;
```

$$n0 := \frac{1}{12}\,\frac{e\,t0^3}{1 - \nu^2}$$

$$d0 := \frac{e\,t0}{r^2}$$

Damit nicht zu unübersichtliche Ausdrücke entstehen, wollen wir mit Zahlenwerten rechnen. Die gewählten Werte für r, l, t_0, E, ν und γ sind der folgenden Eingabe zu entnehmen (Einheiten N und m). Zunächst soll der Behälter konstanter Wanddicke, also der Fall $\delta(x) \equiv 1$, behandelt werden.

```
> r:=5:l:=1.5:t0:=0.1: e:=4*10^10: nu:=1/6: gam:=10000: delta:=1:
```

Der folgende Befehl sollte die analytische Lösung des Randwertproblems liefern. In Version 4 bringt MAPLE die Rechnung jedoch nicht zum Erfolg. Daher werden für den Behälter konstanter Wanddicke die Ergebnisse von Version 3 wiedergegeben.

```
> dsolve({dgl,randbed},{w(x),alpha(x),mb(x),fq(x)});
```

$$\{\alpha(x) = .00006250000000 - .00001769091648\,\%4\,\%3$$
$$- .2537098713\,10^{-5}\,\%4\,\%1 - .00001769091648\,\%2\,\%3$$
$$- .00003791893167\,\%2\,\%1,\ \mathrm{mb}(x) =$$
$$96.02226798\,\%4\,\%3 + 128.1749540\,\%4\,\%1$$
$$- 352.3721760\,\%2\,\%3 - 128.1749540\,\%2\,\%1,\ \mathrm{fq}(x)$$
$$= -59.42291564\,\%4\,\%3 + 414.3496004\,\%4\,\%1$$
$$+ 888.1221163\,\%2\,\%3 - 414.3496004\,\%2\,\%1,\ \mathrm{w}(x)$$
$$= .00006250000000\,x + .1000000000\,10^{-14}$$
$$- .5472510184\,10^{-5}\,\%4\,\%3 + .4099731054\,10^{-5}\,\%4\,\%1$$
$$- .5472510181\,10^{-5}\,\%2\,\%3 + .00001504475142\,\%2\,\%1\}$$

$$\%1 := \cos(1.848147790\,x) \quad \%2 := \mathrm{e}^{(-1.848147790\,x)}$$
$$\%3 := \sin(1.848147790\,x) \quad \%4 := \mathrm{e}^{(1.848147790\,x)}$$

Da es sich um lineare Differentialgleichungen mit konstanten Koeffizienten handelt, war für die Lösungen der homogenen Gleichungen Exponentialform zu erwarten. Wie das Ergebnis zeigt, haben die Exponenten sich komplex ergeben, so daß in der reellen Darstellung Produkte von Exponentialfunktionen und trigonometrischen Funktionen, also gedämpfte Schwingungen auftreten.

Mit dem Befehl `assign` belegen wir die Lösungen mit ihren Namen, müssen das aber später vor einem erneuten Aufruf von `dsolve` durch ein *unassign* wieder rückgängig machen.

```
> assign("):
```

Daß die betragsmäßig maximalen Schnittgrößen an der Einspannung auftreten, sehen wir aus der Graphik.

```
> plot({mb(x),fq(x)},x=0..1);
```

Als nächstes untersuchen wir einen Behälter mit wesentlich größerer Höhe.

```
> w(x):='w(x)':alpha(x):='alpha(x)':mb(x):='mb(x)':fq(x):='fq(x)':
> l:=10: loes:=dsolve({dgl,randbed},{w(x),alpha(x),mb(x),fq(x)}):
```

Die hier nicht wiedergegebene Lösung enthält wieder die beiden Exponentialfunktionen $\exp(\pm 1.848147790x)$. Die mit x anwachsende Exponentialfunktion nimmt von $x = 0$ bis $x = l$ um sieben Zehnerpotenzen zu. Demgegenüber ist die mit x abklingende Exponentialfunktion im Intervall $(0, l)$ nirgends größer als 1. Ihre Beiträge sind folglich vernachlässigbar und können zur Vereinfachung gestrichen werden. Es verbleibt:

```
> subs(exp(-1.848147790*x)=0,loes);
```

$$\{\alpha(x) = .00006250000000 + .1994597182\,10^{-10}\,\%3$$
$$+ .7061883055\,10^{-11}\,\%2,\ \mathrm{w}(x) = .00006250000000\,x$$
$$+ .1000000000\,10^{-14} + .7306735703\,10^{-11}\,\%3$$
$$- .3485675993\,10^{-11}\,\%2,$$
$$\mathrm{fq}(x) = .0001654006125\,\%3 - .0004671666083\,\%2,$$
$$\mathrm{mb}(x) = -.00008164011493\,\%3 - .0001711354537\,\%2\}$$
$$\%1 := \mathrm{e}^{(1.848147790\,x)}$$
$$\%2 := \%1\cos(1.848147790\,x)$$
$$\%3 := \%1\sin(1.848147790\,x)$$

Eine graphische Darstellung zeigt, daß bei derart hohen Behältern die Randstörung sich nur in der Nähe des Fußes bemerkbar macht. Im oberen Bereich — in unserem Beispiel ab etwa 3 m über der Einspannung — ist der Biegeeinfluß abgeklungen, und der Behälter befindet sich im Membranspannungszustand.

```
> plot({mb(x),fq(x)},x=0..1);
```

Nunmehr wenden wir uns Behältern mit linear veränderlicher Wanddicke zu, und zwar soll die Dicke am oberen Rand halb so groß sein wie an der Einspannung. Wir beginnen mit dem Behälter geringer Höhe.

```
> l:=1.5:  w(x):='w(x)': alpha(x):='alpha(x)':  mb(x):='mb(x)':
> fq(x):='fq(x)':      delta:=x->(x/l+1)/2;
```

$$\delta := x \to \frac{1}{2}\frac{x}{l} + \frac{1}{2}$$

Eine exakte Lösung des linearen Differentialgleichungssystems mit variablen Koeffizienten liefert uns MAPLE nicht. Wir werden also eine numerische Lösung suchen. Wenn wir allerdings im Aufruf von `dsolve` lediglich die Option `numeric` hinzufügen, haben wir keinen Erfolg, denn Randwertprobleme lassen sich auf diese Weise nicht behandeln. Weil die numerische Prozedur von einer Anfangsstelle x_a aus längs der x-Achse integriert, werden bei x_a vier Vorgaben — im Sinne von Anfangsbedingungen — benötigt. Damit ist aber keine Freiheit mehr vorhanden, an einer anderen Stelle noch weitere Bedingungen zu erfüllen.

$\boxed{\text{Wichtig:}}$ Zum Zwecke der numerischen Behandlung müssen wir die Randwertaufgabe in eine Anfangswertaufgabe umformulieren. In dem vorliegenden linearen Fall können wir dabei vom Superpositionsprinzip Gebrauch machen. (Auf einem anderen Gedanken beruht die numerische Lösung von Randwert-

aufgaben mittels Finiter Differenzen oder Finiter Elemente. Darauf kommen
wir im Abschn. 7.4.2 zu sprechen.)

Wir wählen als Anfangsstelle x_a das obere Ende des Behälters. Dort kennen wir die Werte von M_b und F_Q. Die dortigen Werte w_a und α_a sind dagegen nicht bekannt. Wir beschaffen uns nun drei Funktionen w_0, w_1, w_2 als numerische Lösungen der folgenden drei Anfangswertaufgaben:

Alle drei Funktionen w_0, w_1, w_2 erfüllen die zwei Anfangsbedingungen $M_b(x=x_a) = 0$, $F_Q(x=x_a) = 0$.

Die Funktion w_0 erfüllt ferner das inhomogene Differentialgleichungssystem und die weiteren zwei homogenen Anfangsbedingungen $w_a = 0$, $\alpha_a = 0$.

Die Funktionen w_1 und w_2 erfüllen das homogene Differentialgleichungssystem (es entsteht durch die Setzung $\gamma = 0$) und die Anfangsbedingungen $w_a = 1$, $\alpha_a = 0$ bzw. $w_a = 0$, $\alpha_a = 1$.

Es ist leicht zu prüfen, daß die durch Superposition entstehende Funktion

$$w(x) = w_0(x) + w_a\, w_1(x) + \alpha_a\, w_2(x)$$

dem inhomogenen Differentialgleichungssystem und den vier Anfangsbedingungen $M_b(x=x_a) = 0$, $F_Q(x=x_a) = 0$, $w(x=x_a) = w_a$ und $\alpha(x=x_a) = \alpha_a$ genügt. Die beiden Unbekannten w_a und α_a ergeben sich nun aus der Forderung, daß die beiden Randbedingungen bei $x = l$ erfüllt sein müssen. Das liefert zwei lineare Gleichungen zur Ermittlung von w_a und α_a. Abschließend beschaffen wir uns $w(x)$, indem wir ein viertes Mal die numerische Integration des inhomogenen Differentialgleichungssystems mit den nunmehr bekannten vier Anfangsbedingungen bei x_a durchführen.

Sehen wir uns das Vorgehen im folgenden an.

```
> xa:=0:    anf0:=w(xa)=0, alpha(xa)=0, mb(xa)=0, fq(xa)=0;
```

$$anf0 := \mathrm{w}(\,0\,) = 0\,,\ \alpha(\,0\,) = 0\,,\ \mathrm{mb}(\,0\,) = 0\,,\ \mathrm{fq}(\,0\,) = 0$$

```
> loes0:=dsolve({dgl,anf0},{w(x),alpha(x),mb(x),fq(x)},numeric):
> loes0(l): assign("): wl0:=w(x); alphal0:=alpha(x);
```

$$wl0 := .0002954603069134795$$
$$alphal0 := .0006593810275627365$$

```
> gam:=0:   anf1:=w(xa)=1, alpha(xa)=0, mb(xa)=0, fq(xa)=0;
```

$$anf1 := \mathrm{w}(\,0\,) = 1\,,\ \alpha(\,0\,) = 0\,,\ \mathrm{mb}(\,0\,) = 0\,,\ \mathrm{fq}(\,0\,) = 0$$

```
> x:='x': w(x):='w(x)': alpha(x):='alpha(x)':
> mb(x):='mb(x)': fq(x):='fq(x)':
> loes1:=dsolve({dgl,anf1},{w(x),alpha(x),mb(x),fq(x)},numeric):
> loes1(l): assign("): wl1:=w(x); alphal1:=alpha(x);
```

$$wl1 := -8.486699264293811$$
$$alphal1 := -13.36305489417307$$

```
> anf2:=w(xa)=0, alpha(xa)=1, mb(xa)=0, fq(xa)=0;
```

$$anf2 := \mathrm{w}(\,0\,) = 0\,,\ \alpha(\,0\,) = 1\,,\ \mathrm{mb}(\,0\,) = 0\,,\ \mathrm{fq}(\,0\,) = 0$$

```
> x:='x': w(x):='w(x)': alpha(x):='alpha(x)':
> mb(x):='mb(x)': fq(x):='fq(x)':
> loes2:=dsolve({dgl,anf2},{w(x),alpha(x),mb(x),fq(x)},numeric):
> loes2(1): assign("): wl2:=w(x); alphal2:=alpha(x);
```

$$wl2 := -1.623483668242138$$

$$alphal2 := -6.565076370701646$$

```
> randbed:={wl0+wa*wl1+alphaa*wl2=0,
>           alphal0+wa*alphal1+alphaa*alphal2=0};
```

$$randbed := \{.0002954603069134795 - 8.486699264293811 \, wa$$
$$- 1.623483668242138 \, alphaa = 0,$$
$$.0006593810275627365 - 13.36305489417307 \, wa$$
$$- 6.565076370701646 \, alphaa = 0\}$$

```
> solve(randbed,{wa,alphaa}); assign("):
```

$$\{ \, alphaa = .00004843214515 \, , \; wa = .00002554956922 \, \}$$

```
> gam:=10000: anf:=w(xa)=wa, alpha(xa)=alphaa, mb(xa)=0, fq(xa)=0:
> x:='x': w(x):='w(x)': alpha(x):='alpha(x)':
> mb(x):='mb(x)': fq(x):='fq(x)':
> loes:=dsolve({dgl,anf},{w(x),alpha(x),mb(x),fq(x)},numeric):
> loes(1);
```

$$[x = 1.5 \, , \; \mathrm{w}(\, x\,) = -.1799531160055368 \, 10^{-11},$$
$$\mathrm{mb}(\, x\,) = -1478.096434464769,$$
$$\mathrm{fq}(\, x\,) = -6401.665358564656,$$
$$\alpha(\, x\,) = .5981947606665617 \, 10^{-12}]$$

Aus der letzten Ausgabe entnehmen wir die Werte der Schnittgrößen an der Einspannung und sehen ferner, daß die Randbedingungen $w(l) = 0$, $\alpha(l) = 0$ mit guter Genauigkeit erfüllt sind.

```
> plots[odeplot](loes,[[x,mb(x)],[x,fq(x)]],0..1);
> plots[odeplot](loes,[[x,w(x)],[x,alpha(x)]],0..1);
```

Wenn wir dasselbe Verfahren auf den hohen Behälter anwenden und die numerische Integration am freien Rand, also mit $x_a = 0$ beginnen, dann sind die Ergebnisse unbrauchbar. Nicht nur das standardmäßig eingesetzte numerische Verfahren rkf45 versagt; auch die speziell für die numerische Integration steifer Differentialgleichungen entwickelten Methoden mgear und lsode führen — jedenfalls mit ihren Standardeinstellungen — nicht zum Erfolg.

Ein Blick auf die Verhältnisse beim Behälter mit konstanter Wanddicke zeigt uns jedoch einen Ausweg. Eigentlich interessiert ja nur der Biegezustand, und dieser wird wieder den Charakter einer Randstörung haben, die rasch abklingt. In einer Höhe von 3 m über der Einspannung des Behälters werden die Schnittgrößen bereits vernachlässigbar klein sein. Wir integrieren also nicht von $x = 0$ bis $x = l$, weil das exponentielle Anwachsen der abhängigen Variablen über diese Länge numerisch nicht zu verkraften ist, sondern beginnen die Integration bei $x_a = l - 3$ m. Dort setzen wir in guter Näherung $M_b(x = x_a) = 0$, $F_Q(x = x_a) = 0$ und verfahren wie beim vorigen Beispiel. (Zur Probe mag man dieselbe Rechnung mit $x_a = 0$ durchführen und wird die Unbrauchbarkeit eines solchen Vorgehens bestätigt finden.)

```
> l:=10: xa:=1-3:  wa:='wa': alphaa:='alphaa':
> anf0:=w(xa)=0, alpha(xa)=0, mb(xa)=0, fq(xa)=0;
```
$$anf0 := \mathrm{w}(7) = 0, \ \alpha(7) = 0, \ \mathrm{mb}(7) = 0, \ \mathrm{fq}(7) = 0$$

```
> x:='x': w(x):='w(x)': alpha(x):='alpha(x)':
> mb(x):='mb(x)': fq(x):='fq(x)':
> loes0:=dsolve({dgl,anf0},{w(x),alpha(x),mb(x),fq(x)},numeric):
> loes0(l): assign(""): wl0:=w(x); alphal0:=alpha(x);
```
$$wl0 := -.06384446895856213$$
$$alphal0 := -.1888970903154702$$

```
> gam:=0:  anf1:=w(xa)=1, alpha(xa)=0, mb(xa)=0, fq(xa)=0;
```
$$anf1 := \mathrm{w}(7) = 1, \ \alpha(7) = 0, \ \mathrm{mb}(7) = 0, \ \mathrm{fq}(7) = 0$$

```
> x:='x': w(x):='w(x)': alpha(x):='alpha(x)':
> mb(x):='mb(x)': fq(x):='fq(x)':
> loes1:=dsolve({dgl,anf1},{w(x),alpha(x),mb(x),fq(x)},numeric):
> loes1(l): assign(""): wl1:=w(x); alphal1:=alpha(x);
```
$$wl1 := 124.1268908522025$$
$$alphal1 := 357.5321870158607$$

```
> anf2:=w(xa)=0, alpha(xa)=1, mb(xa)=0, fq(xa)=0;
```
$$anf2 := \mathrm{w}(7) = 0, \ \alpha(7) = 1, \ \mathrm{mb}(7) = 0, \ \mathrm{fq}(7) = 0$$

```
> x:='x': w(x):='w(x)': alpha(x):='alpha(x)':
> mb(x):='mb(x)': fq(x):='fq(x)':
> loes2:=dsolve({dgl,anf2},{w(x),alpha(x),mb(x),fq(x)},numeric):
> loes2(l): assign(""): wl2:=w(x); alphal2:=alpha(x);
```
$$wl2 := 12.37240322466062$$
$$alphal2 := 114.8437987870469$$

```
> randbed:={wl0+wa*wl1+alphaa*wl2=0,
>           alphal0+wa*alphal1+alphaa*alphal2=0}:
> solve(randbed,{wa,alphaa}); assign(""):
```
$$\{\ wa = .0005080550627,\ alphaa = .00006313839095\ \}$$

```
> gam:=10000:  anf:=w(xa)=wa,alpha(xa)= alphaa,mb(xa)=0,fq(xa)=0:
> x:='x': w(x):='w(x)': alpha(x):='alpha(x)':
> mb(x):='mb(x)': fq(x):='fq(x)':
> loes:=dsolve({dgl,anf},{w(x),alpha(x),mb(x),fq(x)},numeric):
> loes(l);
```

$$[x = 10\,,\ \mathrm{w}(\,x\,) = .4550271894568702\,10^{-9},$$
$$\mathrm{mb}(\,x\,) = -13945.78512943381,$$
$$\mathrm{fq}(\,x\,) = -52303.24426407026,$$
$$\alpha(\,x\,) = -.3355606603537174\,10^{-9}]$$

Wieder können wir dieser Ausgabe die Schnittgrößen an der Einspannstelle entnehmen. Für das Einspannmoment lesen wir ab:

```
> mbl:=-13946;
```

$$mbl := -13946$$

Die Erfüllung der Randbedingungen bei $x = l$ ist zufriedenstellend.

```
> plots[odeplot](loes,[[x,mb(x)],[x,fq(x)]],xa..l);
> plots[odeplot](loes,[[x,w(x)],[x,alpha(x)]],xa..l);
```

Graphische Darstellungen über das gesamte Intervall $(0, l)$ sind auf diese Weise nicht zu erhalten, weil kleine numerische Fehler exponentiell anwachsen und die Ergebnisse unbrauchbar machen.

Um die maximale Verschiebung w aufzufinden, benötigen wir den Nulldurchgang des Neigungswinkels α. Aus der letzten Graphik konnten wir folgenden Wert ablesen.

```
> xmax:=8.5;
```

$$xmax := 8.5$$

```
> loesung(xmax);
```

$$[x = 8.5,\ \mathrm{w}(x) = .0006003326901609816,$$
$$\mathrm{mb}(x) = 953.3267300296118,\ \mathrm{fq}(x) = 2779.076262129334,$$
$$\alpha(x) = -.7473692903192439\,10^{-5}]$$

Der Maximalwert der Verschiebung ist also:

```
> wmax:=0.0006;
```

$$wmax := .0006$$

Die größte Umfangsspannung ergibt sich dann aus $\sigma_t = E\,\varepsilon_t = Ew/r$, und der Betrag der Biegespannung in den Randfasern an der Einspannung berechnet sich zu $\sigma_b = |M_b|/W_b$ mit dem Widerstandsmoment $W_b = t_0^2/6$ des Rechteckquerschnitts der Breite 1 gegen Biegung.

```
> sigmat:=e*wmax/r; sigmab:=6*abs(mbl)/t0^2;
```

$$sigmat := .4800000000\,10^7$$

$$sigmab := .8367600000\,10^7$$

Die größte Umfangsspannung beträgt also etwa 4.8 N/mm^2 und die größte Biegespannung 8.4 N/mm^2.

Übungsvorschlag: Berechnen Sie die Spannungen in einem Kessel unter konstantem Innendruck. Als Randbedingungen für die Kreiszylinderschale konstanter Wanddicke soll dabei beiderseitige Einspannung in starre Endscheiben angenommen werden.

Übungsvorschlag: Lösen Sie dieselbe Aufgabe, indem Sie unter Ausnutzung der Symmetrie nur die halbe Länge des Kessels untersuchen. Auf der Symmetrieebene müssen Neigungswinkel und Querkraft verschwinden.

Übungsvorschlag: Lösen sie dieselbe Aufgabe numerisch für den Fall, daß die Wanddicke zwischen den bei $x = -b$ und $x = +b$ gelegenen Endscheiben sich nach dem Gesetz $\delta(x) = 1 + c\left((x/b)^2 - 1\right)$ ändert.

7.3.2 Seil unter Eigengewicht

Wir wollen die Figur $y(x)$ eines schweren Seiles (z.B. Freileitung) berechnen. Unter Beachtung von $dy/dx = \tan\alpha$ besitzt die Seilkraft F_S die Horizontal- und Vertikalkomponenten

$$F_h = F_S \cos\alpha\,, \qquad F_v = F_S \sin\alpha\,.$$

Beim Fortschreiten um ein Bogenstück ds bleibt F_h aus Gleichgewichtsgründen konstant, während F_v sich um $dF_v = q\,ds$ ändert (q: Gewichtskraft des Seils pro Längeneinheit). Damit gilt (s. Bild 7.12)

$$F_v(x) = F_h \tan\alpha(x) = F_h\, y'(x)\,,$$

$$\frac{dF_v(x)}{dx} = F_h\, y''(x) = q\,\frac{ds}{dx} = q\,\sqrt{1 + y'(x)^2}$$

sowie — mit der Abkürzung $a = q/F_h$ — die nichtlineare Differentialgleichung

$$y''(x) = a\,\sqrt{1 + y'(x)^2}\,.$$

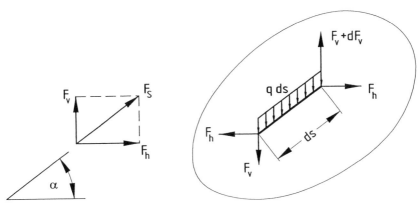

Bild 7.12. Gleichgewicht am schweren Seil

```
> dgl:=diff(y(x),x,x)=a*sqrt(1+diff(y(x),x)^2);
```

$$dgl := \frac{\partial^2}{\partial x^2}\, y(\,x\,) = a\,\sqrt{1 + \left(\frac{\partial}{\partial x}\, y(\,x\,)\right)^2}$$

```
> dsolve(dgl,y(x));
```

$$y(\,x\,) = \frac{\cosh(\,x\,a\,)\cosh(\,\_C1\,a\,)}{a} - \frac{\sinh(\,x\,a\,)\sinh(\,\_C1\,a\,)}{a} + \_C2$$

Eine Zusammenfassung der Hyperbelfunktionen, die gemeinsam mit den Kreis-funktionen von MAPLE als trigonometrisch (trig) bezeichnet werden, liefert der Befehl

```
> combine(",trig); assign("):
```

$$y(x) = \frac{\cosh(x\,a - \_C1\,a) + \_C2\,a}{a}$$

Die Form des schweren Seils — die Kettenlinie — wird also durch eine Hyperbelcosinus-Funktion beschrieben. Die Integrationskonstante $\_C1$ hat die Bedeutung der x-Koordinate des tiefsten Punktes, während $\_C2$ die Höhen-lage regelt.

Das Koordinatensystem wollen wir nun so wählen, daß die Aufhänge-punkte bei $x = 0$ und $x = l$ liegen. Die Bogenlänge des Seils zwischen den beiden Aufhängepunkten ist dann

```
> Int(sqrt(1+diff(y(x),x)^2),x=0..1)=
>       int(sqrt(1+diff(y(x),x)^2),x=0..1);
```

$$\int_0^l \sqrt{1 + \sinh(x\,a - \_C1\,a)^2}\, dx =$$

$$\frac{\left(-\frac{1}{2}e^{(2\,\_C1\,a)} + \frac{1}{2}e^{(2\,l\,a)}\right)e^{(-2\,\_C1\,a)}}{\sqrt{e^{(2\,a\,(l-\_C1))}}\,a}$$

$$+ \frac{\left(\frac{1}{2}e^{(2\,\_C1\,a)} - \frac{1}{2}\right)\sqrt{e^{(-2\,\_C1\,a)}}}{a}$$

Um eine knappe Darstellung mittels Hyperbelfunktionen zu erhalten, sind eine Reihe von Umformungen nötig.

```
> simplify(rhs("),symbolic):        convert(",trig):
> expand("):      simplify("):      combine(",trig);
```

$$\frac{\sinh(\_C1\,a) + \sinh(l\,a - \_C1\,a)}{a}$$

Um eine noch weitergehende Vereinfachung zu erzielen, nehmen wir folgende Substitution vor.

```
> subst:=_C1=c+l/2;
```

$$subst := \_C1 = c + \frac{1}{2}\,l$$

> `expand(subs(subst,""));`

$$2\,\frac{\cosh(a\,c)\sinh(\frac{1}{2}\,l\,a)}{a}$$

Indem wir schließlich die Substitution rückgängig machen, erhalten wir folgenden Ausdruck für die Bogenlänge.

> `bogen:=subs(c=_C1-1/2,");`

$$bogen := 2\,\frac{\cosh(a\,(_C1 - \frac{1}{2}\,l))\sinh(\frac{1}{2}\,l\,a)}{a}$$

Nun formulieren wir die Randbedingungen: $y(0) = y_l$, $y(l) = y_r$.

> `randbed:=subs(x=0,y(x))=yl,subs(x=l,y(x))=yr;`

$$randbed := \frac{\cosh(-_C1\,a) + _C2\,a}{a} = yl\,, \quad \frac{\cosh(l\,a - _C1\,a) + _C2\,a}{a} = yr$$

Die Lösung mit dem Befehl `solve(randbed,{_C1,_C2});` erweist sich als unhandlich. Besser eliminieren wir die Variable _C2 durch Differenzbildung.

> `dif:=simplify(randbed[1]-randbed[2]);`

$$dif := \frac{\cosh(_C1\,a) - \cosh(l\,a - _C1\,a)}{a} = yl - yr$$

Zur Vereinfachung setzen wir wieder die Substitution ein.

> `dif:=expand(subs(subst,dif));`

$$dif := 2\,\frac{\sinh(a\,c)\sinh(\frac{1}{2}\,l\,a)}{a} = yl - yr$$

Wenn wir die Unbekannte c mit dem Befehl `solve(dif,c);` aus dieser Gleichung zu ermitteln versuchen, so erhalten wir einen äußerst unübersichtlichen Ausdruck. Wir gehen daher schrittweise vor.

> `solve(dif,sinh(a*c));`

$$-\frac{1}{2}\,\frac{a\,(-yl + yr)}{\sinh(\frac{1}{2}\,l\,a)}$$

> `c:=1/a*arcsinh("):   _C1:=c+1/2;`

$$_C1 := -\frac{\operatorname{arcsinh}\left(\dfrac{1}{2}\,\dfrac{a\,(-yl + yr)}{\sinh(\frac{1}{2}\,l\,a)}\right)}{a} + \frac{1}{2}\,l$$

Die zweite Konstante erhalten wir aus der ersten Randbedingung.

```
> solve(randbed[1],{_C2}); assign("):
```

$$\left\{ \quad _C2 = \frac{-\cosh\left(-\text{arcsinh}\left(\frac{1}{2}\frac{a\,(-yl+yr)}{\sinh\left(\frac{1}{2}\,l\,a\right)}\right) + \frac{1}{2}\,l\,a\right) + yl\,a}{a} \quad \right\}$$

Die Bogenlänge hat damit die endgültige Form

```
> bogen;
```

$$\frac{\sqrt{\dfrac{a^2\,(-yl+yr)^2}{\sinh\left(\frac{1}{2}\,l\,a\right)^2} + 4}\;\;\sinh\left(\dfrac{1}{2}\,l\,a\right)}{a}$$

Es empfiehlt sich, sie mittels des Durchhangparameters

$$d = \frac{\sinh(a\,l/2)}{(a\,l/2)}$$

auszudrücken.

```
> subs(sinh(a*l/2)=a*l/2*d,bogen);
```

$$\frac{1}{2}\,\sqrt{4\,\frac{(-yl+yr)^2}{l^2\,d^2} + 4}\;\;l\,d$$

Ist nun die Bogenlänge l_S des Seils zwischen den beiden Aufhängepunkten gegeben, so läßt d sich berechnen.

```
> solve("=ls,d);
```

$$\frac{\sqrt{-yl^2 + 2\,yl\,yr - yr^2 + ls^2}}{l}\,,\; -\frac{\sqrt{-yl^2 + 2\,yl\,yr - yr^2 + ls^2}}{l}$$

Der positive Wert ist die gesuchte Lösung:

```
> d:="[1];
```

$$d := \frac{\sqrt{-yl^2 + 2\,yl\,yr - yr^2 + ls^2}}{l}$$

Zur Ermittlung des noch unbekannten Parameters a steht demnach die transzendente Gleichung

$$\frac{\sinh(a\,l/2)}{(a\,l/2)} = d = \frac{\sqrt{l_S^2 - (y_l - y_r)^2}}{l}$$

zur Verfügung. Da sie sich nicht geschlossen lösen läßt, gehen wir zu Zahlenwerten über (Einheit m).

```
> l:=100: yl:=15: yr:=25: ls:=102:        evalf(d);
```
$$1.015086203$$

```
> sinh(a*l/2)/(a*l/2)=d;
```

$$\frac{1}{50}\frac{\sinh(50\,a)}{a} = \frac{1}{100}\sqrt{10304}$$

```
> a:=fsolve(",a);
```

$$a := .006003677322$$

Damit ist die Kettenlinie bekannt.

```
> kette:=eval(y(x));
```

$$kette \quad := \quad 166.5645814\cosh(.006003677322\,x - .2018287190)$$
$$- 154.9686031$$

```
> _C1;
```

$$33.61751609$$

Der tiefste Punkt des Seils liegt also etwa 34 m vom linken Aufhängepunkt entfernt. Die dortige Höhe $y_{\min}$ des Seils erhalten wir aus

```
> subs(x=_C1,kette):    eval(");
```

$$11.5959783$$

Sie beträgt etwa 11.6 m. Das zeigt auch die Graphik.

```
> plot(kette,x=0..1,0..yr,scaling=CONSTRAINED);
```

Der Horizontalzug im Seil berechnet sich aus $F_h = q/a$. Nun ist aber

```
> 1/a;
```

$$166.5645814$$

Der Horizontalzug ist also so groß wie die Gewichtskraft, die auf ein 166.6 m langes Stück des Seils einwirken würde. Tatsächlich ist die auf das Seil wirkende Gewichtskraft $F_G = q\,l_S$, und damit gilt

$$\frac{F_h}{F_G} = \frac{1}{a\,l_S}\;.$$

```
> fh:=1/(a*ls);
```

$$fh := 1.632986092$$

Die Steigung der Kettenlinie ergibt sich zu

```
> steigung:=diff(kette,x);
```

$$steigung := 1.0\sinh(.006003677322\,x - .2018287190)$$

Sie besitzt den betragsmäßig größten Wert am höheren, also dem rechten Aufhängepunkt.

```
> evalf(subs(x=l,steigung));
```

$$.4091733288$$

Dort beträgt die vertikale Auflagerkraft, bezogen auf die Gewichtskraft des Seils,

$$\frac{F_v}{F_G} = \frac{F_h}{F_G} \tan \alpha \ .$$

> fv:=fh*";

$$fv := .6681743605$$

Es werden also 67% der Gewichtskraft, nämlich der Anteil rechts vom tiefsten Punkt der Kettenlinie, vom rechten Aufhängepunkt aufgenommen. Dort besitzt auch die Seilkraft ihren Größtwert. Bezogen auf die Gewichtskraft ergibt sich

$$\frac{F_S}{F_G} = \frac{\sqrt{F_h^2 + F_v^2}}{F_G} \ .$$

> sqrt(fh^2+fv^2);

$$1.764398083$$

Übungsvorschlag: Ein Seil sei bei $x = 0$ und $x = l$ in gleicher Höhe $y_l = y_r$ aufgehängt. Untersuchen Sie die Abhängigkeit des Maximalwerts der Seilkraft von der Seillänge. Bei welcher Seillänge ergibt sich demnach die geringste Beanspruchung des Seils? Wie groß sind dann Durchhangparameter und Durchhang?

7.3.3　Biegung von Blattfedern

Ein anfangs gerader Stab der Länge l und der konstanten Biegesteifigkeit EI_y sei bei $s = 0$ eingespannt und bei $s = l$ durch eine um den Winkel β gegen die unverformte Balkenachse geneigte Kraft F und ein Moment M_l belastet. Wenn der Stab sehr dünn ist (Blattfeder), werden die Durchbiegung und der Neigungswinkel α gegenüber der unverformten Balkenachse nicht klein bleiben (s. Bild 7.13).

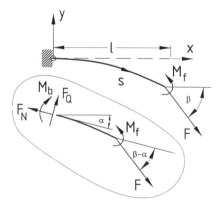

Bild 7.13. Gleichgewicht an der verformten Blattfeder

Kraftgleichgewicht erfordert, daß die Schnittkraft überall im Balken gleich ist; ihre Komponente senkrecht zur verformten Balkenachse, also die Querkraft F_Q, berechnet sich örtlich zu

$$F_Q = -F\sin(\alpha - \beta)\,.$$

Momentengleichgewicht erfordert, daß die Ableitung des Biegemoments nach der Bogenlänge s (deren geringfügige Änderung durch Dehnung der Balkenachse wir vernachlässigen) gleich der Querkraft ist.

$$\frac{dM_b}{ds} = F_Q = -F\sin(\alpha - \beta)\,.$$

Sind die Dehnungen der Randfasern hinreichend klein, so daß der elastische Bereich nicht verlassen wird, dann gilt zwischen der Krümmung und dem Biegemoment der lineare Zusammenhang

$$\frac{d\alpha}{ds} = -\frac{M_b}{EI_y}\,.$$

Mit der dimensionslosen Bogenlänge $z = s/l$, dem dimensionslosen Biegemoment $\mu = M_b/(Fl)$, der Eulerschen Knickkraft des einseitig eingespannten Stabes

$$F_K = \frac{\pi^2}{4}\frac{EI_y}{l^2}$$

sowie dem dimensionslosen Parameter

$$a = \frac{\pi^2}{4}\frac{F}{F_K}$$

wird daraus ein nichtlineares System zweier Differentialgleichungen erster Ordnung

$$\frac{d\mu}{dz} = -\sin(\alpha - \beta)\,,$$

$$\frac{d\alpha}{dz} = -a\mu\,.$$

Als Randbedingungen sind vorzugeben

$$\alpha(z = 0) = 0\,, \qquad \mu(z = 1) = \mu_f = \frac{M_f}{Fl}\,.$$

Eine geschlossene Lösung dieses nichtlinearen Randwertproblems kann MAPLE uns nicht liefern. Wir werden daher eine numerische Lösung suchen, müssen jedoch die Randwertaufgabe auf eine Anfangswertaufgabe zurückführen. Der zunächst unbekannte Anfangswert $\mu(z = 0)$ ist so zu bestimmen, daß die Randbedingung $\mu(z = 1) = \mu_f$ erfüllt wird. Anders als im linearen Fall, wo wir durch Ausnutzung des Superpositionsprinzips mit einer kleinen Zahl von numerischen Integrationen über die Balkenlänge auskommen konnten, müssen wir diesmal eine Vielzahl von Versuchsrechnungen durchführen. Es ist, als ob man einen Abschußwinkel so lange variiert, bis das Ziel getroffen wird. Daher spricht man auch vom Schießverfahren.

```
> a:='a': dgl1:=diff(mu(z),z)=-sin(alpha(z)-beta),
>              diff(alpha(z),z)=-a*mu(z);
```

$$dgl1 := \frac{\partial}{\partial z}\,\mu(z) = -\sin(\alpha(z) - \beta)\,,\ \frac{\partial}{\partial z}\,\alpha(z) = -a\,\mu(z)$$

```
> anf1:=alpha(0)=0, mu(0)=mu0;
```

$$anf1 := \alpha(0) = 0\,,\ \mu(0) = \mu0$$

Um die elastische Linie zeichnen zu können, führen wir noch die dimensionslosen Koordinaten $\xi = x/l$ und $\eta = y/l = -w/l$ ein, welche den beiden Differentialgleichungen

$$\frac{d\xi}{dz} = \cos\alpha\,, \qquad \frac{d\eta}{dz} = -\sin\alpha$$

und den Anfangsbedingungen

$$\xi(z = 0) = 0\,, \qquad \eta(z = 0) = 0$$

genügen müssen. (Die Durchbiegung w zählen wir nach unten positiv, während die y-Achse in der Zeichnung nach oben weist.)

```
> dgl2:=diff(xi(z),z)=cos(alpha(z)),diff(eta(z),z)=-sin(alpha(z));
```

$$dgl2 := \frac{\partial}{\partial z}\,\xi(z) = \cos(\alpha(z))\,,\ \frac{\partial}{\partial z}\,\eta(z) = -\sin(\alpha(z))$$

```
> anf2:=xi(0)=0, eta(0)=0;
```

$$anf2 := \xi(0) = 0\,,\ \eta(0) = 0$$

Weil wir den Lösungsaufruf vielfach benutzen werden, führen wir mittels des alias-Befehls eine Kurzschreibweise für das Argument von dsolve ein.

```
> alias(aufgabe=({dgl1,dgl2,anf1,anf2},
> [alpha(z),mu(z),xi(z),eta(z)],numeric,output=listprocedure)):
```

Als ersten Lastfall untersuchen wir eine nach unten wirkende Einzelkraft der Größe $F = (8/\pi^2)\,F_K \approx 0.8\,F_K$. Das Gleichgewicht am unverformten System liefert als Anhaltspunkt für die Größe des Einspannmoments $M_b(z=0) = -Fl\sin\beta$ und damit den Startwert $\mu_0 = \mu(z=0) = -\sin\beta$.

```
> a:=2: beta:=Pi/2: mu0:=-sin(beta):
> loesung:=dsolve(aufgabe): loesung(1);
```

$$[z(1) = 1,\ \alpha(z)(1) = 1.169340753957101,$$
$$\mu(z)(1) = -.2819695463003724,$$
$$\xi(z)(1) = .7180304536996278,$$
$$\eta(z)(1) = -.6141814204942767]$$

```
> muf:=rhs(loesung(1)[3]);
```

$$muf := -.2819695463003724$$

Natürlich war der Startwert $-Fl$ des Einspannmoments betragsmäßig zu groß. Der Hebelarm der Kraft F ist ja im ausgegebenen verformten Zustand nur $\xi(1)\,l$, also etwa 71.8% der Balkenachsenlänge l. Deshalb muß am freien Ende das zusätzliche Moment $M_f = \mu_f Fl$, also 28.2% von $-Fl$ auftreten. Wir vermindern nun den Wert von μ_0 zunächst um 10% und danach in zehn Schritten um jeweils 1% und lassen uns die zugehörigen Werte μ_f ausgeben.

```
> mu0:=0.9*mu0:
> for i to 10 do
> mu0:=0.99*mu0:
> loesung:=dsolve(aufgabe): print(mu0,rhs(loesung(1)[3]))
> od:
```

$$-.891,\quad -.08734517374282993$$
$$-.88209,\quad -.07203852067714625$$
$$-.8732691,\quad -.05698069988037122$$
$$-.864536409,\quad -.04216842197284874$$
$$-.8558910449,\quad -.02759837893950684$$
$$-.8473321345,\quad -.01326724879020134$$
$$-.8388588132,\quad .0008283005156636894$$
$$-.8304702251,\quad .01469160674780813$$
$$-.8221655228,\quad .02832600982041972$$
$$-.8139438676,\quad .04173484778226425$$

Die Nullstelle von μ_f ist bei $\mu_0 \approx -0.839$ erreicht. Mit diesem Wert wiederholen wir die Rechnung.

```
> mu0:=-0.839: loesung:=dsolve(aufgabe):  loesung(1);
```

$$[z(1) = 1 \,,\; \alpha(z)(1) = .7809024048093549,$$
$$\mu(z)(1) = .0005941901628035567,$$
$$\xi(z)(1) = .8395941901628036,$$
$$\eta(z)(1) = -.4931567120229782]$$

Die Durchbiegung am Kraftangriffspunkt beträgt also fast 50% der Balkenlänge und der Neigungswinkel 0.78, d.h. etwa 45°. Wir sehen uns die Verformungsfigur an und fügen zur Veranschaulichung den Kraftpfeil hinzu (s. Bild 7.14). Da wir die Befehle auch bei weiteren Beispielen benötigen werden, fassen wir sie zu einer Prozedur **zeichnung** zusammen, wobei wir uns —leichtsinnigerweise — auf die automatische Einteilung der Variablen in globale und lokale verlassen und von MAPLE deshalb gewarnt werden.

```
> with(plots):
```

```
> zeichnung:=proc()
> plkur:=odeplot(loesung,[xi(z),eta(z)],0..1,scaling=CONSTRAINED):
> xia:=rhs(loesung(1)[4]): etaa:=rhs(loesung(1)[5]):
> xie:=xia+0.2*cos(beta): etae:=etaa-0.2*sin(beta):
> pfeil:={[[xia,etaa],[xie,etae]],[[xie,etae],
> [xie-0.04*cos(beta+Pi/6),etae+0.04*sin(beta+Pi/6)]],[[xie,
> etae],[xie-0.04*cos(beta-Pi/6),etae+0.04*sin(beta-Pi/6)]]}:
> plpfeil:=plot(pfeil,color=black):
> display({plkur,plpfeil})
> end:
> zeichnung();
```

Die Auftragung des Biegemoments über der Ortskoordinate x — nicht über der Bogenlänge s! — liefert erwartungsgemäß eine gerade Linie

```
> odeplot(loesung,[xi(z),mu(z)],0..1);
```

Als nächstes bringen wir auf den Stab eine Druckkraft auf, die größer ist als die Eulersche Knickkraft, nämlich $F = (16/\pi^2) F_K \approx 1.6\,F_K$. Diesmal haben wir keinen Anhaltspunkt für die Größe von μ_0. Da der Hebelarm der Kraft aber nicht größer als die Balkenlänge sein kann, also $|\mu_0| \le 1$ gelten muß, genügt es, den Bereich $-1 \le \mu_0 \le 1$ abzusuchen.

```
> a:=4: beta:=Pi: mu0:=-1.2:
> for i to 11 do
> mu0:=mu0+0.2:
> loesung:=dsolve(aufgabe): print(mu0,rhs(loesung(1)[3]))
> od:
```

$$
\begin{array}{rl}
-1.0, & -.2658022465524191 \\
-.8, & .002254660159311750 \\
-.6, & .1192810412713289 \\
-.4, & .1300191483940624 \\
-.2, & .07884622272681183 \\
0, & 0 \\
.2, & -.07884622272681183 \\
.4, & -.1300191483940624 \\
.6, & -.1192810412713289 \\
.8, & -.002254660159311750 \\
1.0, & .2658022465524191
\end{array}
$$

Das Vorzeichen wechselt bei -0.8, 0 und +0.8. Also gibt es drei Gleichgewichtslagen. Der Wert 0 beschreibt die (instabile) unverformte Lage, während die zu den beiden anderen Nullstellen gehörigen Verformungsfiguren zur x-Achse spiegelbildlich liegen werden. Eine Suche im Intervall $[0.80, 0.81]$ erlaubt den Schätzwert für μ_0 noch zu verbessern.

```
> mu0:=0.798:
> for i to 6 do
> mu0:=mu0+0.002:
> loesung:=dsolve(aufgabe): print(mu0,rhs(loesung(1)[3]))
> od:
```

$$.800, \quad -.002254660159311750$$
$$.802, \quad -.0003824259864554924$$
$$.804, \quad .001505250266700189$$
$$.806, \quad .003408407880181041$$
$$.808, \quad .005327085777748784$$
$$.810, \quad .007261322520169464$$

Wir wiederholen die Rechnung mit $\mu_0 = 0.8024$ und stellen das Ergebnis graphisch dar (s. Bild 7.15).

```
> mu0:=0.8024: loesung:=dsolve(aufgabe): loesung(1);
```

$$[z(1) = 1, \ \alpha(z)(1) = -1.862611934687810,$$
$$\mu(z)(1) = -.6127364285166137 \, 10^{-5},$$
$$\xi(z)(1) = .2741906319718025,$$
$$\eta(z)(1) = .8024061273642855]$$

```
> zeichnung();
```

Diesmal liefert — wie zu erwarten — die Auftragung des Biegemoments über der Ortskoordinate y eine gerade Linie.

```
> odeplot(loesung,[mu(z),eta(z)],0..1);
```

Schließlich bringen wir am Stabende eine Zugkraft von $F = (300/\pi^2)\,F_K \approx 30\,F_K$ auf und wollen prüfen, ob sich neben der unverformten Lage des Stabes eine weitere Gleichgewichtslage finden läßt.

```
> a:=75: beta:=0:    mu0:=-0.002:
> for i to 7 do
> mu0:=mu0+0.002:
> loesung:=dsolve(aufgabe):  print(mu0,rhs(loesung(1)[3]))
> od:
```
$$0, \quad 0$$
$$.002, \quad .03676649126170768$$
$$.004, \quad .01866776309870493$$
$$.006, \quad .01303549836262317$$
$$.008, \quad .01095785720913607$$
$$.010, \quad .01076310834454116$$
$$.012, \quad .01200330407162709$$

Das Endmoment wird zwar im Falle $\mu_0 > 0$ nirgends exakt gleich Null, nimmt aber bei etwa 0.010 ein relatives Minimum an. Zu diesem untersuchen wir die Lösung (s. Bild 7.16).

```
> mu0:=0.01: loesung:=dsolve(aufgabe):  loesung(1);
```

$$[z(1) = 1, \ \alpha(z)(1) = -6.248719709218652,$$
$$\mu(z)(1) = .01076310834454116,$$
$$\xi(z)(1) = .5398707466190513,$$
$$\eta(z)(1) = .0007631083445411448]$$

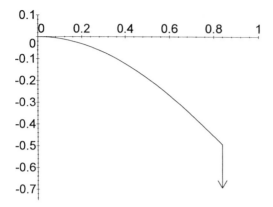

Bild 7.14. Biegung einer Blattfeder unter Querbelastung

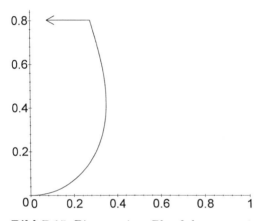

Bild 7.15. Biegung einer Blattfeder unter einer Druckkraft

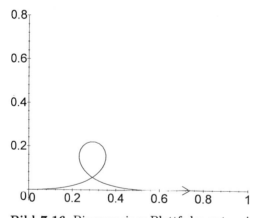

Bild 7.16. Biegung einer Blattfeder unter einer schwach exzentrischen Zugkraft

> `zeichnung();`

Damit diese Lösung realistisch ist, sind drei Voraussetzungen zu erfüllen:

1. Die Kraft F muß bei $s = l$ in einem Abstand von 1% der Balkenlänge l unterhalb der Balkenachse angreifen, um bezüglich dieser Achse das Moment $\mu_f F l$ zu liefern. (Das haben wir bei der Plazierung des Pfeils in der Zeichnung nicht berücksichtigt.)

2. Der Stab muß so dünn sein, daß die Randspannungen trotz der starken Krümmung überall im elastischen Bereich verbleiben.

3. Ein Ausweichen des Stabes quer zur Ebene der Verformung muß verhindert werden, denn im Hinblick auf eine solche Störung ist die dargestellte Gleichgewichtslage sicherlich instabil.

Übungsvorschlag: Bringen Sie eine Druckkraft von der Größe der 4.5-fachen Euler-Kraft auf den Stab auf und bestimmen Sie sämtliche zugehörigen Gleichgewichtslagen.
Übungsvorschlag: Lösen Sie dieselbe Aufgabe, wenn die Richtung der Kraft mit der x-Achse einen Winkel β von 179° statt 180° einschließt.

7.4 Eigenwertprobleme

7.4.1 Stabknickung

Wir betrachten einen Pfeiler mit veränderlichem Querschnitt, der durch sein Eigengewicht und eine am oberen Ende wirkende Druckkraft F belastet ist. Am unteren Ende (bei $x = 0$) sei er eingespannt, am oberen Ende (bei $x = l$) gelenkig gelagert. Wir notieren das Momentengleichgewicht des oberhalb einer Schnittstelle x gelegenen Balkenteils am verformten System, jedoch unter der Annahme kleiner Verformungen.

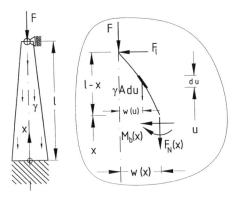

Bild 7.17. Gleichgewicht eines Pfeilers unter Eigengewicht und Auflast

Bezüglich der Schnittstelle ist das Moment der Druckkraft $Fw(x)$, das Moment der Kraft F_l des oberen Lagers $F_l(l-x)$ und das Moment der Gewichtskraft eines bei u liegenden Balkenelements der Länge du gleich $\gamma A(u)du[w(x) - w(u)]$. Setzen wir nun noch das Biegemoment proportional zur Krümmung an, so erhalten wir die folgende Integrodifferentialgleichung zur Ermittlung der Biegelinie $w(x)$.

$$M_b(x) = -EI_y(x)w''(x) = Fw(x) + F_l(l-x) + \int_{u=x}^{l} \gamma A(u)[w(x) - w(u)]\, du\ .$$

```
> -e*iy(x)*diff(w(x),x,x)=f*w(x)
>     +fl*(l-x)+gam*int(a(u)*(w(x)-w(u)),u=x..l);
```

$$-e\,\mathrm{iy}(\,x\,)\left(\frac{\partial^2}{\partial x^2}\,\mathrm{w}(\,x\,)\right) =$$
$$f\,\mathrm{w}(\,x\,) + \mathit{fl}\,(\,l - x\,) + \mathit{gam}\int_x^l \mathrm{a}(\,u\,)\,(\,\mathrm{w}(\,x\,) - \mathrm{w}(\,u\,)\,)\,du$$

Um zu einer Differentialgleichung zu kommen, leiten wir nach x ab. Natürlich differenziert MAPLE das Parameterintegral korrekt gemäß der Leibnizschen Regel.

```
> dgl:=diff(",x);
```

$$dgl := -e\left(\frac{\partial}{\partial x}\,\mathrm{iy}(\,x\,)\right)\left(\frac{\partial^2}{\partial x^2}\,\mathrm{w}(\,x\,)\right) - e\,\mathrm{iy}(\,x\,)\left(\frac{\partial^3}{\partial x^3}\,\mathrm{w}(\,x\,)\right) =$$
$$f\left(\frac{\partial}{\partial x}\,\mathrm{w}(\,x\,)\right) - \mathit{fl} + \mathit{gam}\int_x^l \mathrm{a}(\,u\,)\left(\frac{\partial}{\partial x}\,\mathrm{w}(\,x\,)\right)du$$

Beachten wir noch, daß Kraftgleichgewicht in vertikaler Richtung für die Normalkraft im Balken

$$F_N(x) = -F - \int_{u=x}^{l} \gamma A(u)du$$

liefert, so entnehmen wir der letzten Ausgabe, daß die Biegelinie der folgenden linearen Differentialgleichung dritter Ordnung genügen muß.

$$(EI_y(x)w''(x))' - F_N(x)w'(x) = F_l\ . \tag{7.11}$$

Wir beginnen mit dem einfachen Sonderfall des Balkens mit konstantem Querschnitt, bei dem der Einfluß des Eigengewichts außer Betracht gelassen wird. Die Querschnittswerte A und I_y sind also konstant, und das Berechnungsgewicht γ des Balkenmaterials ist gleich Null zu setzen.

```
> dgl1:=eval(subs(iy(x)=i0,gam=0,dgl));
```

$$dgl1 := -e\,\mathit{i0}\left(\frac{\partial^3}{\partial x^3}\,\mathrm{w}(\,x\,)\right) = f\left(\frac{\partial}{\partial x}\,\mathrm{w}(\,x\,)\right) - \mathit{fl}$$

Wir formen um und führen die Abkürzung $\kappa^2 = F/(EI_y)$ ein.

```
> dgl2:=expand(subs(e=f/(i0*kappa^2),dgl1*kappa^2/f));
```

$$dgl2 := -\left(\frac{\partial^3}{\partial x^3}\, \mathrm{w}(\,x\,)\right) = \kappa^2 \left(\frac{\partial}{\partial x}\, \mathrm{w}(\,x\,)\right) - \frac{\kappa^2 fl}{f}$$

Bei der Lösung dieser Differentialgleichung dritter Ordnung treten drei Integrationskonstanten auf, zu deren Festlegung wir drei Randbedingungen vorgeben können. Das sind zunächst die beiden Einspannbedingungen am unteren Balkenende.

```
> einsp:=w(0)=0, D(w)(0)=0;
```

$$einsp := \mathrm{w}(\,0\,) = 0\,, \ \mathrm{D}(\,w\,)(\,0\,) = 0$$

Am oberen Balkenende fordern wir das Verschwinden des Biegemoments und damit der Krümmung. (Diese Bedingung ergibt sich aus unserer ursprünglichen Integrodifferentialgleichung, ist aber beim Übergang zur Differentialgleichung durch einmaliges Ableiten verlorengegangen.)

```
> gelenk:=D(D(w))(1)=0;
```

$$gelenk := D^{(\,2\,)}(\,w\,)(\,l\,) = 0$$

MAPLE liefert eine geschlossene Lösung der Randwertaufgabe.

```
> dsolve({dgl2,einsp,gelenk},w(x)): simplify("); assign("):
```

$$\mathrm{w}(\,x\,) = fl(x\cos(\,\kappa\,l\,)\,\kappa - \sin(\,\kappa\,l\,) + \sin(\,\kappa\,l\,)\cos(\,\kappa\,x\,)$$
$$- \sin(\,\kappa\,x\,)\cos(\,\kappa\,l\,))/(\cos(\,\kappa\,l\,)\,\kappa\,f\,)$$

Für die Verschiebung des oberen Balkenendes $x = l$ ergibt sich

```
> subs(x=l,w(x));
```

$$\frac{fl\,(\,l\cos(\,\kappa\,l\,)\,\kappa - \sin(\,\kappa\,l\,)\,)}{\cos(\,\kappa\,l\,)\,\kappa\,f}$$

Wegen des Lagers bei $x = l$ muß diese Verschiebung aber gleich Null sein. Zur Erfüllung dieser vierten Randbedingung gibt es nun zwei Möglichkeiten. Es kann die Auflagerkraft F_l am oberen Balkenende gleich Null sein. Aus der vorletzten Ausgabe entnehmen wir, daß dann $w \equiv 0$ gilt, d.h. der Balken unverformt bleibt. Diese sog. triviale Lösung ist nicht von Interesse. Wir fragen vielmehr, ob es auch einen ausgelenkten Gleichgewichtszustand gibt. Das ist in der Tat möglich, wenn $F_l \neq 0$ gilt, aber in der letzten Ausgabe die Klammer im Zähler verschwindet, also die transzendente Gleichung

$$z \cos z - \sin z = 0 \quad \text{mit} \quad z = \kappa l \qquad (7.12)$$

gilt, die schon in Abschn. 2.7.3 diskutiert worden ist. Ihre kleinste positive Lösung ist $z_1 \approx 4.5$, und die Eulersche Knickkraft berechnet sich folglich aus

$$\kappa_1^2 = \frac{z_1^2}{l^2} = \frac{F_K}{EI_y}$$

zu

$$F_K = z_1^2 \, \frac{E I_y}{l^2} \; .$$

Die (unendlich vielen) Werte von κ, welche die transzendente Gleichung (7.12) erfüllen und somit ausgelenkte Gleichgewichtslagen ermöglichen, die der unverformten Lage benachbart sind, heißen die Eigenwerte des Problems. Die höheren Eigenwerte interessieren in unserem Falle nicht, denn zu jeder Kraft oberhalb der Eulerschen Knickkraft existieren Gleichgewichtslagen, die der unverformten Lage nicht benachbart sind und nur ermittelt werden können, wenn wir die Annahme kleiner Verformungen fallen lassen. (Das haben wir im vorigen Abschnitt am Beispiel des einseitig eingespannten Stabes durchgeführt.) Insofern stellt die aus dem ersten Eigenwert berechnete Eulersche Knickkraft die Grenze der Stabilität der unverformten Lage des Stabes dar.

Wenn wir veränderliche Querschnitte zulassen und auch den Einfluß des Eigengewichts erfassen wollen, dann besitzt unsere lineare Differentialgleichung dritter Ordnung variable Koeffizienten, und eine geschlossene Lösung ist im allg. nicht zu erwarten. Wir werden die Aufgabe also numerisch lösen und wählen als Beispiel einen Rechteckquerschnitt konstanter Breite b und veränderlicher Höhe h. Querschnittsfläche A und Flächenmoment zweiter Ordnung I_y berechnen sich dann aus

```
> a:=x->b*h(x);   iy:=x->b*h(x)^3/12;
```

$$a := x \to b\,\mathrm{h}(\,x\,)$$

$$iy := x \to \frac{1}{12}\,b\,\mathrm{h}(\,x\,)^3$$

Die Abmessung h soll linear veränderlich sein gemäß

```
> h:=x->hu+(ho-hu)*x/l;
```

$$h := x \to hu + \frac{(\,ho - hu\,)\,x}{l}$$

```
> w(x):='w(x)': dgl;
```

$$-\frac{1}{4}\,e\,b\left(hu + \frac{(\,ho - hu\,)\,x}{l}\right)^2 (\,ho - hu\,)\left(\frac{\partial^2}{\partial x^2}\,\mathrm{w}(\,x\,)\right)/l$$

$$-\frac{1}{12}\,e\,b\left(hu + \frac{(\,ho - hu\,)\,x}{l}\right)^3\left(\frac{\partial^3}{\partial x^3}\,\mathrm{w}(\,x\,)\right) =$$

$$f\left(\frac{\partial}{\partial x}\,\mathrm{w}(\,x\,)\right) - f\!l + gam\left(\frac{1}{2}\,b\left(\frac{\partial}{\partial x}\,\mathrm{w}(\,x\,)\right)l\,(\,hu + ho\,)\right.$$

$$\left. -\frac{1}{2}\,\frac{b\left(\frac{\partial}{\partial x}\,\mathrm{w}(\,x\,)\right)x\,(\,2\,hu\,l + ho\,x - hu\,x\,)}{l}\right)$$

Nun wählen wir Zahlenwerte (Einheiten N und m).

```
> l:=20: b:=1: ho:=0.05: hu:=0.15: e:=4*10^10: gam:=25000:
```

Wie stark dann der Einfluß des veränderlichen Querschnitts ist, macht die Graphik des Verlaufs von $I_y(x)$ deutlich.

```
> plot(iy,0..1,0..0.0003);
```

Wie wir schon wissen, müssen wir bei numerischer Integration das Randwertproblem auf Anfangswertprobleme zurückführen. Wegen der Linearität können wir vom Superpositionsprinzip Gebrauch machen und die gesuchte Lösung wie folgt ansetzen.

$$w(x) = F_l \, w_1(x) + w''(0) \, w_2(x). \tag{7.13}$$

Die Funktionen w_1 und w_2 und damit auch w sollen die Einspannbedingungen $w(0) = 0$, $w'(0) = 0$ erfüllen. Von w_1 fordern wir ferner die Erfüllung der inhomogenen Differentialgleichung (7.11) mit $F_l = 1$ und der Anfangsbedingung $w''(0) = 0$, von w_2 die Erfüllung der homogenen Differentialgleichung ($F_l = 0$) und der Anfangsbedingung $w''(0) = 1$. Die beiden Unbekannten F_l und $w''(0)$ sind dann so zu bestimmen, daß die beiden Randbedingungen $w(x = l) = 0$ und $w''(x = l) = 0$ erfüllt sind. Das liefert zwei homogene lineare Gleichungen der Gestalt

$$\begin{array}{r|cc|l} & F_l & w''(0) & \\ \hline w(x=l) = & a_{11} & a_{12} & = 0, \\ w''(x=l) = & a_{21} & a_{22} & = 0 \end{array} \tag{7.14}$$

mit $a_{11} = w_1(l)$, $a_{12} = w_2(l)$, $a_{21} = w_1''(l)$, $a_{22} = w_2''(l)$.

Natürlich besitzen diese Gleichungen die triviale Lösung $F_l = 0$, $w''(0) = 0$, womit gemäß (7.13) die unverformte Lage $w(x) \equiv 0$ des Balkens beschrieben wird. Uns interessieren nichttriviale Lösungen, und diese sind nur möglich, wenn die Determinante des Gleichungssystems verschwindet.

Deren Wert hängt aber ab von dem in der Rechnung mitgeführten Wert der Druckkraft F. Die Eulersche Knickkraft F_K ist demnach der kleinste Wert von F, bei dem die Determinante eine Nullstelle besitzt, und als Bestimmungsgleichung ergibt sich

$$\Delta(F) = a_{11} a_{22} - a_{12} a_{21} = 0 \, .$$

Wir müssen also die Determinante für verschiedene Werte von F ermitteln. Einen Startwert beschaffen wir uns aus der Knickkraft eines Stabes, dessen konstanter Querschnitt mit dem Querschnitt unseres Stabes bei $x = l/2$ übereinstimmt.

```
> 4.5^2*e*iy(0.5*1)/1^2;
```
$$168750.0000$$

Da aber in diese Knickkraft neben F auch das Eigengewicht eingeht, starten wir mit einem kleineren Schätzwert für F.

```
> f:=100000: fl:=1:  alias(numer=(numeric,output=listprocedure)):
> loesung:=dsolve({dgl,einsp,D(D(w))(0)=0},w(x),numer):
> loesung(1);
```

$$\left[x(\,20\,) = 20\,,\ \mathrm{w}(\,x\,)(\,20\,) = .0002145544519080219, \right.$$

$$\left(\frac{\partial}{\partial x}\,\mathrm{w}(\,x\,)\right)(\,20\,) = .00001630154451515746,$$

$$\left.\left(\frac{\partial^2}{\partial x^2}\,\mathrm{w}(\,x\,)\right)(\,20\,) = -.8136064972682070\,10^{-5}\right]$$

```
> a11:=rhs(loesung(1)[2]); a21:=rhs(loesung(1)[4]);
```

$$a11 := .0002145544519080219$$

$$a21 := -.8136064972682070\,10^{-5}$$

```
> fl:=0:
> loesung:=dsolve({dgl,einsp,D(D(w))(0)=1},w(x),numer):
> a12:=rhs(loesung(1)[2]);  a22:=rhs(loesung(1)[4]);
```

$$a12 := 112.1308971499569$$

$$a22 := -6.278250888320109$$

```
> dt:=a11*a22-a12*a21;
```

$$dt := -.0004347224137$$

Nun erhöhen wir den Wert von F schrittweise und lassen uns jeweils die Determinante ausgeben.

```
> for i to 7 do
> f:=1.02*f: fl:=1:
> loesung:=dsolve({dgl,einsp,D(D(w))(0)=0},w(x),numer):
> a11:=rhs(loesung(1)[2]): a21:=rhs(loesung(1)[4]): fl:=0:
> loesung:=dsolve({dgl,einsp,D(D(w))(0)=1},w(x),numer):
> a12:=rhs(loesung(1)[2]):  a22:=rhs(loesung(1)[4]):
> dt:=a11*a22-a21*a12:    print(f,dt)
> od:
```

$$
\begin{array}{ll}
102000.00, & -.0003480667272 \\
104040.0000, & -.0002631660746 \\
106120.8000, & -.0001801060859 \\
108243.2160, & -.0000989724211 \\
110408.0803, & -.0000198505935 \\
112616.2419, & .0000571742214 \\
114868.5667, & .0001320173736
\end{array}
$$

Der Nulldurchgang und damit die gesuchte Eulersche Knickkraft unseres Stabes mit veränderlichem Querschnitt unter zusätzlicher Wirkung des Eigengewichts liegt also bei $F_K \approx 111000$ N.

Weil wir uns auch für die Knickfigur interessieren — die übrigens entgegen ihrem Namen keineswegs einen Knick aufweist, sondern überall differenzierbar ist —, führen wir die Rechnung mit diesem Wert noch einmal durch.

```
> f:=111000:    fl:=1:
> loesung:=dsolve({dgl,einsp,D(D(w))(0)=0},w(x),numer):
> a11:=rhs(loesung(1)[2]): a21:=rhs(loesung(1)[4]): fl:=0:
> loesung:=dsolve({dgl,einsp,D(D(w))(0)=1},w(x),numer):
> a12:=rhs(loesung(1)[2]):    a22:=rhs(loesung(1)[4]):
> dt:=a11*a22-a21*a12;
```

$$dt := .11569738 \, 10^{-5}$$

Weil die Determinante (mit hinreichender Genauigkeit) verschwindet, sind die beiden Gleichungen (7.14) linear abhängig. Eine der beiden Unbekannten kann daher frei gewählt werden — wir wählen $F_l = 1000$ N — und die andere ergibt sich durch Auflösung von einer der beiden Gleichungen. Zur Kontrolle lösen wir auch die andere Gleichung auf und finden in der Tat praktisch dasselbe Ergebnis für $w''(0)$. (Da eine Konstante frei gewählt werden kann, ist die nichttriviale Lösung einer Eigenwertaufgabe stets nur bis auf eine multiplikative Konstante festgelegt.)

```
> fl:=1000: ddw1:=-a11*fl/a12; ddw2:=-a21*fl/a22;
```

$$ddw1 := -.002079451580$$
$$ddw2 := -.002082447567$$

Mit diesen Werten für F_l und $w''(0)$ lösen wir ein letztes Mal die Differentialgleichung und überzeugen uns in der Graphik, daß bei $x = l$ in der Tat die Durchbiegung $w(l)$ und die (linearisierte) Krümmung $w''(l)$ verschwinden.

```
> loesung:=dsolve({dgl,einsp,D(D(w))(0)=-0.00208},w(x),numer):
> with(plots):
> odeplot(loesung,[x,w(x)],0..1);
> odeplot(loesung,[x,diff(w(x),x,x)],0..1);
```

Übungsvorschlag: Zeigen Sie, daß im Falle des Stabes mit konstantem Querschnitt und ohne Eigengewicht die in Abschn. 2.7.3 eingeführte Knicklänge sich deuten läßt als Abstand der Biegemomentennullpunkte der Knickfigur. (Diese Deutung trifft auch bei den anderen Euler-Fällen zu. So ist die Knicklänge beim beidseits gelenkig gelagerten Stab gleich der Stablänge, also dem Abstand der Gelenke.)

Übungsvorschlag: Ermitteln Sie exakt für den unten eingespannten und oben freien Stab mit konstantem Querschnitt und ohne Eigengewicht die Eulersche Knickkraft und die Knickfigur.

Übungsvorschlag: Lösen Sie dieselbe Aufgabe numerisch für den Stab mit linear veränderlichem Querschnitt und unter Eigengewicht.

7.4.2   Produktansatz zur Lösung partieller Differentialgleichungen

Die Lösung linearer partieller Differentialgleichungen läßt sich häufig auf die Lösung von Eigenwertaufgaben gewöhnlicher Differentialgleichungen zurückführen. Das soll am Beispiel der Torsionsschwingungen einer massebehafteten Welle gezeigt werden, deren Kreisquerschnitt mit x veränderlich sein darf.

Der Momentensatz für ein Wellenstück der Länge dx fordert, daß der Zuwachs dM_t des Torsionsmoments M_t längs des Wellenstückes gleich ist dem Produkt aus Trägheitsmoment und Winkelbeschleunigung $\ddot{\varphi}$. Das Trägheitsmoment um die Wellenachse ist dabei $\rho I_p dx$ mit dem polaren Flächenmoment $I_p = \pi d^4/32$ des Kreisquerschnitts (ρ: Dichte, d: örtlicher Wellendurchmesser), also

$$dM_t = \rho I_p \, dx \, \ddot{\varphi} \ .$$

Der elastische Zusammenhang zwischen Torsionsmoment M_t und Drillung φ' ist gegeben durch

$$M_t = G I_t \, \varphi' \ .$$

G bedeutet den Schubmodul, und I_t ist beim Kreisquerschnitt mit I_p identisch. Zusammenfassend entsteht die partielle Differentialgleichung

$$(G I_p(x) \, \varphi'(x,t))' = \rho I_p(x) \, \ddot{\varphi}(x,t) \ .$$

(Punkte bezeichnen partielle Ableitungen nach der Zeit t und Striche partielle Ableitungen nach der Ortskoordinate x.)

Nach Daniel Bernoulli suchen wir nun spezielle Lösungen in Produktform

$$\varphi(x,t) = \Phi(x) \, T(t) \ .$$

Einsetzen und Division durch $\rho I_p \, \Phi \, T$ gibt

$$\frac{(G I_p(x) \, \Phi'(x))'}{\rho I_p(x) \, \Phi(x)} = \frac{\ddot{T}(t)}{T(t)} \ .$$

Da die linke Seite nur von x, aber nicht von t abhängt, muß auch die rechte von t unabhängig, also gleich einer Konstanten sein, die wir $-\omega^2$ nennen wollen. Aus der partiellen Differentialgleichung sind damit zwei gewöhnliche Differentialgleichungen entstanden:

$$\ddot{T}(t) + \omega^2 T = 0 \ ,$$

$$(I_p(x) \, \Phi'(x))' + \kappa^2 \, I_p(x) \, \Phi(x) = 0 \quad \text{mit} \quad \kappa^2 = \omega^2 \frac{\rho}{G} \ .$$

Die Lösung der ersten ist die harmonische Funktion $T(t) = A \sin(\omega \, t + \gamma)$ mit der Kreisfrequenz ω. Die Differentialgleichung zweiter Ordnung für $\Phi(x)$ ist durch zwei Randbedingungen zu ergänzen. Wir nehmen an, die beiden Enden der Welle seien frei von Torsionsmomenten, also $\Phi'(x_l) = 0, \Phi'(x_r) = 0$.

Natürlich ist $\Phi(x) \equiv 0$ stets eine Lösung dieses Randwertproblems. Für gewisse Eigenwerte κ und die zugehörigen Werte von ω, die Eigenkreisfrequenzen der Welle, existieren aber auch nichttriviale Lösungen. Sie beschreiben die zur jeweiligen Eigenkreisfrequenz gehörige Eigenschwingungsform. Man prüft leicht, daß — unabhängig von der Wahl der Funktion $I_p(x)$ — stets $\kappa = 0$ ein Eigenwert und $\Phi(x) =$const. die zugehörige Eigenfunktion ist. Diese Eigenform zur Eigenkreisfrequenz $\omega = 0$ beschreibt eine Starrkörperdrehung der Welle um ihre Achse.

Zur Lösung der Eigenwertaufgabe können alle Methoden des vorigen Abschnitts herangezogen werden.

```
> dgl:=diff(ip(x)*diff(phi(x),x),x)+kappa^2* ip(x)*phi(x)=0;
```

$$dgl := \left(\frac{\partial}{\partial x}\, \mathrm{ip}(\,x\,) \right)\left(\frac{\partial}{\partial x}\, \phi(\,x\,) \right) + \mathrm{ip}(\,x\,)\left(\frac{\partial^2}{\partial x^2}\, \phi(\,x\,) \right)$$
$$+ \kappa^2 \, \mathrm{ip}(\,x\,)\, \phi(\,x\,) = 0$$

```
> randbed:=D(phi)(xl)=0, D(phi)(xr)=0;
```

$$randbed := \mathrm{D}(\,\phi\,)(\,xl\,) = 0\,,\ \mathrm{D}(\,\phi\,)(\,xr\,) = 0$$

Wir untersuchen zuerst die Welle mit konstantem Querschnitt. Die Enden sollen bei $x = 0$ und $x = l$ liegen.

```
> l:='l':   xl:=0: xr:=l:
> dgl1:=eval(subs(ip(x)=i0,dgl));
```

$$dgl1 := i0\left(\frac{\partial^2}{\partial x^2}\, \phi(\,x\,) \right) + \kappa^2\, i0\, \phi(\,x\,) = 0$$

MAPLE liefert uns nur die triviale Lösung des Randwertproblems.

```
> dsolve({dgl1,randbed},phi(x));
```

$$\phi(\,x\,) = 0$$

Wir wiederholen den Aufruf mit nur einer Randbedingung und bearbeiten die zweite Randbedingung selbst.

```
> dsolve({dgl1,D(phi)(xl)=0},phi(x)); assign("):
```

$$\phi(\,x\,) = \_C1\,\cos(\,\kappa\,x\,)$$

```
> dphir:=subs(x=xr,diff(phi(x),x));
```

$$dphir := -\_C1\,\sin(\,\kappa\,l\,)\,\kappa$$

Dieser Randwert kann im Falle $\_C1 \neq 0$ und $\kappa \neq 0$ gleich Null sein, wenn $\sin \kappa\, l = 0$ gilt. Das ist der Fall für

$$\kappa\, l = n\,\pi\,, \qquad n > 0\,, \quad \text{ganzzahlig}\,,$$

und daraus ergeben sich die Eigenkreisfrequenzen zu

$$\omega_n = \kappa_n \sqrt{\frac{G}{\rho}} = n\frac{\pi}{l}\sqrt{\frac{G}{\rho}}\ .$$

Es ist bemerkenswert, daß sie zwar von der Dichte, dem Schubmodul und der Länge der Welle abhängen, nicht aber von ihrem Durchmesser.

Die Eigenformen lassen sich — wenn wir _C1 = 1 wählen — schreiben als

```
> form:=subs(_C1=1,kappa=n*Pi/l,phi(x));
```

$$form := \cos\left(\frac{n\,\pi\,x}{l}\right)$$

Wir wählen die Länge der Welle zu 1 m und sehen uns einige Eigenformen an.

```
> l:=1: plot({seq(form,n={1,2,3})},x=0..1);
```

In Einzelfällen lassen sich geschlossene Lösungen auch für veränderliche Querschnitte finden. Das soll hier an dem Fall einer Welle mit linear anwachsendem polaren Flächenmoment $I_p(x) = c\,x$ vorgeführt werden, der eine Lösung mittels Besselfunktionen erster und zweiter Art J bzw. Y gestattet.

```
> xl:='xl': xr:='xr': l:='l': phi(x):='phi(x)':
> dgl2:=eval(subs(ip(x)=c*x,dgl));
```

$$dgl2 := c\left(\frac{\partial}{\partial x}\,\phi(x)\right) + c\,x\left(\frac{\partial^2}{\partial x^2}\,\phi(x)\right) + \kappa^2\,c\,x\,\phi(x) = 0$$

```
> dsolve({dgl2,D(phi)(xl)=0},phi(x)); assign("):
```

$$\phi(x) = -\frac{{}_-C1\ \mathrm{BesselY}(1,\kappa\,xl)\,\mathrm{BesselJ}(0,\kappa\,x)}{\mathrm{BesselJ}(1,\kappa\,xl)}$$
$$+\ _-C1\ \mathrm{BesselY}(0,\kappa\,x)$$

```
> dphir:=simplify(subs(x=xr,diff(phi(x),x)));
```

$$dphir := -{}_-C1\ \kappa(-\mathrm{BesselY}(1,\kappa\,xl)\,\mathrm{BesselJ}(1,\kappa\,xr)$$
$$+\ \mathrm{BesselY}(1,\kappa\,xr)\,\mathrm{BesselJ}(1,\kappa\,xl))/(\mathrm{BesselJ}(1,\kappa\,xl))$$

(Hinweis: Bei einer Wiederholung der Sitzung kann MAPLE die Konstante nicht nur anders benennen, sondern vielleicht sogar anders definieren, so daß die Ausgabe wesentlich anders aussieht.) Der letzte Ausdruck kann im Falle _C1 $\neq$ 0 und $\kappa \neq$ 0 gleich Null werden, wenn die Klammer im Zähler verschwindet, aber der Nenner von Null verschieden bleibt.

Eine graphische Auftragung für konkrete Zahlenwerte zeigt uns die Lage dieser Eigenwerte. Die Wellenenden sollen bei $x = 0.25$ m und $x = 1.25$ m liegen. Das polare Flächenmoment ist also — da es von $x = 0$ an proportional anwächst — am rechten Ende fünfmal so groß wie am linken, der Durchmesser damit rund 1.5-mal so groß.

```
> _C1:=1:  xl:=0.25:  xr:=1.25:
> plot(dphir,kappa=0..14);
```

Nahe 3.4 und 6.5 liegen die ersten Nullstellen. Genaue Werte liefert uns die Anwendung von fsolve.

```
> kappa1:=fsolve(dphir,kappa=3.2..3.6);
> kappa2:=fsolve(dphir,kappa=6.4..6.8);
```

$$\kappa1 := 3.388598436$$
$$\kappa2 := 6.444286601$$

```
> form:=simplify(eval(phi(x)));
```

$$form := -1.(\text{BesselY}(1, .2500000000\,\kappa\,)\,\text{BesselJ}(0, \kappa\,x\,)$$
$$- 1.\,\text{BesselY}(0, \kappa\,x\,)\,\text{BesselJ}(1, .2500000000\,\kappa\,))\,/$$
$$(\text{BesselJ}(1, .2500000000\,\kappa\,)\,)$$

```
> plot({seq(form,kappa={kappa1,kappa2})},x=xl..xr);
```

Vergleichen wir schließlich noch die Ergebnisse der Wellen mit konstantem und veränderlichem Querschnitt. Als Verhältnis der ersten bzw. zweiten Eigenfrequenzen finden wir

```
> evalf(kappa1/Pi); evalf(kappa2/(2*Pi));
```

$$1.078624382$$
$$1.025640067$$

Die Grundfrequenz der Welle mit veränderlichem Querschnitt liegt also um fast 8% höher als die der Welle gleicher Länge und gleichen Materials mit konstantem Querschnitt.

Wenn bei veränderlichem Querschnitt eine geschlossene Lösung sich nicht finden läßt, können wir das Problem auf die Lösung von Anfangswertaufgaben zurückführen und numerisch behandeln, wie wir bei der Stabknickung gesehen haben. Wir wollen aber noch eine andere Möglichkeit diskutieren, die als elementare Form des Verfahrens der Finiten Elemente angesehen werden kann. Dabei ersetzen wir die Welle, die ja unendlich viele Eigenfrequenzen besitzt, durch ein System mit endlich vielen Freiheitsgraden und Eigenfrequenzen. Zu diesem Zweck teilen wir die Welle in m Abschnitte ein, die wir Elemente nennen, und konzentrieren die Massenträgheitsmomente an den $m + 1$ Knoten, d.h. den Elementgrenzen, so als wären dort Scheiben angebracht. Die Elemente sind dann als masselos anzusehen und besitzen deshalb jeweils über ihre Länge ein konstantes Torsionsmoment. Zur Berechnung derartiger Systeme haben wir in Abschn. 3.3.2 die Prozedur torsion bereitgestellt. Diese lesen wir zunächst ein.

```
> read('mapleing/torsion.prc'):
```

Wir wählen eine gleichmäßige Teilung; die Elementlänge beträgt dann $h = (x_r - x_l)/m$. Am Knoten i zwischen den Elementen $i - 1$ und i mit der Koordinate x_i plazieren wir eine Scheibe mit dem Trägheitsmoment $J_i = \rho I_p(x_i)h$. Auf die beiden Endknoten entfällt jeweils nur der Anteil eines halben Elements, also $J_1 = \rho I_p(x_1)h/2$, $J_{m+1} = \rho I_p(x_{m+1})h/2$. Die Torsionssteifigkeit des Elements i beschreiben wir mit Hilfe des Mittelwerts der polaren Flächenmomente seiner beiden Knoten, also $\hat{I}_p = (I_p(x_i) + I_p(x_{i+1}))/2$, und wegen $I_p = \pi d^4/32$ ergibt sich daraus der wirksame Wellendurchmesser für dieses Element zu

$$d_i = \sqrt[4]{\frac{32}{\pi}\,\hat{I}_p} = 2\sqrt[4]{(I_p(x_i) + I_p(x_{i+1}))/\pi}\;.$$

Um die Güte des Näherungsverfahrens leicht prüfen zu können, wählen wir die Länge der Welle zu 1, die Dichte zu 1 und den Schubmodul zu $1/\pi^2$. Die exakten Eigenkreisfrequenzen der Welle mit konstantem Querschnitt vereinfachen sich dann nämlich zu $\omega_n = n$.

```
> ipi:=1/evalf(Pi):  xl:=0.25: xr:=1.25: c:=1: h:=(xr-xl)/m:
```

Wir beginnen mit einer Einteilung in fünf Elemente und berechnen die Lage der Knoten.

```
> m:=5: knoten:=[seq(xl+(i-1)*h,i=1..m+1)];
```

$$knoten := [.25, .4500000000, .6500000000, .8500000000,$$
$$1.050000000, 1.250000000]$$

Zuerst untersuchen wir die Welle mit konstantem Querschnitt. Die polaren Flächenmomente an den Knoten speichern wir in der Liste polar.

```
> ip:=1: polar:=map(ip,knoten);
```

$$polar := [\,1, 1, 1, 1, 1, 1\,]$$

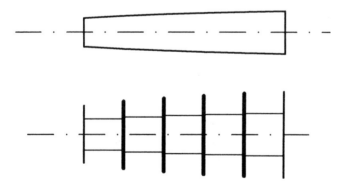

Bild 7.18. Welle mit veränderlichem Querschnitt und Ersatzsystem

Jetzt können wir die Eingabe für die Prozedur erzeugen. Um die Abminderung des Trägheitsmoments der ersten Scheibe auf die Hälfte zu erreichen, verwenden wir die Funktion signum(i-3/2), die für $i \geq 2$ den Wert 1 und für $i = 1$ den Wert -1 besitzt.

```
> eingabe:=ipi^2,[seq([polar[i]*h*(3+signum(i-3/2))/4,h,2*sqrt(
> sqrt(ipi*(polar[i]+polar[i+1])))],i=1..m),[polar[m+1]*h/2,0,0]];
```

$$eingabe := .1013211836, [$$
$$[.1000000000, .2000000000, 1.786487683], \%1,$$
$$\%1, \%1, \%1, [.1000000000, 0, 0]]$$
$$\%1 := [.2000000000, .2000000000, 1.786487683]$$

```
> torsion(eingabe);
```

$$[.9836316429 \quad .00004293574864\, I \quad 1.870978569$$
$$2.575181073 \quad 3.183098861 \quad 3.027306912]$$

Die zur Starrkörperdrehung gehörige Eigenkreisfrequenz $\omega_0 = 0$ ist durch Rundungsfehler ins Imaginäre verfälscht, doch ist ihr Betrag sehr klein. Die Näherungen 0.9836 und 1.8710 für $\omega_1 = 1$ und $\omega_2 = 2$ weisen Fehler von 1.6% bzw. 6.5% auf.

Nun betrachten wir jene Welle mit veränderlichem Querschnitt, deren exakte Lösung wir bereits kennen.

```
> ip:=x->c*x:  polar:=map(ip,knoten);
```

$$polar := [.25, .4500000000, .6500000000, .8500000000,$$
$$1.050000000, 1.250000000]$$

```
> eingabe:=ipi^2,[seq([polar[i]*h*(3+signum(i-3/2))/4,h,2*sqrt(
> sqrt(ipi*(polar[i]+polar[i+1])))],i=1..m),[polar[m+1]*h/2,0,0]];
```

$$eingabe := .1013211836, [$$
$$[.02500000000, .2000000000, 1.374095880],$$
$$[.09000000000, .2000000000, 1.538475905],$$
$$[.1300000000, .2000000000, 1.662514119],$$
$$[.1700000000, .2000000000, 1.763725231],$$
$$[.2100000000, .2000000000, 1.850011749],$$
$$[.1250000000, 0, 0]]$$

```
> torsion(eingabe);
```

$$[3.267837117 \quad 3.080740598 \quad 2.635818798 \quad 1.938313386$$
$$.00003861647707\, I \quad 1.069192419]$$

Die Näherungen 1.0692 und 1.9383 für die exakten Werte $\omega_1 = 1.0786$ und $\omega_2 = 2 \cdot 1.0256 = 2.0512$ weisen Fehler von 0.9% bzw. 5.5% auf.

Schließlich wollen wir prüfen, welche Verbesserung eine Verdoppelung der
Anzahl der Elemente bewirkt.

```
> m:=10: knoten:=[seq(x1+(i-1)*h,i=1..m+1)]:
> ip:=1: polar:=map(ip,knoten):
> torsion(ipi^2,[seq([polar[i]*h*(3+signum(i-3/2))/4,h,2*sqrt(sqrt
> (ipi*(polar[i]+polar[i+1])))],i=1..m),[polar[m+1]*h/2,0,0]]);
```

$$
\begin{bmatrix}
.9958927350 & .00006038531985\,I & 1.967263284 \\
2.890193284 & 3.741957132 & 4.501581579 \\
5.150362143 & 5.672323708 & 6.366197725 \\
6.287819267 & 6.054613828 &
\end{bmatrix}
$$

Die Fehler der Näherungen 0.9959 und 1.9673 für die Eigenkreisfrequenzen
der Grundschwingung und der ersten Oberschwingung der Welle mit konstantem Querschnitt betragen nur noch 0.4% bzw. 1.6%. Wie wir sehen, werden
die Näherungen der Eigenfrequenzen ω_n mit wachsendem Index n immer
schlechter und schließlich völlig unbrauchbar.

Ein entsprechendes Resultat finden wir bei der Welle mit veränderlichem
Querschnitt.

```
> ip:=x->c*x: polar:=map(ip,knoten):
> torsion(ipi^2,[seq([polar[i]*h*(3+signum(i-3/2))/4,h,2*sqrt(sqrt
> (ipi*(polar[i]+polar[i+1])))],i=1..m),[polar[m+1]*h/2,0,0]]);
```

$$
\begin{bmatrix}
6.411333412 & 6.315341757 & 6.085504194 & 5.704138283 \\
5.183239383 & 4.536245595 & 3.779833869 & \\
2.934042691 & .0001435786568 & 1.076302583 & \\
2.022848829 & & &
\end{bmatrix}
$$

Hier haben die Fehler von ω_1 und ω_2 sich auf 0.2% bzw 1.4% verringert.

Übungsvorschlag: Bestimmen Sie zum Vergleich die ersten sechs Eigenkreisfrequenzen der Welle mit veränderlichem Querschnitt aus den Nullstellen
einer numerisch ermittelten Determinantenfunktion $\Delta(\omega)$ analog dem Vorgehen in Abschn. 7.4.1.

Übungsvorschlag: Erstellen Sie die partielle Differentialgleichung der Bie-
geschwingungen eines Stabes unter Druckkraft F mit konstantem Querschnitt
und Randbedingungen Ihrer Wahl, indem sie die d'Alembertschen Trägheitskräfte in der Integrodifferentialgleichung für das Biegemoment als Linienkräfte
hinzufügen. Zeigen Sie, daß die Frequenz der Grundschwingung nicht reell ist,
wenn die Druckkraft oberhalb der Euler-Kraft F_K liegt. (Das beweist, daß
die unausgelenkte Lage oberhalb von F_K kinetisch nicht stabil ist.)

8 Partielle Differentialgleichungen

Die Lösung partieller Differentialgleichungen wird zumeist auf kompliziert berandeten Gebieten benötigt. Dafür steht spezielle Software zur Verfügung, die sich auf die Methode der Finiten Differenzen, der Finiten Elemente oder der Randelemente stützt. Es gibt jedoch auch Problemstellungen, bei denen die genannten Verfahren nicht geeignet sind und sich stattdessen ein interessantes Anwendungsgebiet für die Computeralgebra auftut. Das ist der Fall bei

- ins Unendliche reichenden Gebieten,
- dem Studium von Singularitäten,
- der Untersuchung des Verhaltens an Ecken, Kerben und Rissen.

In diesen Fällen lassen sich vielfach analytische Lösungen angeben und bieten die Möglichkeit zu Parameterstudien.

Als erste Anwendung studieren wir die schleichende Umströmung einer Kugel. Dabei lernen wir, die Operationen der Vektor- und Tensoranalysis in kartesischen und krummlinigen Koordinaten im Rahmen einer MAPLE-Sitzung auszuführen.

Ebene wirbelfreie inkompressible Strömungen und viele andere physikalische Anwendungen werden durch Lösungen der zweidimensionalen Potentialgleichung beschrieben. Wir behandeln sie am einfachsten mit den Methoden der Funktionentheorie einer komplexen Variablen. Als nützliches Hilfsmittel erweist sich dabei die konforme Abbildung von Gebieten mittels komplexer analytischer Funktionen.

In der Elastizitätstheorie der ebenen Flächentragwerke treten Lösungen der zweidimensionalen Bipotentialgleichung auf. Sie lassen sich am elegantesten mit den Methoden der Funktionentheorie einer hyperkomplexen Variablen diskutieren. Das bietet uns Gelegenheit, alle Möglichkeiten der Computeralgebra auszuschöpfen. Die symbolischen Operationen gestatten die Definition der Regeln der Algebra und Analysis hyperkomplexer Größen und die Überprüfung ihrer Zusammenhänge mit der Elastizitätstheorie. Die graphischen und numerischen Möglichkeiten erlauben die Ermittlung komplexer Eigenwerte zu speziellen Randvorgaben und die Sichtbarmachung der Spannungs- und Verformungszustände.

Von dem MAPLE-Befehl `pdesolve` zur Lösung partieller Differentialgleichungen werden wir wenig Gebrauch machen. Er ist für Ingenieuranwendungen nicht sehr hilfreich, da er vornehmlich Anfangswertprobleme zu behandeln gestattet.

8.1   Vektor- und Tensoranalysis

Maße für die räumliche Änderung von skalaren bzw. Vektorfeldern (z.B. Druck p und Geschwindigkeit $\mathbf{v}$ in einer Strömung) sind Gradient, Divergenz und Rotation (auch Rotor genannt)

$$\operatorname{grad} p = \nabla p, \qquad \operatorname{div} \mathbf{v} = \nabla \cdot \mathbf{v}, \qquad \operatorname{rot} \mathbf{v} = \nabla \times \mathbf{v}.$$

Unter den Namen `grad`, `diverge` und `curl` (Wirbel) stehen diese Ableitungsoperationen in MAPLE im Paket `linalg` zur Verfügung. Standardmäßig werden sie in kartesischen Koordinaten ausgeführt. Durch Zusatzangaben läßt sich jedoch die Ausführung u.a. in Zylinderkoordinaten (`cylindrical`), Kugelkoordinaten (`spherical`) und sogar in beliebig vom Benutzer zu definierenden krummlinig orthogonalen Koordinatensystemen erreichen. (Auskunft über sämtliche in MAPLE zur Verfügung stehenden Koordinatensysteme gibt der Aufruf `?coords`.) Sollen Divergenz oder Rotation in einem krummlinigen System berechnet werden, so ist das zu differenzierende Vektorfeld natürlich durch die Spaltenmatrix seiner Komponenten bezüglich der örtlichen orthonormierten Basis des krummlinigen Systems zu beschreiben.

Auch der Laplace-Operator

$$\Delta p = \operatorname{div} \operatorname{grad} p = \nabla \cdot \nabla p$$

als zweifache Ableitung eines skalaren Feldes p steht — auf Wunsch in krummlinigen Koordinaten — unter dem Namen `laplacian` zur Verfügung.

Die Anwendung des Laplace-Operators auf einen Vektor kann in kartesischen Koordinaten geschehen, indem Δ auf die einzelnen Komponenten angewendet wird.

Wichtig: In krummlinigen Koordinaten ist das nicht zulässig, denn es würde übersehen, daß die örtlich veränderlichen Basisvektoren ebenfalls abzuleiten sind. Der Entwicklungssatz für zweifache Vektorprodukte erlaubt, diese Schwierigkeit zu umgehen, denn es ist

$$\operatorname{rot} \operatorname{rot} \mathbf{v} = \nabla \times (\nabla \times \mathbf{v}) = \nabla(\nabla \cdot \mathbf{v}) - (\nabla \cdot \nabla)\mathbf{v} = \operatorname{grad} \operatorname{div} \mathbf{v} - \Delta \mathbf{v}, \quad (8.1)$$

und die Operationen grad div und rot rot kann MAPLE in krummlinigen Koordinaten ausführen.

Den Tensor $\mathbf{v} \otimes \nabla$, der Vektorgradient genannt wird, berechnet MAPLE unter dem Befehl `jacobian` — allerdings nur in kartesischen Koordinaten. Für die Ermittlung der Divergenz $\mathbf{S} \cdot \nabla$ eines Tensors $\mathbf{S}$ steht kein eigener Befehl zur Verfügung. In kartesischen Koordinaten kann die Berechnung jedoch einfach durch Bildung der Divergenzen der Zeilen der Komponentenmatrix erfolgen.

Die Vektoranalysis findet ihre Anwendung u.a. bei der Behandlung von elektromagnetischen Feldern, von Wärmeleitproblemen sowie von Aufgaben der Kontinuumsmechanik. Wir wählen ein Beispiel aus der Strömungsmechanik. Wenn die Flüssigkeit als inkompressibel angesehen wird, muß das

Geschwindigkeitsfeld der Bedingung

$$\operatorname{div} \mathbf{v} = \nabla \cdot \mathbf{v} = 0 \tag{8.2}$$

genügen. Das Stoffgesetz der zähen (Newtonschen) Flüssigkeit lautet

$$\mathbf{S} = -p\mathbf{1} + 2\mu\mathbf{D} \, . \tag{8.3}$$

Darin bedeuten p, μ, $\mathbf{1}$, $\mathbf{S}$ und $\mathbf{D}$ den Druck, die Zähigkeit, den Einheitstensor, den (symmetrischen) Spannungstensor und den Tensor der Verzerrungsgeschwindigkeit, wobei letzterer sich gemäß $\mathbf{D} = (\mathbf{L} + \mathbf{L}^T)/2$ als symmetrischer Teil des Geschwindigkeitsgradienten $\mathbf{L} = \mathbf{v} \otimes \nabla$ berechnet. Für die Tensordivergenz gilt unter Beachtung von (8.1) und (8.2)

$$2\mathbf{D} \cdot \nabla = (\mathbf{v} \otimes \nabla + \nabla \otimes \mathbf{v}) \cdot \nabla = (\nabla \cdot \nabla)\mathbf{v} + \nabla(\nabla \cdot \mathbf{v}) = \Delta\mathbf{v} = -\operatorname{rot} \operatorname{rot} \mathbf{v} \, . \tag{8.4}$$

Die Impulsbilanz wird ausgedrückt durch die Differentialgleichung

$$\mathbf{S} \cdot \nabla = \rho(\dot{\mathbf{v}} - \mathbf{b}) \tag{8.5}$$

(ρ: Dichte der Flüssigkeit, $\dot{\mathbf{v}}$: Beschleunigung, $\mathbf{b}$: Gewichtskraft je Masseneinheit). Mit (8.3) und (8.4) ergibt sich

$$-\nabla p + \mu \, \Delta\mathbf{v} = \rho(\dot{\mathbf{v}} - \mathbf{b}) \, . \tag{8.6}$$

Aus den partiellen Differentialgleichungen (8.2) und (8.6) sind die Felder $\mathbf{v}$ und p zu berechnen.

Wir wollen die Umströmung einer unter der Wirkung ihres Eigengewichts sehr langsam in z-Richtung absinkenden Kugel untersuchen. Bei einer derartigen schleichenden Strömung kann der Einfluß der Beschleunigung vernachlässigt werden, so daß von (8.6) — mit $\gamma = \rho g$ — verbleibt

$$-\nabla p + \mu \, \Delta\mathbf{v} = -\gamma \, \mathbf{e}_z \, . \tag{8.7}$$

Wegen $\operatorname{rot} \operatorname{grad} p = \nabla \times \nabla p = 0$ führt Bildung der Rotation von (8.7) auf folgende Differentialgleichung für $\mathbf{v}$

$$\operatorname{rot} \Delta\mathbf{v} = 0 \, . \tag{8.8}$$

(Die Identität $\nabla \times \nabla = 0$ folgt aus dem Schwarzschen Satz von der Vertauschbarkeit der gemischten partiellen Ableitungen.)

Natürlich behandeln wir das Problem in Kugelkoordinaten. Die kartesischen Koordinaten x, y, z eines Raumpunktes P lassen sich wie folgt durch die dortigen Werte der Kugelkoordinaten r, θ, φ ausdrücken (s. Bild 8.1).

```
> with(linalg):   xs:=r*sin(theta)*cos(phi);
> ys:=r*sin(theta)*sin(phi); zs:=r*cos(theta);
```

$$xs := r\sin(\theta)\cos(\phi)$$
$$ys := r\sin(\theta)\sin(\phi)$$
$$zs := r\cos(\theta)$$

Um die Ausführung der Ableitungen in Kugelkoordinaten kürzer zu schreiben, führen wir ein **alias** ein.

> alias(sph=([r,theta,phi],coords=spherical)):

Beim kartesischen Koordinatensystem — und nur bei diesem — sind die (orthonormierten) Basisvektoren die Gradienten der Koordinaten, also

$$\mathbf{e}_x = \text{grad}\,x = \nabla x\,, \qquad \mathbf{e}_y = \text{grad}\,y = \nabla y\,, \qquad \mathbf{e}_z = \text{grad}\,z = \nabla z\,.$$

Lassen wir diese Gradienten in Kugelkoordinaten berechnen, so erhalten wir ihre Komponenten bezüglich der (orthonormierten) Basis $\bar{\mathbf{e}}_r, \bar{\mathbf{e}}_\theta, \bar{\mathbf{e}}_\varphi$ des Kugelkoordinatensystems am Punkt P.

Wir ordnen diese als Zeilen einer Matrix an, die sich deuten läßt als Komponentenmatrix des Versors — auch orthogonaler Tensor oder Drehtensor genannt — $\mathbf{Q}$, der die eine Basis in die jeweils andere überführt mittels der Abbildungen

$$\mathbf{e}_j = \bar{\mathbf{e}}_j \cdot \mathbf{Q} = \mathbf{Q}^T \cdot \bar{\mathbf{e}}_j\,, \qquad \bar{\mathbf{e}}_j = \mathbf{Q} \cdot \mathbf{e}_j = \mathbf{e}_j \cdot \mathbf{Q}^T\,.$$

(Die Komponentenmatrizen des Versors $\mathbf{Q}$ bezüglich der Basen $\mathbf{e}_j$ und $\bar{\mathbf{e}}_j$ sind übrigens identisch; ihre Elemente sind $q_{jk} = \mathbf{e}_j \cdot \bar{\mathbf{e}}_k$.)

> q:=stack(grad(xs,sph),grad(ys,sph),grad(zs,sph));

$$q := \begin{bmatrix} \sin(\theta)\cos(\phi) & \cos(\theta)\cos(\phi) & -\sin(\phi) \\ \sin(\theta)\sin(\phi) & \cos(\theta)\sin(\phi) & \cos(\phi) \\ \cos(\theta) & -\sin(\theta) & 0 \end{bmatrix}$$

Die Forderung (8.2) nach Quellenfreiheit des Geschwindigkeitsfeldes läßt sich sehr einfach erfüllen, wenn dieses als Rotation eines sog. Vektorpotentials $\mathbf{h}$ angesetzt wird in der Form $\mathbf{v} = \text{rot}\,\mathbf{h} = \nabla \times \mathbf{h}$, denn es gilt die Identität

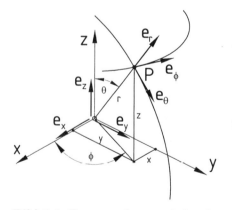

Bild 8.1. Zusammenhang zwischen kartesischen und Kugelkoordinaten

div rot $\mathbf{h} = \nabla \cdot (\nabla \times \mathbf{h}) = (\nabla \times \nabla) \cdot \mathbf{h} = 0$. Wir versuchen den folgenden Ansatz. (Hier und im folgenden bedeuten die Kennzeichnungen s und c, daß der Vektor durch seine Komponenten bezüglich der Kugelkoordinatenbasis am Punkt P bzw. bezüglich der globalen kartesischen Basis dargestellt ist.)

```
> hs:=vector([0,0,g(r)*sin(theta)]);
```

$$hs := [\,0 \quad 0 \quad \mathrm{g}(\,r\,)\sin(\,\theta\,)\,]$$

Nun bilden wir das Geschwindigkeitsfeld als $\mathbf{v} = $ rot $\mathbf{h}$.

```
> curl(hs,sph):    vs:=map(simplify,");
```

$$vs := \left[\, 2\,\frac{\mathrm{g}(\,r\,)\cos(\,\theta\,)}{r} \quad -\frac{\sin(\,\theta\,)\,\left(\mathrm{g}(\,r\,)+r\,\left(\frac{\partial}{\partial r}\,\mathrm{g}(\,r\,)\right)\right)}{r} \quad 0 \,\right]$$

Es erweist sich als rotationssymmetrisch bezüglich der z-Achse, denn eine Komponente v_φ gibt es nicht, und die Komponenten v_r und v_θ sind von φ unabhängig. Wir vergewissern uns, daß div $\mathbf{v} = 0$ gilt, bilden sodann das Wirbelfeld $\mathbf{w} = $ rot $\mathbf{v}$ und gelangen durch nochmalige Anwendung der Operation rot gemäß (8.4) zum Feld $\mathbf{\Delta v}$.

```
> diverge(vs,sph);
```

$$0$$

```
> curl(vs,sph):    ws:=map(factor,");
```

$$ws := \left[\, 0 \quad 0 \right.$$

$$\left. \sin(\,\theta\,)\,\left(-2\,r\,\left(\frac{\partial}{\partial r}\,\mathrm{g}(\,r\,)\right)-r^2\,\left(\frac{\partial^2}{\partial r^2}\,\mathrm{g}(\,r\,)\right)+2\,\mathrm{g}(\,r\,)\right)\Big/r^2 \,\right]$$

```
> curl(ws,sph):    deltavs:=evalm(-map(simplify,"));
```

$$deltavs := \left[\, -2 \right.$$

$$\left(-2\,r\,\left(\frac{\partial}{\partial r}\,\mathrm{g}(\,r\,)\right)-r^2\,\left(\frac{\partial^2}{\partial r^2}\,\mathrm{g}(\,r\,)\right)+2\,\mathrm{g}(\,r\,)\right)\cos(\,\theta\,)\Big/r^3$$

$$-\sin(\,\theta\,)\,\left(-2\,r\,\left(\frac{\partial}{\partial r}\,\mathrm{g}(\,r\,)\right)+3\,r^2\,\left(\frac{\partial^2}{\partial r^2}\,\mathrm{g}(\,r\,)\right)+2\,\mathrm{g}(\,r\,)\right.$$

$$\left.\left.+r^3\,\left(\frac{\partial^3}{\partial r^3}\,\mathrm{g}(\,r\,)\right)\right)\Big/r^3 \quad 0 \,\right]$$

Jetzt berechnen wir Divergenz und Rotation des Feldes $\mathbf{\Delta v}$.

```
> diverge(deltavs,sph);
> rotdeltavs:=map(simplify,curl(deltavs,sph));
```

$$rotdeltavs := \left[\begin{array}{ccc} 0 \\ 0 & 0 & -\sin(\theta) \end{array}\right.$$

$$\left.\left(-4\left(\frac{\partial^2}{\partial r^2}\,g(r)\right) + 4\,r\left(\frac{\partial^3}{\partial r^3}\,g(r)\right) + r^2\left(\frac{\partial^4}{\partial r^4}\,g(r)\right)\right)/r^2\right]$$

Die Divergenz erweist sich als Null. (Wegen div $\Delta\mathbf{v} = -$div rot rot $\mathbf{v}$ muß das auch so sein auf Grund der Identität div rot $= 0$.)

Die Funktion $g(r)$ ist nun so zu bestimmen, daß die Forderung (8.8) nach Verschwinden der Rotation von $\Delta\mathbf{v}$ erfüllt ist. Das geschieht durch Lösen einer gewöhnlichen Differentialgleichung.

```
> dsolve(rotdeltavs[3],g(r));        assign("):
```

$$g(r) = \_C1 + \_C2\,r + \frac{\_C3}{r^2} + \_C4\,r^3$$

Das Geschwindigkeitsfeld $\mathbf{v}$ besitzt damit folgende Form.

```
> vs:=map(simplify,map(eval,vs));
```

$$vs := \left[\, 2\,\frac{(\_C1\,r^2 + \_C2\,r^3 + \_C3 + \_C4\,r^5)\cos(\theta)}{r^3}\right.$$
$$\left. -\frac{\sin(\theta)\,(\_C1\,r^2 + 2\,\_C2\,r^3 - \_C3 + 4\,\_C4\,r^5)}{r^3} \quad 0\,\right]$$

Weil die Flüssigkeit im Unendlichen ruhen soll, sind die Konstanten $\_C2$ und $\_C4$ zu Null zu wählen.

```
> _C2:=0:  _C4:=0:  vs:=map(eval,vs);
```

$$vs := \left[\, 2\,\frac{(\_C1\,r^2 + \_C3)\cos(\theta)}{r^3} \quad -\frac{\sin(\theta)\,(\_C1\,r^2 - \_C3)}{r^3} \quad 0\,\right]$$

Jetzt wollen wir die Geschwindigkeit an jedem Punkt auf die kartesische Basis beziehen. Aus den Darstellungen

$$\mathbf{v} = \sum_i v_i\,\mathbf{e}_i = \sum_j \bar{v}_j\,\bar{\mathbf{e}}_j$$

wird durch Skalarmultiplikation mit $\mathbf{e}_k$

$$\mathbf{e}_k \cdot \mathbf{v} = v_k = \sum_j \bar{v}_j\,\mathbf{e}_k \cdot \bar{\mathbf{e}}_j = \sum_j q_{kj}\bar{v}_j\ .$$

Die Spaltenmatrix der Geschwindigkeitskomponenten v_k bezüglich der kartesischen Basis entsteht also als Produkt der Matrix des Versors $\mathbf{Q}$ mit der Spaltenmatrix der Geschwindigkeitskomponenten $\bar{v}_j$ bezüglich der Basis des Kugelkoordinatensystems.

```
> evalm(q&*vs):      vc:=map(simplify,");
```

$$vc := \left[\begin{array}{c} \dfrac{\sin(\theta)\cos(\phi)\cos(\theta)\,(\_C1\,r^2 + 3\,\_C3)}{r^3} \\[2ex] \dfrac{\sin(\theta)\sin(\phi)\cos(\theta)\,(\_C1\,r^2 + 3\,\_C3)}{r^3} \\[2ex] \left(\cos(\theta)^2\,\_C1\,r^2 + 3\cos(\theta)^2\,\_C3 + \_C1\,r^2 - \_C3\right)/r^3 \end{array} \right]$$

Auf der Kugeloberfläche $r = a$ soll die Flüssigkeit haften, d.h. die Geschwindigkeit $\mathbf{v} = v_0\mathbf{e}_z$ der Kugel besitzen.

```
> gln:={subs(r=a,vc[1])=0,subs(r=a,vc[2])=0,subs(r=a,vc[3])=v0};
```

$$gln := \left\{ \frac{\sin(\theta)\cos(\phi)\cos(\theta)\,(\_C1\,a^2 + 3\,\_C3)}{a^3} = 0, \right.$$

$$\frac{\sin(\theta)\sin(\phi)\cos(\theta)\,(\_C1\,a^2 + 3\,\_C3)}{a^3} = 0,$$

$$\left. \left(\cos(\theta)^2\,\_C1\,a^2 + 3\cos(\theta)^2\,\_C3 + \_C1\,a^2 - \_C3\right)/a^3 = v0 \right\}$$

Aus dieser Forderung lassen die beiden restlichen Integrationskonstanten sich bestimmen, womit das Geschwindigkeitsfeld festliegt.

```
> solve(gln,{_C1,_C3}); assign("):
```

$$\left\{ \_C1 = \frac{3}{4}\,a\,v0, \quad \_C3 = -\frac{1}{4}\,a^3\,v0 \right\}$$

```
> map(eval,vs);
```

$$\left[\begin{array}{c} 2\,\dfrac{\left(\dfrac{3}{4}\,a\,v0\,r^2 - \dfrac{1}{4}\,a^3\,v0\right)\cos(\theta)}{r^3} \\[3ex] -\dfrac{\sin(\theta)\left(\dfrac{3}{4}\,a\,v0\,r^2 + \dfrac{1}{4}\,a^3\,v0\right)}{r^3} \qquad 0 \end{array} \right]$$

Nachdem das Geschwindigkeitsfeld bekannt ist, bleibt das Druckfeld aus der partiellen Differentialgleichung (8.7) so zu bestimmen, daß Gleichgewicht herrscht. (Die Komponenten des Vektors $\mathbf{e}_z$ entnehmen wir der dritten Zeile der Komponentenmatrix von $\mathbf{Q}$.)

```
> g(r):=eval(g(r));
```

$$g(r) := \frac{3}{4}\,a\,v0 - \frac{1}{4}\frac{a^3\,v0}{r^2}$$

```
> deltavs:=map(eval,deltavs);
```

$$deltavs := \left[-3\,\frac{a\,v0\cos(\theta)}{r^3} \quad -\frac{3}{2}\,\frac{\sin(\theta)\,a\,v0}{r^3} \quad 0 \right]$$

```
> gleichgew:=evalm(-grad(p(r,theta,phi),sph)
>    + mu*deltavs+gamma0*row(q,3));
```

$$gleichgew := \left[-(\frac{\partial}{\partial r}\,\mathrm{p}(r,\,\theta,\,\phi)) - 3\,\frac{\mu\,v0\,a\cos(\theta)}{r^3} + \gamma0\cos(\theta), \right.$$

$$\left. -\frac{\frac{\partial}{\partial\theta}\,\mathrm{p}(r,\,\theta,\,\phi)}{r} - \frac{3}{2}\,\frac{\mu\sin(\theta)\,v0\,a}{r^3} - \gamma0\sin(\theta), \quad -\frac{\frac{\partial}{\partial\phi}\,\mathrm{p}(r,\,\theta,\,\phi)}{r\sin(\theta)} \right]$$

Wir berechnen p zunächst aus der ersten Komponente der Gleichgewichtsbedingung.

```
> psol:=pdesolve(gleichgew[1],p(r,theta,phi)); assign("):
```

$$psol := \mathrm{p}(r,\,\theta,\,\phi) =$$

$$\frac{1}{2}\,\frac{2\,\gamma0\cos(\theta)\,r^3 + 3\,\mu\,v0\,a\cos(\theta) + 2\,\_F1(\phi,\,\theta)\,r^2}{r^2}$$

```
> pwert:=expand(rhs(psol));
```

$$pwert := r\,\gamma0\cos(\theta) + \frac{3}{2}\,\frac{\mu\,v0\,a\cos(\theta)}{r^2} + \_F1(\phi,\,\theta)$$

Die verbliebene freie Funktion $\_F1(\phi,\theta)$ wird nach Lösen der beiden übrigen Gleichgewichtsbedingungen als Konstante erkannt und soll als p_0 bezeichnet werden.

```
> pdesolve(gleichgew[2],_F1(phi,theta)); assign("):
```

$$\_F1(\phi,\,\theta) = \_F1(\phi)$$

```
> pdesolve(gleichgew[3],_F1(phi)); assign("):
```

$$\_F1(\phi) = \_F2()$$

```
> p:=unapply(subs(_F2()=p0,eval(pwert)),r,theta,phi);
```

$$p := (r,\,\theta,\,\phi) \to r\,\gamma0\cos(\theta) + \frac{3}{2}\,\frac{\mu\,v0\,a\cos(\theta)}{r^2} + p0$$

Bilden wir die Divergenz der Gleichung (8.7) und beachten div $\Delta\mathbf{v} = 0$, so ergibt sich $\Delta p = 0$. Wir vergewissern uns, daß die Druckverteilung tatsächlich dieser Laplaceschen Differentialgleichung genügt.

```
> laplacian(p(r,theta,phi),sph): simplify(");
```

$$0$$

Die Tensoren $\mathbf{L} = \mathbf{v} \otimes \nabla$, $\mathbf{D}$ und damit auch $\mathbf{S}$ vermag MAPLE —wie wir schon wissen — in Kugelkoordinaten nicht zu beschaffen. Wir gehen deshalb gänzlich auf kartesische Koordinaten über und aktualisieren zunächst die Komponenten des Geschwindigkeitsfeldes.

```
> map(eval,vc):   vc:=map(simplify,");
```

$$
vc := \left[-\frac{3}{4} \frac{\sin(\theta)\cos(\phi)\cos(\theta)\, a\, v0\, (-r^2 + a^2)}{r^3} \right.
$$

$$
-\frac{3}{4} \frac{\sin(\theta)\sin(\phi)\cos(\theta)\, a\, v0\, (-r^2 + a^2)}{r^3}
$$

$$
\left. -\frac{1}{4} \frac{a\, v0\, (-3r^2\cos(\theta)^2 + 3\cos(\theta)^2 a^2 - 3r^2 - a^2)}{r^3} \right]
$$

Die Kugelkoordinaten und ihre Funktionen drücken wir nun wie folgt durch die kartesischen Koordinaten aus.

```
> substitutionen:=sin(theta)=rp/r,cos(theta)=z/r,cos(phi)=x/rp,
> sin(phi)=y/rp,rp=sqrt(x^2+y^2),r=sqrt(x^2+y^2+z^2);
```

$$
substitutionen := \sin(\theta) = \frac{rp}{r},\ \cos(\theta) = \frac{z}{r},\ \cos(\phi) = \frac{x}{rp},
$$

$$
\sin(\phi) = \frac{y}{rp},\ rp = \sqrt{x^2 + y^2},\ r = \sqrt{x^2 + y^2 + z^2}
$$

```
> v:=subs(substitutionen,eval(vc));
```

$$
v := \left[-\frac{3}{4} \frac{x\, z\, a\, v0\, (-x^2 - y^2 - z^2 + a^2)}{(x^2 + y^2 + z^2)^{5/2}} \right.
$$

$$
-\frac{3}{4} \frac{y\, z\, a\, v0\, (-x^2 - y^2 - z^2 + a^2)}{(x^2 + y^2 + z^2)^{5/2}}
$$

$$
\left. -\frac{1}{4} \frac{a\, v0\, \left(-6z^2 + 3\dfrac{z^2 a^2}{x^2+y^2+z^2} - 3x^2 - 3y^2 - a^2\right)}{(x^2 + y^2 + z^2)^{3/2}} \right]
$$

Jetzt läßt der Vektorgradient $\mathbf{L} = \mathbf{v} \otimes \nabla$ des Geschwindigkeitsfeldes sich bilden.

```
> l:=jacobian(v,[x,y,z]):
```

Indem wir auch den Druck auf die kartesischen Variablen umschreiben, können wir den Spannungstensor angeben als $\mathbf{S} = -p\mathbf{1} + 2\mu\mathbf{D}$ mit $\mathbf{D} = (\mathbf{L} + \mathbf{L}^T)/2$.

```
> p(r,theta,phi);
```

$$
\frac{3}{2} \frac{\mu\, a\, v0\, \cos(\theta)}{r^2} + \gamma0\cos(\theta)\, r + p0
$$

```
> pkart:=subs(substitutionen,");
```

$$pkart := \frac{3}{2}\,\frac{\mu\,a\,v0\,z}{(x^2 + y^2 + z^2)^{3/2}} + \gamma0\,z + p0$$

```
> id:=array(identity,1..3,1..3):
> s:=evalm(-pkart*id+mu*l+mu*transpose(l)):
```

Da die Ausgabe sehr umfangreich ist, soll hier stellvertretend nur die erste Zeile der Matrix, also der Spannungsvektor $s_x = e_x \cdot S = S \cdot e_x$ auf Flächen mit dem Normaleneinheitsvektor e_x angegeben werden.

```
> sx:=row(s,1);
```

$$sx := \left[-\frac{3}{2}\,\frac{\mu\,a\,v0\,z}{(x^2 + y^2 + z^2)^{3/2}} - \gamma0\,z - p0 + 2\mu \left(\right.\right.$$

$$\frac{15}{4}\,\frac{x^2\,z\,a\,v0\,(-x^2 - y^2 - z^2 + a^2)}{(x^2 + y^2 + z^2)^{7/2}}$$

$$-\frac{3}{4}\,\frac{z\,a\,v0\,(-x^2 - y^2 - z^2 + a^2)}{(x^2 + y^2 + z^2)^{5/2}} + \frac{3}{2}\,\frac{x^2\,z\,a\,v0}{(x^2 + y^2 + z^2)^{5/2}} \right)$$

$$2\mu \left(\frac{15}{4}\,\frac{x\,z\,a\,v0\,(-x^2 - y^2 - z^2 + a^2)\,y}{(x^2 + y^2 + z^2)^{7/2}} + \frac{3}{2}\,\frac{x\,z\,a\,v0\,y}{(x^2 + y^2 + z^2)^{5/2}} \right)$$

$$\mu \left(\frac{15}{4}\,\frac{x\,z^2\,a\,v0\,(-x^2 - y^2 - z^2 + a^2)}{(x^2 + y^2 + z^2)^{7/2}} \right.$$

$$-\frac{3}{4}\,\frac{x\,a\,v0\,(-x^2 - y^2 - z^2 + a^2)}{(x^2 + y^2 + z^2)^{5/2}} + \frac{3}{2}\,\frac{x\,z^2\,a\,v0}{(x^2 + y^2 + z^2)^{5/2}} \right) +$$

$$\mu \left(-\frac{1}{4}\,\frac{a\,v0\left(-6\,\dfrac{z^2\,a^2\,x}{(x^2 + y^2 + z^2)^2} - 6\,x\right)}{(x^2 + y^2 + z^2)^{3/2}} \right.$$

$$\left.\left. +\frac{3}{4}\,\frac{a\,v0\left(-6\,z^2 + 3\,\dfrac{z^2\,a^2}{x^2 + y^2 + z^2} - 3\,x^2 - 3\,y^2 - a^2\right)x}{(x^2 + y^2 + z^2)^{5/2}} \right) \right]$$

Auch die Divergenz des Spannungstensors $S \cdot \nabla$ läßt sich prüfen, denn im kartesischen Falle gilt für ihre Komponente in Richtung des Basisvektors e_k

$$e_k \cdot (S \cdot \nabla) = (e_k \cdot S) \cdot \nabla = s_k \cdot \nabla = \operatorname{div} s_k \,.$$

Wir bilden also die Divergenzen der drei Spannungsvektoren, und diese halten in der Tat der auf die Flüssigkeit wirkenden Gewichtskraft das Gleichgewicht.

```
> [seq(diverge(row(s,i),[x,y,z]),i=1..3)]:        simplify(");
```

$$[0,\,0,\,-\gamma0]$$

Schließlich beschaffen wir den Spannungsvektor auf der Kugeloberfläche $r = a$ als $\mathbf{s}_r = \mathbf{S} \cdot \mathbf{e}_r$. Dabei entnehmen wir die Komponenten des Vektors $\mathbf{e}_r$ im kartesischen System aus der ersten Spalte der Komponentenmatrix von $\mathbf{Q}$.

```
> sr:=evalm(s&*col(q,1)):  subs(x=xs,y=ys,z=zs,r=a,eval(sr)):
> sr:=map(simplify,");
```

$$sr := \Bigg[-\cos(\phi)\sin(\theta)\,(\gamma 0\,a\cos(\theta) + p0)$$
$$-\sin(\theta)\sin(\phi)\,(\gamma 0\,a\cos(\theta) + p0)$$
$$-\frac{1}{2}\left(2\cos(\theta)^2\,a^2\,\mathrm{csgn}(a)\,\gamma 0 + 3\,\mu\,v0\right.$$
$$\left. + 2\cos(\theta)\,\mathrm{csgn}(a)\,a\,p0\right)\mathrm{csgn}(a)\,/a\,\Bigg]$$

```
> sr:=subs(csgn(a)=1,eval(sr));
```

$$sr := \Bigg[-\cos(\phi)\sin(\theta)\,(\gamma 0\,a\cos(\theta) + p0)$$
$$-\sin(\theta)\sin(\phi)\,(\gamma 0\,a\cos(\theta) + p0)$$
$$-\frac{1}{2}\frac{2\cos(\theta)^2\,a^2\,\gamma 0 + 3\,\mu\,v0 + 2\cos(\theta)\,a\,p0}{a}\,\Bigg]$$

Um die von der Flüssigkeit auf die Kugel ausgeübte Kraft zu erhalten, integrieren wir diese Spannungen über die ganze Kugeloberfläche. Das dürfen wir komponentenweise tun, weil die Spannungen in kartesischen Komponenten vorliegen, also überall auf der Kugeloberfläche auf dieselben Richtungen bezogen sind.

$$\mathbf{f} = \int \mathbf{s}_r\,dA = \int_{\theta=0}^{\pi}\int_{\varphi=0}^{2\pi} \mathbf{s}_r(\theta,\varphi)\,a^2\,d\varphi\,\sin\theta\,d\theta\;.$$

```
> evalm(a^2*Int(Int(sr,phi=0..2*Pi)*sin(theta),theta=0..Pi));
```

$$\Bigg[a^2\int_0^{\pi}\sin(\theta)\int_0^{2\pi} -\cos(\phi)\sin(\theta)\,(\gamma 0\,a\cos(\theta) + p0)\,d\phi\,d\theta$$
$$a^2\int_0^{\pi}\sin(\theta)\int_0^{2\pi} -\sin(\theta)\sin(\phi)\,(\gamma 0\,a\cos(\theta) + p0)\,d\phi\,d\theta$$
$$a^2\int_0^{\pi}\sin(\theta)$$
$$\int_0^{2\pi} -\frac{1}{2}\frac{2\cos(\theta)^2\,a^2\,\gamma 0 + 3\,\mu\,v0 + 2\cos(\theta)\,a\,p0}{a}\,d\phi\,d\theta\Bigg]$$

```
> map(expand,value("));
```

$$\left[0 \quad 0 \quad -\frac{4}{3}\,a^3\,\pi\,\gamma0 - 6\,a\,\pi\,\mu\,v0 \right]$$

Dieses berühmte Ergebnis von Stokes besagt, daß auf die Kugel entgegen ihrer Bewegungsrichtung neben dem Auftrieb $F_A = \gamma V_{\text{Kugel}}$ die Widerstandskraft $F_W = 6\pi\mu a v_0$ wirkt, die der Zähigkeit, dem Kugelradius und der Kugelgeschwindigkeit proportional ist. Die Formel wird bei Sedimentationsvorgängen angewendet.

Weil das Geschwindigkeitsfeld rotationssymmetrisch ist, genügt es, seine Werte auf der Ebene $x = 0$ graphisch darzustellen. Das leistet der Befehl fieldplot aus dem Paket plots. Im Kugelinneren unterdrücken wir das Feld mittels der Heaviside-Funktion.

```
> with(plots):        a:=1: v0:=3:
> vebene:=evalm(subs(x=0,eval(v))*Heaviside(y^2+z^2-a^2)):
> fieldplot([vebene[2],-vebene[3]],y=-3..3,z=-3..3,
> arrows=THICK,scaling=CONSTRAINED,axes=NONE);
```

Übungsvorschlag: Zeigen Sie allgemein, daß die Divergenz des Geschwindigkeitsfeldes div **v** gleich der Spur (trace) des Geschwindigkeitsgradienten **L** ist. Prüfen Sie an unserem Beispiel, daß **L** wegen div **v**=0 ein Deviator ist, d.h. die Spur von **L** verschwindet.

Übungsvorschlag: Zeigen Sie allgemein, daß zwischen den Komponenten der Rotation des Geschwindigkeitsfeldes rot **v** und denen des — Wirbeltensor oder Spin genannten — antimetrischen Teils $(\mathbf{L} - \mathbf{L}^T)/2$ des Geschwindigkeitsgradienten **L** ein umkehrbar eindeutiger Zusammenhang besteht. Prüfen Sie diesen am Beispiel, indem Sie das von uns berechnete **w** = rot **v** auf kartesische Richtungen transformieren und die Kugelkoordinaten durch kartesische ausdrücken.

8.2 Ebene Potentialprobleme

8.2.1 Komplexe Funktionentheorie

Bei ebenen Problemen, die auf die Lösung der Laplace-Gleichung führen, erweist sich die Anwendung der Theorie der Funktionen einer komplexen Veränderlichen als hilfreich. Beschreibt nämlich $\mathbf{v} = [\, v_x(x,y)\ v_y(x,y)\ 0\,]$ ein ebenes Vektorfeld mittels der beiden kartesischen Komponenten v_x und v_y, so stellen Rotation und Divergenz sich dar als

```
> with(linalg):   curl([vx(x,y),vy(x,y),0],[x,y,koordinate3]);
```

$$\left[0 \quad 0 \quad \left(\frac{\partial}{\partial x}\,\text{vy}(x,y)\right) - \left(\frac{\partial}{\partial y}\,\text{vx}(x,y)\right) \right]$$

```
> diverge([vx(x,y),vy(x,y),0],[x,y,koordinate3]);
```

$$\left(\frac{\partial}{\partial x}\,\text{vx}(x,y)\right) + \left(\frac{\partial}{\partial y}\,\text{vy}(x,y)\right)$$

Andererseits können wir v_x und v_y zu einer komplexwertigen skalaren Funktion

$$h(x, y) = v_x(x, y) - i\, v_y(x, y)$$

zusammenfassen und unter Beachtung der Rechenregel $i^2 = -1$ die komplexe Differentialoperation $i\,\partial/\partial x - \partial/\partial y$ bilden, die wir anbed nennen wollen.

```
> anbed:=compl->evalc(I*diff(compl,x)-diff(compl,y));
```

$$anbed := compl \rightarrow \text{evalc}\left(I \left(\frac{\partial}{\partial x}\, compl \right) - \left(\frac{\partial}{\partial y}\, compl \right) \right)$$

```
> h:=vx(x,y)-I*vy(x,y);        anbed(h);
```

$$h := \text{vx}(x, y) - I\,\text{vy}(x, y)$$

$$\left(\frac{\partial}{\partial x}\,\text{vy}(x, y) \right) - \left(\frac{\partial}{\partial y}\,\text{vx}(x, y) \right)$$
$$+ I\left(\left(\frac{\partial}{\partial x}\,\text{vx}(x, y) \right) + \left(\frac{\partial}{\partial y}\,\text{vy}(x, y) \right) \right)$$

Wie wir sehen, gibt der Realteil dieses Ausdrucks die einzige von Null verschiedene Komponente der Rotation und der Imaginärteil die Divergenz des Vektorfeldes an.

Wenn wir den ebenen Ortsvektor durch die komplexe Zahl $z = x + iy$ beschreiben, dann erfüllt wegen $\partial z/\partial x = 1$ und $\partial z/\partial y = i$ jede komplexwertige differenzierbare Funktion $h(z) = h(x + iy)$ gemäß der Kettenregel die Bedingung

$$i\frac{\partial h}{\partial x} - \frac{\partial h}{\partial y} = i\,h'(z)\frac{\partial z}{\partial x} - h'(z)\frac{\partial z}{\partial y} = 0$$

— wir haben sie anbed, Analytizitätsbedingung genannt. MAPLE bestätigt uns das.

```
> z:=x+I*y;
```

$$z := x + I\,y$$

```
> h:='h':    anbed(h(z));
```

$$0$$

Das führt auf folgende Schlußfolgerung. Ist h nicht eine beliebige komplexwertige Funktion $h(x, y)$ der Variablen x und y, sondern speziell eine differenzierbare Funktion $h(z)$ der komplexen Veränderlichen $z = x + iy$ — solche Funktionen nennt man auch analytisch —, besitzt es die Zerlegung $h = v_x - iv_y$ und deuten wir v_x und v_y als kartesische Komponenten eines Vektorfeldes, dann ist dieses wirbel- und quellenfrei.

Betrachten wir als Anwendung die Strömungsmechanik und führen wir in Analogie zum komplexen Ort z die komplexe Geschwindigkeit ein durch

$$v = v_x + i v_y = \bar{h},$$

so stellt das Geschwindigkeitsfeld jeder ebenen wirbelfreien Strömung einer inkompressiblen Flüssigkeit sich dar als das konjugiert Komplexe einer komplexen analytischen Funktion $h(z)$ gemäß $v = \overline{h(z)}$.

Sei nun $f(z)$ eine Stammfunktion von $h(z)$, d.h. es gelte $f'(z) = h(z)$. Ihre Zerlegung in Real- und Imaginärteil schreiben wir in der Form

$$w = f(z) = \phi + i\psi.$$

```
> f:=phi(x,y)+I*psi(x,y);
```

$$f := \phi(x,y) + I\,\psi(x,y)$$

Wir bringen zum Ausdruck, daß f eine komplexe analytische Funktion von z ist.

```
> anbed(f)=0;
```

$$-\left(\frac{\partial}{\partial x}\psi(x,y)\right) - \left(\frac{\partial}{\partial y}\phi(x,y)\right)$$
$$+\,I\left(\left(\frac{\partial}{\partial x}\phi(x,y)\right) - \left(\frac{\partial}{\partial y}\psi(x,y)\right)\right) = 0$$

Real- und Imaginärteil dieser Aussage heißen die Cauchy-Riemannschen Differentialgleichungen:

$$\frac{\partial\psi}{\partial x} = -\frac{\partial\phi}{\partial y}\,, \quad \frac{\partial\psi}{\partial y} = \frac{\partial\phi}{\partial x}\,.$$

Aus der ersten schließen wir

$$\frac{\partial f}{\partial x} = \frac{\partial\phi}{\partial x} + i\,\frac{\partial\psi}{\partial x} = \frac{\partial\phi}{\partial x} - i\,\frac{\partial\phi}{\partial y}$$

$$= f'(z)\frac{\partial z}{\partial x} = f'(z) = h(z) = v_x - i\,v_y\,,$$

also

$$v_x = \frac{\partial\phi}{\partial x}\,, \qquad v_y = \frac{\partial\phi}{\partial y}$$

oder

$$\mathbf{v} = \operatorname{grad}\phi = \nabla\phi\,,$$

denn cs ist in der Tat

```
> grad(phi(x,y), [x,y,koordinate3]);
```

$$\left[\frac{\partial}{\partial x}\phi(x,y)\quad \frac{\partial}{\partial y}\phi(x,y)\quad 0\right]$$

Während daraus zwangsläufig rot $\mathbf{v}$ =rot grad $\phi = \nabla \times \nabla\phi = 0$ folgt, liefert div $\mathbf{v} = 0$ die wichtige Erkenntnis

$$\mathrm{div}\,\mathbf{v} = \mathrm{div}\,\mathrm{grad}\,\phi = \Delta\phi = 0\,.$$

Die Geschwindigkeit der wirbel- und quellenfreien Strömung läßt sich also als Gradient eines skalaren Potentials ϕ darstellen, und dieses genügt der ebenen Laplace- oder Potentialgleichung. In Koordinaten lautet diese Aussage

```
> laplacian(phi(x,y),[x,y,koordinate3])=0;
```

$$\left(\frac{\partial^2}{\partial x^2}\,\phi(\,x,y\,)\right) + \left(\frac{\partial^2}{\partial y^2}\,\phi(\,x,y\,)\right) = 0$$

8.2.2 Potentialströmungen

Wir studieren an zwei Beispielen die Beschreibung wirbel- und quellenfreier Strömungen mittels komplexer analytischer Funktionen.

Beispiel **Pot1**: Parallelströmung : $w = f(z) = c\,z$.

```
> alias(cj=conjugate):
> z:='z':  f:=c*z;  h:=diff(f,z);  v:=cj(h);
```

$$f := c\,z$$
$$h := c$$
$$v := \mathrm{cj}(\,c\,)$$

Die Funktionen $\phi(x,y)$ und $\psi(x,y)$ erhalten wir durch Zerlegung von f in Real- und Imaginärteil mittels evalc (evaluate, complex). Die komplexe Konstante geben wir in der Polardarstellung $c = c_0 e^{i\beta}$ an.

```
> c:=c0*exp(I*beta); evalc(subs(z=x+I*y,f));  evalc(v);
```

$$c := c\theta\,\mathrm{e}^{(\,I\,\beta\,)}$$
$$c\theta\cos(\,\beta\,)\,x - c\theta\sin(\,\beta\,)\,y + I\,(\,c\theta\sin(\,\beta\,)\,x + c\theta\cos(\,\beta\,)\,y\,)$$
$$c\theta\cos(\,\beta\,) - I\,c\theta\sin(\,\beta\,)$$

Die Potentiallinien $\phi = \Re(f) = c_0(\cos\beta x - \sin\beta y) = const.$ sind parallele Geraden. Die Geschwindigkeit $\mathbf{v}$ als Gradient von ϕ steht auf diesen Linien senkrecht und tangiert die Linien $\psi = \Im(f) = c_0(\sin\beta x + \cos\beta y) = const.$, die Stromlinien genannt werden. Der Geschwindigkeitsvektor hat überall den Betrag c_0 und ist um den Winkel β von der x-Achse aus nach unten geneigt. Den Verlauf der Potential- und Stromlinien in der x, y-Ebene können wir uns veranschaulichen, indem wir die Funktion conformal aus dem Paket plots auf die Umkehrfunktion g der Funktion f anwenden. Sie ist hier gegeben durch $z = g(w) = c^{-1}w$.

```
> g:=w/c;  c0:=2: beta:=Pi/6:
> with(plots):
> conformal(g,w=-3-3*I..3+3*I,-1-I..1+I,scaling=CONSTRAINED);
```

Im Befehl conformal wird der abzubildende Bereich der ϕ, ψ-Ebene durch

Angabe der komplexen Orte seiner linken unteren und rechten oberen Ecke gekennzeichnet. Die darauffolgende Angabe kennzeichnet den darzustellenden rechteckigen Ausschnitt in der x, y-Ebene.

Die nach rechts oben laufenden Geraden sind die Potentiallinien, die nach rechts unten laufenden die Stromlinien. Wählen wir $\beta = \pi/2$, also $c = c_0 i$, dann wird eine von oben nach unten parallel zur y-Achse verlaufende Strömung beschrieben. Wenn wir die Darstellung negativer Werte der Stromfunktion $\Im(w)$ unterdrücken, dann erhalten wir das Bild einer Strömung parallel zu einer Wand bei $x = 0$.

```
> beta := Pi/2:
> conformal(g,w=-2..2+2*I,-1-I..1+I,scaling=CONSTRAINED);
```

Beispiel **Pot2**: Punktquelle nahe einer Wand.
Die Funktion $w = f(z) = \ln(z - 1) + \ln(z + 1) = \ln(z^2 - 1)$ mit den Umkehrfunktionen $z = g(w) = \pm\sqrt{e^w + 1}$ besitzt bei $z = 1$ und $z = -1$ Singularitäten; dort wird der Geschwindigkeitsbetrag unendlich.

```
> z:='z':  f:=ln(z^2-1); h:=diff(f,z):  v:=cj(h);
```

$$f := \ln(z^2 - 1)$$

$$v := 2\,\mathrm{cj}\left(\frac{z}{z^2 - 1}\right)$$

Wir sehen uns zunächst den Verlauf der Potentiallinien und Stromlinien an. Weil die Exponentialfunktion die Periode $2\pi i$ besitzt, genügt es, in der w-Ebene einen Streifen dieser Breite auszuwerten. (Bezüglich der Optionen s. ?conformal.)

```
> g:=sqrt(exp(w)+1):
> plconplus:=conformal(g,w=-10..2+2*I*Pi,-3-2*I..3+2*I,
> grid=[20,20],numxy=[30,30],scaling=CONSTRAINED):
> plconminus:=conformal(-g,w=-10..2+2*I*Pi,-3-2*I..3+2*I,
> grid=[20,20],numxy=[30,30],scaling=CONSTRAINED):
> display({plconplus,plconminus});
```

Die Stromlinien $\phi = const.$ und $\psi = const.$ schneiden sich überall (außer in den beiden singulären Punkten, wo f nicht differenzierbar ist) unter einem rechten Winkel. Das folgt aus der Tatsache, daß gemäß den Cauchy-Riemannschen Differentialgleichungen die Gradienten von ϕ und ψ überall aufeinander senkrecht stehen.

Die Strömung wird von zwei symmetrisch zur y-Achse liegenden Punktquellen hervorgerufen. Die Lösung beschreibt zugleich in der rechten Halbebene $(x \geq 0)$ die Strömung, die von einer einzigen Quelle herrührt, wenn sich bei $x = 0$ eine Wand befindet, denn die y-Achse ist Stromlinie. Der Einfluß einer Singularität in der Nähe einer Wand läßt sich also erfassen, indem die Singularität an der Wand gespiegelt wird. Von jetzt ab betrachten wir nur noch die rechte Halbebene mit der einen Quelle, beschränken uns also auf die Umkehrfunktion mit dem positiven Wurzelvorzeichen.

Die analytische Form der Funktionen $\phi(x,y)$ und $\psi(x,y)$ ersehen wir aus der Zerlegung von f mittels `evalc`. Real- und Imaginärteil komplexer Größen erhalten wir durch Kombination der Befehle `Re` und `Im` mit `evalc`.

```
> fev:=evalc(subs(z=x+I*y,f));
```

$$fev := \frac{1}{2} \ln \left((x^2 - y^2 - 1)^2 + 4 x^2 y^2 \right)$$
$$+ I \arctan(2 x y, x^2 - y^2 - 1)$$

```
> phi:=evalc(Re(fev));
```

$$\phi := \frac{1}{2} \ln \left((x^2 - y^2 - 1)^2 + 4 x^2 y^2 \right)$$

Graphische Darstellungen des Geschwindigkeitsfeldes ergeben sich mit dem Befehl `fieldplot` aus der Angabe von **v** oder mit `gradplot` aus der Angabe des Potentials ϕ. (Beide Befehle gehören zum Paket `plots`.)

```
> plv:=fieldplot([evalc(Re(evalc(subs(z=x+I*y,v)))),
> evalc(Im(evalc(subs(z=x+I*y,v))))],x=0..3,y=-2..2,
> arrows=THICK,scaling=CONSTRAINED):   plv;
> plphi:=gradplot(phi,x=0..3,y=-2..2,arrows=SLIM,
> scaling=CONSTRAINED):   plphi;
```

Indem wir beide Graphiken gleichzeitig und zusammen mit den Potential- und Stromlinien betrachten, erkennen wir, daß `fieldplot` und `gradplot` dasselbe Geschwindigkeitsfeld darstellen — von uns durch zweierlei Arten von Pfeilen unterschieden — und daß die Geschwindigkeitsvektoren in der Tat die Stromlinien tangieren.

```
> display({plconplus,plv,plphi});
```

Übungsvorschlag: Untersuchen Sie die Funktion $f(z) = \ln(\cos z - \cos z_Q)$. Sie beschreibt die Strömung, die von einer Quelle bei $z = z_Q = x_Q + i y_Q$ $(0 < x_Q < \pi)$ in einem Kanal mit den Wänden $x = 0$ und $x = \pi$ erzeugt wird. Stellen Sie die Potential- und Stromlinien für verschiedene Lagen der Quelle dar. Berechnen und zeichnen Sie die Geschwindigkeitsverteilung an den Kanalwänden.

Wichtig: Die Auswertung von `evalc` macht Gebrauch von der Annahme, daß alle symbolischen Größen, denen kein Wert zugewiesen ist, reell sind. Soll beispielsweise eine nicht zahlenmäßig festgelegte Konstante m als komplex angesehen werden, so ist sie gemäß $m = m_1 + i m_2$ durch reelle Konstanten auszudrücken. Das folgende erste Beispiel liefert im Gegensatz zum zweiten nur im Falle eines reellen m das richtige Ergebnis:

```
> m:='m':  Re(3+5*I+m); evalc(");
```

$$3 + \Re(m)$$

$$3 + m$$

```
> m:=m1+m2*I: Re(3+5*I+m); evalc(");
```

$$3 + \Re(m1 + I\, m2)$$

$$3 + m1$$

Betrachten wir noch ein Beispiel einer Gleichungslösung, bei der das konjugiert Komplexe gebildet wird.

```
> m:='m':  solve(cj(z)=m*I,z);
```

$$-I\,\mathrm{cj}(m)$$

8.2.3   Konforme Abbildung von Gebieten

Jede komplexe analytische Funktion $z = g(w)$ bildet Gebiete der w-Ebene in Gebiete der z-Ebene ab. Weil infinitesimale Quadrate dabei in infinitesimale Quadrate (von i. allg. anderer Orientierung und Seitenlänge) überführt werden, heißt die Abbildung konform. Wir studieren an zwei Beispielen die Abbildung der rechten Hälfte der w-Ebene ($\Re(w) \geq 0$) in ein unendliches Gebiet der z-Ebene.

Beispiel **Konf1**: Ecke.
Die Abbildung $z = g(w) = w^{\alpha/\pi}$ erzeugt eine Ecke mit dem Winkel α ($0 < \alpha \leq 2\pi$). Als Zahlenbeispiel wählen wir $\alpha = 300°$.

```
> g:=w^(alpha/Pi): alpha:= 5*Pi/3:
```

```
> conformal(g,w=-1.5*I..3+1.5*I,-2-2*I..2+2*I,scaling=CONSTRAINED);
```

Beispiel **Konf2**: Kerbe.
Wir studieren die folgende Abbildungsfunktion.

```
> g:=b*w/(a+b)+a*sqrt(w^2/(a+b)^2+1);
```

$$g := \frac{b\,w}{a+b} + a\sqrt{\frac{w^2}{(a+b)^2} + 1}$$

```
> a:=1: b:=0.4:
```

```
> conformal(g,w=-2.5*I..2.5+2.5*I,-2*I..2.5+2*I,
```

```
> grid=[30,30],numxy=[40,40],scaling=CONSTRAINED);
```

Die rechte Hälfte der z-Ebene erscheint eingekerbt (s. Bild 8.2). Um Aufschluß über die Geometrie der Kerbe zu erhalten, studieren wir ihre Berandung, also das Bild der Geraden $w = i\,s$ der w-Ebene.

```
> a:='a': b:='b':
> kerbe:=evalc(subs(w=I*s,g));
```

$$kerbe := \frac{1}{2}\, a\, \sqrt{\left| -\frac{s^2}{(a+b)^2} + 1 \right|}\left(1 + \mathrm{signum}\left(-\frac{s^2}{(a+b)^2} + 1 \right) \right)$$

$$+ I\left(\frac{b\,s}{a+b} + \frac{1}{2} \right.$$

$$a\, \sqrt{\left| -\frac{s^2}{(a+b)^2} + 1 \right|}\left(1 - \mathrm{signum}\left(-\frac{s^2}{(a+b)^2} + 1 \right) \right)\Big)$$

In der Umgebung von $w = 0$ ist s klein, also $|s| < a + b$, und die Signum-Funktion hat den Wert 1.

```
> eval(subs(signum=1,kerbe));
```

$$a\, \sqrt{\left| -\frac{s^2}{(a+b)^2} + 1 \right|} + \frac{I\,b\,s}{a+b}$$

Das ist die komplexe Parameterdarstellung $x(s) + i\,y(s)$ einer Ellipse in der x, y-Ebene, denn wir prüfen leicht

$$\left(\frac{x}{a} \right)^2 + \left(\frac{y}{b} \right)^2 = 1\,,$$

womit die Größen a und b sich als Längen der Halbachsen erweisen. Die Kerbe hat also die Tiefe a und die Breite $2b$.

Betrachten wir den Fall $s > a + b$, dann bekommt die Signum-Funktion den Wert -1, und wir stellen fest, daß der Realteil der Kurvendarstellung verschwindet, also Punkte auf der y-Achse beschrieben werden. Nun möchten wir in der Funktion $g(w)$ das Vorzeichen der komplexen Wurzel so ausgewertet wissen, daß in großer Entfernung von der Kerbe keine Störung mehr

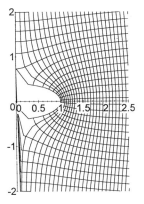

Bild 8.2. Gekerbte Halbebene

bemerkbar ist, also $z \approx w$ gilt. Das würde $y \approx s$ bedeuten. Wir sehen, daß MAPLE für negative s nicht das von uns gewünschte Vorzeichen wählt. Wir korrigieren daher die Darstellung mit geringstmöglichem Aufwand durch den folgenden Befehl und können dann die Berandung als parametrischen plot darstellen.

```
> korrektur:=subs(s=abs(s),I=I*signum(s),kerbe);
```

$$korrektur :=$$

$$\frac{1}{2}\,a\,\sqrt{\left|-\frac{|s|^2}{(a+b)^2}+1\right|}\left(1+\text{signum}\left(-\frac{|s|^2}{(a+b)^2}+1\right)\right)$$

$$+\,I\,\text{signum}(s)\left(\frac{b\,|s|}{a+b}+\frac{1}{2}\right.$$

$$a\,\sqrt{\left|-\frac{|s|^2}{(a+b)^2}+1\right|}\left(1-\text{signum}\left(-\frac{|s|^2}{(a+b)^2}+1\right)\right)\Bigg)$$

```
> a:=1:  b:=0.4:
> plot([evalc(Re(korrektur)),evalc(Im(korrektur)),s=-1.8..1.8],
> axes=NONE,scaling=CONSTRAINED);
```

Für spätere Verwendung lassen wir noch die Umkehrfunktion $w = f(z)$ zu $z = g(w)$ ermitteln.

```
> z:='z': a:='a': b:='b':   f:=solve(z=g,w);
```

$$f := (z\,a + z\,b - \frac{1}{2}\frac{a^2\,(-2\,z\,a + 2\,\%1)}{b^2 - a^2} - \frac{1}{2}\frac{a\,(-2\,z\,a + 2\,\%1)\,b}{b^2 - a^2})/b,$$

$$(z\,a + z\,b - \frac{1}{2}\frac{a^2\,(-2\,z\,a - 2\,\%1)}{b^2 - a^2} - \frac{1}{2}\frac{a\,(-2\,z\,a - 2\,\%1)\,b}{b^2 - a^2})/b$$

$$\%1 := \sqrt{b^4 + b^2\,z^2 - a^2\,b^2}$$

```
> assume(b>0):  fellipse:=map(simplify,[f]);
```

$$fellipse :=$$

$$\left[-\frac{-\sqrt{b\tilde{\,}^2 + z^2 - a^2}\,a + z\,b\tilde{\,}}{a - b\tilde{\,}},\; -\frac{\sqrt{b\tilde{\,}^2 + z^2 - a^2}\,a + z\,b\tilde{\,}}{a - b\tilde{\,}}\right]$$

Es ist jenes Vorzeichen der Wurzel zu wählen, das $f(z) \approx z$ für große z liefert. Im Falle des Kreises ($a = b$) versagt die Darstellung. Wir erhalten stattdessen

```
> b:='b': fkreis:=expand(solve(z=subs(b=a,g),w));
```

$$fkreis := z - \frac{a^2}{z}$$

8.2.4 Konforme Abbildung von Strömungen

Die Frage ist naheliegend, ob das verformte Netz im gekerbten Gebiet von
Beispiel Konf2 als das Potential- und Stromliniennetz einer Parallelströmung
gemäß Pot1 gedeutet werden kann, die durch ein randliches Hindernis gestört
wird. (Denken wir uns das Bild an der y-Achse gespiegelt, so entsteht dann die
Strömung um einen Brückenpfeiler mit elliptischem Querschnitt. Im Grenzfall
$b \to 0$ ergibt sich die Umströmung einer Platte.) Die Deutung erweist sich
in der Tat als möglich, wenn wir eine behelfsmäßige ζ-Ebene einführen und
folgendermaßen vorgehen.

Die in der ζ-Ebene von oben nach unten verlaufende Parallelströmung
beschreiben wir gemäß Pot1 durch

$$ w = f_1(\zeta) = c_0\, i\, \zeta, \qquad \zeta = g_1(w) = -c_0^{-1}\, i\, w\,. $$

Die Abbildung der ungekerbten ζ-Halbebene in die gekerbte z-Halbebene
leistet gemäß Konf2 die Abbildung

$$ z = g_2(\zeta) = \frac{b\,\zeta}{a+b} + a\sqrt{\left(\frac{\zeta}{a+b}\right)^2 + 1} $$

mit der Umkehrfunktion $\zeta = f_2(z)$. Die Strömung wird nun beschrieben
durch die Hintereinanderschaltung

$$ w = f_1(f_2(z)) = f(z)\,, \qquad z = g_2(g_1(w)) = g(w)\,. $$

Anwendung des Befehls conformal auf die Umkehrfunktion $g(w)$ liefert das
Bild der Potential- und Stromlinien. Der Realteil von

$$ w = f(z) = c_0 i \left(-\frac{b\,z}{a-b} + \frac{a}{a-b}\sqrt{z^2 - a^2 + b^2} \right) $$

beschreibt im Falle $a \neq b$ das Geschwindigkeitspotential $\phi(x,y)$. Das konjugiert Komplexe der Ableitung $h = f'(z)$ liefert das Geschwindigkeitsfeld.

```
> c0:='c0':  h:=c0*I*diff(fellipse[1],z);
```

$$ h := -\frac{I\,c0\,\left(-\dfrac{a\,z}{\sqrt{b^{\tilde{}\,2} + z^2 - a^2}} + b^{\tilde{}}\right)}{a - b^{\tilde{}}} $$

Die Geschwindigkeit in großer Entfernung von der Kerbe ($z = \infty$) bzw. im
Kerbgrund ($z = a$) ergibt sich wie folgt.

```
> evalc(cj(limit(h,z=infinity)));
```

$$ -I\,c0 $$

```
> factor(evalc(cj(simplify(eval(subs(z=a,h))))));
```

$$ -\frac{I\,(a + b^{\tilde{}})\,c0}{b^{\tilde{}}} $$

Der Geschwindigkeitsbetrag c_0 der ungestörten Parallelströmung wird also im Kerbgrund um den Kerbfaktor $\alpha_K = 1 + a/b$ vergrößert. Beim Kreis $(a = b)$ ergibt sich eine Verdoppelung.

Derartige Erkenntnisse sind nicht nur bei Strömungen, sondern auch bei allen anderen physikalischen Anwendungen von Interesse, die sich mittels der ebenen Laplace-Gleichung beschreiben lassen. Weil die Verwölbungsfunktion eines tordierten elastischen Balkens der Potentialgleichung genügt, kann man schließen, daß die Randschubspannungen durch eine kleine Kerbe ebenfalls um den berechneten Kerbfaktor vergrößert werden. Bei der stationären Wärmeleitung bedeuten die Potentiallinien die Isothermen und die Stromlinien die Trajektorien des Wärmeflusses. In der Elektrostatik beschreibt ϕ das Potential und sein Gradient die elektrische Feldstärke. Bei der Filter- oder Grundwasserströmung fungiert der Wasserdruck als Potential ϕ. Bei allen genannten Beispielen ist vorausgesetzt:

- Lineares Verhalten

- Isotropie (keine ausgezeichneten Richtungen des Materials)

- Räumlich konstante Stoffwerte

Ist eine dieser Voraussetzungen nicht erfüllt, dann sind funktionentheoretische Methoden meist nicht besonders gut geeignet.

Übungsvorschlag: Untersuchen Sie die Strömung um eine Ecke, indem Sie die konforme Abbildung Konf1 auf die Parallelströmung Pot1 anwenden. Berechnen Sie die Geschwindigkeitsverteilung längs der Wand. Für Winkel $\alpha < \pi$ ergibt sich an der Ecke für die Geschwindigkeit der Wert Null, für $\alpha = \pi$ ein endlicher Wert und für $\alpha > \pi$ Unendlich. (Im letzteren Falle sind die Ergebnisse sicher mit Vorsicht zu betrachten. Für den tordierten Stab würde dies beispielsweise eine unendliche Schubspannung an der Ecke bedeuten. Tatsächlich wird das Material dort plastizieren, d.h. die Voraussetzung linearen Verhaltens wird verletzt.) Der Fall $\alpha = 2\pi$ beschreibt u.a. die Grundwasserströmung um eine Spundwand.

Nunmehr wollen wir andere als Parallelströmungen einer konformen Abbildung unterwerfen. Untersuchen wir beispielsweise die Quellströmung nahe einer Ecke. In der ζ-Halbebene soll die Quelle bei $\zeta_Q = 1 + i\,t$ liegen. Indem wir z in Pot2 durch $\zeta - i\,t$ ersetzen, finden wir $w = f_1(\zeta) = \ln((\zeta - i\,t)^2 - 1)$ mit der Umkehrfunktion $\zeta = g_1(w) = \sqrt{e^w + 1} + i\,t$. Aus Konf1 entnehmen wir $\zeta = f_2(z) = z^{\pi/\alpha}$ als Umkehrfunktion von $z = g_2(\zeta) = \zeta^{\alpha/\pi}$.

```
> alpha:='alpha': f:=ln((zeta-I*t)^2-1): zeta:= z^(Pi/alpha): f;
```

$$\ln\left(\left(z^{\left(\frac{\pi}{\alpha}\right)} - I\,t\right)^2 - 1\right)$$

Der Ausdruck für das Potential ϕ läßt ahnen, daß eine Behandlung dieser Strömung im Reellen ziemlich aufwendig und unübersichtlich wäre.

```
> phi:=evalc(Re(evalc(subs(z=x+I*y,f))));
```

$$\phi := \frac{1}{2}\ln\left(\left(\%1^2\cos\left(\frac{\pi\arctan(y,x)}{\alpha}\right)^2\right.\right.$$
$$-\%1^2\sin\left(\frac{\pi\arctan(y,x)}{\alpha}\right)^2$$
$$+2\,\%1\sin\left(\frac{\pi\arctan(y,x)}{\alpha}\right)t-t^2-1\right)^2$$
$$+\left(2\,\%1^2\cos\left(\frac{\pi\arctan(y,x)}{\alpha}\right)\sin\left(\frac{\pi\arctan(y,x)}{\alpha}\right)\right.$$
$$\left.\left.-2\,\%1\cos\left(\frac{\pi\arctan(y,x)}{\alpha}\right)t\right)^2\right)$$
$$\%1 := e^{\left(1/2\,\frac{\pi\ln(x^2+y^2)}{\alpha}\right)}$$

Die Darstellung der Geschwindigkeitsfelder mit `gradplot` oder `fieldplot` erweist sich im vorliegenden Falle als so zeitraubend, daß wir auf sie verzichten. Wir lassen uns aber das Netz der Potential- und Stromlinien zeichnen — auch das braucht einige Zeit — und gewinnen einen Eindruck von der Störung der Quellströmung durch ein keilförmiges Hindernis (s. Bild 8.3).

```
> g:=(sqrt(exp(w)+1)+I*t)^(alpha/Pi);
```

$$g := \left(\sqrt{e^w+1}+I\,t\right)^{\left(\frac{\alpha}{\pi}\right)}$$

```
> t:=1:  alpha:=11*Pi/6:
> conformal(g,w=-8..3+2*I*Pi,-7-3*I..7+6*I,
> grid=[30,30],numxy=[40,40],axes=NONE,scaling=CONSTRAINED);
```

Übungsvorschlag: Wenden Sie die Abbildung Konf2 auf die Strömung Pot2 an, um den Einfluß einer Kerbe auf die Quellströmung nahe einer Wand zu studieren.

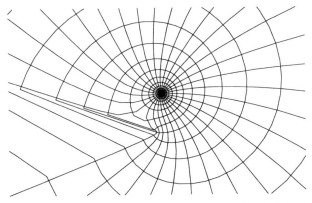

Bild 8.3. Störung einer Quellströmung durch ein keilförmiges Hindernis

8.3   Ebene Bipotentialprobleme

8.3.1   Hyperkomplexe Algebra und Analysis

Auch bei Problemen, die auf die Lösung der zweidimensionalen Bipotentialgleichung $\Delta\Delta w = 0$ führen, erweist die Anwendung funktionentheoreti-
scher Methoden sich als nützlich. Besonders durchsichtig wird die Darstellung, wenn dabei nicht komplexe, sondern hyperkomplexe Variable verwendet werden. Mit deren Rechenregeln werden wir uns zunächst befassen. Eine
hyperkomplexe Zahl wollen wir durch Fettdruck kenntlich machen und schrei-
ben sie in der Form $\mathbf{a} = a + j\,\tilde{a}$. Dabei sind a und $\tilde{a}$ komplexe Zahlen, und j
bedeutet die hyperkomplexe Einheit mit der Eigenschaft $j^2 = 0$. Wir wollen a
als Komplexteil und $\tilde{a}$ als Supplement der hyperkomplexen Zahl $\mathbf{a}$ bezeichnen
und schreiben $a =$Co($\mathbf{a}$), $\tilde{a} =$Su($\mathbf{a}$).
    Während MAPLE für die Zerlegung komplexer Größen in Real- und Ima-
ginärteil die Befehle Re, Im, evalc zur Verfügung stellt, müssen wir ana-
loge Zerlegungen für hyperkomplexe Größen durch Prozeduren definieren.
Die hyperkomplexe Einheit j schreiben wir als J. Deuten wir die Darstellung
der hyperkomplexen Zahl formal als Polynom ersten Grades in j, so können
wir Komplexteil und Supplement als Wert der nullten und ersten Ableitung
bei $j = 0$ berechnen lassen. (Natürlich ist j nicht gleich Null, denn dann wäre
es eine komplexe Zahl, aber MAPLE kann ja nicht wissen, daß wir mit J eine
hyperkomplexe Konstante und nicht eine komplexe Variable bezeichnen.)

| Prozeduren   Co, Su, evalhy |

```
> Co:=proc(x)  global J: subs(J=0,x)  end:
> Su:=proc(x)  global J: subs(J=0,diff(x,J))  end:
> evalhy:=proc(x) global J: subs(J=0,x)+subs(J=0,diff(x,J))*J end:
```

Hyperkomplexe Größen kennzeichnen wir in der MAPLE-Sitzung durch ein
angehängtes h, ihr Supplement durch ein angehängtes s. Im ersten Beispiel
sehen wir, daß bei algebraischen Operationen zunächst j wie eine komplexe
Zahl behandelt wird, und die zusätzliche Rechenregel $j^2 = 0$ durch Anwendung unseres Befehls evalhy Berücksichtigung findet.

```
> ah:=a+as*J;   expand(ah^3);  evalhy(ah^3); Co(ah^3); Su(ah^3);
```

$$ah := a + as\,J$$

$$a^3 + 3\,a^2\,as\,J + 3\,a\,as^2\,J^2 + as^3\,J^3$$

$$a^3 + 3\,a^2\,as\,J$$

$$a^3$$

$$3\,a^2\,as$$

Wichtig: So wie die Anwendung von evalc auf Re und Im nur korrekte
Ergebnisse liefert, wenn alle auftretenden Unbekannten rein reell sind, so liefern die entsprechenden Befehle Co und Su nur dann korrekt den Komplexteil

und das Supplement der hyperkomplexen Größe, wenn alle in ihr enthaltenen Unbekannten rein komplex sind. Wenn wir eine hyperkomplexe Größe **b** nicht explizit machen, ist zwar das Ergebnis von `evalhy`, nicht aber das von `Co` und `Su` korrekt, wie folgendes Beispiel zeigt.

```
> evalhy(bh^3); Co(bh^3); Su(bh^3);
```

$$bh^3$$

$$bh^3$$

$$0$$

Übungsvorschlag: Untersuchen Sie weitere algebraische Operationen, z.B. Multiplikation und Division hyperkomplexer Zahlen und prüfen Sie ihre Realisierung mittels unserer Prozeduren. (Ein Nenner $b + j\, \tilde{b}$ läßt sich beseitigen, indem mit $b - j\, \tilde{b}$ erweitert wird.)

Auch hyperkomplexwertige analytische Funktionen hyperkomplexer Variabler $\mathbf{w} = f(\mathbf{z})$ sind leicht zu behandeln.

```
> wh:=f(zh); subs(zh=z+zs*J,wh);   evalhy("");
```

$$wh := \mathrm{f}(\,zh\,)$$

$$\mathrm{f}(\,z + zs\,J\,)$$

$$\mathrm{f}(\,z\,) + \mathrm{D}(\,f\,)(\,z\,)\,zs\,J$$

Die Darstellung läßt sich deuten als Taylor-Entwicklung von $f(z + j\,\tilde{z})$ um die Stelle $\tilde{z} = 0$ unter Beachtung von $j^n = 0$ für ganzzahlige Exponenten $n > 1$. Als Beispiele betrachten wir den Kehrwert, die allgemeine Potenz und die Logarithmus-Funktion.

```
> ah:='ah': ch:=1/ah;   evalhy(subs(ah=a+as*J,ch));
```

$$ch := \frac{1}{ah}$$

$$\frac{1}{a} - \frac{as\,J}{a^2}$$

```
> ch:=ah^bh;   evalhy(subs(ah=a+as*J,bh=b+bs*J,ch));
```

$$ch := ah^{bh}$$

$$a^b + a^b\left(bs\ln(\,a\,) + \frac{b\,as}{a}\right)J$$

```
> logar:=evalhy(subs(zh=z+zs*J,ln(zh)));
```

$$logar := \ln(\,z\,) + \frac{zs\,J}{z}$$

Komplexteil und Supplement des letzten Ausdrucks lassen wir jeweils in Real- und Imaginärteil zerlegen.

```
> z:=x+I*y: zs:=u+I*v: evalc(Re(Co(logar))); evalc(Im(Co(logar)));
```

$$\ln\left(\sqrt{x^2+y^2}\right)$$
$$\arctan(y,x)$$

```
> evalc(Re(Su(logar))); evalc(Im(Su(logar)));
```

$$\frac{u\,x}{x^2+y^2}+\frac{v\,y}{x^2+y^2}$$

$$\frac{v\,x}{x^2+y^2}-\frac{u\,y}{x^2+y^2}$$

Wir sehen, daß der hyperkomplexe Logarithmus wie alle hyperkomplexen Funktionen vier reelle Funktionen von vier reellen Variablen repräsentiert.

Übungsvorschlag: Untersuchen Sie weitere Funktionen, z.B. $\sqrt{z}$, e^{z}, $\sin z$, artanh z.

8.3.2   Lösungen der ebenen Bipotentialgleichung

Um Lösungen der ebenen Bipotentialgleichung zu gewinnen, wollen wir im folgenden hyperkomplexe analytische Funktionen der speziellen hyperkomplexen Variablen $\mathbf{z} = z + j\,\bar z$ betrachten. Der Komplexteil z von $\mathbf{z}$ beschreibt den planaren Ortsvektor gemäß $z = x + i\,y$ und das Supplement ist das konjugiert Komplexe $\bar z = x - i\,y$ von z.

```
> alias(cj=conjugate):    z:=x+I*y;   zh:=evalc(z+J*cj(z));
```

$$z := x + I\,y$$
$$zh := x + J\,x + I\,(y - J\,y)$$

Für eine Funktion $f(\mathbf{z}) = f(x + i\,y + j\,(x - i\,y))$ gilt

$$\frac{\partial f}{\partial x} = f'(\mathbf{z})\,\frac{\partial \mathbf{z}}{\partial x} = f'(\mathbf{z})\,(1 + j)\,, \qquad \frac{\partial f}{\partial y} = f'(\mathbf{z})\,\frac{\partial \mathbf{z}}{\partial y} = f'(\mathbf{z})\,i\,(1 - j)\,,$$

also

$$f'(\mathbf{z}) = (1 - j)\,\frac{\partial f}{\partial x} = -i\,(1 + j)\,\frac{\partial f}{\partial y}\,. \tag{8.9}$$

Die Differenz beider Darstellungen liefert die folgende Analytizitätsbedingung **anbed**, die zum Ausdruck bringt, daß f eine hyperkomplexe analytische Funktion der hyperkomplexen Variablen $\mathbf{z} = z + j\,\bar z$ ist:

$$(1 - j)\,\frac{\partial f}{\partial x} + i\,(1 + j)\,\frac{\partial f}{\partial y} = 0\,.$$

```
> anbed:=hyp->evalhy((1-J)*diff(hyp,x)+I*(1+J)*diff(hyp,y));
```

$$anbed := hyp \rightarrow$$
$$\mathrm{evalhy}\left((1 - J)\left(\frac{\partial}{\partial x}\,hyp\right) + I\,(1 + J)\left(\frac{\partial}{\partial y}\,hyp\right)\right)$$

```
> anbed(f(zh));
```
$$0$$

Den Komplexteil und das Supplement von f nennen wir σ bzw. τ, und Real- und Imaginärteil von τ sollen w bzw. v heißen. Durch Zerlegung und Differentiation der Analytizitätsbedingung gewinnen wir folgende Zusammenhänge zwischen diesen Größen und ihren Ableitungen.

```
> f:=sigma(x,y)+J*tau(x,y);
```
$$f := \sigma(x,y) + J\,\tau(x,y)$$

```
> glg:=anbed(f)=0;
```
$$glg := \left(\frac{\partial}{\partial x}\sigma(x,y)\right) + I\left(\frac{\partial}{\partial y}\sigma(x,y)\right) + \left(-\left(\frac{\partial}{\partial x}\sigma(x,y)\right)\right.$$
$$+ \left(\frac{\partial}{\partial x}\tau(x,y)\right) + I\left(\frac{\partial}{\partial y}\sigma(x,y)\right) + I\left.\left(\frac{\partial}{\partial y}\tau(x,y)\right)\right)J = 0$$

```
> glg1:=Co(glg);
```
$$glg1 := \left(\frac{\partial}{\partial x}\sigma(x,y)\right) + I\left(\frac{\partial}{\partial y}\sigma(x,y)\right) = 0$$

```
> glg2:=Su((1+J)*glg);
```
$$glg2 := 2I\left(\frac{\partial}{\partial y}\sigma(x,y)\right) + \left(\frac{\partial}{\partial x}\tau(x,y)\right) + I\left(\frac{\partial}{\partial y}\tau(x,y)\right) = 0$$

```
> glg3:=Su((1-J)*glg);
```
$$glg3 := -2\left(\frac{\partial}{\partial x}\sigma(x,y)\right) + \left(\frac{\partial}{\partial x}\tau(x,y)\right) + I\left(\frac{\partial}{\partial y}\tau(x,y)\right) = 0$$

```
> glg4:=simplify(diff(glg1,x)-I*diff(glg1,y));
```
$$glg4 := \left(\frac{\partial^2}{\partial x^2}\sigma(x,y)\right) + \left(\frac{\partial^2}{\partial y^2}\sigma(x,y)\right) = 0$$

```
> glg5:=simplify(diff(glg2,x)+I*diff(glg3,y));
```
$$glg5 := \left(\frac{\partial^2}{\partial x^2}\tau(x,y)\right) + 2I\left(\frac{\partial^2}{\partial y\,\partial x}\tau(x,y)\right) - \left(\frac{\partial^2}{\partial y^2}\tau(x,y)\right) = 0$$

```
> glg6:=simplify(diff(glg2,x)-I*diff(glg3,y));
```
$$glg6 := 4I\left(\frac{\partial^2}{\partial y\,\partial x}\sigma(x,y)\right) + \left(\frac{\partial^2}{\partial x^2}\tau(x,y)\right) + \left(\frac{\partial^2}{\partial y^2}\tau(x,y)\right) = 0$$

```
> -4*I*diff(glg4,x,y)+diff(glg6,x,x)+diff(glg6,y,y):
> glg7:=simplify(");
```

$$glg7 := \left(\frac{\partial^4}{\partial x^4}\tau(x,y)\right) + 2\left(\frac{\partial^4}{\partial y^2\,\partial x^2}\tau(x,y)\right) + \left(\frac{\partial^4}{\partial y^4}\tau(x,y)\right) = 0$$

Die Gleichung glg4 besagt, daß die komplexe Funktion σ (und somit auch ihr Real- und Imaginärteil) Lösung der ebenen Potentialgleichung $\Delta\sigma = (\partial^2/\partial x^2 + \partial^2/\partial y^2)\sigma = 0$ ist. Demgegenüber sagt Gleichung glg7 aus, daß die komplexe Funktion τ (und somit auch ihr Real- und Imaginärteil w bzw. v) der ebenen Bipotentialgleichung $\Delta\Delta\tau = (\partial^2/\partial x^2 + \partial^2/\partial y^2)^2\tau = 0$ genügt.

Nach (8.9) läßt die Ableitung einer hyperkomplexen analytischen Funktion sich schreiben als

$$f'(\mathbf{z}) = \frac{1}{2}(1+j)\,f'(\mathbf{z}) + \frac{1}{2}(1-j)\,f'(\mathbf{z}) = \frac{1}{2}\left(\frac{\partial f}{\partial x} - i\frac{\partial f}{\partial y}\right).$$

```
> abl:=hyp->(diff(hyp,x)-I*diff(hyp,y))/2;
```

$$abl := hyp \rightarrow \frac{1}{2}\left(\frac{\partial}{\partial x}hyp\right) - \frac{1}{2}I\left(\frac{\partial}{\partial y}hyp\right)$$

```
> f1:=abl(f);
```

$$f1 := \frac{1}{2}\left(\frac{\partial}{\partial x}\sigma(x,y)\right) + \frac{1}{2}J\left(\frac{\partial}{\partial x}\tau(x,y)\right)$$
$$- \frac{1}{2}I\left(\left(\frac{\partial}{\partial y}\sigma(x,y)\right) + J\left(\frac{\partial}{\partial y}\tau(x,y)\right)\right)$$

Die Ableitungen von σ lassen sich mittels der Identitäten glg2 und glg3 eliminieren.

```
> f1:=evalhy(simplify(f1+(lhs(glg3)+lhs(glg2))/4));
```

$$f1 := \frac{1}{2}\left(\frac{\partial}{\partial x}\tau(x,y)\right) + \frac{1}{2}I\left(\frac{\partial}{\partial y}\tau(x,y)\right)$$
$$+ \left(\frac{1}{2}\left(\frac{\partial}{\partial x}\tau(x,y)\right) - \frac{1}{2}I\left(\frac{\partial}{\partial y}\tau(x,y)\right)\right)J$$

Aus dieser hyperkomplexen Funktion f' bilden wir die komplexwertige Funktion

$$g = i\left(\mathrm{Co}(f'(\mathbf{z})) + \overline{\mathrm{Su}(f'(\mathbf{z}))}\right). \tag{8.10}$$

Es gilt

$$g = i\left(\frac{\partial w}{\partial x} + i\frac{\partial w}{\partial y}\right), \tag{8.11}$$

wie MAPLE uns bestätigt:

```
> g:=I*(Co(f1)+cj(Su(f1))):
> subs(tau=w+I*v,g):   g:=evalc(");
```

$$g := -\left(\frac{\partial}{\partial y}\,\mathrm{w}(x,y)\right) + I\left(\frac{\partial}{\partial x}\,\mathrm{w}(x,y)\right)$$

Schließlich beschaffen wir uns auch die zweite Ableitung $f''(\mathbf{z})$. Den Realteil ihres Komplexteils nennen wir `reco` und das Supplement `dev`.

```
> f2:=simplify(abl(f1));
```

$$f2 := \frac{1}{4}\left(\frac{\partial^2}{\partial x^2}\,\tau(x,y)\right) + \frac{1}{4}\,J\left(\frac{\partial^2}{\partial x^2}\,\tau(x,y)\right)$$
$$-\frac{1}{2}\,I\,J\left(\frac{\partial^2}{\partial y\,\partial x}\,\tau(x,y)\right) + \frac{1}{4}\left(\frac{\partial^2}{\partial y^2}\,\tau(x,y)\right)$$
$$-\frac{1}{4}\,J\left(\frac{\partial^2}{\partial y^2}\,\tau(x,y)\right)$$

```
> Re(Co(subs(tau=w+I*v,f2))): reco:=evalc(");
```

$$reco := \frac{1}{4}\left(\frac{\partial^2}{\partial x^2}\,\mathrm{w}(x,y)\right) + \frac{1}{4}\left(\frac{\partial^2}{\partial y^2}\,\mathrm{w}(x,y)\right)$$

```
> Su(subs(tau=w+I*v,f2)): dev:=evalc(");
```

$$dev := \frac{1}{4}\left(\frac{\partial^2}{\partial x^2}\,\mathrm{w}(x,y)\right) + \frac{1}{2}\left(\frac{\partial^2}{\partial y\,\partial x}\,\mathrm{v}(x,y)\right) - \frac{1}{4}\left(\frac{\partial^2}{\partial y^2}\,\mathrm{w}(x,y)\right)$$
$$+I\left(\frac{1}{4}\left(\frac{\partial^2}{\partial x^2}\,\mathrm{v}(x,y)\right) - \frac{1}{2}\left(\frac{\partial^2}{\partial y\,\partial x}\,\mathrm{w}(x,y)\right) - \frac{1}{4}\left(\frac{\partial^2}{\partial y^2}\,\mathrm{v}(x,y)\right)\right)$$

```
> glg5a:=subs(tau=w+I*v,lhs(glg5));
```

$$glg5a := \left(\frac{\partial^2}{\partial x^2}\,(w+I\,v)(x,y)\right) + 2\,I\left(\frac{\partial^2}{\partial y\,\partial x}\,(w+I\,v)(x,y)\right)$$
$$-\left(\frac{\partial^2}{\partial y^2}\,(w+I\,v)(x,y)\right)$$

```
> dev:=evalc(dev+cj(glg5a)/4);
```

$$dev := \frac{1}{2}\left(\frac{\partial^2}{\partial x^2}\,\mathrm{w}(x,y)\right) - \frac{1}{2}\left(\frac{\partial^2}{\partial y^2}\,\mathrm{w}(x,y)\right) - I\left(\frac{\partial^2}{\partial y\,\partial x}\,\mathrm{w}(x,y)\right)$$

Um die zweiten Ableitungen von w bezüglich einer gedrehten Basis n, t zu berechnen, können wir die Tensortransformationsformeln heranziehen. Mit α bezeichnen wir den Winkel, den die t-Richtung mit der x-Achse einschließt. Bedeutet $\mathbf{H}$ die Hessesche Matrix, also die Komponentenmatrix des Tensors $\nabla \otimes \nabla w$, so gilt beispielsweise $\partial^2 w/\partial t^2 = \mathbf{e}_t \cdot \mathbf{H} \cdot \mathbf{e}_t$. Somit erhalten wir:

```
> with(linalg):
> hesse:=hessian(w(x,y),[x,y]);
```

$$hesse := \begin{bmatrix} \frac{\partial^2}{\partial x^2}\, \mathrm{w}(x,y) & \frac{\partial^2}{\partial y\,\partial x}\, \mathrm{w}(x,y) \\ \frac{\partial^2}{\partial y\,\partial x}\, \mathrm{w}(x,y) & \frac{\partial^2}{\partial y^2}\, \mathrm{w}(x,y) \end{bmatrix}$$

```
> et:=vector([cos(alpha),sin(alpha)]);
> en:=vector([sin(alpha),-cos(alpha)]);
```

$$et := [\,\cos(\alpha)\quad \sin(\alpha)\,]$$
$$en := [\,\sin(\alpha)\quad -\cos(\alpha)\,]$$

```
> wnn:=expand(evalm(transpose(en)&*hesse&*en));
> wtt:=expand(evalm(transpose(et)&*hesse&*et));
> wnt:=expand(evalm(transpose(en)&*hesse&*et));
```

$$wnn := \sin(\alpha)^2 \left(\frac{\partial^2}{\partial x^2}\, \mathrm{w}(x,y) \right)$$
$$- 2\sin(\alpha)\cos(\alpha) \left(\frac{\partial^2}{\partial y\,\partial x}\, \mathrm{w}(x,y) \right)$$
$$+ \cos(\alpha)^2 \left(\frac{\partial^2}{\partial y^2}\, \mathrm{w}(x,y) \right)$$

$$wtt := \cos(\alpha)^2 \left(\frac{\partial^2}{\partial x^2}\, \mathrm{w}(x,y) \right)$$
$$+ 2\sin(\alpha)\cos(\alpha) \left(\frac{\partial^2}{\partial y\,\partial x}\, \mathrm{w}(x,y) \right)$$
$$+ \sin(\alpha)^2 \left(\frac{\partial^2}{\partial y^2}\, \mathrm{w}(x,y) \right)$$

$$wnt := \cos(\alpha)\sin(\alpha) \left(\frac{\partial^2}{\partial x^2}\, \mathrm{w}(x,y) \right)$$
$$- \cos(\alpha)^2 \left(\frac{\partial^2}{\partial y\,\partial x}\, \mathrm{w}(x,y) \right) + \sin(\alpha)^2 \left(\frac{\partial^2}{\partial y\,\partial x}\, \mathrm{w}(x,y) \right)$$
$$- \sin(\alpha)\cos(\alpha) \left(\frac{\partial^2}{\partial y^2}\, \mathrm{w}(x,y) \right)$$

$\boxed{\text{Wichtig:}}$ Wesentlich eleganter geschieht die Berechnung mittels der komplexen Formeln

$$\frac{1}{2}\Delta w = \frac{1}{2}\left(\frac{\partial^2 w}{\partial t^2} + \frac{\partial^2 w}{\partial n^2} \right) = 2\,\mathrm{reco}\,, \tag{8.12}$$

$$\frac{1}{2}\left(\frac{\partial^2 w}{\partial t^2} - \frac{\partial^2 w}{\partial n^2} \right) + i\,\frac{\partial^2 w}{\partial n\,\partial t} = e^{2i\alpha}\,\mathrm{dev}\,. \tag{8.13}$$

Ihre Richtigkeit bestätigen die beiden folgenden Proben:

```
> simplify((wtt+wnn)/2-2*reco);
> simplify(expand(evalc((wtt-wnn)/2+I*wnt-exp(2*I*alpha)*dev)));
```

$$0$$
$$0$$

Übungsvorschlag: Zeigen Sie, daß die ersten Ableitungen von w bezüglich der gedrehten Basis n, t sich berechnen lassen aus der Formel

$$e^{-i\alpha} g = \frac{\partial w}{\partial n} + i\,\frac{\partial w}{\partial t}\,.$$

Die gewonnenen Erkenntnise lassen sich wie folgt zusammenfassen:

- Der Realteil $w(x, y)$ des Supplements jeder hyperkomplexen analytischen Funktion $f(\mathbf{z})$ der Variablen $\mathbf{z} = z + j\,\bar{z}$ mit $z = x + i\,y$ genügt der ebenen Bipotentialgleichung.

- Die ersten und zweiten partiellen Ableitungen von w nach x und y oder nach beliebigen Richtungen n und t können wir der aus $f'(\mathbf{z})$ gebildeten Funktion g gemäß (8.10), (8.11) bzw. den aus $f''(\mathbf{z})$ gebildeten Funktionen `reco` und `dev` gemäß (8.12), (8.13) entnehmen. Es ist einfacher und übersichtlicher, die gewöhnlichen ersten und zweiten Ableitungen von $f(\mathbf{z})$ nach $\mathbf{z}$ zu bilden und diese dann algebraischen Manipulationen zu unterwerfen, als die reelle Funktion $w(x, y)$ mehrfach partiell nach x und y abzuleiten.

8.3.3 Anwendung in der Elastizitätstheorie

Für ebene Flächentragwerke konstanter Dicke aus isotropem linear-elastischen Material ohne Feldbelastung gilt bekanntlich: Die Airysche Spannungsfunktion der Scheibe und die Biegefläche der Platte genügen der ebenen Bipotentialgleichung. Folglich müssen sich hyperkomplexe analytische Funktionen zur Behandlung dieser Probleme heranziehen lassen. Um das genauer zu klären, bilden wir aus der ersten Ableitung $f'(\mathbf{z})$ mit einem zunächst willkürlichen reellen Parameter η noch eine komplexwertige Funktion h nach der Vorschrift

$$h = \frac{3 + \eta}{1 - \eta}\mathrm{Co}(f'(\mathbf{z})) - \overline{\mathrm{Su}(f'(\mathbf{z}))}\,. \tag{8.14}$$

```
> h:=(3+eta)/(1-eta)*Co(f1)-cj(Su(f1)):
> h:=subs(tau=w+I*v,h):
> hx:=evalc(Re(h));   hy:=evalc(Im(h));
```

$$hx := \frac{(3 + \eta)\left(\dfrac{1}{2}\left(\frac{\partial}{\partial x}\,\mathrm{w}(x, y)\right) - \dfrac{1}{2}\left(\frac{\partial}{\partial y}\,\mathrm{v}(x, y)\right)\right)}{1 - \eta}$$
$$- \frac{1}{2}\left(\frac{\partial}{\partial x}\,\mathrm{w}(x, y)\right) - \frac{1}{2}\left(\frac{\partial}{\partial y}\,\mathrm{v}(x, y)\right)$$

$$hy := \frac{(3+\eta)\left(\frac{1}{2}\left(\frac{\partial}{\partial x}\,\mathrm{v}(x,y)\right) + \frac{1}{2}\left(\frac{\partial}{\partial y}\,\mathrm{w}(x,y)\right)\right)}{1-\eta}$$

$$+\,\frac{1}{2}\left(\frac{\partial}{\partial x}\,\mathrm{v}(x,y)\right) - \frac{1}{2}\left(\frac{\partial}{\partial y}\,\mathrm{w}(x,y)\right)$$

Nun beschaffen wir uns den Vektorgradienten des Vektorfeldes $[h_x\ h_y]$.

```
> hxx:=simplify(diff(hx,x)):    hxy:=simplify(diff(hx,y)):
> hyx:=simplify(diff(hy,x)):    hyy:=simplify(diff(hy,y)):
> hxx:=simplify(hxx-evalc(Re(glg5a))/(1-eta));
```

$$hxx := -\frac{\eta\left(\frac{\partial^2}{\partial x^2}\,\mathrm{w}(x,y)\right) + \left(\frac{\partial^2}{\partial y^2}\,\mathrm{w}(x,y)\right)}{-1+\eta}$$

```
> hyy:=simplify(hyy+evalc(Re(glg5a))/(1-eta));
```

$$hyy := -\frac{\eta\left(\frac{\partial^2}{\partial y^2}\,\mathrm{w}(x,y)\right) + \left(\frac{\partial^2}{\partial x^2}\,\mathrm{w}(x,y)\right)}{-1+\eta}$$

```
> hxy:=simplify(hxy-evalc(Im(glg5a))/(1-eta));
```

$$hxy := \left(\left(\frac{\partial^2}{\partial y\,\partial x}\,\mathrm{w}(x,y)\right) + \left(\frac{\partial^2}{\partial y^2}\,\mathrm{v}(x,y)\right) - \eta\left(\frac{\partial^2}{\partial y\,\partial x}\,\mathrm{w}(x,y)\right)\right.$$
$$\left. + \left(\frac{\partial^2}{\partial x^2}\,\mathrm{v}(x,y)\right)\right) / (-1+\eta)$$

```
> hyx:=simplify(hyx-evalc(Im(glg5a))/(1-eta));
```

$$hyx := -\left(\left(\frac{\partial^2}{\partial x^2}\,\mathrm{v}(x,y)\right) - \left(\frac{\partial^2}{\partial y\,\partial x}\,\mathrm{w}(x,y)\right)\right.$$
$$\left. + \eta\left(\frac{\partial^2}{\partial y\,\partial x}\,\mathrm{w}(x,y)\right) + \left(\frac{\partial^2}{\partial y^2}\,\mathrm{v}(x,y)\right)\right) / (-1+\eta)$$

```
> simplify((hxy+hyx)/2);
```

$$-\left(\frac{\partial^2}{\partial y\,\partial x}\,\mathrm{w}(x,y)\right)$$

Nach diesen Vorbereitungen können wir zeigen, wie drei Arten elastischer Probleme sich mittels hyperkomplexer Funktionen behandeln lassen.

Die Scheibe. Division des Schnittkrafttensors $\mathbf{N}$ durch $2Gt$ (G: Schubmodul, t: Scheibendicke) liefert den dimensionslosen Tensor $\mathbf{S} = \mathbf{N}/(2Gt)$. Deuten wir w als die Airysche Spannungsfunktion und setzen

$$s_{xx} = \frac{\partial^2 w}{\partial y^2}\,, \qquad s_{yy} = \frac{\partial^2 w}{\partial x^2}\,, \qquad s_{xy} = -\frac{\partial^2 w}{\partial x \partial y}\,,$$

so sind die homogenen Gleichgewichtsbedingungen

$$\frac{\partial s_{xx}}{\partial x} + \frac{\partial s_{xy}}{\partial y} = 0\,, \qquad \frac{\partial s_{xy}}{\partial x} + \frac{\partial s_{yy}}{\partial y} = 0$$

identisch erfüllt. Den isotropen und deviatorischen Anteil des Tensors **S** erhalten wir aus den folgenden Größen iso bzw. dev:

$$\frac{1}{2}\left(s_{yy} + s_{xx}\right) = \frac{1}{2}\Delta w = 2\,\mathtt{reco} = \mathtt{iso}\,, \tag{8.15}$$

$$\frac{1}{2}\left(s_{yy} - s_{xx}\right) + i\,s_{xy} = \frac{1}{2}\left(\frac{\partial^2 w}{\partial x^2} - \frac{\partial^2 w}{\partial y^2}\right) - i\,\frac{\partial^2 w}{\partial x\partial y} = \mathtt{dev}. \tag{8.16}$$

Zwischen den Verschiebungen **u**, den Verzerrungen **D** und den Schnittkräften **N** der Scheibe bestehen folgende Zusammenhänge:

$$\frac{\partial u_x}{\partial x} = d_{xx} = \frac{1}{2Gt(1+\nu)}\left(n_{xx} - \nu n_{yy}\right) = \frac{1}{1+\nu}\left(\frac{\partial^2 w}{\partial y^2} - \nu\frac{\partial^2 w}{\partial x^2}\right),$$

$$\frac{\partial u_y}{\partial y} = d_{yy} = \frac{1}{2Gt(1+\nu)}\left(n_{yy} - \nu n_{xx}\right) = \frac{1}{1+\nu}\left(\frac{\partial^2 w}{\partial x^2} - \nu\frac{\partial^2 w}{\partial y^2}\right),$$

$$\frac{1}{2}\left(\frac{\partial u_x}{\partial y} + \frac{\partial u_y}{\partial x}\right) = d_{xy} = \frac{n_{xy}}{2Gt} = -\frac{\partial^2 w}{\partial x\partial y}.$$

Wir erkennen, daß die Funktion h sich als komplexe Darstellung des Verschiebungsvektors deuten läßt, wenn wir $\eta = -\nu$ wählen. Auf einem festgehaltenen Rand muß also $h = 0$ gelten.

Um eine Interpretation für die Funktion g zu finden, schreiben wir ihren Zuwachs beim Übergang von einem Punkt z zu einem Nachbarpunkt $z + dz = z + e^{i\alpha}\,dt$ auf.

```
> dg:=(diff(g,x)*cos(alpha)+diff(g,y)*sin(alpha))*dt;
```

$$dg := \left(\left(-\left(\frac{\partial^2}{\partial y\,\partial x}\,\mathrm{w}(x,y)\right) + I\left(\frac{\partial^2}{\partial x^2}\,\mathrm{w}(x,y)\right)\right)\cos(\alpha)\right.$$
$$\left. + \left(-\left(\frac{\partial^2}{\partial y^2}\,\mathrm{w}(x,y)\right) + I\left(\frac{\partial^2}{\partial y\,\partial x}\,\mathrm{w}(x,y)\right)\right)\sin(\alpha)\right)dt$$

Dieser Zuwachs läßt sich auch schreiben als

$$dg = i\,e^{i\alpha}\left(\frac{\partial^2 w}{\partial t^2} - i\,\frac{\partial^2 w}{\partial n\partial t}\right)dt = i\,e^{i\alpha}(s_{nn} + i\,s_{nt})dt\,,$$

wie die folgende Probe zeigt.

```
> simplify(evalc(dg-I*exp(I*alpha)*(wtt-I*wnt)*dt));
```

$$0$$

Er läßt sich deuten als die zwischen beiden Punkten vom linken auf den rechten Scheibenteil ausgeübte Kraft. Auf einem freien Scheibenrand gilt $s_{nn} = 0$, $s_{nt} = 0$, also $dg = 0$, so daß g längs dieses Randes einen konstanten Wert besitzen muß.

Ebener Verzerrungszustand. Der Übergang vom ebenen Spannungszustand der Scheibe zum ebenen Verzerrungszustand eines elastischen Körpers vollzieht sich, indem **S** als der durch Division mit $2G$ dimensionslos gemachte ebene Anteil des Spannungstensors gedeutet und ν durch $\nu/(1 - \nu)$ ersetzt, also $\eta = -\nu/(1 - \nu)$ gewählt wird.

Die Platte. Wir deuten w als die Biegefläche der Platte. Real- und Imaginärteil von g gemäß (8.11) beschreiben dann die Drehung der Tangentialebene um die x- bzw. y-Achse. Auf einem eingespannten Rand muß also $g = 0$ gelten. Der Verkrümmungstensor der Plattenmittelfläche ergibt sich aus **reco** und **dev**. Division des Schnittmomententensors **M** durch $Gt^3/6$ liefert den Tensor $\mathbf{S} = 6\mathbf{M}/(Gt^3)$. Der Zusammenhang seiner Komponenten mit den Verkrümmungen ist gegeben durch

$$s_{xx} = \frac{-1}{1-\nu}\left(\frac{\partial^2 w}{\partial x^2} + \nu\frac{\partial^2 w}{\partial y^2}\right), \; s_{yy} = \frac{-1}{1-\nu}\left(\frac{\partial^2 w}{\partial y^2} + \nu\frac{\partial^2 w}{\partial x^2}\right), \; s_{xy} = -\frac{\partial^2 w}{\partial x \partial y},$$

und den isotropen und deviatorischen Anteil von **S** erhalten wir demnach mit (8.12), (8.13) aus folgenden Größen, die wir wieder iso bzw. dev nennen:

$$\frac{1}{2}\left(s_{yy} + s_{xx}\right) = -\frac{1}{2}\frac{1+\nu}{1-\nu}\Delta w = -\frac{1+\nu}{1-\nu}\,2\,\text{reco} = \text{iso}\,, \quad (8.17)$$

$$\frac{1}{2}\left(s_{yy} - s_{xx}\right) + i\,s_{xy} = \frac{1}{2}\left(\frac{\partial^2 w}{\partial x^2} - \frac{\partial^2 w}{\partial y^2}\right) - i\frac{\partial^2 w}{\partial x \partial y} = \text{dev} \quad (8.18)$$

oder

$$\frac{1}{2}\left(s_{nn} - s_{tt}\right) - i\,s_{nt} = e^{2i\alpha}\,\text{dev}\,.$$

Um die Funktion h zu interpretieren, wählen wir $\eta = \nu$ und beachten, daß der Zuwachs beim Übergang zu einem Nachbarpunkt sich darstellen läßt als

$$dh = \frac{1}{1-\nu}e^{i\alpha}\left(\frac{\partial^2 w}{\partial n^2} + \nu\frac{\partial^2 w}{\partial t^2} + i\left(\Delta v + (1-\nu)\frac{\partial^2 w}{\partial n \partial t}\right)\right)dt\,. \quad (8.19)$$

Das zeigt uns die folgende Probe, bei der wir auch von der Identität glg5a Gebrauch machen.

```
> dh:=(diff(evalc(h),x)*cos(alpha)+diff(evalc(h),y)
> *sin(alpha))*dt:   simplify(evalc(dh-1/(1-eta)*(
> exp(-I*alpha)*glg5a +exp(I*alpha)*(wnn+eta*wtt+I*
> (diff(v(x,y),x,x)+diff(v(x,y),y,y)+(1-eta)*wnt)))*dt));
                                0
```

Um schließlich die Funktion Δv physikalisch zu deuten, beweisen wir zunächst die Identität

$$\frac{\partial \Delta v}{\partial y} = \frac{\partial \Delta w}{\partial x}\,.$$

```
> simplify(diff(glg6,x)+I*diff(glg6,y)-4*I*diff(glg1,x,y));
```

$$\left(\frac{\partial^3}{\partial x^3}\,\tau(x,y)\right) + \left(\frac{\partial^3}{\partial y^2\,\partial x}\,\tau(x,y)\right) + I\left(\frac{\partial^3}{\partial y\,\partial x^2}\,\tau(x,y)\right)$$
$$+ I\left(\frac{\partial^3}{\partial y^3}\,\tau(x,y)\right) = 0$$

```
> subs(tau=w+I*v,lhs("")): evalc(Re(""));
```

$$\left(\frac{\partial^3}{\partial x^3}\,\mathrm{w}(x,y)\right) + \left(\frac{\partial^3}{\partial y^2\,\partial x}\,\mathrm{w}(x,y)\right) - \left(\frac{\partial^3}{\partial y\,\partial x^2}\,\mathrm{v}(x,y)\right)$$
$$- \left(\frac{\partial^3}{\partial y^3}\,\mathrm{v}(x,y)\right)$$

Bezeichnen wir mit q die durch $Gt^3/6$ dividierten Querkräfte der Platte, so verlangt das Momentengleichgewicht um die y-Achse

$$\begin{aligned}
q_x &= \frac{\partial s_{xx}}{\partial x} + \frac{\partial s_{xy}}{\partial y} = -\frac{1}{1-\nu}\left(\frac{\partial}{\partial x}\left(\frac{\partial^2 w}{\partial x^2} + \nu\frac{\partial^2 w}{\partial y^2}\right) + (1-\nu)\frac{\partial}{\partial y}\left(\frac{\partial^2 w}{\partial x\partial y}\right)\right)\\
&= \frac{\partial}{\partial x}\left(\frac{-\Delta w}{1-\nu}\right) = \frac{\partial}{\partial y}\left(\frac{-\Delta v}{1-\nu}\right)\,.
\end{aligned}$$

Für gedrehte Richtungen gilt entsprechend $q_n = \partial(-\Delta v/(1-\nu))/\partial t$. Der Zuwachs von $-\Delta v/(1-\nu)$ beim Übergang von einem Punkt zu einem Nachbarpunkt gibt also die zwischen diesen Punkten vom rechten auf den linken Plattenteil ausgeübte Kraft senkrecht zur Plattenmittelfläche.

An einem freien Rand müssen das Biegemoment und die Ersatzquerkraft nach Thomson-Tait verschwinden, also

$$s_{nn} = -\frac{1}{1-\nu}\left(\frac{\partial^2 w}{\partial n^2} + \nu\frac{\partial^2 w}{\partial t^2}\right) = 0\,, \tag{8.20}$$

$$\bar{q}_n = q_n + \frac{\partial s_{nt}}{\partial s} = \frac{\partial}{\partial s}\left(\frac{-\Delta v}{1-\nu} - \frac{\partial^2 w}{\partial n\partial t}\right) = 0\,. \tag{8.21}$$

(Bei krummen Rändern soll die Schreibweise $\partial/\partial s$ der Ableitung in Richtung des Randes andeuten, daß die Veränderlichkeit der Richtungen t und n längs des Randes zu berücksichtigen ist. So ist zwar $\partial\Delta v/\partial s = \partial\Delta v/\partial t$, aber $\partial(\partial^2 w/\partial n\partial t)/\partial s \neq \partial^3 w/\partial n\partial t^2$.) Die Gl. (8.21) besagt, daß der Ausdruck $-\Delta v/(1-\nu) - \partial^2 w/\partial n\partial t$ auf einem glatten Stück eines freien Randes einen konstanten (reellen) Wert k_1 besitzen muß. Damit gilt für den Zuwachs von h längs des freien Randes nach (8.19) mit (8.20) schließlich $dh = -e^{i\alpha}ik_1 dt = -ik_1 dz$ und für h selbst $h = -ik_1(z - z_0)$.

Nun läßt sich aber feststellen, daß zu der folgenden hyperkomplexen Funktion f_0 keine Biegefläche und damit auch keine Schnittgrößen gehören.

```
> z0:=x0+I*y0:   zh0:=evalc(z0+J*cj(z0)):
> fnull:=(1-eta)*I*k1*(zh-zh0)^2/8:  w:=evalc(Re(Su(fnull)));
```

$$w := 0$$

Sie liefert jedoch die nichttriviale Funktion $h = ik_1(z - z_0)$.

```
> evalc((3+eta)/(1-eta)*Co(abl(fnull))-cj(Su(abl(fnull)))):
> h:=factor(");
```

$$h := I\,(x + I\,y - x0 - I\,y0)\,k1$$

Addition der physikalisch bedeutungslosen Funktion fnull bewirkt also, daß die Funktion h auf dem glatten Stück des freien Randes zum Verschwinden gebracht wird. (Bei mehreren freien Rändern oder einem freien Rand mit Ecke wären zusätzliche Betrachtungen erforderlich.)

Nunmehr können wir eine Prozedur bereitstellen, welche die Bestandteile einer hyperkomplexen analytischen Funktion und ihrer Ableitungen im Sinne der Elastizitätstheorie interpretiert. Mit den Kennziffern kz=1,2,3 wird die Deutung als Scheibenproblem, ebener Verzerrungszustand bzw. Plattenproblem ausgewählt. Eingegeben wird ferner die Querkontraktionszahl ν und die Funktion $f'(z)$. (Die Stammfunktion $f(z)$ läßt sich möglicherweise nicht geschlossen angeben und ist im Falle der Kennziffern 1 und 2 auch nicht unbedingt von Interesse.) Ausgegeben werden w, g, h, iso und dev.

Prozedur elasti

```
> elasti:=proc(f1,nu,kz)
> global J,z;
> local f,f2,zh,eta,q1,q2,co,su,cjsu,w,g,h,iso,dev;
> f:=unapply(int(f1(zh),zh),zh);
> f2:=unapply(diff(f1(zh),zh),zh);
>     if kz=1 then eta:=-nu fi;
>     if kz=2 then eta:=-nu/(1-nu) fi;
>     if kz=3 then eta:=nu fi;
>     q1:=(3+eta)/(1-eta);
>     if kz=3 then q2:=-(1+eta)/(1-eta) else q2:=1 fi;
> z:='z';
> zh:=z+conjugate(z)*J;
> w:=Re(Su(f(zh)));
> co:=Co(f1(z));
> su:=Su(f1(zh));
> cjsu:=conjugate(su);
> to 5 do cjsu:=expand(") od;
> g:=I*(co+cjsu);
> h:=q1*co-cjsu;
> iso:=2*q2*Re(Co(f2(z)));
> dev:=Su(f2(zh));
> w,g,h,iso,dev
> end:
```

Der Befehl **expand** wird deswegen sicherheitshalber auf den Ausdruck `cjsu` fünfmal nacheinander angewendet, weil die Operation des Konjugierens bei jeder Anwendung nur eine Stufe tiefer in diesen Ausdruck eindringt.

8.3.4 Spezielle Elastizitätsprobleme

Problem 1: Homogener ebener Verzerrungszustand.
Die Funktion $f'(\mathbf{z})$ wird linear in $\mathbf{z}$ angesetzt, so daß $f''(\mathbf{z})$ und damit alle Spannungen und Verzerrungen in der Ebene konstant werden.

```
> ah:=a+as*J:      ausgabe1:=elasti(zh->ah*zh,nu,2);
```

$$ausgabe1 := \frac{1}{2}\,\Re(\,as\,z^2 + 2\,a\,z\,\mathrm{cj}(\,z\,)\,),$$

$$I(\,a\,z + \mathrm{cj}(\,as\,)\,\mathrm{cj}(\,z\,) + z\,\mathrm{cj}(\,a\,)\,),$$

$$\frac{\left(3 - \dfrac{\nu}{1-\nu}\right)a\,z}{1 + \dfrac{\nu}{1-\nu}} - \mathrm{cj}(\,as\,)\,\mathrm{cj}(\,z\,) - z\,\mathrm{cj}(\,a\,),\; 2\,\Re(\,a\,),\; as$$

Als Spezialfall betrachten wir einen einachsigen Spannungszustand in der y-Richtung: $\sigma_{xx} = 0, \sigma_{xy} = 0, \sigma_{yy} = \sigma_0$. Für den isotropen und deviatorischen Anteil der dimensionslosen Spannungen gilt gemäß der Ausgabe $(\sigma_{xx} + \sigma_{yy})/2 = \sigma_0/2 = 2\Re(a), (\sigma_{yy} - \sigma_{xx})/2 + i\sigma_{xy} = \sigma_0/2 = \tilde{a}$. Also setzen wir $a = \sigma_0/4, \tilde{a} = \sigma_0/2$. Eine Prüfung ergibt, daß g auf der y-Achse konstant ist und somit zwischen der linken und rechten Halbebene keine Kraft übertragen wird. Unsere Lösung beschreibt also zugleich den homogenen ebenen Verzerrungszustand in einem Halbraum mit dem freien Rand $x = 0$.

```
> a:=sigma0/4: as:=sigma0/2:
> evalc(subs(z=I*y,ausgabe1[2]));
```
$$0$$

Das komplexe Verschiebungsfeld h erhalten wir wie folgt.

```
> evalc(simplify(evalc(subs(z=x+I*y,ausgabe1[3]))));
```

$$-\sigma0\,x\,\nu + I(\sigma0\,y - \sigma0\,y\,\nu)$$

Die y-Komponente der Verschiebung ist proportional zu y und die aus der Querkontraktion herrührende x-Komponente proportional zu x. Die Normal- und Schubspannungskomponenten σ_{nn} und σ_{nt} des Spannungsvektors auf einem Schnitt, der um den Winkel α gegen die x-Achse gedreht ist, ergeben sich aus

```
> snn-I*snt=evalc(ausgabe1[4]+exp(I*2*alpha)*ausgabe1[5]);
```

$$snn - I\,snt = \frac{1}{2}\,\sigma0 + \frac{1}{2}\cos(2\,\alpha)\,\sigma0 + \frac{1}{2}\,I\sin(2\,\alpha)\,\sigma0$$

Problem 2: Singulärer Punkt auf dem Rand.

Bei den Potentialaufgaben hatten wir den Eckpunkt als Beispiel einer Rand-
singularität kennengelernt und eine Lösung mit gebrochenem reellen Exponenten gefunden. Bei den Bipotentialproblemen muß ein komplexer Exponent
d zugleich mit seinem konjugiert Komplexen $\bar{d}$ zugelassen werden. Wir setzen
also an:

```
> a:='a': as:='as': ah:=a+as*J: bh:=b+bs*J:
> f1:= zh->ah*zh^d+bh*zh^cj(d);
```

$$f1 := zh \rightarrow ah\, zh^d + bh\, zh^{\mathrm{cj}(d)}$$

Die beiden Aussagen, daß eine Kurve einen freien oder festen Rand beschreibt, also g bzw. h dort einen konstanten Wert besitzen soll, lassen sich
einheitlich schreiben als

$$const. = \lambda\overline{\mathrm{Co}(f'(\mathbf{z}))} + \mathrm{Su}(f'(\mathbf{z})) = \begin{cases} i\,\bar{g}\,, & \text{wenn} & \lambda = 1\,, \\[2mm] -\bar{h}\,, & \text{wenn} & \lambda = -q_1 = -\frac{3+\eta}{1-\eta}\,. \end{cases}$$

Wir notieren diese Bedingungen für die Strahlen $z = re^{i\beta}$ und $z = re^{-i\beta}$, die
wir oberen und unteren Abschnitt des Randes nennen und durch die beiden
λ-Werte λ_1 bzw. λ_2 kennzeichnen. Wir beginnen mit dem oberen Abschnitt.

```
> zh:=z+conjugate(z)*J:
> co:=Co(f1(z)); su:=Su(f1(zh));
```

$$co := a\, z^d + b\, z^{\mathrm{cj}(d)}$$

$$su := as\, z^d + \frac{a\, z^d\, d\,\mathrm{cj}(z)}{z} + bs\, z^{\mathrm{cj}(d)} + \frac{b\, z^{\mathrm{cj}(d)}\,\mathrm{cj}(d)\,\mathrm{cj}(z)}{z}$$

Ausdrücke des Typs $\overline{r^d}$ werden von MAPLE entweder gar nicht oder falsch
vereinfacht, wie die beiden folgenden Beispiele zeigen:

```
> r^d; cj(");    abs(r)^d; cj(");
```

$$r^d$$

$$\mathrm{cj}(r^d)$$

$$|r|^d$$

$$|r|^d$$

Um unerwünschte Umformungen zu vermeiden, schreiben wir den Größen r
und $\mathbf{ex}(= e^{i\beta})$ zunächst keine speziellen Eigenschaften zu.

```
> subs(z=r*ex,lambda1*cj(co)+su): expand("): expand(");
```

$$\lambda1\,\mathrm{cj}(a)\,\mathrm{cj}(r^d)\,\mathrm{cj}(ex^d) + \lambda1\,\mathrm{cj}(b)\,\mathrm{cj}(r^{\mathrm{cj}(d)})\,\mathrm{cj}(ex^{\mathrm{cj}(d)})$$

$$+\, as\, r^d\, ex^d + \frac{a\, r^d\, ex^d\, d\,\mathrm{cj}(r)\,\mathrm{cj}(ex)}{r\, ex} + bs\, r^{\mathrm{cj}(d)}\, ex^{\mathrm{cj}(d)}$$

$$+\, \frac{b\, r^{\mathrm{cj}(d)}\, ex^{\mathrm{cj}(d)}\,\mathrm{cj}(d)\,\mathrm{cj}(r)\,\mathrm{cj}(ex)}{r\, ex}$$

Erst an dieser Stelle setzen wir — weil r reell und positiv ist — $\bar{r} = r$ und kürzen die beiden Funktionen $r^{\,d} = \overline{r^{\,\bar d}}$ und $r^{\,\bar d} = \overline{r^{\,d}}$ als fkt1 bzw. fkt2 ab.

```
> subst1:=cj(r)=r,r^d=fkt1,r^cj(d)=fkt2,cj(fkt1)=fkt2,cj(fkt2)=fkt1;
```

$$subst1 :=$$
$$\mathrm{cj}(r) = r,\ r^d = fkt1,\ r^{\mathrm{cj}(d)} = fkt2,\ \mathrm{cj}(fkt1) = fkt2,\ \mathrm{cj}(fkt2) = fkt1$$

Außerdem führen wir ein $\overline{e^{\,i\beta d}} = e^{-i\beta \bar d}$, $\overline{e^{\,i\beta \bar d}} = e^{-i\beta d}$, $\overline{e^{\,i\beta}} = e^{-i\beta} = 1/e^{i\beta}$.

```
> subst2:=cj(ex^d)=ex^(-cj(d)),cj(ex^cj(d))=ex^(-d),cj(ex)=ex^(-1);
```

$$subst2 := \mathrm{cj}(ex^d) = ex^{(-\mathrm{cj}(d))},\ \mathrm{cj}(ex^{\mathrm{cj}(d)}) = ex^{(-d)},\ \mathrm{cj}(ex) = \frac{1}{ex}$$

```
> subs(subst1,subst2,""):   oben:=collect(",[fkt1,fkt2]);
```

$$oben := \left(as\, ex^d + \frac{a\, ex^d\, d}{ex^2} + \lambda 1\, \mathrm{cj}(b)\, ex^{(-d)} \right) fkt1$$
$$+ \left(\lambda 1\, \mathrm{cj}(a)\, ex^{(-\mathrm{cj}(d))} + \frac{b\, ex^{\mathrm{cj}(d)}\, \mathrm{cj}(d)}{ex^2} + bs\, ex^{\mathrm{cj}(d)} \right) fkt2$$

Die Aussage für den unteren Randabschnitt ergibt sich daraus, indem β durch $-\beta$, also $e^{i\beta}$ durch $1/e^{i\beta}$, und λ_1 durch λ_2 ersetzt wird.

```
> unten:=subs(ex=ex^(-1),lambda1=lambda2,oben);
```

$$unten := \left(as\, (\tfrac{1}{ex})^d + a\, (\tfrac{1}{ex})^d\, d\, ex^2 + \lambda 2\, \mathrm{cj}(b)\, (\tfrac{1}{ex})^{(-d)} \right) fkt1 +$$
$$\left(\lambda 2\, \mathrm{cj}(a)\, (\tfrac{1}{ex})^{(-\mathrm{cj}(d))} + b\, (\tfrac{1}{ex})^{\mathrm{cj}(d)}\, \mathrm{cj}(d)\, ex^2 + bs\, (\tfrac{1}{ex})^{\mathrm{cj}(d)} \right) fkt2$$

Die Ausdrücke oben und unten sollen längs der Randabschnitte konstant sein. Um das zu erreichen, fordern wir, daß die Koeffizienten bei den Funktionen fkt1 und fkt2 je für sich verschwinden. Diese Koeffizienten erhalten wir folgendermaßen.

```
> glg1:=coeff(oben,fkt1);   glg2:=coeff(oben,fkt2);
```

$$glg1 := as\, ex^d + \frac{a\, ex^d\, d}{ex^2} + \lambda 1\, \mathrm{cj}(b)\, ex^{(-d)}$$
$$glg2 := \lambda 1\, \mathrm{cj}(a)\, ex^{(-\mathrm{cj}(d))} + \frac{b\, ex^{\mathrm{cj}(d)}\, \mathrm{cj}(d)}{ex^2} + bs\, ex^{\mathrm{cj}(d)}$$

```
> glg3:=coeff(unten,fkt1);   glg4:=coeff(unten,fkt2);
```

$$glg3 := as\, (\tfrac{1}{ex})^d + a\, (\tfrac{1}{ex})^d\, d\, ex^2 + \lambda 2\, \mathrm{cj}(b)\, (\tfrac{1}{ex})^{(-d)}$$
$$glg4 := \lambda 2\, \mathrm{cj}(a)\, (\tfrac{1}{ex})^{(-\mathrm{cj}(d))} + b\, (\tfrac{1}{ex})^{\mathrm{cj}(d)}\, \mathrm{cj}(d)\, ex^2 + bs\, (\tfrac{1}{ex})^{\mathrm{cj}(d)}$$

Wenn wir noch den zweiten und vierten Koeffizienten konjugieren, so stehen uns vier komplexe Gleichungen zur Ermittlung der vier komplexen Konstanten a, $\bar b$, $\tilde a$, $\tilde{\bar b}$ zur Verfügung. Dabei machen wir Gebrauch von der Tatsache, daß die Konstanten λ_1 und λ_2 reell sind, und ziehen nochmals einige Eigenschaften von $\mathbf{ex}(= e^{i\beta})$ heran.

```
> cj(glg2): expand("): expand(");
```

$$\frac{a\,\mathrm{cj}(\lambda 1)}{\mathrm{cj}(ex^{\mathrm{cj}(d)})} + \frac{d\,\mathrm{cj}(b)\,\mathrm{cj}(ex^{\mathrm{cj}(d)})}{\mathrm{cj}(ex)^2} + \mathrm{cj}(bs)\,\mathrm{cj}(ex^{\mathrm{cj}(d)})$$

```
> glg20:=subs(cj(lambda1)=lambda1,cj(ex^cj(d))=ex^(-d),
>               cj(ex)=ex^(-1),");
```

$$glg20 := \frac{a\,\lambda 1}{ex^{(-d)}} + d\,\mathrm{cj}(b)\,ex^{(-d)}\,ex^2 + \mathrm{cj}(bs)\,ex^{(-d)}$$

```
> cj(glg4): expand("): expand(");
```

$$a\,\mathrm{cj}(\lambda 2)\,\mathrm{cj}((\frac{1}{ex})^{(-\mathrm{cj}(d))}) + d\,\mathrm{cj}(b)\,\mathrm{cj}((\frac{1}{ex})^{\mathrm{cj}(d)})\,\mathrm{cj}(ex)^2$$
$$+ \mathrm{cj}(bs)\,\mathrm{cj}((\frac{1}{ex})^{\mathrm{cj}(d)})$$

```
> glg40:=subs(cj(lambda2)=lambda2,cj((1/ex)^cj(-d))=ex^(-d),
> cj((1/ex)^cj(d))=ex^d,cj(ex)=ex^(-1),");
```

$$glg40 := a\,\lambda 2\,ex^{(-d)} + \frac{d\,\mathrm{cj}(b)\,ex^d}{ex^2} + \mathrm{cj}(bs)\,ex^d$$

Nunmehr beschaffen wir uns die Matrix des Gleichungssystems und deren Determinante, schreiben $e^{i\beta}$ für die Abkürzung ex, setzen $2\beta = \alpha$ und verwenden ein Additionstheorem. Die Determinante ergibt sich dann als transzendenter Ausdruck in der komplexen Variablen d. Nur wenn dieser gleich Null ist, besitzen die homogenen Gleichungen nichttriviale Lösungen.

```
> m:=genmatrix([glg1,glg20,glg3,glg40],[a,cj(b),as,cj(bs)]);
```

$$m := \begin{bmatrix} \dfrac{ex^d\,d}{ex^2} & \lambda 1\,ex^{(-d)} & ex^d & 0 \\[2ex] \dfrac{\lambda 1}{ex^{(-d)}} & d\,ex^{(-d)}\,ex^2 & 0 & ex^{(-d)} \\[2ex] (\dfrac{1}{ex})^d\,d\,ex^2 & \lambda 2\,(\dfrac{1}{ex})^{(-d)} & (\dfrac{1}{ex})^d & 0 \\[2ex] \lambda 2\,ex^{(-d)} & \dfrac{ex^d\,d}{ex^2} & 0 & ex^d \end{bmatrix}$$

```
> det(m): dm:=simplify(");
```

$$dm := -(-2\,d^2\,ex^4 + d^2 + \lambda 1^2\,ex^4 - \lambda 1\,ex^4\,\lambda 2\,(\frac{1}{ex^4})^{(-d)}$$
$$+ d^2\,ex^8 - \lambda 2\,ex^4\,\lambda 1\,(\frac{1}{ex^4})^d + \lambda 2^2\,ex^4)/ex^4$$

```
> ex:=exp(I*beta):   dm1:=simplify(dm);
```

$$dm1 := 2\,\lambda1\,\lambda2\cos(4\,d\,\beta) - 2\,d^2\cos(4\,\beta) + 2\,d^2 - \lambda1^2 - \lambda2^2$$

```
> dm2:=subs(cos(4*beta)=1-2*sin(alpha)^2,
> cos(4*beta*d)=1-2*sin(alpha*d)^2,dm1): transz:=expand(dm2);
```

$$transz := 2\,\lambda1\,\lambda2 - 4\,\lambda1\,\lambda2\sin(\alpha\,d)^2 + 4\,d^2\sin(\alpha)^2 - \lambda1^2 - \lambda2^2$$

Die Ermittlung der Eigenwerte d studieren wir an drei Beispielen.

Problem 2a: Gerader Rand, also $\alpha = 180° = \pi$. Bei $z = 0$ soll ein Wechsel der Randbedingung vorliegen. Für $y > 0$ soll gelten $h = const.$, also $\lambda_1 = -q1$. Für $y < 0$ soll gelten $g = const.$, also $\lambda_2 = 1$. Im Falle einer Platte ist also der untere Abschnitt des Randes eingespannt und der obere frei, beim ebenen Spannungs- oder Verzerrungszustand ist es umgekehrt. Wir wollen hier die Platte betrachten.

Eine Graphik zeigt uns, daß die transzendente Gleichung keine reellen Wurzeln besitzt. Der Befehl fsolve mit der Option complex liefert uns eine komplexe Wurzel.

```
> alpha:=Pi: lambda1:=-(3+nu)/(1-nu): lambda2:=1: nu:=1/3: transz;
```

$$-36 + 20\sin(\pi\,d)^2$$

```
> plot(transz,d=0..5,-40..40);
> fsolve(transz,d,complex);
```

$$2.500000000 - .2561499994\,I$$

Dieses Einzelergebnis ist nicht sehr aufschlußreich. Wir wollen die Verteilung aller komplexen Wurzeln kennen. Deshalb schreiben wir die transzendente Gleichung um in $\sin\pi d = \pm\sqrt{36/20} = \pm 3/\sqrt{5}$ und zerlegen sie in Real- und Imaginärteil.

```
> transz1:=sin(Pi*d)-vorz*3/sqrt(5);
```

$$transz1 := \sin(\pi\,d) - \frac{3}{5}\,vorz\,\sqrt{5}$$

```
> evalc(subs(d=d1+I*d2,transz1));
```

$$\sin(\pi\,d1)\cosh(\pi\,d2) - \frac{3}{5}\,vorz\,\sqrt{5} + I\cos(\pi\,d1)\sinh(\pi\,d2)$$

Wegen $d_2 \neq 0$ verschwindet der Imaginärteil dieser Gleichung für $\pm d_1 = 1/2, 3/2, 5/2, \ldots$. Der zugehörige Wert von $\sin\pi d_1$ ist ± 1, und das Verschwinden des Realteils verlangt $\cosh\pi d_2 = 3/\sqrt{5}$, also

```
> d2:=evalf(arccosh(3/sqrt(5))/Pi);
```

$$d2 := .2561499995$$

Auch das Negative dieses Werts ist eine Lösung. Sämtliche Eigenwerte haben also die Gestalt $d = \pm(2n-1)/2 \pm 0.25615\,i$, $n = 1, 2, 3, \ldots$. Wir betrachten den Eigenwert mit dem kleinsten positiven Realteil.

```
> d1:=1/2: d:=d1+I*d2;
```

$$d := .5000000000 + .2561499995\,I$$

Zunächst vergewissern wir uns, daß die Determinante im Rahmen der Rechengenauigkeit tatsächlich verschwindet.

```
> beta:=alpha/2:    simplify(dm1);
```

$$.4000000000\,10^{-7} - .9844962294\,10^{-8}\,I$$

Dann greifen wir drei der vier linear abhängigen komplexen Gleichungen heraus und lösen sie nach drei der vier Variablen auf.

```
> solve({glg1,glg20,glg3},{as,cj(b),cj(bs)});
```

$$\{as = (.5000000000 + .2561499995\,I)\,a,$$
$$\mathrm{cj}(bs) = (.9321188102\,10^{-12} + 2.236067976\,I)\,a,$$
$$\mathrm{cj}(b) = .1864237620\,10^{-11}\,a\}$$

Wir runden die Lösungen sinnvoll ab und setzen sie zur Kontrolle noch einmal in alle vier Gleichungen ein.

```
> as:=d*a: b:=0: bs:=-I*2.236068*cj(a):
> map(simplify,[glg1,glg2,glg3,glg4]);
```

$$[0, .2600000000\,10^{-7}\,\mathrm{cj}(a) - .2600000000\,10^{-7}\,I\,\mathrm{cj}(a), 0,$$
$$-.1000000000\,10^{-7}\,\mathrm{cj}(a) - .1000000000\,10^{-7}\,I\,\mathrm{cj}(a)]$$

Jetzt wollen wir die Plattenbiegefläche untersuchen.

```
> w:=elasti(f1,nu,3)[1];
```

$$w := \Re((\,1.000000000 - .498834300\,10^{-11}\,I\,)$$
$$z^{(\,1.500000000+.2561499995\,I\,)}\,\mathrm{cj}(\,z\,)\,a/z$$
$$+ (\,.3522233140 + .1106186652\,I\,)$$
$$z^{(\,1.500000000+.2561499995\,I\,)}\,a$$
$$+ (\,.2473508574 - 1.448472719\,I\,)$$
$$z^{(\,1.500000000-.2561499995\,I\,)}\,\mathrm{cj}(\,a\,))$$

Am freien Rand $y = |s| > 0$ verläuft die Durchbiegung wie folgt.

```
> simplify(expand(evalc(subs(a=a0*exp(I*delta),z=I*abs(s),w)))):
> woben:=combine(",trig);
```

$$woben :=$$
$$1.524038085\,a0\,|s|^{3/2}\cos(\,\delta + .2561499995\ln(\,|s|\,)\,)$$
$$+ 2.151738140\,a0\,|s|^{3/2}\sin(\,\delta + .2561499995\ln(\,|s|\,)\,)$$

Besonders einfach wird der Ausdruck für folgenden Wert von δ:

```
> delta:=arctan(2.151738140/1.524038085):      expand(woben);
```

$$2.636791442 \, a0 \, |s|^{3/2} \cos(.2561499995 \ln(|s|))$$

Für diese Wahl und $a_0 = 1$ zeichnen wir einige zum Rand parallele Schnitte durch die Biegefläche sowie eine Darstellung der Höhenlinien.

```
> plot({seq(subs(a=exp(I*delta),z=x+I*y,w),x=[0,1,2,3])},y=-3..3);
> x:='x':    plots[contourplot]
>     (subs(a=exp(I*delta),z=x+I*y,w),x=0..3,y=-2..2);
```

Nun sehen wir uns den isotropen und deviatorischen Anteil des Momententensors an.

```
> iso:=simplify(elasti(f1,nu,3)[4]);
> dev:=expand(simplify(elasti(f1,nu,3)[5]));
```

$$iso := -4.\Re((.5000000000 + .2561499995 \, I) \, a$$
$$z^{(-.5000000000+.2561499995 \, I)})$$

$$dev := .1843871778 \, \frac{a \, z^{(.2561499995 \, I)}}{z^{.5000000000}}$$

$$+ .2561499995 \, \frac{I \, a \, z^{(.2561499995 \, I)}}{z^{.5000000000}}$$

$$- .3156128222 \, \frac{a \, z^{(.2561499995 \, I)} \, |z|^2}{z^{2.500000000}}$$

$$- .5727688171 \, \frac{\mathrm{cj}(a) \, z^{(-.2561499995 \, I)}}{z^{.5000000000}}$$

$$- 1.118034000 \, \frac{I \, \mathrm{cj}(a) \, z^{(-.2561499995 \, I)}}{z^{.5000000000}}$$

Jetzt wird deutlich, warum es sinnvoll war, gerade den Eigenwert mit dem kleinsten positiven Realteil herauszugreifen, um den Einfluß der Unstetigkeit der Randbedingung zu beschreiben. Die Biegefläche verhält sich dann nämlich proportional zur Potenz 3/2 des Abstandes r vom singulären Punkt und die Neigung der Tangentialebene daher wie $\sqrt{r}$. Wählen wir den Eigenwert mit dem nächst kleineren Realteil, dann verläuft w wie $\sqrt{r}$ und die Neigung wie $1/\sqrt{r}$. An der Störstelle $r = 0$ gibt es dann keine Tangentialebene; die Platte ist zerbrochen. Umgekehrt sehen wir, daß in unserem Falle die Biege- und Torsionsmomente mit wachsender Entfernung von der Störstelle mit $1/\sqrt{r}$ abklingen. Wählen wir dagegen den Eigenwert mit dem nächst größeren Realteil, dann wachsen die Momente mit $\sqrt{r}$ an, und es wird kein lokales Phänomen beschrieben. In engster Nachbarschaft der Störstelle ist unsere Lösung natürlich nicht gültig, weil unendlich große Krümmungen und Momente mit den Voraussetzungen der Theorie elastischer Platten nicht vereinbar sind.

Problem 2b: Ecke mit $\alpha = 300° = 5\pi/3$. Scheibe, beide Randabschnitte festgehalten, also $h = 0$, demnach $\lambda_1 = \lambda_2 = -q_1$.

```
> d:='d':  alpha:=5*Pi/3: beta:=alpha/2: nu:=1/3:
> lambda1:=-(3-nu)/(1+nu): lambda2:=lambda1:  transz;
```

$$3\,d^2 - 16\sin\left(\frac{5}{3}\,\pi\,d\right)^2$$

```
> plot(transz,d=0..5);
```

Wir sehen, daß reelle Wurzeln der transzendenten Gleichung existieren (s. Bild 8.4). Die kleinste positive Wurzel beschaffen wir aus einer Vergrößerung der Zeichnung und einem Aufruf von fsolve.

```
> plot(transz,d=0.4..0.7,-0.5..0.5);
> d:=fsolve(transz,d,d=0.54..0.56);
```

$$d := .5537542930$$

Weil jetzt $d = \bar{d}$ gilt, werden die beiden Funktionen fkt1 und fkt2 in den Randausdrücken oben und unten identisch. Wir erhalten deshalb nur zwei statt vier Gleichungen. Dafür können wir aber $\mathbf{b} = b + j\,\tilde{b} = 0$ wählen.

```
> a:='a': as:='as': b:=0: bs:=0:
> gl1:=evalf(subs(fkt1=1,fkt2=1,oben));
```

$$\begin{aligned}
gl1 :=\ &(.1207754144 + .9926798575\,I)\,as\\
&+ (-.4426148466 + .3327700623\,I)\,a\\
&+ (-.2415508288 + 1.985359715\,I)\,\mathrm{cj}(a)
\end{aligned}$$

```
> gl2:=evalf(subs(fkt1=1,fkt2=1,unten));
```

$$\begin{aligned}
gl2 :=\ &(.1207754144 - .9926798573\,I)\,as\\
&+ (-.4426148468 - .3327700626\,I)\,a\\
&+ (-.2415508288 - 1.985359715\,I)\,\mathrm{cj}(a)
\end{aligned}$$

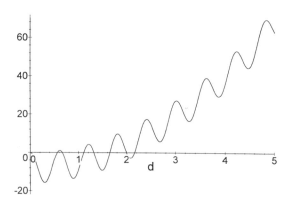

Bild 8.4. Bestimmung reeller Wurzeln der Eigenwertgleichung

Zunächst eliminieren wir aus diesen Gleichungen $\tilde{a}$ wie folgt.

```
> simplify(coeff(gl2,as)*gl1-coeff(gl1,as)*gl2);
```

$$-.2800000000\,10^{-9}\,a + .9591305702\,I\,a$$
$$+ .9591305692\,I\,\mathrm{cj}(a)$$

Der letzte Ausdruck verschwindet im Rahmen der Rechengenauigkeit, wenn a imaginär ist. Wir erhalten dann $\tilde{a}$ aus einer der Gleichungen gl1 oder gl2.

```
> a:=I*a0:  simplify(subs(cj(a0)=a0,solve(gl1,as)));
> simplify(subs(cj(a0)=a0,solve(gl2,as)));  as:= evalc(Im("))*I;
```

$$(.3236414567\,10^{-9} + 1.664776051\,I)\,a0$$
$$(-.6348554804\,10^{-9} + 1.664776051\,I)\,a0$$
$$as := 1.664776051\,I\,a0$$

Wir sehen uns noch die endgültige hyperkomplexe Form der Lösung an sowie den Verlauf der Schnittkräfte längs der x-Achse unter Beachtung von $s_{yy} + i\,s_{xy} = $ iso+dev.

```
> f1(zh);
```

$$(\,I\,a0 + 1.664776050\,I\,a0\,J\,)\,(\,z + \mathrm{cj}(\,z\,)\,J\,)^{.5537542930}$$

```
> simplify(evalc(subs(z=abs(x),
>    elasti(f1,nu,1)[4]+elasti(f1,nu,1)[5])));
```

$$.6747664091\,\frac{I\,a0}{|x|^{\frac{446245707}{1000000000}}}$$

```
> plot(-I*subs(a0=1,"),x=0..3,-5..5);
```

Wir stellen fest, daß nur Schubkräfte zwischen der oberen und unteren Scheibenhälfte übertragen werden. Die Lösung beschreibt also einen zur x-Achse antimetrischen Zustand.

Übungsvorschlag: Zeigen Sie, daß sich die Beschreibung des entsprechenden symmetrischen Zustandes ergibt, wenn der nächstgrößere reelle Eigenwert gewählt wird. (Er ist ebenfalls kleiner als 1.)

Problem 2c: Riß ($\alpha = 360° = 2\pi$). Ebener Verzerrungszustand, beide Randabschnitte frei, also $g = const.$, demnach $\lambda_1 = \lambda_2 = 1$.

```
> alpha:=2*Pi: beta:=Pi: lambda1:=1: lambda2:=1: nu:='nu': d:='d':
> transz;
```

$$-4\sin(\,2\,\pi\,d\,)^2$$

```
> plot(transz,d=0..5);
```

Der kleinste positive Eigenwert ist $d = 1/2$.

```
> d:=1/2:  a:='a': as:='as':
```

Wichtig: Damit die Funktionen oben und unten richtig ausgewertet werden, rechnen wir zunächst mit unbestimmtem β.

```
> beta:='beta':  gl1:=subs(fkt1=1,fkt2=1,oben);
> gl2:=subs(fkt1=1,fkt2=1,unten);
```

$$gl1 := as\,\sqrt{e^{(I\,\beta)}} + \frac{1}{2}\,\frac{a}{(e^{(I\,\beta)})^{3/2}} + \frac{\text{cj}(a)}{\sqrt{e^{(I\,\beta)}}}$$

$$gl2 := as\,\sqrt{\frac{1}{e^{(I\,\beta)}}} + \frac{1}{2}\,a\,\sqrt{\frac{1}{e^{(I\,\beta)}}}\,(e^{(I\,\beta)})^2 + \frac{\text{cj}(a)}{\sqrt{\dfrac{1}{e^{(I\,\beta)}}}}$$

Wenn wir in diesen Formeln $\beta = \pi$ wählen, setzt MAPLE zunächst $e^{i\pi} = -1$ und erhält beim Wurzelziehen $\sqrt{e^{i\pi}} = \sqrt{-1} = i$ und $\sqrt{1/e^{i\pi}} = \sqrt{-1} = i$, also für beide Randabschnitte den gleichen Wert, wie die folgende Probe bestätigt:

```
> eval(subs(beta=Pi,gl1));    eval(subs(beta=Pi,gl2));
```

$$I\,as + \frac{1}{2}\,I\,a - I\,\text{cj}(a)$$

$$I\,as + \frac{1}{2}\,I\,a - I\,\text{cj}(a)$$

Tatsächlich muß im vorliegenden Falle so gerechnet werden: $\sqrt{e^{i\pi}} = (e^{i\pi})^{1/2} = e^{i\pi/2} = i$ und $\sqrt{1/e^{i\pi}} = (e^{-i\pi})^{1/2} = e^{-i\pi/2} = -i$. Merkwürdigerweise erreichen wir diese Umformung nicht mit den Befehlen combine(.,power) oder combine(.,exp), wohl aber mit dem Befehl simplify(.,symbolic).

```
> gl1s:=simplify(gl1,symbolic);  gl2s:=simplify(gl2,symbolic);
```

$$gl1s := as\,e^{(1/2\,I\,\beta)} + \frac{1}{2}\,e^{(-3/2\,I\,\beta)}\,a + \text{cj}(a)\,e^{(-1/2\,I\,\beta)}$$

$$gl2s := as\,e^{(-1/2\,I\,\beta)} + \frac{1}{2}\,a\,e^{(3/2\,I\,\beta)} + e^{(1/2\,I\,\beta)}\,\text{cj}(a)$$

Es hat sich in der Tat das richtige Ergebnis eingestellt. (Das ist nicht selbstverständlich, denn wegen der Option symbolic werden ggf. komplexe Größen in unerwünschter Weise als reelle interpretiert.)

Nun können wir $\beta = \pi$ setzen.

```
> beta:=Pi:   gl1s;    gl2s;
```

$$I\,as + \frac{1}{2}\,I\,a - I\,\text{cj}(a)$$

$$-I\,as - \frac{1}{2}\,I\,a + I\,\text{cj}(a)$$

Beide Ausdrücke lassen sich zum Verschwinden bringen, indem wir a frei wählen und für $\tilde{a}$ setzen

```
> as:=cj(a)-a/2;
```

$$as := \text{cj}(\,a\,) - \frac{1}{2}\,a$$

Der ebene Verzerrungszustand an einer Rißspitze wird demnach durch die folgende hyperkomplexe Funktion beschrieben.

```
> f1(zh);
```

$$\left(a + \left(\text{cj}(\,a\,) - \frac{1}{2}\,a\right) J\right)\sqrt{z + \text{cj}(\,z\,)\,J}$$

Für die Spannungen auf der Halbebene $y = 0, x > 0$ ergibt sich

```
> simplify(evalc(subs(a=a1+I*a2,z=abs(x),
>    elasti(f1,nu,2)[4]+elasti(f1,nu,2)[5])));
```

$$-\frac{-a1 + I\,a2}{\sqrt{|x|}}$$

Der Realteil von a bewirkt nur eine Normalspannung (symmetrischer Zustand) und der Imaginärteil nur eine Schubspannung (antimetrischer Zustand). Die Größen $K_I = \sqrt{2\,\pi}\,a_1$ und $K_{II} = \sqrt{2\,\pi}\,a_2$ werden in der Bruchmechanik als Spannungsintensitätsfaktoren zu den Rißöffnungsarten I bzw. II bezeichnet. Auf den Rißoberflächen $z = -|x|$ ergeben die Spannungen sich zu Null.

Die Verformungen der Rißumgebung können wir veranschaulichen, indem wir den komplexwertigen Ortsvektor der verformten Lage $z_v = z + h(z)$ als Funktion des Ortsvektors z der unverformten Lage auffassen und diese komplexwertige Funktion $z_v(z)$ mit dem Befehl `conformal` darstellen (s. Bild 8.5). Die Abbildung ist in diesem Falle allerdings gar nicht konform, denn $z_v(z)$ ist keine komplexe analytische Funktion.

```
> h:=elasti(f1,nu,2)[3]:
> plots[conformal](z+subs(nu=0.3,a=0.5,h),z=-10-8*I..5+8*I,
>        -8-6*I..6+6*I,grid=[30,40],numxy=[30,30]);
> plots[conformal](z+subs(nu=0.3,a=0.5*I,h),z=-12-8*I..7+8*I,
>        -5-6*I..5+6*I,grid=[30,40],numxy=[30,30]);
```

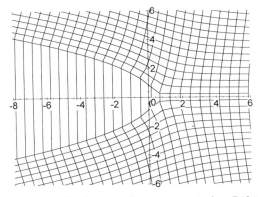

Bild 8.5. Verformung bei symmetrischer Rißöffnung

Problem 3: Singularität im Inneren einer Scheibe.

```
> ah:='ah':   zh:='zh':
> f1:=zh->ah*ln(zh);
```

$$f1 := zh \rightarrow ah \ln(zh)$$

```
> a:='a':   as:='as':   ah:=a+J*as:   nu:='nu':
> assume(r>0);      assume(phi,real);
> subs(z=r*exp(I*phi),elasti(f1,nu,1)[2]);g:=simplify(",symbolic);
```

$$I \left(a \ln(r^{\tilde{}} e^{(I \phi^{\tilde{}})}) + \mathrm{cj}(as)\,\mathrm{cj}(\ln(r^{\tilde{}} e^{(I \phi^{\tilde{}})})) + \frac{r^{\tilde{}} e^{(I \phi^{\tilde{}})} \mathrm{cj}(a)}{\mathrm{cj}(r^{\tilde{}} e^{(I \phi^{\tilde{}})})} \right)$$

$$g := I \left(a \ln(r^{\tilde{}}) + I\, a\, \phi^{\tilde{}} + \mathrm{cj}(as) \ln(r^{\tilde{}}) - I\, \mathrm{cj}(as)\, \phi^{\tilde{}} + e^{(2 I \phi^{\tilde{}})} \mathrm{cj}(a) \right)$$

```
> subs(z=r*exp(I*phi),elasti(f1,nu,1)[3]);h:=simplify(",symbolic);
```

$$\frac{(3 - \nu)\, a \ln(r^{\tilde{}} e^{(I \phi^{\tilde{}})})}{1 + \nu} - \mathrm{cj}(as)\,\mathrm{cj}(\ln(r^{\tilde{}} e^{(I \phi^{\tilde{}})})) - \frac{r^{\tilde{}} e^{(I \phi^{\tilde{}})} \mathrm{cj}(a)}{\mathrm{cj}(r^{\tilde{}} e^{(I \phi^{\tilde{}})})}$$

$$\begin{aligned}
h := &(3\, a \ln(r^{\tilde{}}) + 3 I\, a\, \phi^{\tilde{}} - a\, \nu \ln(r^{\tilde{}}) - I\, a\, \nu\, \phi^{\tilde{}} \\
&- \mathrm{cj}(as) \ln(r^{\tilde{}}) - \mathrm{cj}(as) \ln(r^{\tilde{}})\, \nu + I\, \mathrm{cj}(as)\, \phi^{\tilde{}} + I\, \mathrm{cj}(as)\, \phi^{\tilde{}}\, \nu \\
&- e^{(2 I \phi^{\tilde{}})} \mathrm{cj}(a) - e^{(2 I \phi^{\tilde{}})} \mathrm{cj}(a)\, \nu)/(1 + \nu)
\end{aligned}$$

Eine sorgfältige Prüfung zeigt, daß MAPLE die Umformungen mit der Option
`symbolic` in der gewünschten Weise durchgeführt hat.

Die in φ linearen Terme sind nicht periodisch; beim vollen Umlauf von
$\varphi = 0$ bis $\varphi = 2\pi$ ändern sich g und h um

$$[g] = 2\pi \left(-a + \bar{\bar{a}}\right), \qquad [h] = 2\pi i \left(\frac{3 - \nu}{1 + \nu}\, a + \bar{\bar{a}} \right).$$

Anwendung auf die **Vollscheibe**. Die Verschiebung h muß periodisch sein,
also $\bar{a} = -(3 - \nu)\,\bar{a}/(1 + \nu)$ und somit $[g] = -8\pi a/(1 + \nu)$. Im Punkt $z = 0$
greift also eine Einzelkraft $[g]$ an der Scheibe an. Isotroper und deviatorischer
Teil der Schnittkräfte ergeben sich zu

```
> as:=-(3-nu)/(1+nu)*cj(a):
> iso:=elasti(f1,nu,1)[4]; dev:=elasti(f1,nu,1)[5];
```

$$iso := 2\, \Re \left(\frac{a}{z} \right)$$

$$dev := -\frac{(3 - \nu)\,\mathrm{cj}(a)}{(\nu + 1)\, z} - \frac{a\, \mathrm{cj}(z)}{z^2}$$

Die Darstellung der Schnittkräfte in Polarkoordinaten läßt sich daraus wie
folgt gewinnen.

```
> delta:='delta':  r:='r':  phi:='phi':  simplify(evalc(subs(
> a=a0*exp(I*delta),z=r*exp(I*phi),iso))):  combine(",trig);
```

$$2\, \frac{a0 \cos(\delta - \phi)}{r}$$

```
> simplify(evalc(subs(a=a0*exp(I*delta),z=r*exp(I*phi),
> exp(2*I*phi)*dev))): evalc(combine(",trig));
```

$$-4\,\frac{a0\,\cos(-\delta+\phi)}{r+r\,\nu}$$

$$+\,\frac{I\,(-2\,a0\,\sin(-\delta+\phi)+2\,a0\,\nu\,\sin(-\delta+\phi))}{r+r\,\nu}$$

Der erste dieser Ausdrücke gibt $(s_{\varphi\varphi}+s_{rr})/2$, der zweite $(s_{\varphi\varphi}-s_{rr})/2+i\,s_{r\varphi}$. Da die Schnittkräfte am Kraftangriffspunkt $r=0$ einen Pol besitzen, ist die Lösung in unmittelbarer Nähe dieses Punktes nicht gültig.

Übungsvorschlag: Am Punkt $z=0$ der Vollscheibe soll keine Kraft angreifen, d.h. beim Umlauf um diesen Punkt muß g periodisch sein. Folglich besitzt die Verschiebung beim Umlauf einen Sprung $[h]$, der als Versetzung bezeichnet wird. Untersuchen Sie den Verschiebungszustand.

Übungsvorschlag: Mit der angegebenen hyperkomplexen Singularität läßt sich auch ein Scheibensektor mit dem Öffnungswinkel α beschreiben, an dessen Ecke eine Einzelkraft angreift. Bestimmen Sie die Konstante **a** so, daß auf den Strahlen $re^{\pm i\alpha/2}$ gilt $g=const.$, also Kräftefreiheit.

Übungsvorschlag: Mit der angegebenen hyperkomplexen Singularität läßt sich der Angriff eines Einzelmoments im Inneren einer Platte beschreiben. Bestimmen Sie **a** so, daß die Biegefläche w und die Drehung g der Tangentialebene beim Umlauf um den Angriffspunkt stetig sind.

Übungsvorschlag: Prüfen Sie, daß der Angriff einer Einzelkraft auf eine Platte durch eine Singularität des Typs $f(\mathbf{z})=\mathbf{a}\,\mathbf{z}^2\ln\mathbf{z}$ beschrieben werden kann.

Problem 4: Wechselwirkung einer Singularität mit einem Rand. Die Singularität liege im Punkt $z_{Q\,1}=1$, also $\mathbf{z}_{Q\,1}=z_{Q\,1}+j\bar{z}_{Q\,1}=1+j$. Um den Einfluß des Randes $x=0$ zu erfassen, bringen wir eine weitere Singularität im Spiegelpunkt $z_{Q\,2}=-1$, also $\mathbf{z}_{Q\,2}=-1-j$ an.

```
> ah:='ah':  bh:='bh':  zh:='zh':
> f1:=zh->ah*ln(zh-1-J)+bh*ln(zh+1+J);
```

$$f1 := zh \rightarrow ah\ln(\,zh-1-J\,)+bh\ln(\,zh+1+J\,)$$

Die Komponenten von g und h auf der y-Achse lassen sich mit folgenden Befehlen beschaffen, doch sollen die umfangreichen Ausdrücke hier nicht wiedergegeben werden. Wir wählen das Scheibenproblem.

```
> a:='a':  as:='as':  b:='b':  bs:='bs':
> ah:=a+J*as:  bh:=b+J*bs:     ausgabe4:=elasti(f1,nu,1):
> a:=a1+I*a2:  as:=as1+I*as2:  b:=b1+I*b2:  bs:=bs1+I*bs2:
> evalc(Re(evalc(subs(z=I*y,ausgabe4[2])))):
> gx:=collect(",[arctan(y),ln(1+y^2)]):
> evalc(Im(evalc(subs(z=I*y,ausgabe4[2])))):
> gy:=collect(",[arctan(y),ln(1+y^2)]):
> evalc(Re(evalc(subs(z=I*y,ausgabe4[3])))):
```

```
> hx:=collect(",[arctan(y),ln(1+y^2)]):
> evalc(Im(evalc(subs(z=I*y,ausgabe4[3])))):
> hy:=collect(",[arctan(y),ln(1+y^2)]):
```

Übungsvorschlag: Prüfen Sie, daß bei der Wahl $b = -\bar{a}$, $\tilde{b} = -\bar{\tilde{a}}$ ein zur y-Achse symmetrischer Zustand beschrieben wird. Auf der y-Achse, die wir als Scheibenrand deuten, gilt $g_y = const.$, $h_x = 0$, d.h. die Verschiebung senkrecht zum Rand und die Schubspannung verschwinden. Diskutieren Sie auch den antimetrischen Zustand, indem Sie das Vorzeichen von **b** umkehren.

Problem 5: Singularität nahe einem freien oder eingespannten Rand.
Mit dem obigen Ansatz ist es für keine Wahl von **b** möglich, die Wirkung einer Singularität auf einen freien oder eingespannten Rand zu beschreiben, also beide Komponenten von g oder h auf der y-Achse gleichzeitig zum Verschwinden zu bringen. Das gelingt erst, indem wir das Spiegelungsprinzip verallgemeinern und im Spiegelpunkt auch höhere Singularitäten zulassen, also neben der Funktion $\ln(\mathbf{z} + 1 + j)$ auch ihre ersten beiden Ableitungen $1/(\mathbf{z} + 1 + j)$ und $-1/(\mathbf{z} + 1 + j)^2$ ansetzen.

```
> a:='a':  as:='as':  b:='b':  bs:='bs':  c:='c':
> cs:='cs':  d:='d':  ds:='ds':  nu:='nu':
> f1:=zh->ah*ln(zh-1-J)+bh*ln(zh+1+J)+ch/(zh+1+J)+dh/(zh+1+J)^2;
```

$$f1 := zh \rightarrow ah\ln(zh - 1 - J) + bh\ln(zh + 1 + J) + \frac{ch}{zh + 1 + J}$$
$$+ \frac{dh}{(zh + 1 + J)^2}$$

Um einen kräftefreien Scheibenrand zu beschreiben, müssen wir g auf der y-Achse, also für $z = -\bar{z}$ konstant machen.

```
> ah:=a+J*as: bh:=b+J*bs: ch:=c+J*cs: dh:=d+J*ds:
> grand:=collect(subs(cj(z)=-z,cj(ln(z-1))=ln(z+1)-I*Pi,
> cj(ln(z+1))=ln(z-1)+I*Pi,elasti(f1,nu,1)[2]),[ln(z+1),ln(z-1)]);
```

$$grand := I(\text{cj}(as) + b)\ln(z + 1) + I(\text{cj}(bs) + a)\ln(z - 1) +$$
$$I\left(-\frac{z\,\text{cj}(c)}{(-z + 1)^2} + \frac{\text{cj}(ds)}{(-z + 1)^2} + \frac{c}{z + 1} + \frac{d}{(z + 1)^2}\right.$$
$$- I\pi\,\text{cj}(as) + \frac{z\,\text{cj}(b)}{-z + 1} + \frac{z\,\text{cj}(a)}{-z - 1} - \frac{\text{cj}(a)}{-z - 1} + I\pi\,\text{cj}(bs)$$
$$- \frac{\text{cj}(c)}{(-z + 1)^2} + \frac{\text{cj}(b)}{-z + 1} + \frac{\text{cj}(cs)}{-z + 1} - 2\frac{z\,\text{cj}(d)}{(-z + 1)^3}$$
$$\left.- 2\frac{\text{cj}(d)}{(-z + 1)^3}\right)$$

Die Logarithmen entfallen, wenn wir $b = -\bar{\tilde{a}}$ und $\tilde{b} = -\bar{a}$ wählen. Mit dem Befehl convert(.,parfrac,.) entwickeln wir die verbleibende rationale Funktion in z in Partialbrüche (partial fractions) und fordern, daß diese einzeln verschwinden.

```
>  b:=-cj(as): bs:=-cj(a): convert(grand,parfrac,z);
```

$$-I\left(I\,\pi\,a+I\,\pi\,\mathrm{cj}(as)+\mathrm{cj}(a)-as\right)+\frac{I\left(-\mathrm{cj}(cs)+2\,as-\mathrm{cj}(c)\right)}{z-1}$$

$$+\frac{I\left(-2\,\mathrm{cj}(c)+2\,\mathrm{cj}(d)+\mathrm{cj}(ds)\right)}{(z-1)^2}+4\,\frac{I\,\mathrm{cj}(d)}{(z-1)^3}+\frac{I\left(c+2\,\mathrm{cj}(a)\right)}{z+1}$$

$$+\frac{I\,d}{(z+1)^2}$$

```
>  d:=0: c:=-2*cj(a): ds:=2*c: cs:=-c+2*cj(as): simplify(grand);
```

$$-I\left(\mathrm{cj}(a)+I\,\pi\,\mathrm{cj}(as)-as+I\,\pi\,a\right)$$

Die Wechselwirkung einer Einzelkraft oder Versetzung (je nach der Spezifikation von a und ã) in einer Scheibe mit einem freien Rand wird also beschrieben durch folgenden hyperkomplexen Ausdruck.

```
>  f1(zh);
```

$$\left(a+as\,J\right)\ln\left(zh-1-J\right)+\left(-\mathrm{cj}(as)-J\,\mathrm{cj}(a)\right)\ln\left(zh+1+J\right)$$

$$+\frac{-2\,\mathrm{cj}(a)+J\left(2\,\mathrm{cj}(a)+2\,\mathrm{cj}(as)\right)}{zh+1+J}-4\,\frac{J\,\mathrm{cj}(a)}{\left(zh+1+J\right)^2}$$

Die dimensionslosen Hauptscheibenkräfte, also die Eigenwerte des Tensors **S** sind durch `iso` $\pm$ `abs(dev)` gegeben. Wir stellen ihre Werte nahe dem freien Rand $x=0$ für den Fall einer bei ($x=1$, $y=0$) in negativer x-Richtung wirkenden Einzelkraft graphisch dar.

```
>  s1:=elasti(f1,nu,1)[4]+abs(elasti(f1,nu,1)[5]):
>  plot3d(subs(a=1,as=-(3-nu)/(1+nu),nu=1/3,z=x+I*y,s1),x=0..0.95,
>  y=-1.5..1.5,style=PATCHCONTOUR,axes=NORMAL);
>  s2:=elasti(f1,nu,1)[4]-abs(elasti(f1,nu,1)[5]):
>  plot3d(subs(a=1,as=-(3-nu)/(1+nu),nu=1/3,z=x+I*y,s2),x=0..0.95,
>  y=-1.5..1.5,style=PATCHCONTOUR,axes=NORMAL);
```

Übungsvorschlag: Die Störung des homogenen Spannungszustandes $f'(\mathbf{z})=a\,\mathbf{z}$ in einer Scheibe durch ein kreisförmiges Loch läßt sich folgendermaßen beschreiben. Die Funktion f' des ungestörten Zustandes besitzt bei $z=\infty$ einen Pol. Wir bringen nun im Spiegelpunkt $z=0$ ebenfalls Pole an und können auf diese Weise die Funktion g auf dem Kreis $z\bar{z}=r_0^2=const.$ konstant machen.

```
>  f1:=zh->ah*zh+bh/zh+ch/zh^2+dh/zh^3;
```

$$f1:=zh\to ah\,zh+\frac{bh}{zh}+\frac{ch}{zh^2}+\frac{dh}{zh^3}$$

Die Auswertung läßt sich vollständig im Komplexen vornehmen, wenn der Scheibenrand nicht als $z=r_0e^{i\varphi}$, sondern als $\bar{z}=r_0^2/z$ beschrieben wird.

Untersuchen Sie die entstehenden Schnittkräfte und Verformungen. Wo treten die größten Schnittkräfte auf, und wie groß sind sie?

Übungsvorschlag: Untersuchen Sie in Abwandlung des Vorigen die Auswirkung eines starren kreisförmigen Einschlusses in der Scheibe. Auf dem Kreis muß dann $h = const.$ gelten.

Anmerkung: Auch konforme Abbildungen lassen sich heranziehen. Auf diese Weise kann man etwa das kreisförmige Loch auf ein elliptisches abbilden. Allerdings gilt diesmal eine schwerwiegende Einschränkung: Die Abbildung des Randes muß überall glatt, d.h. der Wert ihrer Ableitung von Null und Unendlich verschieden sein. Der Kreis darf also nicht auf ein Polygon abgebildet werden. Desgleichen lassen die beiden Abbildungen von Abschn. 8.2.3 sich nicht verwenden, denn sie bilden glatte Ränder auf Ränder mit Ecken ab. Daher sollen konforme Abbildungen bei hyperkomplexen Anwendungen hier nicht diskutiert werden.

Literatur

Lehrbücher zur Mathematik

Th.Rießinger. Mathematik für Ingenieure, Springer, Berlin 1996

K.Meyberg/P.Vachenauer. Höhere Mathematik, 2 Bände, Springer, Berlin 1995/1997

Brauch/Dreyer/Haacke. Mathematik für Ingenieure, Teubner, Stuttgart 1995

L.Papula. Mathematik für Ingenieure und Naturwissenschaftler, 3 Bände,
  Vieweg, Wiesbaden 1996/1994/1994

Ch.Blatter. Ingenieur Analysis, 2 Bände, Springer, Berlin 1996

R.de Boer. Vektor- und Tensorrechnung für Ingenieure, Springer, Berlin 1982

R.Zurmühl/S.Falk. Matrizen und ihre Anwendungen 1, Springer, Berlin 1992

R.Zurmühl. Praktische Mathematik für Ingenieure und Physiker,
  Springer, Berlin 1965(Nachdruck 1984)

Becker/Dreyer/Haacke/Nabert. Numerische Mathematik für Ingenieure,
  Teubner, Stuttgart 1985

Nachschlagewerke zur Mathematik

Bronstein/Semendjajew/Musiol/Mühlig. Taschenbuch der Mathematik,
  Harri Deutsch, Frankfurt/Main 1997

H.Stöcker. Taschenbuch mathematischer Formeln und moderner Verfahren,
  Harri Deutsch, Frankfurt/Main 1995

Bartsch. Taschenbuch mathematischer Formeln, Fachbuchverlag Leipzig 1997

Lehrbücher zur Technischen Mechanik

I.Szabó. Einführung in die Technische Mechanik, Springer,
  Berlin 1975(Nachdruck 1984)

Gross/Hauger/Schnell. Technische Mechanik, 1 Statik, Springer, Berlin 1995
Schnell/Gross/Hauger. Technische Mechanik, 2 Elastostatik, Springer, Berlin 1995
Hauger/Schnell/Groß. Technische Mechanik, 3 Kinetik, Springer, Berlin 1995

Holzmann/Meyer/Schumpich. Technische Mechanik, 3 Bände, Teubner,
  Stuttgart 1990/1991/1990

P.Gummert/K.A.Reckling. Mechanik, Vieweg, Wiesbaden 1994

Literatur zur Höheren Mechanik

I.Szabó. Höhere Technische Mechanik, Springer, Berlin 1985

Gross/Hauger/Schnell/Wriggers. Technische Mechanik, 4 Hydromechanik,
Elemente der höheren Mechanik, Numerische Methoden, Springer, Berlin 1995

R.Trostel. Mathematische Grundlagen der Technischen Mechanik I,
Vektor- und Tensoralgebra, Vieweg, Wiesbaden 1995

R.Trostel. Mathematische Grundlagen der Technischen Mechanik II,
Vektor- und Tensoranalysis, Vieweg, Wiesbaden 1997

A.Krawietz. Materialtheorie, Springer, Berlin 1986

Literatur zu komplexen und hyperkomplexen Methoden

N.I.Mußchelischwili. Einige Grundaufgaben zur mathematischen
Elastizitätstheorie, Hanser, München 1971

K.Stahl. Über die Lösung ebener Elastizitätsaufgaben in komplexer und
hyperkomplexer Darstellung, Ingenieur-Archiv XXII, 1954, 1-20

Einführungen in MAPLE

Heal/Hansen/Rickard, Einführung in Maple V, Springer, Berlin 1996

M.Kofler. Maple V, Release 4, Addison-Wesley, Bonn 1996

Char/Geddes/Gonnet/Leong/Monagan/Watt. First Leaves: A Tutorial
Introduction to Maple V, Springer, New York 1992

Sachverzeichnis

Druck: COLOR-DRUCK DORFI GmbH, Berlin
Verarbeitung: Buchbinderei Lüderitz & Bauer, Berlin